国家级职业教育规划教材
人力资源和社会保障部职业能力建设司推荐
高等职业技术院校机电一体化技术专业任务驱动型教材

机电电路制图与CAD绘图

主编 阮艳 陈德领

中国劳动社会保障出版社

简介

本书主要内容包括电子电路原理图识读与绘制、印制电路板识读与设计以及电气工程图识读与绘制。

本书由阮艳、陈德领主编，李琼、李建军副主编，其中模块一、模块二的任务 1 及附录由阮艳编写，模块二的任务 2 至任务 6 由李琼编写，模块三的任务 1 至任务 3 由王燕编写，模块三的任务 4 至任务 6 由李建军编写，模块三的任务 7、任务 8 由陈德领编写，丁洪起主审。

图书在版编目(CIP)数据

机电电路制图与 CAD 绘图/阮艳，陈德领主编. —北京：中国劳动社会保障出版社，2013
高等职业技术院校机电一体化技术专业任务驱动型教材
ISBN 978-7-5167-0373-1

Ⅰ.①机… Ⅱ.①阮…②陈… Ⅲ.①机电工程-机械制图-AutoCAD 软件-高等职业教育-教材 Ⅳ.①TH126

中国版本图书馆 CIP 数据核字(2013)第 135582 号

中国劳动社会保障出版社出版发行

（北京市惠新东街1号 邮政编码：100029）

出版人：张梦欣

*

保定市中画美凯印刷有限公司印刷装订 新华书店经销

787 毫米×1092 毫米 16 开本 23 印张 530 千字

2013 年 7 月第 1 版 2023 年 12 月第 4 次印刷

定价：43.00 元

营销中心电话：400-606-6496

出版社网址：http://www.class.com.cn

http://jg.class.com.cn

版权专有 侵权必究

如有印装差错，请与本社联系调换：(010) 81211666

我社将与版权执法机关配合，大力打击盗印、销售和使用盗版图书活动，敬请广大读者协助举报，经查实将给予举报者奖励。

举报电话：(010) 64954652

前言

为了更好地满足企业对机电一体化技术专业高技能人才的需求，全面提升教学质量，人力资源和社会保障部教材办公室组织全国有关院校的一线教学专家、企业技术专家，在充分调研企业生产实际和学校教学需求的基础上，精心编写了高等职业技术院校机电一体化技术专业教材。本套教材紧紧围绕机电产品装调、机电产品维护、机电产品技改等岗位的要求，参照《国家职业标准·维修电工》《国家职业标准·装配钳工》《国家职业标准·数控机床装调维修工》等国家职业标准，以及企业机电一体化设备装调、维护、技改的基本工作流程，确定以培养机电产品装调能力、机电产品维护能力、机电产品技改能力为主要教学目标。

本套教材选用数控机床设备及自动化生产线设备这两类常用的机电一体化设备作为主要教学载体，并通过三个阶段实现对机电一体化产品的装调、维护、技改能力的培养。

第一阶段为基础通用能力培养。主要通过《机械制图与 AutoCAD 绘图》《机电电路制图与 CAD 绘图》《机械基础》《装配钳工技术》《电工电子技术》《机械制造技术》的教学，使学生能读懂机电一体化设备的机械结构图样、电气与电子电路图样，并具备一定的图样绘制能力，能进行常用机械结构、电气与电子电路的装调、维护、技改工作，以及掌握检验机床设备加工精度的基本机械加工技术。

第二阶段为分系统装调、维护、技改能力培养。主要通过《气动液压传动技术》（机械运动系统）、《电机控制技术》（伺服拖动系统）、《传感器应用技术》（信号检测系统）、《PLC 应用技术》《单片机应用技术》（电气控制系统）的教学，使学生能够熟练地进行分系统的装调、维护、技改工作。

第三阶段为全系统装调、维护、技改能力培养。在具备基础通用能力以及分系统装调、维护、技改能力的基础上，主要通过《数控设备装调诊断技术》《自动化生产线设备装调诊断技术》的教学，使学生能熟练地进行机电一体化设备的全系统装调、维护、技改工作。

在教材内容的组织上，采用任务驱动的编写思路。在教材的每一单元，首先提出具体的学习任务，使学生明确目标，产生学习的积极性；然后结合具体实例，讲解完成任务所需要的相关知识，使学生的认识由感性上升到理性；在任务实施环节，详细介绍完成任务的步骤和注意事项，使学生能够顺利完成任务，增强学习的成就感。

为方便教学，本套教材均配有免费电子课件，可在中国人力资源和社会保障出版集团网站（www.class.com.cn）下载。其中《机械制图与 AutoCAD 绘图》《机械基础》《电工电子技术》《机械制造技术》《气动液压传动技术》等专业基础课还配有习题册。

在本套教材的编写过程中，得到了有关省市人力资源和社会保障部门、高等职业技术院校与相关企业的大力支持，教材的编审人员做了大量的工作，在此表示衷心的感谢！同时，恳切希望广大读者对教材提出宝贵的意见和建议。

人力资源和社会保障部教材办公室

2012 年 6 月

目录

模块一 电子电路原理图识读与绘制

电路原理图是电子线路CAD设计的灵魂所在，它表达了电路设计者的设计思想，同时从电路原理图中提取的网络表文件是印制电路板（PCB）设计过程中自动布局、自动布线的依据与基础。模块一所学内容是在识读电子电路原理图基础上，利用Protel DXP 2004绘制电路原理图、创建原理图报表以及对电路原理图进行仿真分析。本书中所使用的电子元件图形符号和文字符号都以Protel DXP 2004软件默认符号为准。

课题一　简单电路原理图绘制

任务1　绘图准备

◆ **技能点**

◎ 安装Protel DXP 2004软件

◎ 设置Protel DXP 2004系统参数

◎ 创建电路板设计工程，创建并管理各类电路板设计文件

◆ **知识点**

◎ Protel DXP 2004历史发展和功能特性

◎ Protel DXP 2004窗口界面

◎ 电路板设计工程文件及各类设计文件

任务提出

使用Protel DXP 2004进行电路板设计之前，应了解该软件特性及功能，安装软件的方法，熟悉操作环境及窗口界面，做好如下准备工作：

1. 安装Protel DXP 2004软件。

2. 启动并进入Protel DXP 2004环境，认识操作环境及窗口界面，包括常用菜单及工具栏的功能，并对相关系统参数进行设置。

3. 创建一个电路板设计工程项目文件，取名为“第一次设计 . PrjPCB”，并保存在规定的路径下。在该设计工程项目中创建各类设计文件，并对各文件进行复制、删除等操作。

任务分析

与其他应用软件一样，Protel DXP 2004 的安装采用向导方式按提示进行。在熟悉软件环境界面的菜单、工具栏等操作后方可灵活使用。本任务流程如图 1—1—1 所示。

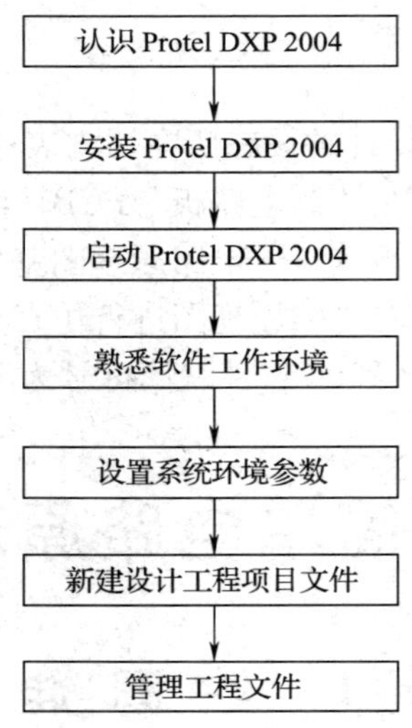

图 1—1—1　绘图准备流程图

相关知识

一、Protel DXP 2004 概述

随着科技发展的突飞猛进，电路设计自动化（EDA：Electronic Design Automation）已成为不可逆转的时代潮流，而计算机辅助电路设计软件（如：Cadence Allegro、PowerPCB、GENESIS、PADS、OrCAD、Protel）已成为电子电路设计不可缺少的工具。其中 Altium 公司于 2002 年推出基于 Windows XP 的 Protel DXP，随后陆续发布 DXP 2004 SP1、SP2、SP3、SP4 等产品升级包，进一步完善软件功能，使软件易学易用，资料丰富，是目前国内使用最广泛的软件之一。

1. Protel DXP 2004 体系结构

Protel DXP 2004 采用优化的设计浏览器（Design Explorer），集成程度在 PCB 设计领域很独特，主要由以下功能模块组成，本书主要涉及前三个模块。

（1）原理图（Schematics）设计编辑模块。主要用于电路原理图设计，为印制电路板设计、制作做好前期准备。图 1—1—2 所示为一张完整的电路原理图。

（2）印制电路板（PCB）设计模块。主要用于印制电路板设计，图 1—1—3 所示为一张根据原理图 1—1—2 设计的 PCB 图。

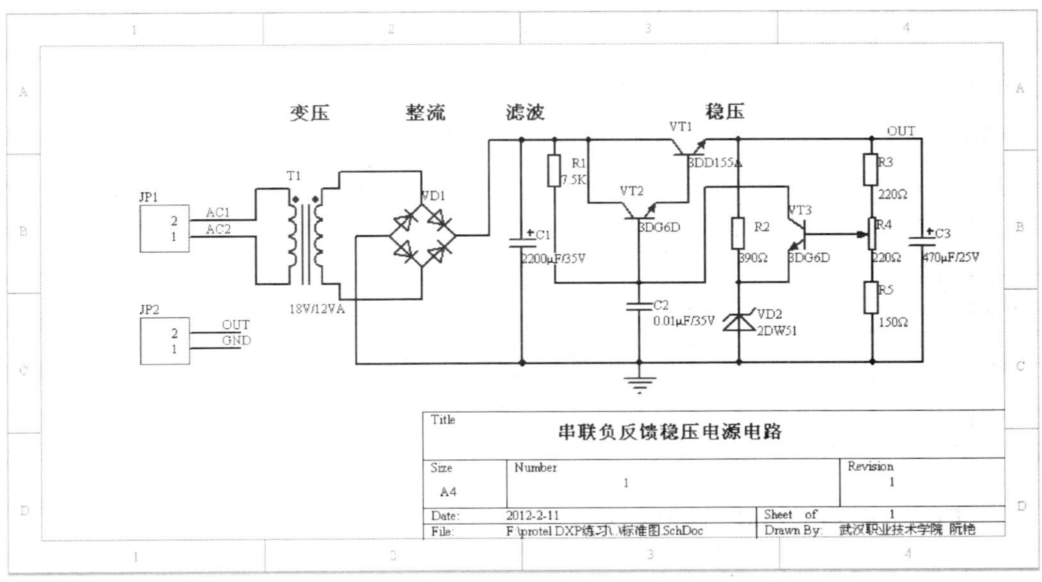

图 1—1—2 电路原理图

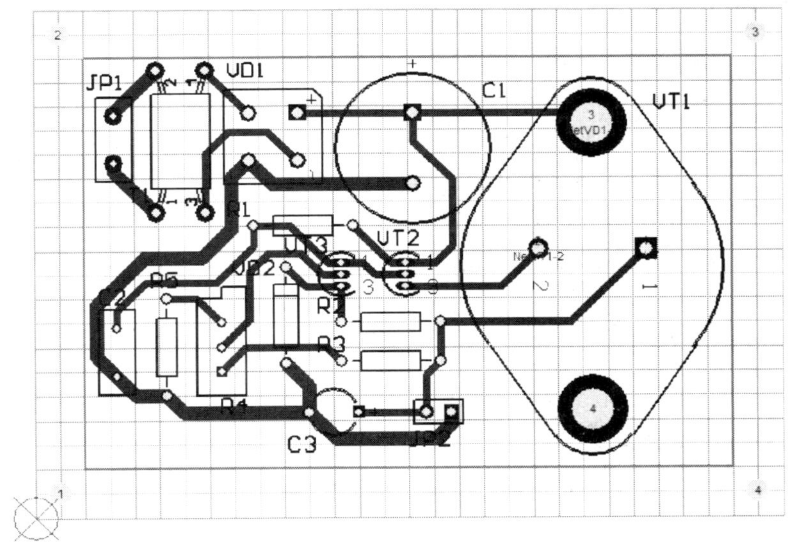

图 1—1—3 PCB 图

（3）信号模拟仿真模块。主要对电路原理图中的电路信号进行模拟仿真，从而正确分析电路的工作状态以及电路原理图的合理性。

（4）现场可编程门阵列（FPGA）电路设计模块。

（5）硬件描述语言（VHDL）设计编译模块。

2. Protel DXP 2004 运行环境要求

请按表 1—1—1 推荐的计算机系统配置要求运行该软件。

表 1—1—1　　Protel DXP 2004 运行环境硬件配置

主要指标	基本配置	推荐配置
操作系统	Windows 2000 Professional	Windows XP 或 Windows7
CPU 主频	Pertium PC 500 MHz	Pertium PC 1.2 GHz 或更高处理器
内存	128 MB	512 MB
硬盘空间	620 MB	1 GB
显示器	分辨率 1 024×768，增强 16 色	分辨率 1 280×1 024，真彩 32 色
显存	8 MB	32 MB

二、Protel DXP 2004 中的文件

1. 设计文件组织结构

Protel DXP 2004 引入了设计工程的概念，设计文件分工作区（Workspace）、工程项目（Project）和含有具体设计内容的文件（Document）三个层次，如图 1—1—4 所示。

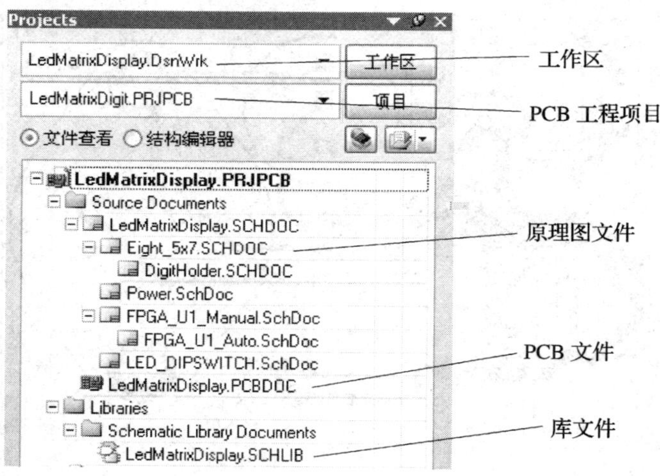

图 1—1—4　设计文件组织结构

工作区文件（扩展名为 .DsnWrk）是关于工作区的文本文件，总管一个大型设计任务的所有文件，具有链接作用，记录其管辖下的各种文件的有关信息，以便集成环境调用。工作区可包含多个工程项目：PCB 工程（扩展名为 .PrjPCB）、FPGA 工程、Integrated Library 工程等。不同工程项目又包含原理图文件、PCB 文件、库文件等各种具体内容文件。

2. Protel DXP 2004 的文件类型

Protel DXP 2004 中主要设计文件及其扩展名见表 1—1—2。

表 1—1—2　　Protel DXP 2004 主要文件类型及其扩展名

设计文件	扩展名	设计文件	扩展名
工作区	. DsnWrk	原理图文件	. SchDoc
PCB 设计工程	. PrjPCB	PCB 文件	. PCBDoc
FPGA 设计工程	. PrjFpg	原理图元件库文件	. SchLib
VHDL 设计文件	. Vhd	PCB 封装库文件	. PCBLib
工程组文件	. PrjGrp	集成库文件	. IntLib
辅助制造工艺文件	. Cam	文本文件	. Txt

任务实施

一、安装和启动 Protel DXP 2004 SP2

1. 安装 Protel DXP 2004 SP2 软件

在 Windows XP 操作系统中，运行安装文件，按照“安装向导”提示安装，步骤如下：

（1）打开 Protel DXP 2004 SP2 源文件所在路径（光盘或硬盘），双击 setup. exe 文件，进入如图 1—1—5 所示的初始安装向导界面。

图 1—1—5　初始安装向导界面

（2）单击 Next > 按钮，进入如图 1—1—6 所示的对话框，接受软件使用协议。

（3）单击 Next > 按钮，进入如图 1—1—7 所示的对话框，填入用户名及单位，并限定软件使用权限。

（4）单击 Next > 按钮，进入如图 1—1—8 所示的对话框，指定软件安装路径。若需修改软件安装路径，可单击 Browse 按钮，选择合适安装位置。安装过程中可随时单击 < Back 按钮，返回前面步骤重新设置。

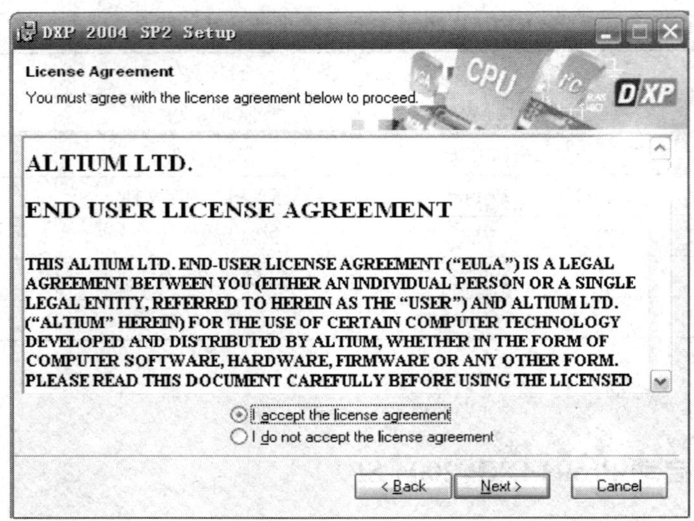

图 1—1—6　许可说明

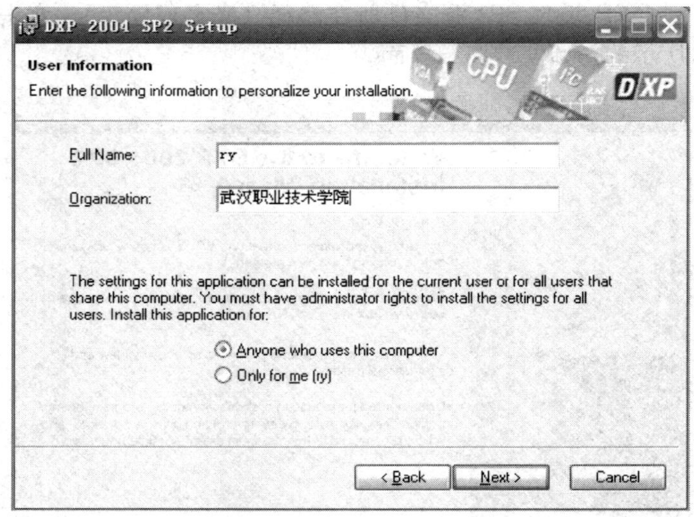

图 1—1—7　用户信息

（5）单击 Next > 按钮，进入如图 1—1—9 所示的对话框，显示安装进度。安装过程中可随时单击 Cancel 按钮取消程序安装。

（6）等待一段时间后提示安装完成，单击 Finish 按钮，完成 Protel DXP 2004 SP2 软件的安装。

2. 启动 Protel DXP 2004 SP2

第一次启动 Protel DXP 2004 SP2，从 Windows 的“开始”菜单，运行 DXP 2004 SP2，经过有效许可认证后（安装 Licence），软件方可正常使用。启动 Protel DXP 2004 SP2 的两种方式：

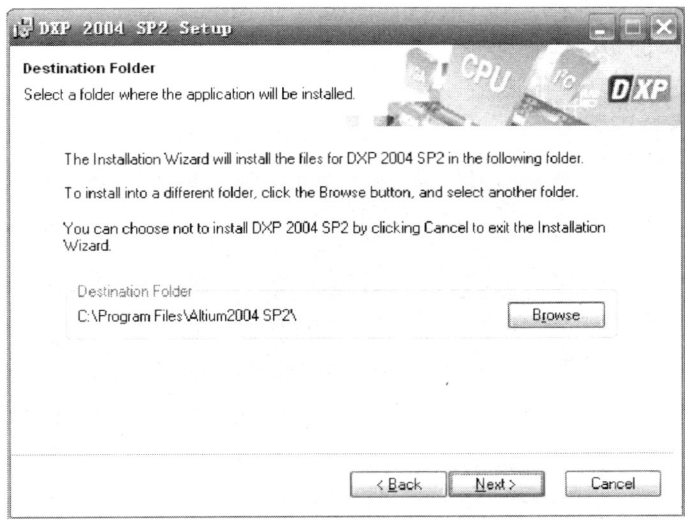

图 1—1—8　安装路径

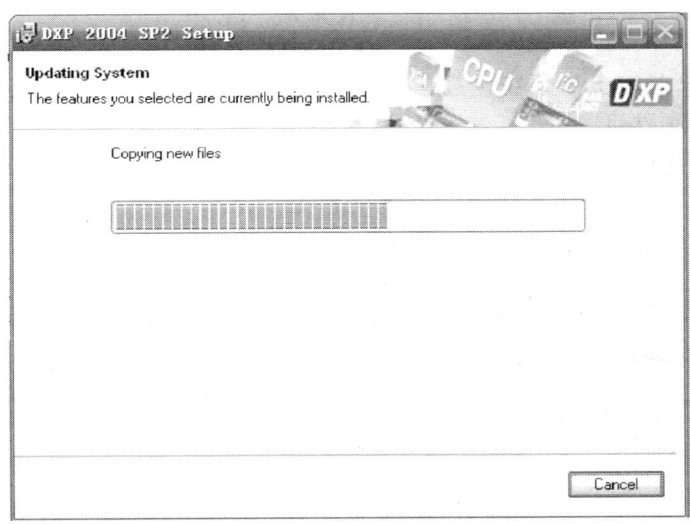

图 1—1—9　安装进度显示

（1）方式一：双击桌面快捷图标。

（2）方式二：执行 Windows 的菜单命令【开始】/【所有程序】/【Altium SP2】/【DXP 2004 SP2】，或执行软件所在文件夹中的执行文件，即可进入如图 1—1—10 所示 Protel DXP 2004 SP2 系统设计主界面。

二、熟悉 Protel DXP 2004 SP2 操作环境

1. Protel DXP 2004 SP2 主界面

如图 1—1—10 所示，主界面从上到下依次为：标题栏、菜单栏、工具栏；从左至右分

为：项目管理器面板（文件栏）和工作区（图纸）。工作区底部和右侧分别有不同面板标签，可通过鼠标单击相应面板标签而出现对话框或进行工作面板切换。

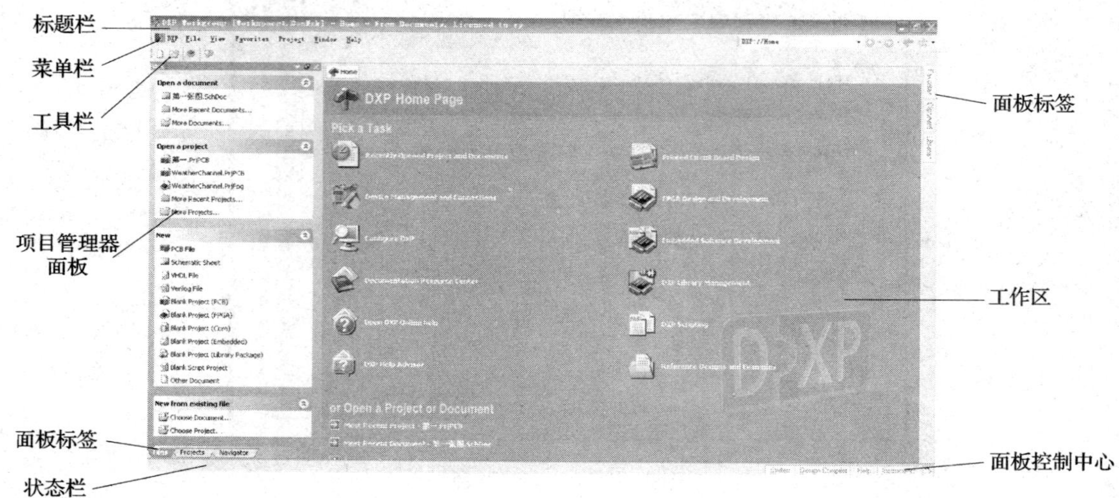

图 1—1—10　Protel DXP 2004 SP2 主界面

2. Protel DXP 2004 SP2 系统设置

（1）系统中英文界面切换：系统默认的设计界面为英文，因其支持中文菜单方式，可进行中英文界面的切换设置：

首先执行图 1—1—10 左上角的【DXP】/【Preferences…】菜单命令，弹出如图 1—1—11 所示对话框，展开左侧的“PXP System”打开“General＊”选项，对应的右下端找到“Locali-

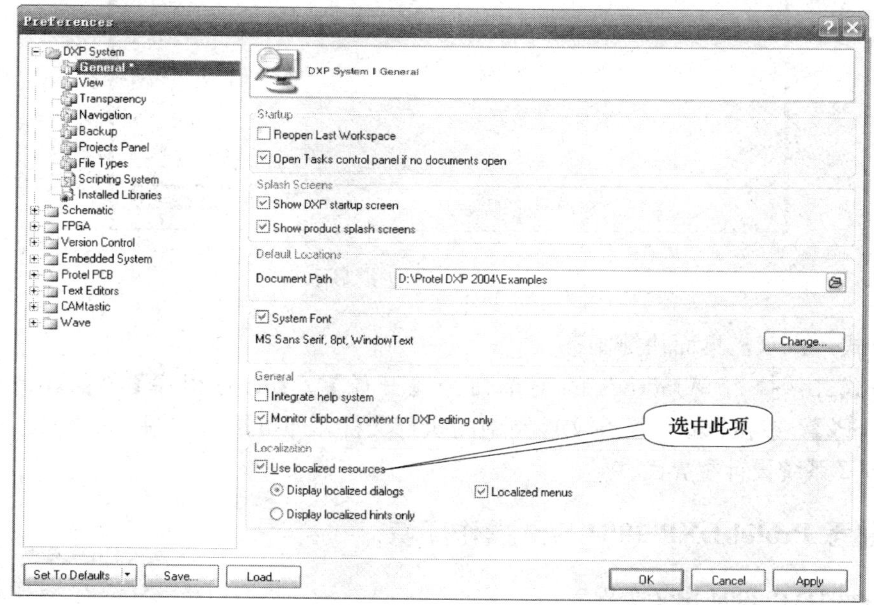

图 1—1—11　Protel DXP 2004 SP2 中英文界面切换设置

zation”选项，在“Use localized resources”复选框内打“√”，经提示后确定即可。关闭 Protel DXP 2004 SP2 后重新启动，进入如图 1—1—12 所示中文界面。重新还原上述操作即可切换回英文界面。

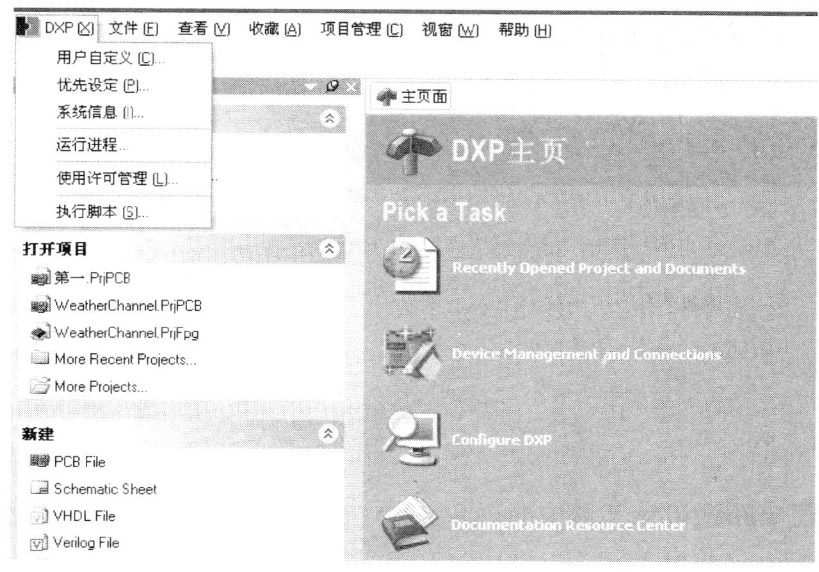

图 1—1—12　Protel DXP 2004 SP2 中文界面

（2）系统界面的字体设置：在图 1—1—12 中执行【DXP】/【优先设定（P）】菜单命令，弹出如图 1—1—13 所示对话框，选择“系统字体/变更”，可在图 1—1—14 中修改系统界面字体。

图 1—1—13　优先设定对话框

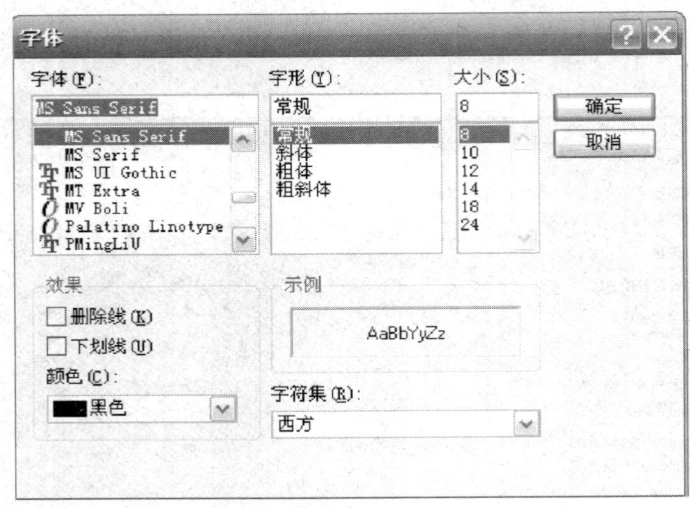

图 1—1—14 修改系统界面字体

三、管理电路板设计工程文件

1. 创建和保存电路板工程文件

按照如图 1—1—15 所示流程创建电路板工程文件。

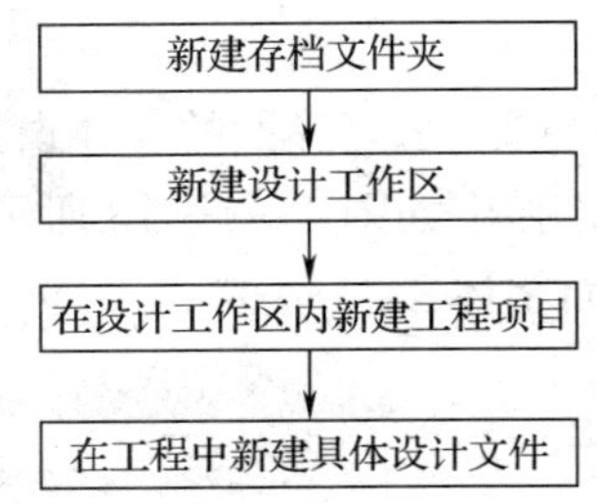

图 1—1—15 创建电路板工程文件流程

（1）新建存档文件夹。在“Windows 资源管理器”或“我的电脑”窗口选择合适路径，新建一个存放 Protel DXP 设计的专用文件夹，便于后续文件管理。本书中所有 Protel DXP 设计文件都存放于 F：\Protel DXP 练习。

（2）新建并保存设计工作区。打开 Protel DXP 2004 SP2 软件进入主界面，执行菜单命令【文件】/【创建】/【设计工作区】，再执行菜单命令【文件】/【保存设计工作区】，将新建设计工作区保存在上述建立的专用文件夹中，并命名为“第一次设计. DsnWrk”，如图 1—1—16 所示。

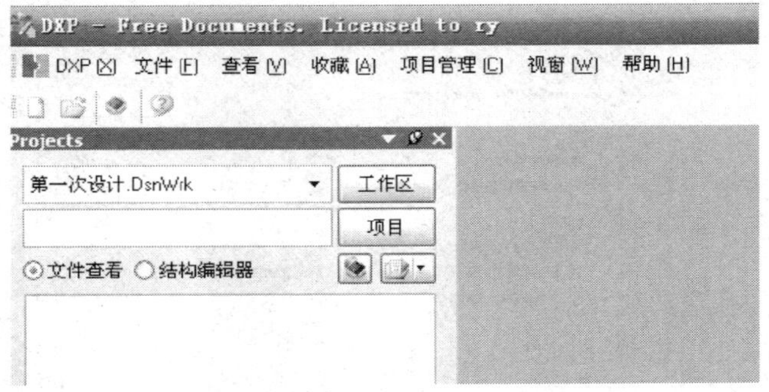

图 1—1—16 新建并保存设计工作区

（3）新建并保存工程项目文件。执行菜单命令【文件】/【创建】/【项目】/【PCB项目】，或在项目管理器上点击 工作区 按钮/【追加新项目】/【PCB项目】，再执行菜单命令【文件】/【保存项目】，将新建工程项目文件保存在上述建立的专用文件夹中，并命名为"第一次设计.PrjPCB"，如图1—1—17所示。

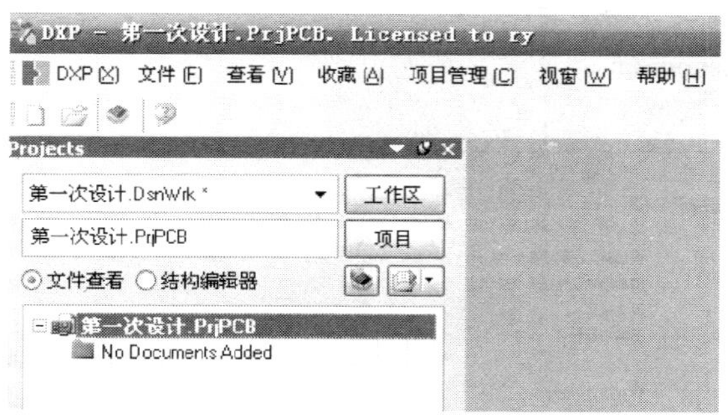

图1—1—17　新建并保存工程项目

（4）新建并保存具体设计文件。执行菜单命令【文件】/【创建】，如图1—1—18所示，可新建各种设计文件，如原理图、PCB、原理图库、PCB库等文件。或者右键单击项目管理器中"第一次设计.PrjPCB"/【追加新文件到项目中】，可新建各种所需设计文件，也可追加已有文件到项目中。再执行菜单命令【文件】/【保存】，或对该设计文件右键单击执行【保存】，可保存到上述建立的工程项目中。如图1—1—19所示新建并保存了两个设计文件：第一次设计.SchDoc和第一次.PcbDoc。

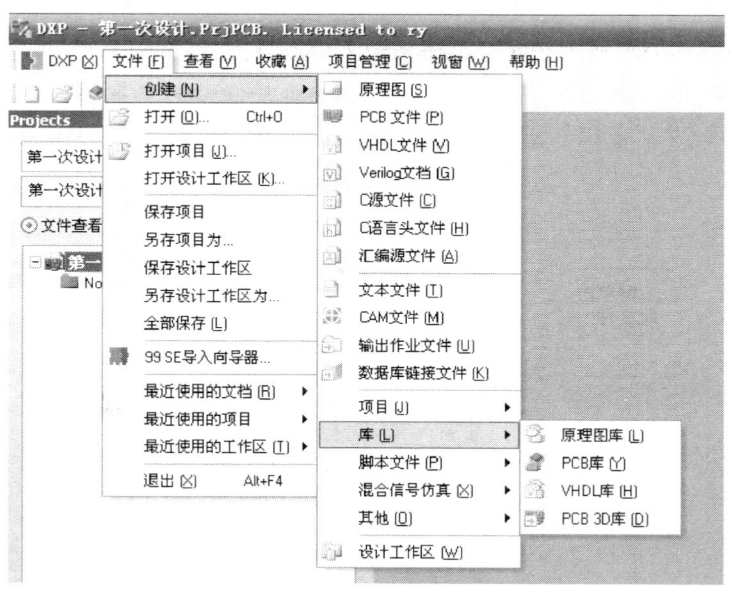

图1—1—18　新建并保存各种设计文件

2. 文件管理

（1）关闭工程项目文件。如图1—1—19所示操作。

(2) 创建自由文件。在未创建或打开任何工程项目文件时，新建的各种设计文件以自由文件的方式存在，保存后不属于任何工程项目，如图 1—1—20 所示，可通过追加的方法使其成为某工程项目的文件。

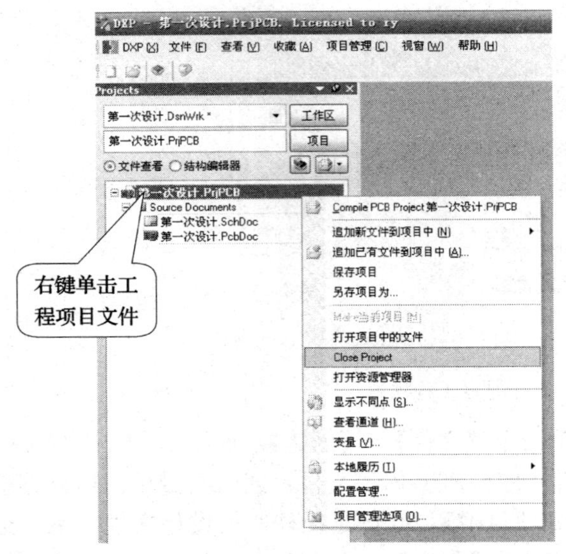

图 1—1—19　关闭工程项目文件

图 1—1—20　自由文件

(3) 移除文件。欲移除某一文件如图 1—1—21 所示操作，可将该文件从工程项目中移除，但并未将该文件从磁盘中删除，只是切断了该文件与工程项目文件的联系。

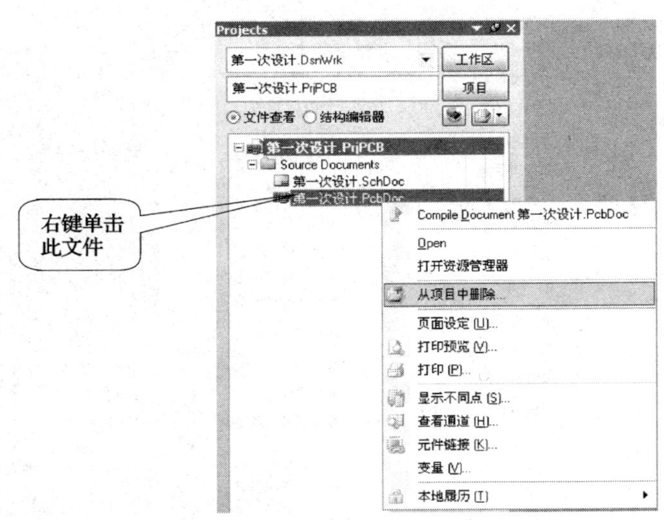

图 1—1—21　从工程项目中移除文件

(4) 查看文件。Protel DXP 设计过程中建立的原理图、PCB 文件、库文件等文件均以独立形式保存在计算机中。在 “Window 资源管理器” 或 “我的电脑” 中打开工程文件夹即可直接看到与工程相关的所有文件，如图 1—1—22 所示。而 Protel 99SE 环境中的各种设计文件只能以设计数据库的形式（.DDB）存在，只有进入 Protel 99SE 设计环境中才可看到。故 Protel DXP 中的具体设计文件可以在图 1—1—22 所示的文件夹中被方便地复制、粘贴。

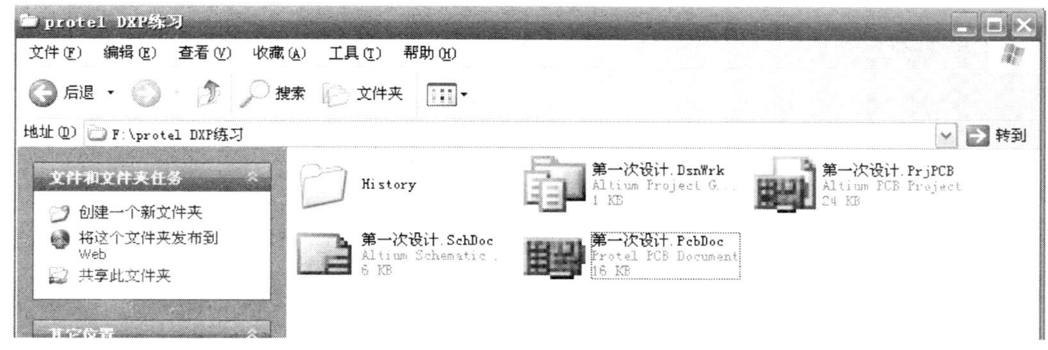

图 1—1—22 Protel DXP 中独立形式的原理图、PCB 文件等设计文件在文件夹中

任务评价

表 1—1—3 评分标准

序号	项目	内容	评分标准	配分	得分
1	上机准备	在权限盘中新建一个文件夹，取名为：班级＋中文姓名	正确路径和命名：10 分；正确路径、不正确命名：5 分；不正确路径、正确命名：5 分；均不正确：0 分	10	
2	软件安装启动	安装	顺利安装：20 分；不顺利但安装好：10 分；安装失败：0 分	20	
		启动	正常启动：4 分；不正常启动：0 分	4	
3	Protel DXP 2004 工作界面	标题栏、菜单栏、工具条功能及设置	正确使用功能：7 分；不正确使用功能：0 分	7	
		工作面板	正确操作：7 分；不正确操作：0 分	7	
		工作区	正确选择：7 分；不正确选择：0 分	7	
4	创建电路板工程项目文件	创建设计文件夹	正确创建：5 分；不正确创建：0 分	5	
		创建电路板工程项目文件	正确创建：10 分；不正确创建：0 分	10	
		创建各类设计文件	正确创建：10 分；不正确创建：0 分	10	
		文件管理	正确操作：10 分；不正确操作：0 分	10	
		编辑器的启动与切换	正确操作：10 分；不正确操作：0 分	10	
总分合计				100	

思考与练习

1. 简述 Protel DXP 2004 设计文件组织结构。

2. Protel DXP 2004 主要有几种不同类型的文件？分别是什么？

3. 请在给定权限盘目录下新建一个文件夹，取名为：班级＋中文姓名，创建一个设计工作区，取名为：多谐振荡电路设计工程 . DsnWrk，并保存于上述文件夹中；在此设计工作区中创建一个 PCB 工程项目文件，取名为：多谐振荡电路 . PrjPCB；并创建、保存新原理图文件、PCB 文件、元件库文件，进行复制、粘贴、删除等管理操作。

任务 2　简单电路原理图识图

◆ **技能点**

◎ 识别简单电路原理图中分立元器件符号

◎ 识读简单电路原理图图纸、电路图组成元素及其基本工作原理

◎ 识读方框图

◆ **知识点**

◎ 简单电路原理图中分立元器件的功能特性

◎ 电路原理图中的导线、电气节点、电源端口、网络标签、注释文本

任务提出

绘制电路原理图之前，先识读已绘制完成的电路图，具体要求：

1. 识读常见电路原理图，如图 1—2—1 所示共射放大电路，认识图中元器件符号及其基本组成元素，了解电路实现的功能。

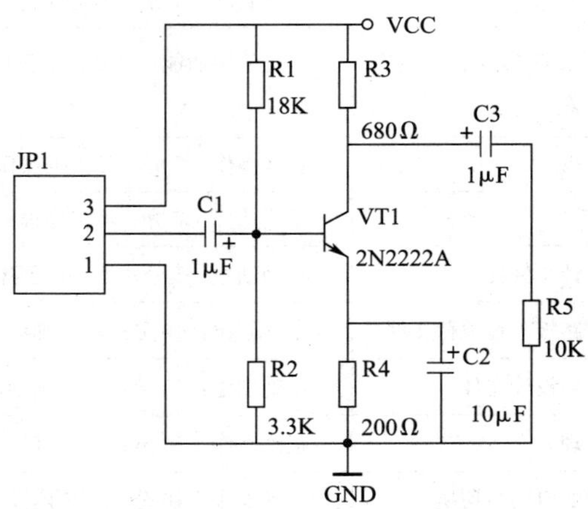

图 1—2—1　共射放大电路原理图

2. 在 Protel DXP 2004 环境下打开原理图文件，如图 1—2—2 所示的串联负反馈稳压电源电路原理图，识读该图在 Protel DXP 2004 环境下的图纸组成、原理图中各元器件符号、电气对象等表示方法，理解该电路原理图基本工作原理。

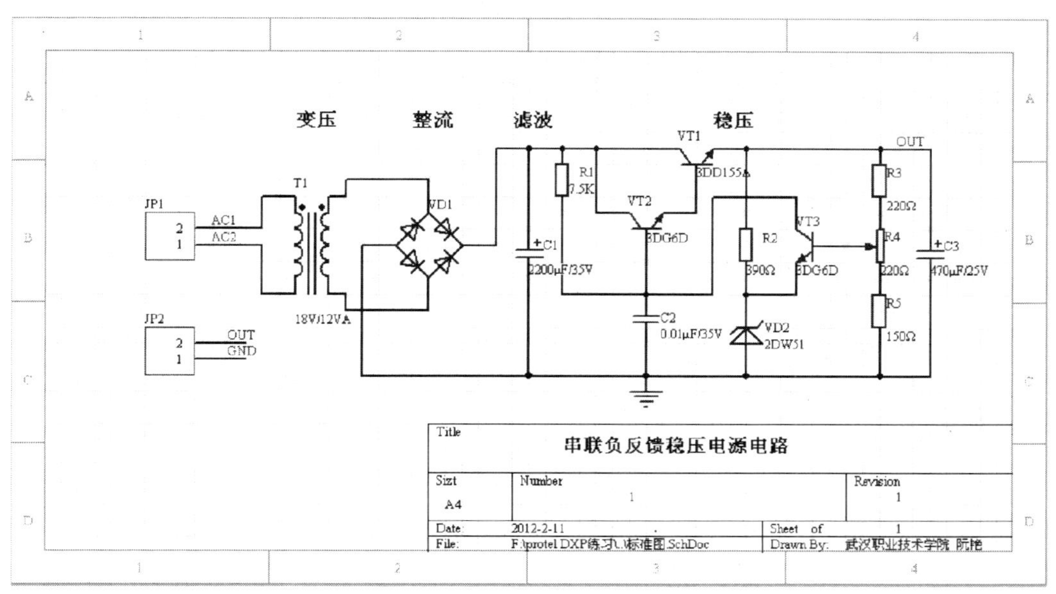

图 1—2—2　Protel DXP 2004 中的电路原理图图纸

3. 图 1—2—3 为图 1—2—2 电路原理图的方框图及波形图，识读该图中组成内容，并了解其功能。

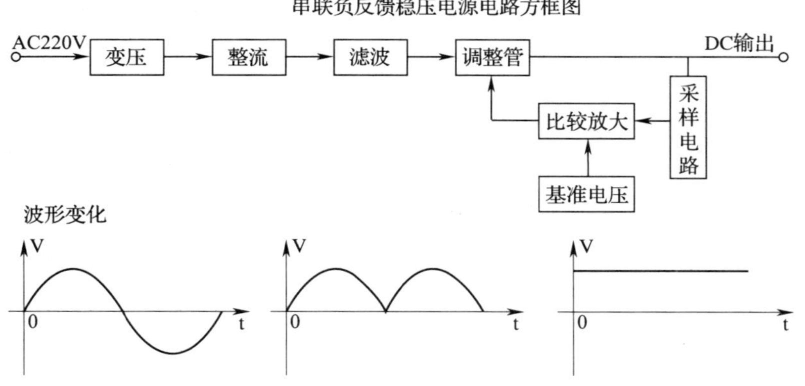

图 1—2—3　串联负反馈稳压电源电路方框图及波形图

任务分析

如图 1—2—1 所示的电路原理图，一般详细绘制电路的全部元器件及其连接方式，主要用于设计、分析电路，通过识读可了解电路的具体结构和工作原理。

图 1—2—2 所示的是在 Protel DXP 2004 SP2 原理图编辑器环境下设计完成的一幅原理图，通过识读该图不仅可了解电路的组成及工作原理，还可用于统计电路元器件清单，是后续设计、制作印制电路板的依据。

图 1—2—3 所示的是利用 Protel DXP 2004 SP2 原理图编辑器的描画工具绘制完成的方框图及波形图，将图 1—2—2 中的电路按照功能划分为七个部分（方框），在方框中加上简单的文字说明，方框间用连线（或带箭头）表明各方框之间的关系，以体现电路的工作原理，并分析得到电路工作波形，如图 1—2—3 所示。

从图 1—2—1 和图 1—2—2 所示可看到，电路原理图主要是由元器件、连线、电源、电气节点、网络标签、注释文本等元素组成。

相关知识

一、电路原理图中常见元器件

1. 电阻

电阻在电路中主要起分流、限流、分压、偏置等作用，单位有 Ω（欧姆）、kΩ（千欧）、MΩ（兆欧），Protel DXP 2004 中电阻单位默认为 Ω（欧姆），可省略不输入，在电路图中标注单位“kΩ”时，常以“K”代替，如以“4K”表示“4 kΩ”。电阻在电路图中的符号如图 1—2—4 所示，常用 R××表示电阻编号。

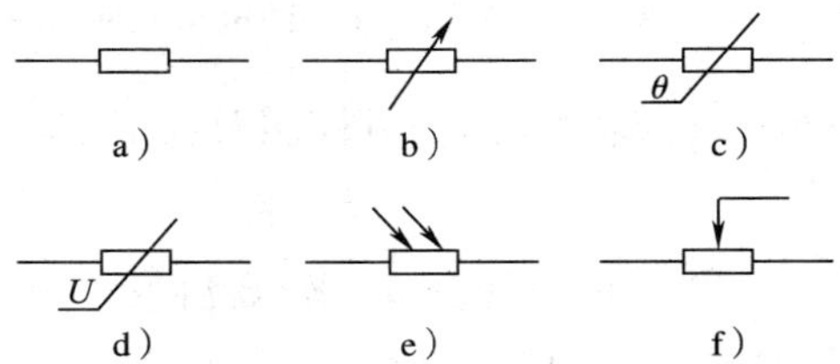

图 1—2—4　电路中的电阻符号

a）一般阻值固定电阻　b）可调电阻　c）热敏电阻　d）压敏电阻　e）光敏电阻　f）电位器

2. 电容

电容广泛应用于隔直通交、耦合、旁路、滤波、调谐回路、能量转换、控制电路等方面，单位有 F（法拉）、μF（微法拉）、pF（皮法拉），在 Protel DXP 2004 软件中，为输入方便，常以“uF”表示“μF”。电容在电路图中的符号如图 1—2—5 所示，常用 C××表示电容编号。

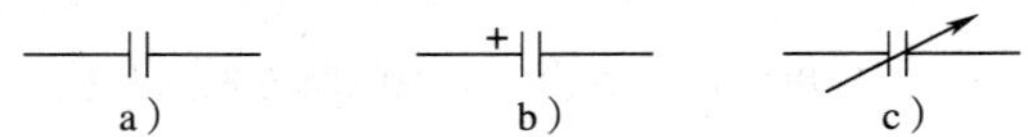

图 1—2—5　电路中的电容符号

a）无极性电容　b）极性电容　c）可调电容

3. 电感

电感是将绝缘的导线在绝缘管上绕一定的圈数制成的，绝缘管可空心，也可以包含铁心或磁粉芯。电感的特性是：通直流隔交流，通低频阻高频。电感在电路中的作用是：滤波、限波、振荡、储存磁能等。电感单位有 H（亨利）、mH（毫亨）、μH（微亨）。电感在电路图中的符号如图 1—2—6 所示，常用 L××表示电感编号。

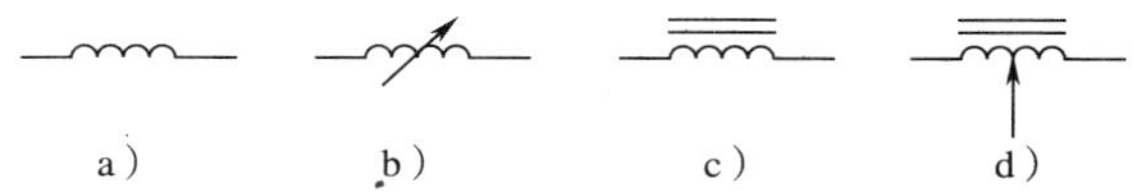

图 1—2—6　电路中的电感符号

a）一般电感　b）可调电感　c）带磁芯或铁芯电感　d）带磁芯或铁芯可调电感

4. 半导体二极管

半导体二极管具有单向导电特性，即在正向电压作用下，导通电阻很小；而在反向电压作用下导通电阻极大或无穷大。二极管常用于整流、隔离、稳压、极性保护、编码控制、频率调制和静噪等电路中。二极管在电路中的符号如图 1—2—7 所示，常用 VD××表示二极管编号。

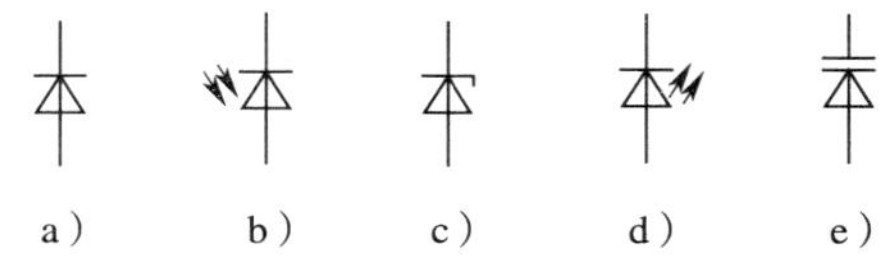

图 1—2—7　电路中的半导体二极管符号

a）整流/检波二极管　b）光敏二极管光电二极管　c）稳压二极管　d）发光二极管　e）变容二极管

5. 半导体三极管

半导体三极管是电子电路的核心元器件，具有电流放大作用。三极管内部含有两个 PN 结，把整块半导体分成三部分，中间部分为基区（b 极），两侧部分为发射区（e 极）和集电区（c 极），排列方式有 PNP 和 NPN 两种，在工作特性上两者可互补。三极管在电路中常见符号如图 1—2—8 所示，常用 VT××表示三极管编号。

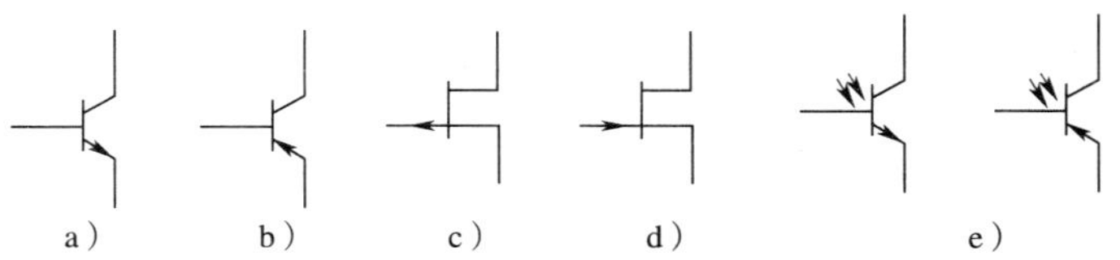

图 1—2—8　电路中的半导体三极管符号

a）NPH 型三极管　b）PNP 型三极管　c）P 沟道结型场效应管　d）N 沟道结型场效应管　e）光敏三极管

电子电路中其他元器件符号的识别请参见本书附录。

二、连线

图 1—2—1 和图 1—2—2 所示电路原理图中的连线（Wire）是连接元器件引脚的直线，即实际电路中的导线，其上可通电流，体现在印制电路板中是指各种形状的铜箔块或铜膜导线。图 1—2—3 所示方框图中的连线（Line）表示的是各部分之间的连接关系，不具有电气

特性。分别使用不同工具栏完成两种连线的绘制，详见后续任务 3 和任务 4。

三、电气节点

图 1—2—1 和图 1—2—2 所示的电路原理图中的电气节点（Junction）表示若干元器件引脚或导线之间相互导通的关系。

四、网络和网络标签

1. 网络与网络标签概念

两个或多个元器件的引脚连接在一起，就建立了一条网络（Net）。图 1—2—1 所示的 C1、R1、R2、VT1 的引脚通过导线与电气节点构成一条网络。给该网络连接设置名称，即为网络标签（NetLabel），每条网络均有一个唯一的网络标签。图 1—2—2 所示的 JP1 两个引脚上的网络标签为 AC1、AC2，JP2 两个引脚为 OUT、GND。

2. 网络标签的意义

（1）实现电气连接。Protel DXP 系统规定：具有相同网络标签的多条网络的电气连接关系是相通的，等同于它们之间画了一条连接导线。图 1—2—9 所示两处圈出的网络标签均为 OUT，说明 JP2—2 与 VT1—3、R2—2、R3—2、C3—1 的引脚电气关系是相通的，相当于它们之间画了一条连接导线。

注意：网络标签不能直接放置在元器件引脚上，必须首先在元器件引脚上放置一段连接导线，后将网络标签放置在此导线上。

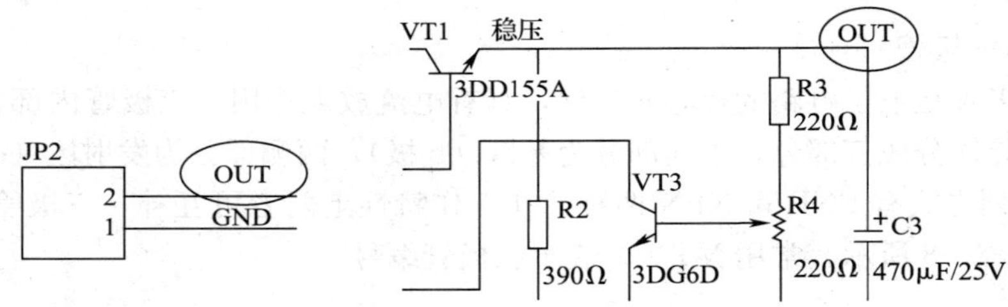

图 1—2—9　具有相同网络标签的网络电气互连关系

（2）在电路仿真中可根据网络标签提取相应网络上的数据与波形。

（3）在制作印制电路板时，可根据网络标签设置相应网络的布线宽度。

五、电源端口

电源端口用于标识电源网络，如图 1—2—1 所示的 VCC、GND。一般电路必须具备电源端口，否则电路无法工作。

六、注释文本

在原理图中添加必要的文本说明，可方便阅读电路图，如图 1—2—2 所示的“变压、整流、滤波、稳压”等注释文字。

任务实施

一、识读共射放大电路原理图（见图 1—2—1）

图 1—2—1 所示的是应用极为广泛的放大电路之一，主要利用三极管的放大作用实现信号的放大功能。

1. 识读元器件

图 1—2—1 所示的元器件的信息见表 1—2—1，其中三极管 VT1 是电路核心元器件。

表 1—2—1　　　　　　共射放大电路原理图元器件信息表

元器件编号	元器件名称	元器件标称值或型号	元器件编号	元器件名称	元器件标称值或型号
JP1	连接器	*	R5	电阻	10 K
R1	电阻	18 K	C1	极性电容	1 μF
R2	电阻	3.3 K	C2	极性电容	10 μF
R3	电阻	680 Ω	C3	极性电容	1 μF
R4	电阻	200 Ω	VT1	NPN 型三极管	2N2222A

注：表中“K”表示“kΩ”，“ uF”表示“μF”，下同。

2. 识读电路图电气对象

图 1—2—1 所示的除了元器件外，还有导线、电源端口、电气节点，如图 1—2—10 所示。

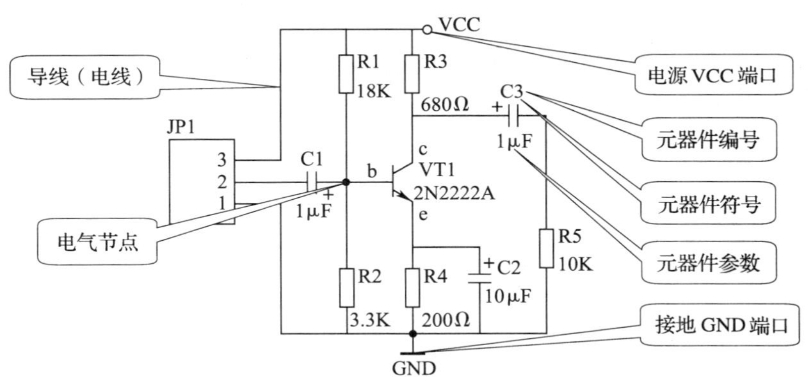

图 1—2—10　识读共射放大电路电气对象

3. 识读电路工作原理

图 1—2—1 所示的是采用分压式电流负反馈偏置电路构成的阻容耦合共射放大器，电路的电压放大作用是利用 VT1 的电流放大功能，并依靠将电流的变化转化为电压的变化来实现。

VT1 是一种对温度非常敏感的 NPN 型晶体管，是具有能量转换和控制能力的有源器件，温度变化会导致其集电极电流的明显改变。温度升高，集电极电流增大；反之则减小。这将造成电路静态工作点的移动，有可能使输出信号产生失真。在实际电路中，要求流过 R1 和 R2 串联支路的电流远大于基极电流 I_B。这样，温度变化引起 I_B 的变化对基极电位无较大影响，因此可用 R1 和 R2 的分压来确定基极电位。

采用分压偏置以后，基极电位提高，为了保证发射结压降正常，串入发射极电阻 R4。要保证 VT1 工作在放大区，必须使其发射结正偏，集电结反偏。电路的静态工作点 Q 主要由 R1、R2、R3、R4 及 VCC 所决定。

直流电源 VCC 为电路提供能量，并保证集电结反偏。R1（下拉电阻）及 R2 为三极管偏压电阻，为三极管基极提供必要的偏置电流。R1、R2 与 VCC 可使 VT1 发射结正偏，并提供适当的静态工作点。R3 为集电极电阻，可将变化的电流转变为变化的电压。R4 为直流电流反馈电阻（改善特性），C1 及 C3 为三极管输入及输出隔直流的耦合电容（直流电受到阻碍）。

二、识读串联负反馈稳压电源电路原理图（见图 1—2—2）

图 1—2—2 所示的是在 Protel DXP 2004 SP2 环境下打开“串联负反馈稳压电源 . SchDoc”文件的电路原理图。

1. 识读电路原理图图纸

如图 1—2—11 所示标注，图纸水平铺开，内外边框之间水平参考区分为 1、2、3、4 区，垂直参考区分为 A、B、C、D 区，图纸右下角标题栏中注明电路原理图的相关设计信息，包括图纸名称、图幅、图纸数量、版本、设计日期及设计人等。图纸背景为淡色，且可见直线状设计用网格。

串联负反馈稳压电源电路原理图的电气对象及元器件列表见表 1—2—2 和图 1—2—11。

表 1—2—2　　串联负反馈稳压电源电路原理图元器件信息表

元器件编号	元器件名称	元器件标称值或型号	元器件编号	元器件名称	元器件标称值或型号
JP1	两接头连接器	*	JP2	两接头连接器	*
R1	电阻	7.5 K	T1	变压器	18 V/12 VA
R2	电阻	390 Ω	VD1	整流桥	*
R3	电阻	220 Ω	VD2	稳压二极管	2DW51
R4	电位器	220 Ω	VT1	NPN 型三极管	3DD155A
R5	电阻	150 Ω	VT2	NPN 型三极管	3DG6D
C1	极性电容	2 200 μF	VT3	NPN 型三极管	3DG6D
C2	无极性电容	0.01 μF	C3	极性电容	470 μF

2. 识读电路

电路由变压、整流、滤波、稳压四部分组成。交流电网电压经 T1 变压后输出额定电压

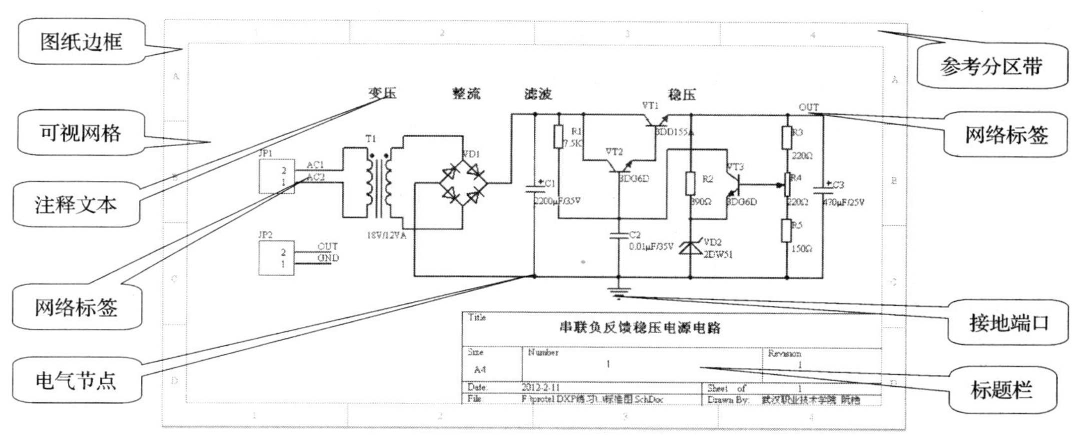

图 1—2—11　识读串联负反馈稳压电源电路原理图图纸及电气对象

约 18 V，再经整流桥 VD1 将正、负交变的 50 Hz 电网电压变成单方向脉动的电压和电流，但其中含有较大的交流成分，后经滤波电路（C1）滤除交流分量，但滤波后的直流电压会随着电网输入电压或负载的变化而产生变化，还须经过稳压电路，才能使输出电压在一定的范围内稳定不变。稳压电路包含四个环节：

（1）调整环节。由 VT1、VT2 构成，是稳压电源的核心部分，既可增大调整环节的总 β 值，改善稳压系数和内阻等指标，又可用小功率比较放大管来推动大功率的调整管。因调整管 VT1、VT2 与负载串联，故称此电路为串联型稳压电路。

（2）基准电压环节。由 VD2、R2 构成，提供一个稳定性高的基准电压，使比较放大器（VT3）的控制端电压能完全反映出电压的变化。

（3）比较放大环节。由 VT3、R1 构成，是一个高增益的直接耦合放大器，将输出电压的变化量先放大，后加到调整管 VT2 的基极，控制调整管以提高控制的灵敏度和输出电压的稳定性。

（4）采样环节。由 R3、R4、R5 构成，是一个电阻分压电路。当输出电压变大时，采样电路将其变化量的一部分送到 VT3 的基极，基极电压能反映出电压的变化，称为采样电压。

如图 1—2—11 所示，C2 可防止发生自激振荡影响电路工作的稳定性，电源的输出端并联的 C3 可提高输出电压的稳定度，尤其可较好抑制瞬时大电流。

三、识读串联负反馈稳压电源电路示意图（见图 1—2—3）

1. 识读方框图

根据上述对串联负反馈稳压电源电路的分析，按照功能电路可划分为七个部分，并用方框表示。方框间用带箭头的连线连接，表明各方框之间的关系以及信号的流向，以体现电路的整体结构，如图 1—2—12 所示。

2. 识读波形图

分析得到信号波形如图 1—2—12 所示，最初正负交变的交流信号经变压、整流后转化成为单向脉动信号，再经滤波、稳压后得到稳定的直流信号。

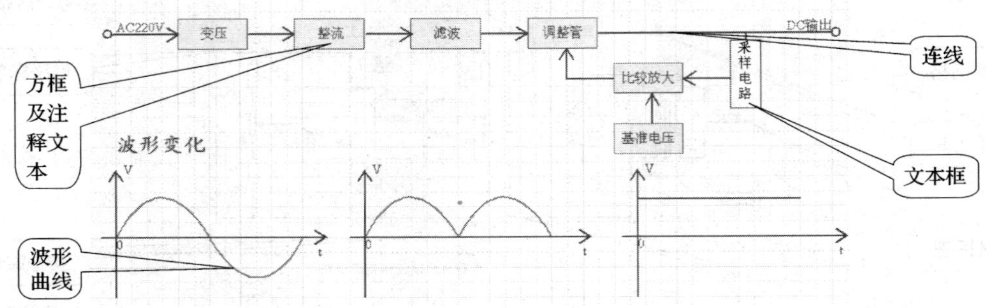

图1—2—12　识读方框示意图

任务评价

表1—2—3　　评分标准

序号	项目	内容	评分标准	配分	得分
1	简单电路原理图识读	图纸	图纸边框识读正确：2分；参考区分区带识读正确：2分；可视网格识读正确：2分；标题栏识读正确：4分	10	
		元器件	各种元器件识读正确：15分；元器件编号识读正确：9分；元器件参数值识读正确：6分	30	
		导线	导线识读正确：5分；不正确：0分	5	
		节点	节点识读正确：5分；不正确：0分	5	
		电源端口	电源端口识读正确：5分；不正确：0分	5	
		接地端口	接地端口识读正确：5分；不正确：0分	5	
		网络标签	网络标签识读正确：5分；不正确：0分	5	
		注释文本	注释文本识读正确：5分；不正确：0分	5	
		基本工作原理	掌握电路基本工作原理：10分；不完全掌握工作原理：6分；未掌握工作原理：0分	10	
2	识读示意图	识读方框图	正确识读方框图：10分；不正确识读：0分	10	
		识读波形图	正确识读波形：10分；不正确识读：0分	10	
总分合计				100	

思考与练习

1. 简述电路原理图基本组成元素。
2. 识读集成功率放大器电路原理图，如图1—2—13所示。

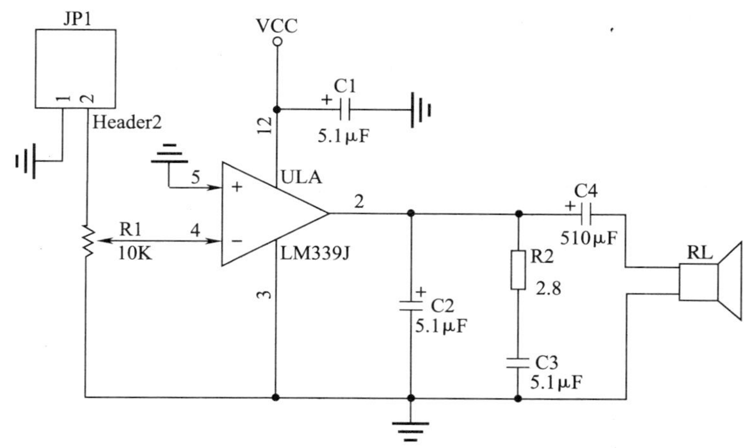

图 1—2—13　集成功率放大器电路原理图

3. 识读 ZQ1026 低频信号发生器电路原理图的方框图，如图 1—2—14 所示。

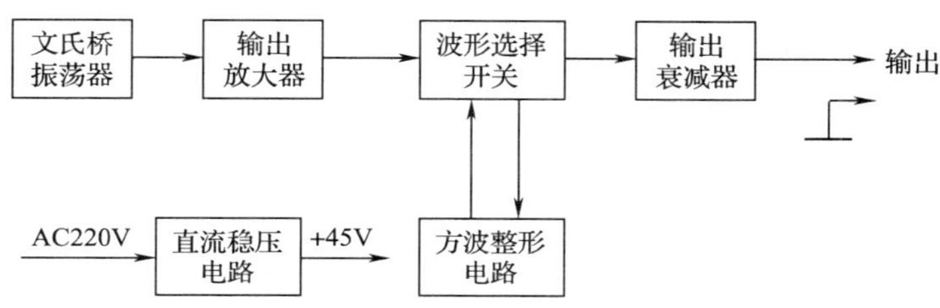

图 1—2—14　ZQ1026 低频信号发生器电路原理图的方框图

任务 3　简单电路原理图绘制

◆ **技能点**

◎ 设置图纸、原理图环境参数

◎ 加载、卸载元件库

◎ 利用 Protel DXP 2004 SP2 原理图编辑器绘制简单电路原理图

◆ **知识点**

◎ 原理图工作面板

◎ 电路原理图中常见电气对象（元器件、导线、电气节点、电源端口、网络标签、注释文本）的放置方法

◎ 配线工具栏的功能

任务提出

任何电子产品的设计必须先从设计、绘制电路原理图开始。绘制如图 1—3—1 所示的简

单电路原理图，具体设计要求如下：

1. 设置图纸大小为 620 mil×350 mil，编辑标题栏；设置图纸边框的颜色为 235 号色。设置可视网格为线状，可视网格和捕获网格大小均为 10 mil。（说明：mil 为英制单位，1 000 mil≈25.4 mm）

2. 绘制如图 1—3—1 所示的完整电路原理图。

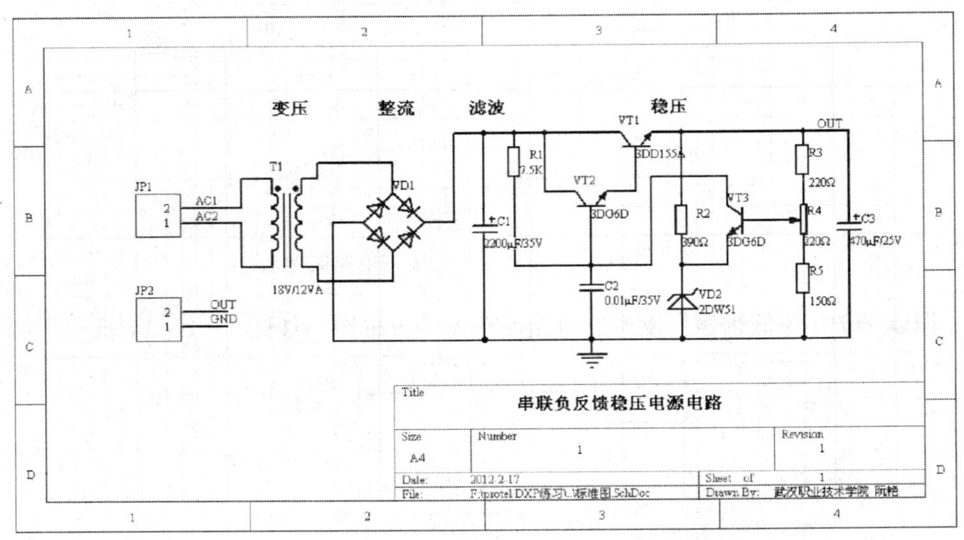

图 1—3—1　串联负反馈稳压电源电路原理图

任务分析

图 1—3—1 已在任务 2 中被详细识读，利用 Protel DXP 2004 SP2 原理图编辑器绘制该电路原理图之前，应先熟悉原理图工作环境的设置以及图纸的设置，再学习原理图中电气对象的放置与编辑等。绘制电路原理图的步骤如图 1—3—2 所示。

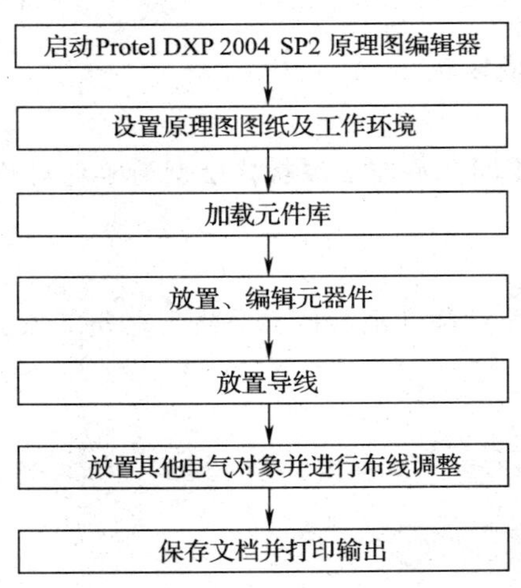

图 1—3—2　电路原理图绘制流程

相关知识

Protel DXP 2004 SP2 主界面下打开某一原理图文件，进入原理图编辑器环境。

一、Projects 工程面板

单击项目管理器下方的“Projects”标签，可见如图 1—3—3 所示的工程面板，它采用树形结构显示工程中的所有文件。其中“Source Documents”中有电路原理图、PCB 等设计文件，“Libraries”中有原理图元件库、封装库、集成库等设计文件。

二、Navigator 导航器面板

单击项目管理器下方的“Navigator”标签，再单击“交互式导航”按钮可见如图 1—3—4 所示的导航器面板，可快速定位当前电路原理图中的元器件、快速查看有关网络的分布。

图 1—3—3　Projects 工程面板

图 1—3—4　Navigator 导航器面板

三、Libraries 元件库面板

1. 元件库（**Libraries**）

原理图、PCB 图中的各元器件并非绘图者绘制，而是从 Protel DXP 2004 的元件库中提取得到的，元器件按照生产厂商和类别分别保存在不同的元件库中。要取用某种元器件时，只需加载该元器件所在库文件到当前元件库面板中即可使用。

单击工作区右侧的面板标签“元件库”，弹出如图 1—3—5 所示 Libraries 库面板。

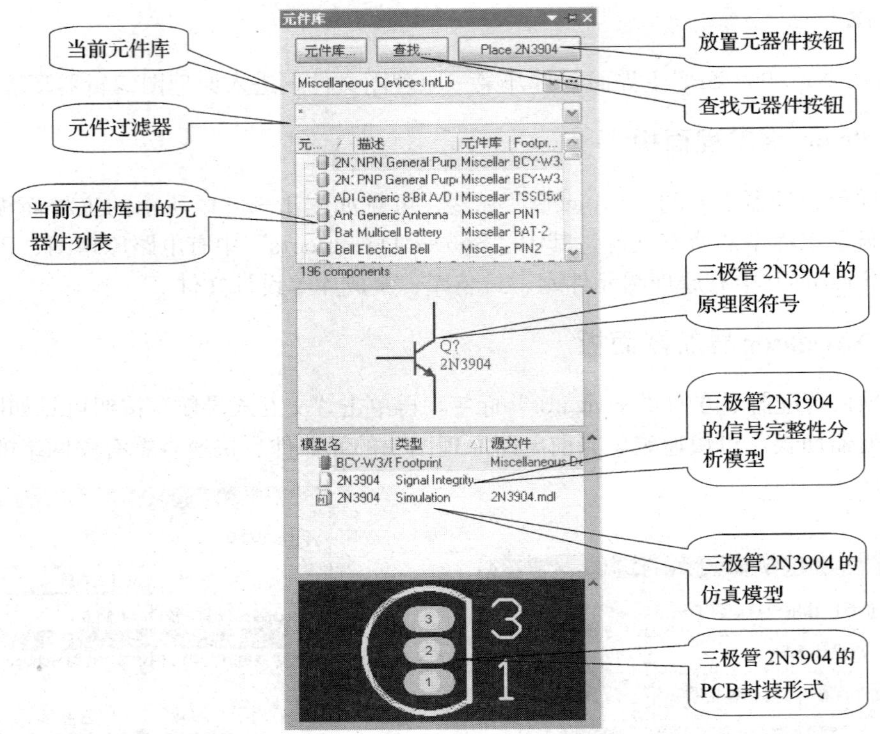

图 1—3—5　Libraries 库面板

在元件过滤器一栏中输入元器件名称的第一个字母，则可在下面元器件列表中显示出所有以该字母为开头的元器件名称和元器件描述。

“查找”按钮可以利用原理图编辑器提供的强大搜索功能来查找所需元器件所在的元件库并加载。

2. Protel DXP 2004 集成库

集成库是指将与元器件相关的原理图符号、封装形式、仿真模型和信号完整性分析模型等信息集成在一个库文件中，扩展名为. IntLib。调用某个元器件时，上述相关信息同时被调用，图 1—3—5 所示为三极管 2N3904 在元件库中的所有信息。Protel DXP 2004 SP2 常用默认元件库有 Miscellaneous Devices. IntLib（一般常用元件库）和 Miscellaneous Connectors. IntLib（常用连接器库）。若 Protel DXP 2004 存放路径在 C 盘，则其元件库路径为：C：\Program Files\Protel DXP 2004\Library。

四、工具栏的开、关

1. 常见工具栏的开、关

执行菜单命令【查看】/【工具栏】可控制工具栏的开、关，图 1—3—6 所示的是打开了的三种常用工具栏：配线、实用工具、原理图标准。再次执行该菜单命令可以关闭相应工具栏。左键拖曳工具栏到工作区可见如图 1—3—7 所示状态。单击工具栏上的“×”按钮可关闭它。

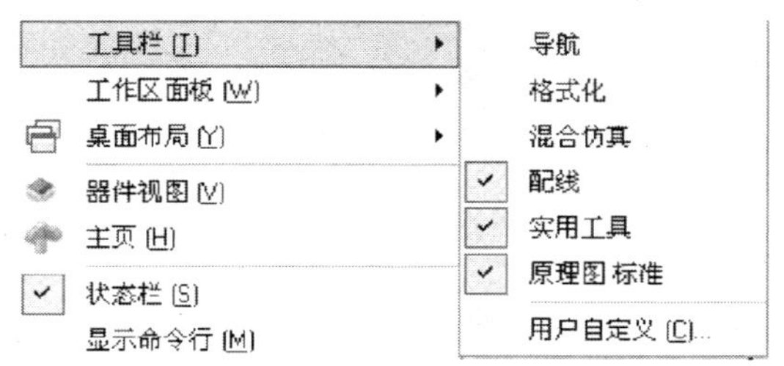

图 1—3—6　打开三种常用工具栏

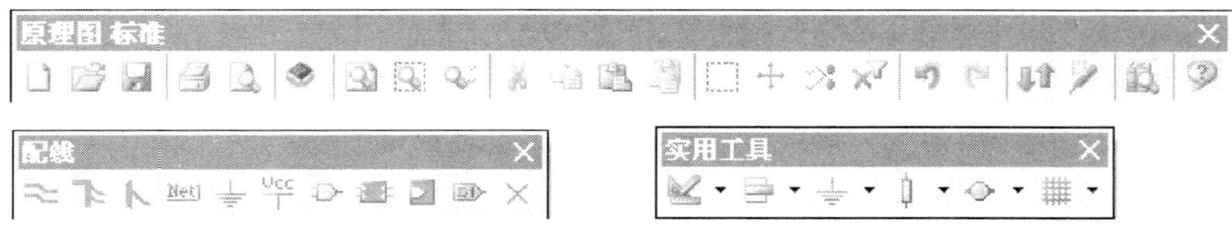

图 1—3—7　三种常用工具栏

2. 常见工具栏功能

（1）原理图标准工具。用于文件管理（文件新建、打开、保存、打印等），原理图中对象管理（对象选定、撤销选定、复制、剪切、粘贴等）。

（2）配线工具。用于放置原理图中所有与电气特性有关的对象，如导线、元器件、网络标号、电源等。

（3）实用工具。其中的描画工具主要用于绘制原理图中非电气特性的对象，如直线、多边形、椭圆、矩形、注释文本等。

注意：每种工具按钮的功能可通过将光标放在其按钮上获取功能提示，以正确使用。

五、元器件属性

元器件是电路原理图中主要的电气对象，双击某一元器件即可进入其属性对话框进行编辑修改，如图 1—3—8 所示，图中圈出必须填写的几项属性。

1. 标识符

元器件在原理图中的编号，此项必须填写且不能重复。复杂电路原理图按照功能可由若干子电路组成，其元器件编号通常加入子电路序号，如子电路 1 中所有电阻编号设置为“R1×”。

2. 注释

元器件说明、标称值等。通过其后的“可视”选项来选择此项信息是否显示于原理图中。

3. 封装（**Footprint**）

后续若需要设计原理图的印制电路板，则每个元器件在此项都必须给出封装方式。具体封装方式见模块一课题三的任务 9。

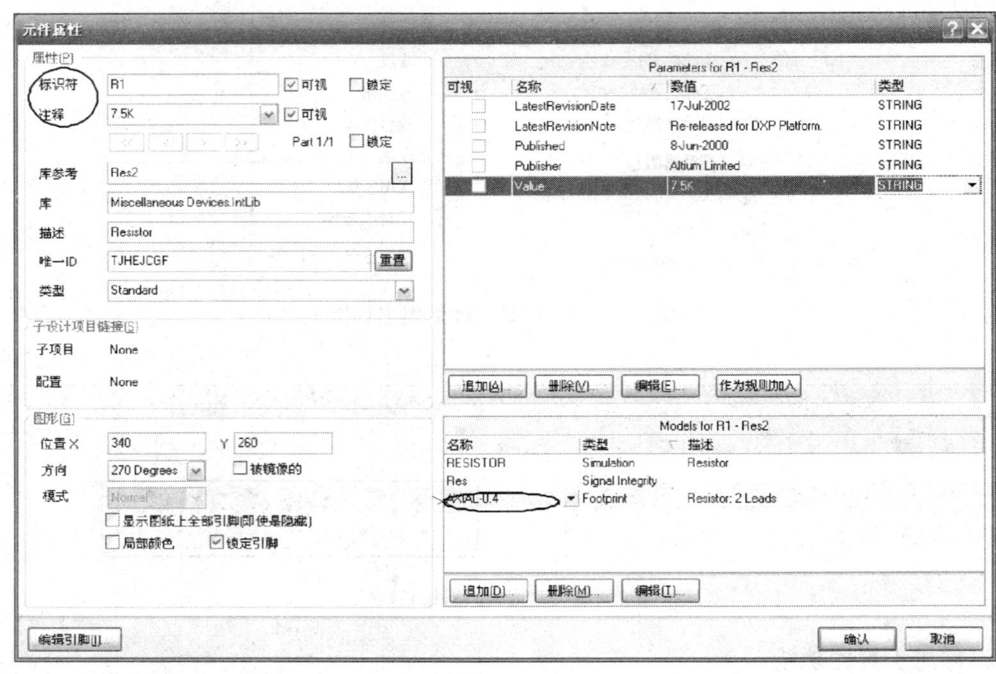

图 1—3—8 元器件属性对话框

任务实施

一、新建电路板工程文件

用户目录中新建“串联负反馈稳压电源”文件夹。

1. 新建、保存设计工作区

启动 Protel DXP 2004 SP2，执行菜单命令【文件】/【创建】/【设计工作区】，再执行菜单命令【文件】/【保存设计工作区】，将该设计工作区保存在上述文件夹中，并命名为“串联负反馈稳压电源 . DsnWrk”。

2. 新建、保存工程项目文件

执行菜单命令【文件】/【创建】/【项目】/【PCB 项目】（或在项目管理器上单击 工作区 按钮/【追加新项目】/【PCB 项目】），再执行菜单命令【文件】/【保存项目】，将该工程项目文件保存在上述相同文件夹中，并命名为“串联负反馈稳压电源 . PrjPCB”。

二、新建、启动原理图编辑器

执行菜单命令【文件】/【创建】/【原理图】（或右键单击项目管理器中“串联负反馈稳压电源 . PrjPCB”/【追加新文件到项目中】/【Schematic】），新建一个原理图文件，同时绘图区域进入该原理图编辑器环境，再执行菜单命令【文件】/【保存】（或右键单击该原理图文件，执行【保存】），将该原理图文件保存在上述相同文件夹中，并命名为“串联负反馈稳压电源 . SchDoc”，如图 1—3—9 所示。

图 1—3—9　启动原理图编辑器

注意：快捷键“PgUp”“PgDn”可控制绘图区的放大与缩小，或执行菜单命令【查看】选择其他显示形式。

三、设置原理图图纸和工作参数

1. 设置图纸参数

执行菜单命令【设计】/【文档选项】，弹出如图 1—3—10 所示文档选项对话框，单击“图纸选项”标签，在对话框左侧设置图纸方向、图纸边框及参考分区、边框色彩、图纸背景色彩；在右侧设置图幅大小。图纸有“Landscape”（水平）和“Portrait”（垂直）两种方向，图幅有“标准风格”和“自定义风格”。

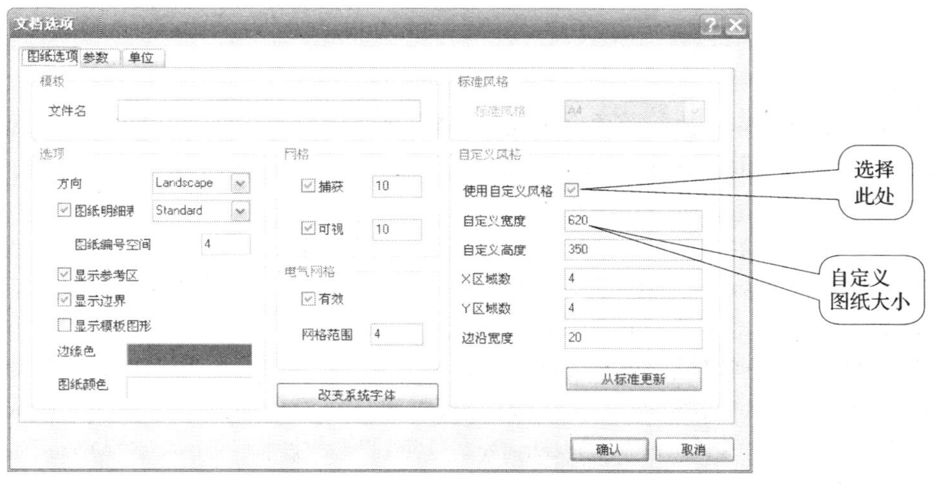

图 1—3—10　设置原理图图纸及网格

根据任务目标要求选择图纸方向为“Landscape”（水平），图幅大小选择“自定义风格”，在下面填写自定义宽度为 620，自定义高度为 350。单击“边缘色”按钮，进入“选择颜色”对话框，选择 235 号颜色。其他采用默认设置即可。

2. 设置网格

可视网格是图纸上实际显示的网格，便于绘图时对象的对齐。捕获网格是指图中光标运动的最小步长。如图 1—3—10 所示，中间是图纸网格参数设置，一般“可视网格”和“捕获网格”选项前默认均打“√”，值为 10 mil，表示图纸中显现网格距离 10 mil，最小网格步长 10 mil。参数值可根据实际情况设置。电气网格设置是为了使系统在绘制导线时能够自动找到电气节点。

3. 设置图纸标题栏

(1) 设置图纸标题栏参数。在图 1—3—10 中单击“参数”标签，根据需要填写如图 1—3—11 所示相关内容后确认关闭。其中，Organization：设计单位；Revision：设计版本；SheetNumber：图纸编号；SheetTotal：图纸总数；Title：图纸设计名称。

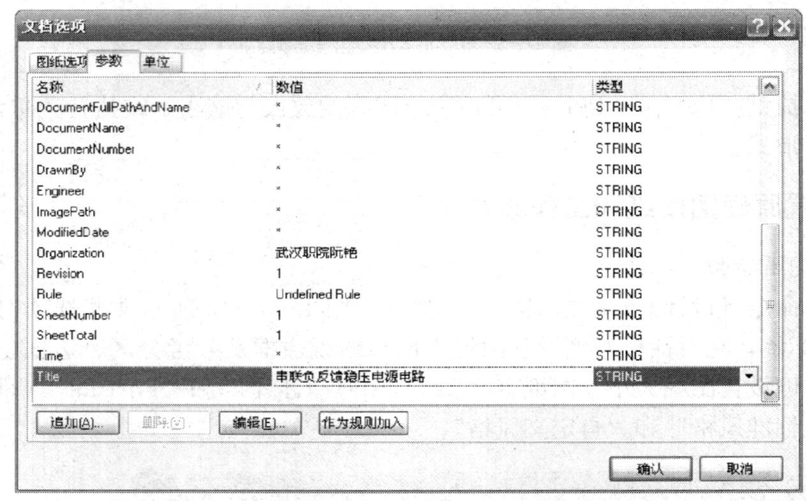

图 1—3—11 设置标题栏参数

(2) 转换特殊字符串。执行菜单命令【工具】/【原理图优先设定】，弹出优先设定对话框，如图 1—3—12 所示，选中“Graphical Editing”，在“转换特殊字符串”选项处打“√”，否则标题栏中无法正常显示字符串。

(3) 放置、编辑文本字符串。执行菜单命令【放置】/【文本字符串】，首先在图纸标题栏相应位置（Title、Number、Revision、Sheet of、Drawn By）处放置字符串，然后双击每一个字符串进入其属性对话框，图 1—3—13 所示为“Title”处的文本字符串属性对话框。在“文本”一栏单击拉列表框，可修改该字符串的属性，此处选择“= Title”选项，即可得到如图 1—3—14 所示标题栏处名称：串联负反馈稳压电源电路。采用相同方法依次编辑“Number”“Revision”“Sheet of”“Drawn By”处字符串“文本”属性，对应分别选择“= SheetNumber”“= Revision”“= SheetTotal”“= Organization”选项。全部编辑完成后标题栏显示如图 1—3—14 所示。

4. 设置原理图其他参数

本任务要求可视网格为线状，可选择图 1—3—12 所示优先设定对话框中的“Grids”进行线状网格设置。优先设定对话框中还可设置原理图其他参数。

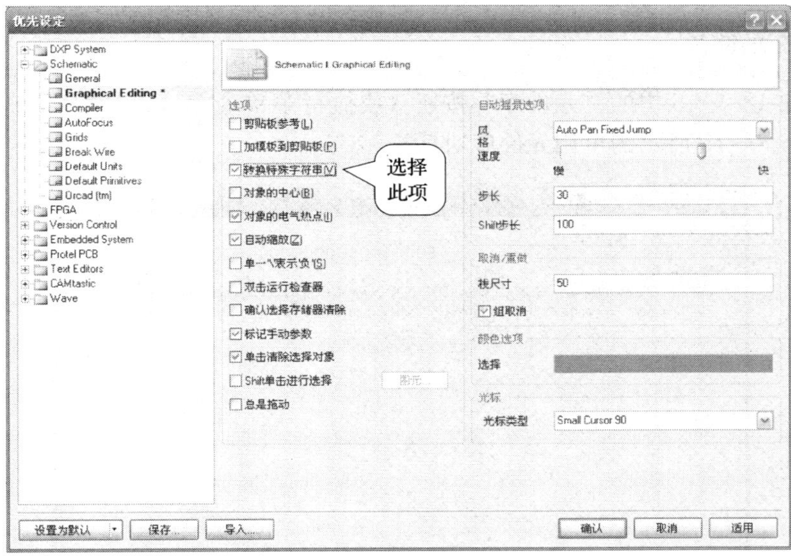

图 1—3—12　转换特殊字符串

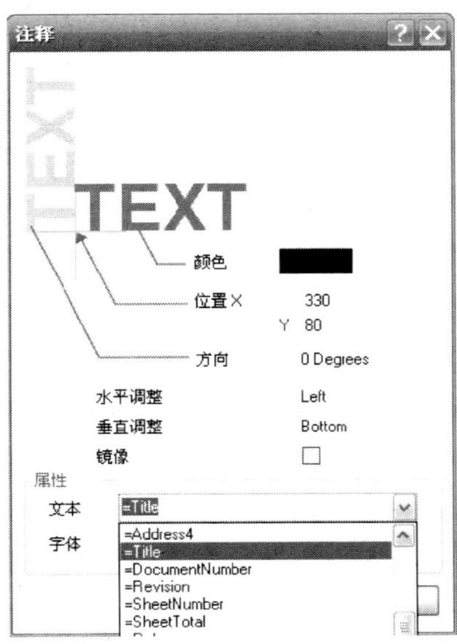

图 1—3—13　编辑标题栏文本属性

Title 串联负反馈稳压电源电路			
Size A4	Number 1		Revision 1
Date:	2012-2-11	Sheet of	1
File:	F:\protel DXP练习\..\标准图.SchDoc	Drawn By:	武汉职业技术学院 阮艳

图 1—3—14　完成标题栏设置

四、加载元件库

1. 单击图 1—3—5 中的“元件库”按钮（或执行菜单命令【设计】/【浏览元件库】），可进入如图 1—3—15 所示的可用元件库对话框。

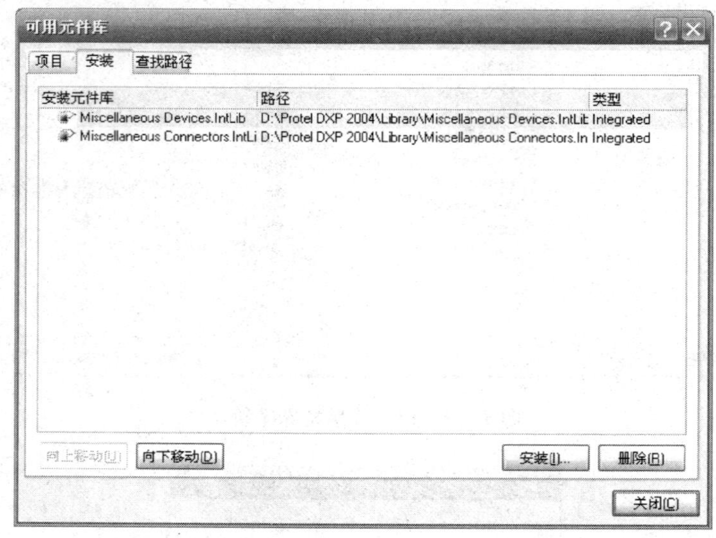

图 1—3—15　可用元件库对话框

2. 若需加载元件库，单击“安装”后，可在如图 1—3—16 所示的库文件中选择。单击“打开”按钮后回到图 1—3—15，可见被加载好的元件库。串联负反馈稳压电源电路中的元器件均在两个默认的元件库中，故无需额外加载。

3. 若欲卸载某个元件库，可在图 1—3—15 中选中该文件，单击“删除”按钮即可。

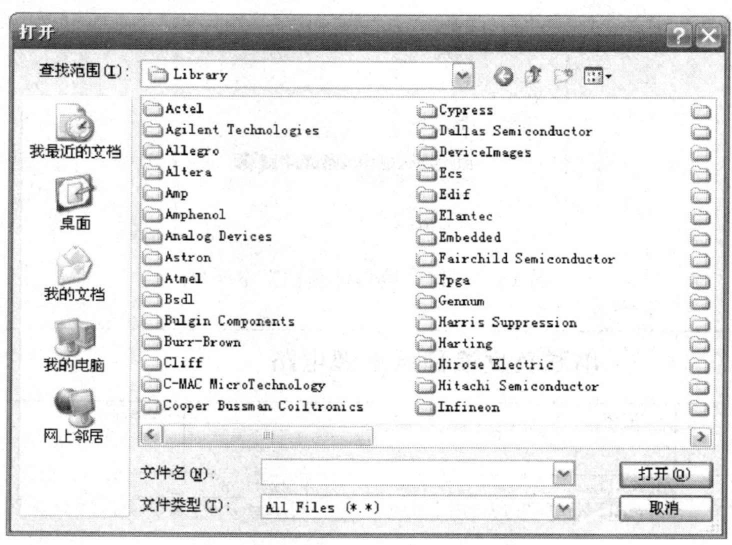

图 1—3—16　可供选择的库文件

五、放置、编辑元器件

1. 方法一：利用元件库面板放置元件

串联负反馈稳压电源电路原理图中元器件的放置可参见表 1—3—1 信息进行。

表 1—3—1　　串联负反馈稳压电源电路原理图元器件信息列表

元器件标识	元件库中元器件名	元器件参数	元器件所在元件库
C1	Cap Pol2	2 200 μF/35 V	Miscellaneous Devices. IntLib
C2	Cap	0. 01 μF/35 V	Miscellaneous Devices. IntLib
C3	Cap Pol2	470 μF/25 V	Miscellaneous Devices. IntLib
JP1	Header 2		Miscellaneous Connectors. IntLib
JP2	Header 2		Miscellaneous Connectors. IntLib
R1	Res2	7. 5 K	Miscellaneous Devices. IntLib
R2	Res2	390 Ω	Miscellaneous Devices. IntLib
R3	Res2	220 Ω	Miscellaneous Devices. IntLib
R4	RPot	220 Ω	Miscellaneous Devices. IntLib
R5	Res2	150 Ω	Miscellaneous Devices. IntLib
T1	Trans Cupl	18 V/12 VA	Miscellaneous Devices. IntLib
VD1	Bridge1		Miscellaneous Devices. IntLib
VD2	D Zener	2DW51	Miscellaneous Devices. IntLib
VT1	NPN	3DD155A	Miscellaneous Devices. IntLib
VT2	NPN	3DG6D	Miscellaneous Devices. IntLib
VT3	NPN	3DG6D	Miscellaneous Devices. IntLib

（1）放置、编辑三极管 VT1。首先在图 1—3—5 的当前元件库中选择 Miscellaneous Devices. IntLib，在元件过滤器框内输入 npn，则下面元器件列表中列出以 npn 开头的元器件，选择其中一个三极管（注意：电路中 VT1 的型号 3DD155A 为国产型号，此列表中没有，可用 2N3904 代替）。再单击右上角的“Place”按钮（或左键双击相应元器件列表），三极管 2N3904 的图形会随着光标移动到绘图区，此时元器件处于浮动状态，如图 1—3—17 所示。按键盘上的“Tab”键，弹出如图 1—3—18 所示元件属性对话框，

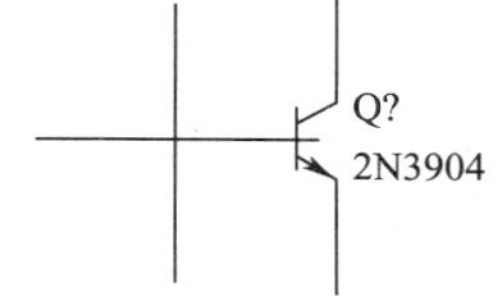

图 1—3—17　浮动状态的元器件

“标识符”选项编辑为 VT1，“注释”选项为 3DD155A，且其后的“可视”选项前打“√”，即显示注释字符串。单击“确认”按钮后如图 1—3—19 所示。按键盘上“Space”键后如图 1—3—20 所示，此时 VT1 逆时针方向旋转 90°，移动 VT1 到图纸合适的位置，单击鼠标左键或按键盘回车键可放置完成。单击鼠标右键或键盘“Esc”键可取消操作。

图 1—3—18　VT1 元件属性对话框

图 1—3—19　编辑后的元器件　　　　图 1—3—20　旋转后的元器件

（2）放置、编辑电阻 R1。从 Miscellaneous Devices. IntLib 中选中 Res2 放置到图纸中，编辑其属性如图 1—3—21 所示，重点编辑圈中内容：将左侧“标识符”项编辑为 R1、“注释”项选中下拉式列表中的“＝Value”一项，在其后面的“可视”选项取消“√”；右侧“Value”项数值输入 7.5 K，且前面的“可视”选项打“√”。

其他元器件可见表 1—3—1，按照上述方法放置、编辑完成，如图 1—3—22 所示。注意：图中 VD1、VD2 和 R4 从元件库中调用的符号与图 1—3—1 中标准符号有差异，是因为图 1—3—1 已经利用元件库编辑器进行了编辑修改，修改元器件符号的方法将在项目二的任务 6 中详细介绍。

（3）调整元器件位置。

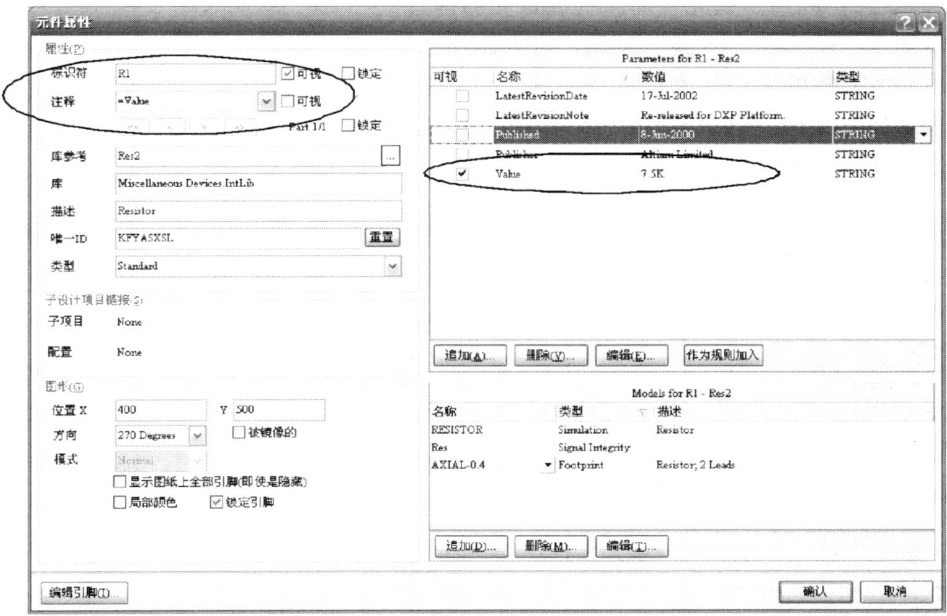

图 1—3—21　R1 元件属性对话框

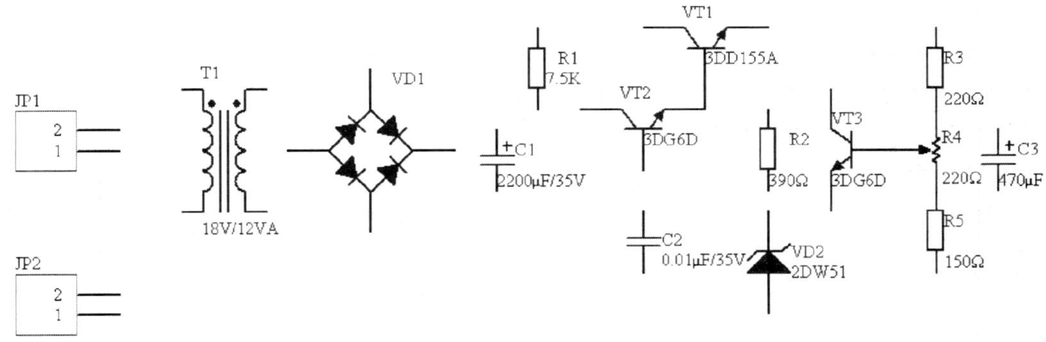

图 1—3—22　元器件放置、编辑完成

1）元器件的移动：单个元器件的移动可将光标对准元器件按住鼠标左键，拖拽鼠标可移动元器件到合适位置。多个元器件的移动可首先选定多个元器件，使之处于被选定的虚线状态，然后对准任意被选定元器件按住鼠标左键拖拽，可移动多个元器件到合适位置。

2）元器件的旋转：选定要旋转的元器件，按住鼠标左键后，再按下相应快捷键可调整元器件方向。“Space”空格键：每按一次，元器件逆时针旋转 90°；“X”键：使元器件左右翻转；“Y”键：使元器件上下翻转。

2. 方法二：利用菜单命令或工具栏放置元器件

执行菜单命令或右键单击工作区【放置】/【元件】，或单击配线工具栏中的按钮，进入图 1—3—23 所示放置元件对话框放置与编辑元件。

3. 方法三：利用查找元件库方式放置元器件

单击图 1—3—5 中“查找”按钮，进入图 1—3—24 所示元件库查找对话框。在最上端空白处填写欲查找的元器件类型的关键字，如上述 VT1 的 NPN 型三极管，输入：* npn，其中 * 表示任意字符。单击下方“查找（S）”按钮，软件将在内置元件库中逐一查找符号要求的元件，并显示于类似图 1—3—5 中。

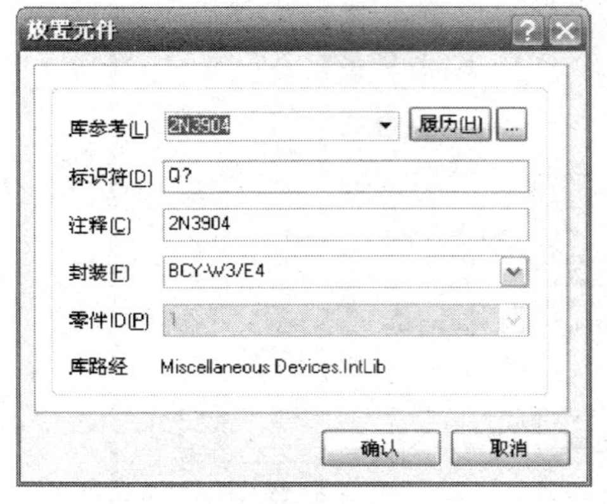

图 1—3—23　放置元件对话框

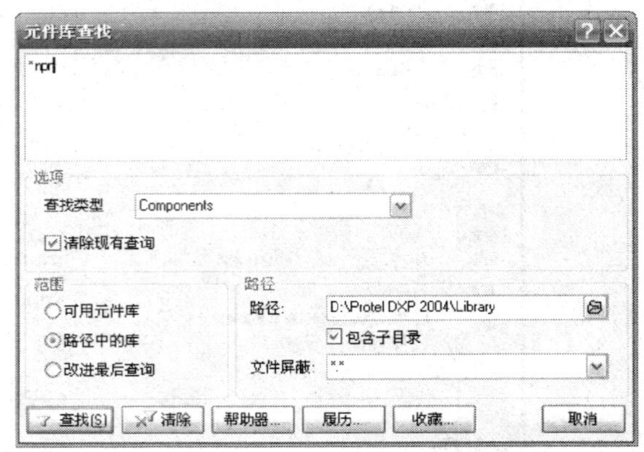

图 1—3—24　元件库查找对话框

六、原理图连线

1. 执行菜单命令或右键单击工作区【放置】/【导线】，或单击配线工具栏中的 ≈ 按钮，将十字光标移到导线起点位置（即要连接的元器件引脚处），此时出现一个大的红色星形连接标志，单击左键确定导线的起点位置，如图 1—3—25 所示 T1 的引脚。

2. 移动十字光标到导线终点位置，如图 1—3—25 所示 VT1 的集电极引脚，中间遇到折点则点击左键确认，到达终点位置后再次单击左键确认导线终点位置，此次连线操作结束。

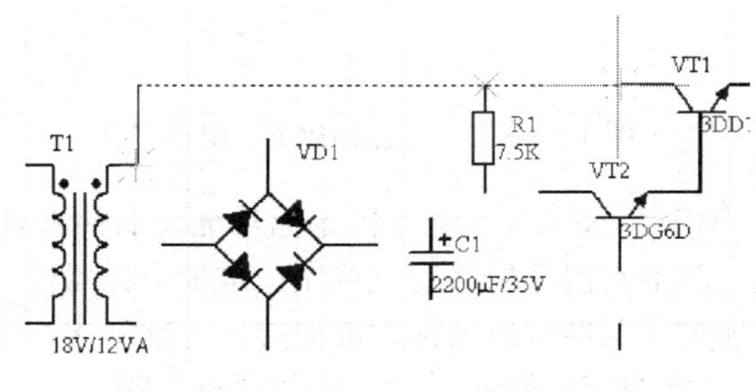

图 1—3—25　放置导线

注意：

（1）放置导线时光标只能从元器件引脚端头开始或结束，导线不能覆盖元器件引脚，导线不能重复绘制，否则会出现多余错误节点。

（2）导线在布线状态下，在光标处于十字形状时可以按键盘“Shift＋Space”键切换导线形式：90°转角、任意角度转角。

3. 按照上述方法放置完成其他导线，如图 1—3—26 所示。

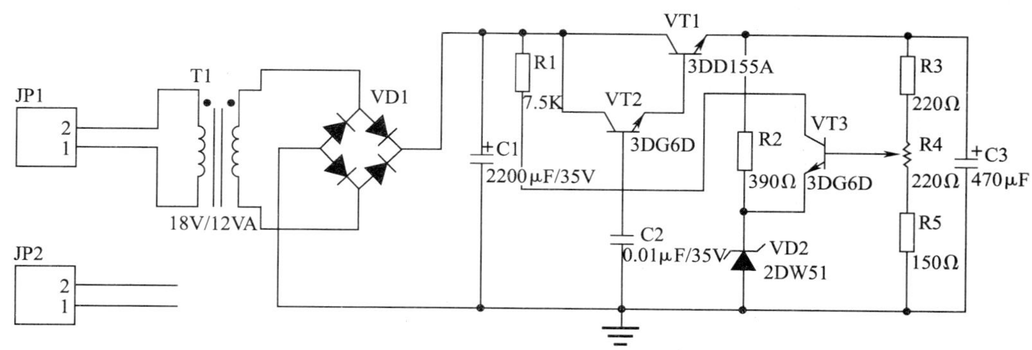

图 1—3—26　完成原理图连线

4. 设置导线属性。双击某一条导线进入该导线属性对话框，如图 1—3—27 所示，可设置导线颜色、线宽。

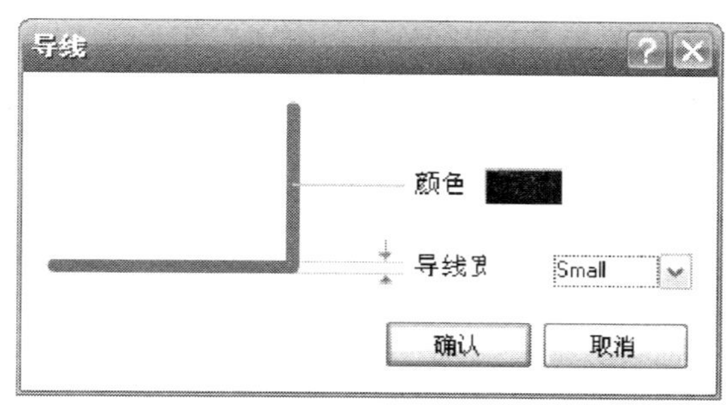

图 1—3—27　导线属性设置

七、放置、编辑其他对象并调整布线

1. 放置手工节点

图 1—3—26 中 VT2 的基极、C2—1、R1—2 及 VT3 的集电极必须连接在一起构成一条电气导通网络，故执行菜单命令或右键单击工作区【放置】/【手工放置节点】，放置一个红色节点。

2. 放置电源端口

（1）方法一：执行菜单命令或右键单击工作区【放置】/【电源端口】，十字光标上有一个 VCC 电源端口，按键盘上的“Tab”键，弹出如图 1—3—28 所示电源端口属性对话框，在“属性”一栏修改为 GND，在“风格”一栏选择“POWER GROUND”，单击“确认”按钮后出现一个接地端口，将其放置到图中合适位置。

（2）方法二：单击配线工具栏中的 ⏚ VCC 按钮，或单击实用工具栏中的工具，如图 1—3—29 所示，可直接放置接地端口和电源端口。

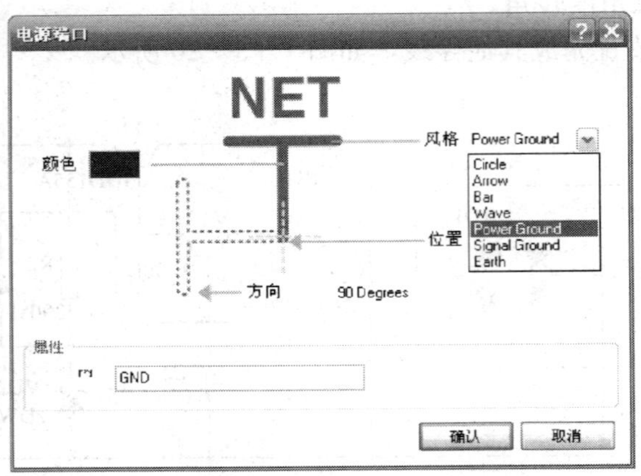

图 1—3—28　电源端口属性对话框

3. 放置网络标签

执行菜单命令或右键单击工作区【放置】/【网络标签】，或单击配线工具栏中的 Net 按钮，十字光标上出现网络标签，按键盘上的“Tab”键，弹出如图 1—3—30 所示网络标签属性对话框，在“属性”一栏修改为 OUT，单击“变更”可修改 OUT 的字体、字形和字号，确认后出现 OUT 网络标签，将其放置到 JP2—2 引脚导线上。图 1—3—1 中的网络标签 AC1、AC2、GND 可用同样方法放置。

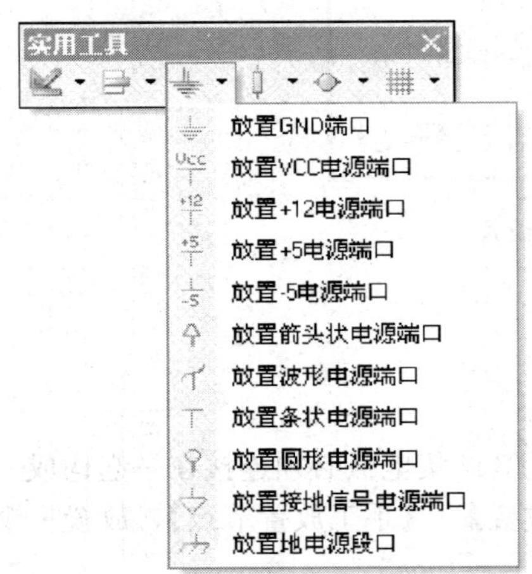

图 1—3—29　实用工具栏中放置电源端口

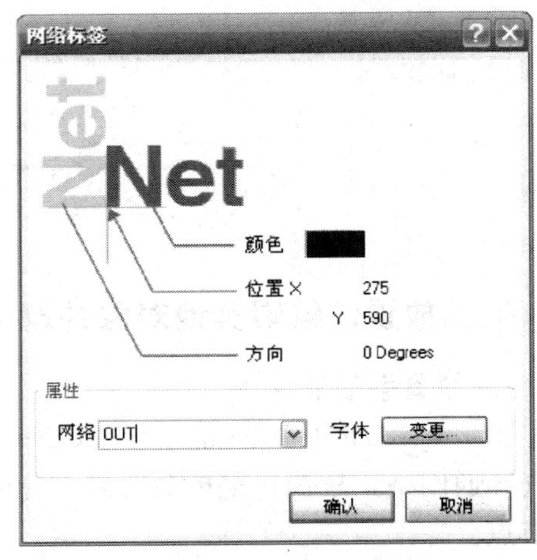

图 1—3—30　网络标签属性对话框

注意：网络标签必须放置在导线上，不可悬空放置。

4. 放置注释文本

执行菜单命令或右键单击工作区【放置】/【文本字符串】，或单击实用工具栏如图 1—3—31 所示的 A 工具按钮，十字光标上出现注释字符，按键盘上的“Tab”键，弹出如图 1—3—32 所示注释属性对话框，在“文本”一栏修改注释字符串，单击“变更”可修改注释文本的字体、字形和字号，确认后出现注释文本，放置到合适位置即可。

最终完成的电路原理图如图 1—3—33 所示。

图 1—3—31　放置注释文本

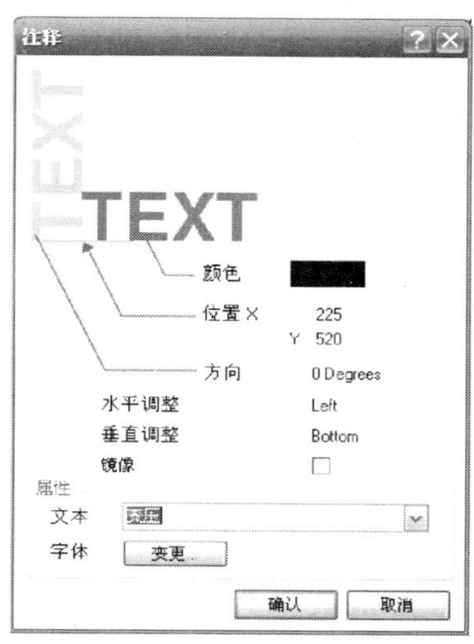

图 1—3—32　注释属性对话框

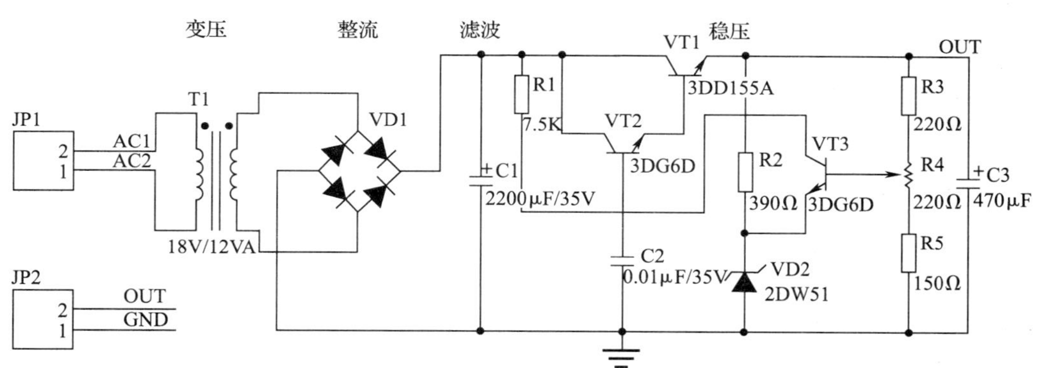

图 1—3—33　完成串联负反馈稳压电源电路原理图

八、编辑、修改原理图并保存

1. 编辑、修改原理图

执行菜单命令【项目管理】/【Compile Document 串联负反馈稳压电源 . SchDoc】，系统将自动对该电路进行检查，即对电路进行电气规则检查，检查结果显示于 Message 面板中，根据其面板提示修改原理图，详细内容见课题三的任务 9。

2. 保存原理图文件

原理图设计过程中经常单击原理图标准工具栏中的 按钮，可随时保存当前设计图，并非等到绘制全部完成后才进行，以防止绘图中因机器故障等原因而丢失设计。

任务评价

表1—3—2 评分标准

序号	项目	内容	评分标准	配分	得分
1	创建工程项目文件、原理图文件并启动	创建、保存设计工作区	正确创建、保存设计工作区：2分；不正确创建：0分	2	
		创建、保存工程项目文件	正确创建、保存工程项目文件：3分；不正确创建、保存工程项目文件：0分	3	
		创建、启动原理图文件	正确创建、启动原理图文件：5分；不正确创建、启动原理图文件：0分	5	
2	设置原理图图纸和工作参数	图纸风格	正确设置图纸风格：2分；不正确设置图纸风格：0分	2	
		图纸方向	正确设置图纸方向：2分；不正确设置图纸方向：0分	2	
		图纸边框	正确设置图纸边框：2分；不正确设置图纸边框：0分	2	
		图纸标题栏	正确设置图纸标题栏：5分；不正确设置图纸标题栏：0分	5	
		可视网格、捕获网格	正确设置图纸可视网格：2分；正确设置图纸捕获网格：2分；不正确设置：0分	4	
		其他参数	正确设置光标、显示色彩：5分；不正确设置：0分	5	
3	加载、卸载元件库	加载、卸载元件库	正确加载、卸载元件库：5分；不正确加载、卸载元件库：0分	5	
4	放置、编辑元器件	放置元器件	正确放置所有元器件：10分；错误放置一个元器件扣2分；错误放置五个以上元器件：0分	10	
		编辑元器件	正确编辑所有元器件（包括编号、参考值）：20分；错误编辑一个元器件扣5分；错误编辑四个以上元器件：0分	20	
5	放置、编辑电气对象	导线	正确放置所有导线：10分；错误放置一条导线扣4分；错误放置两条以上导线：0分	10	
		节点	正确放置所有节点：5分；差一个节点扣4分；差两个以上节点：0分	5	
		电源	正确放置、编辑所有电源：5分；错误编辑一处扣3分；错误放置、编辑两处以上：0分	5	
		接地端口	正确放置、编辑所有接地端口：5分；错误编辑一处扣3分；错误放置、编辑两处以上：0分	5	
		网络标签	正确放置、编辑所有网络标签：5分；错误编辑一处扣3分；错误放置、编辑两处以上：0分	5	
		放置注释文本	正确放置、编辑所有注释文本：5分；错误编辑一处扣3分；错误放置、编辑两处以上：0分	5	
总分合计				100	

思考与练习

1. 简述简单电路原理图绘制流程。
2. 绘制任务 2 中共射放大电路原理图，如图 1—2—1 所示，元器件参数见表 1—3—3。

表 1—3—3　　元器件参数

元器件编号	元件库中参考名称	元器件标称值	元器件封装型号
R1、R2、R3、R4、R5	Res2	18 k、3.3 k、680 Ω、200 Ω、10 Ω	AXIAL—0.4
VT1	2N3904	2N3904	BCY—W3/B.8
C1、C2、C3	Cap Pol2	1 μF、10 μF、1 μF	CAPPR2—5x6.8
JP1	Header 3	Header 3	HDR1X3H

3. 绘制任务 2 中集成功率放大器电路原理图，如图 1—2—13 所示，元器件参数见表 1—3—4。

表 1—3—4　　元器件参数

元器件编号	元件库中参考名称	元器件标称值	元器件封装型号
R2	Res2	2.8 K	AXIAL—0.4
R1	RPot	10 K	VR5
C1、C2、C4	Cap Pol2	5.1 μF、5.1 μF、510 μF	CAPPR2—5x6.8
C3	Cap	5.1 μF	RAD—0.2
JP1	Header 2	Header 2	HDR1X2
U1	LM339	LM339J	DIP—14
RL	Seaker		PIN2

4. 绘制实用门铃电路原理图，如图 1—3—34 所示，元器件参数见表 1—3—5。

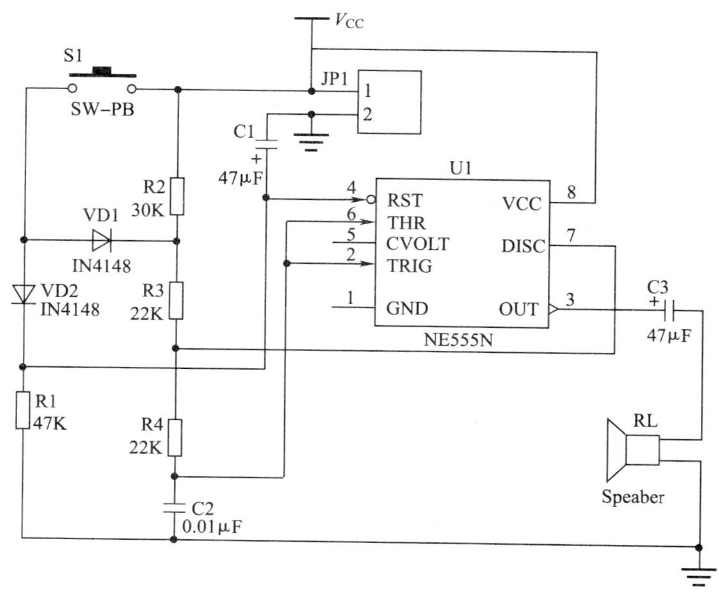

图 1—3—34　实用门铃电路原理图

表 1—3—5　　元器件参数

元器件编号	元件库中参考名称	元器件标称值	元器件封装型号
R1、R2、R3、R4	Res2	47 K、30 K、22 K、22 K	AXIAL—0. 4
C1、C3	Cap Pol2	47 μF、47 μF	CAPPR2—5x6. 8
C2	Cap	0. 01 μF	RAD—0. 2
JP1	Header2	Header2	HDR1X2
U1	NE555N	NE555N	DIP—8
VD1、VD2	Diode 1N4148	1N4148	DIO7. 1—3. 9x1. 9
RL	Speaker	Speaker	PIN2
S1	SW—PB		SPST—2

5. 绘制稳压电源电路原理图，如图 1—3—35 所示，元器件参数见表 1—3—6。

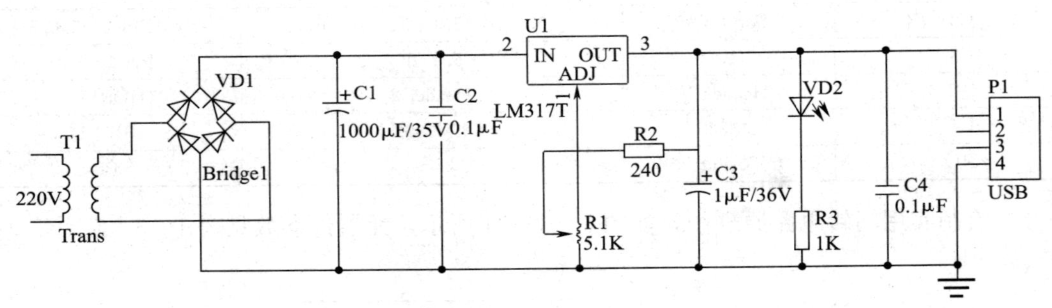

图 1—3—35　稳压电源电路原理图

表 1—3—6　　元器件参数

元器件编号	元件库中参考名称	元器件标称值	元器件封装型号	元件库名
U1	LM317T	LM317T	TO220ABN	ST ower Mgt Voltage Regulator. IntLib
R1	RPot	5. 1 K	VR5	Miscellaneous Devices. IntLib
R2、R3	Res2、Res2	240 Ω、1 K	AXIAL—0. 4	
C1	Cap Poll	1 000 μF	RB7. 6—15	
C3	Cap Poll	1 μF	CAPPR2—5x6. 8	
C2、C4	Cap、Cap	0. 1 μF、0. 1 μF	RAD—0. 2	
T1	Trans	Trans	TRANS	

续表

元器件编号	元件库中参考名称	元器件标称值	元器件封装型号	元件库名
VD1	Brindge1	Bridge	E—BIP—P4/D10	Miscellaneous Devices. IntLib
VD2	LED1	LED1	LED—1	
P1	Header4		HDR1X4	Miscellaneous Connectors

任务 4　方框图与波形图绘制

◆ **技能点**

◎ 利用 Protel DXP 2004 原理图编辑器的描画工具绘制方框图及波形图

◆ **知识点**

◎ Protel DXP 2004 中的英制单位

◎ 直线、曲线、矩形、文本框的绘制方法

任务提出

电路原理图中经常需要一些描述电路工作原理及其状态分析的图框、文本及波形，可利用 Protel DXP 2004 原理图编辑器绘制任务 2 中的图 1—2—3 示意图，具体要求如下：

1. 设置图纸图幅大小为 800 mil×600 mil（此处使用 Protel DXP 2004 默认的英制单位设置 DXP Defaults），设置合适的捕获网格。

2. 绘制完整示意图，包括方框流程图和波形图。

任务分析

借助 Protel DXP 2004 原理图编辑器的描画工具可绘制方框图、波形图等非电气图形。绘图前必须先设置图纸参数以及工作环境参数，再放置方框图、波形图的基本元素，如方框、注释文本、文本框、连线、箭头、曲线等。

相关知识

一、Protel DXP 2004 中的单位

原理图环境下执行菜单命令【设计】/【文档选项】，单击“单位”标签，如图 1—4—1 所示。一般元器件的引脚间距等信息均为英制，通常使用“密尔（mil）”作为图纸度量单位，也可切换图纸度量单位为公制系统，默认单位为“毫米（mm）”，它们之间的关系：1 000 mil≈25.4 mm。

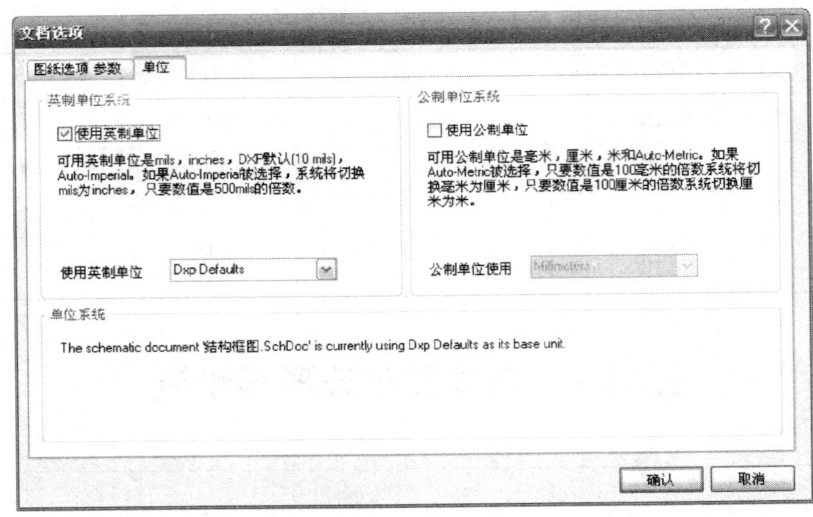

图 1—4—1　Protel DXP 2004 中英制、公制单位系统切换

二、实用工具

绘制非电气类的示意图可使用 Protel DXP 2004 原理图环境下的实用工具栏中的描画工具，或执行菜单命令【放置】/【描画工具】，如图 1—4—2 所示。描画工具栏中只需将光标放置按钮上即可显示其功能提示。

图 1—4—2　描画工具

任务实施

一、新建原理图文件

在任务 3 的图 1—3—9“串联负反馈稳压电源. PrjPCB”中继续新建、保存一个原理图文件，并保存在上述相同文件夹中，命名为“结构框图. SchDoc”。

二、绘制方框图

1. 设置图纸参数

(1) 设置图纸参数。详见任务 3 中图纸参数设置，根据任务要求填写图纸自定义高度：800；自定义宽度：600。其他图纸设置采用默认值。

(2) 设置网格。详见任务 3 中网格设置，根据实际情况设置“可视网格”值为 10 mil，“捕获网格”值为 5 mil，“电气网格”值为 4 mil。

2. 放置矩形框

(1) 放置矩形。执行菜单命令【放置】/【描画工具】/【矩形】，或单击实用工具栏中的描画工具□按钮，单击鼠标左键确定矩形第一个顶点位置，移动光标到适当位置，再次单击鼠标左键确定矩形另一对角顶点位置，完成一直角矩形绘制，如图 1—4—3 所示。

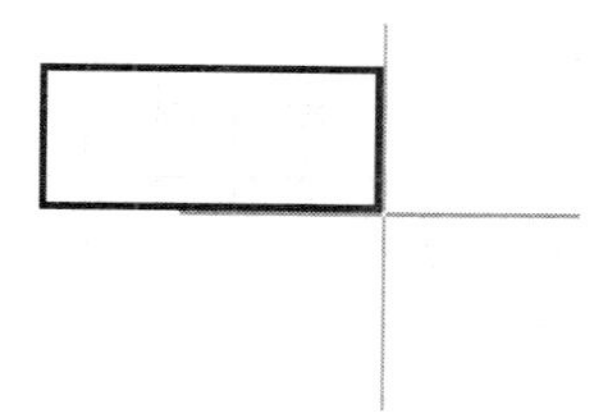

图 1—4—3　放置第一个矩形

接着可继续下一个矩形绘制，否则单击鼠标右键或按键盘“Esc”键可取消矩形放置。双击矩形可进入该矩形属性对话框，如图 1—4—4 所示，设置矩形空心与实心、透明、填充色、边缘色、边缘线宽等。

按照上述方法在图纸合适位置放置六个大小相同的矩形框，或者放置好一个矩形框后采用“选定＋复制＋粘贴”方式放置其余矩形框。

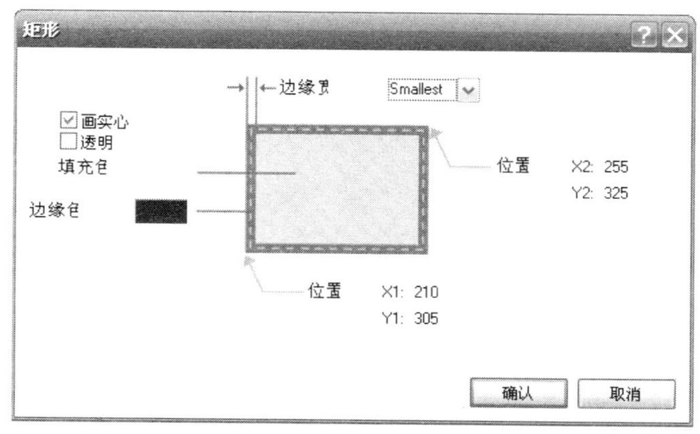

图 1—4—4　矩形属性对话框

(2) 放置矩形框内注释文本。执行菜单命令或右键单击工作区【放置】/【文本字符串】，或单击实用工具栏描画工具 A 按钮，将注释文本放置于矩形框内，并编辑文本属性，放置编辑完成后如图 1—4—5 所示。

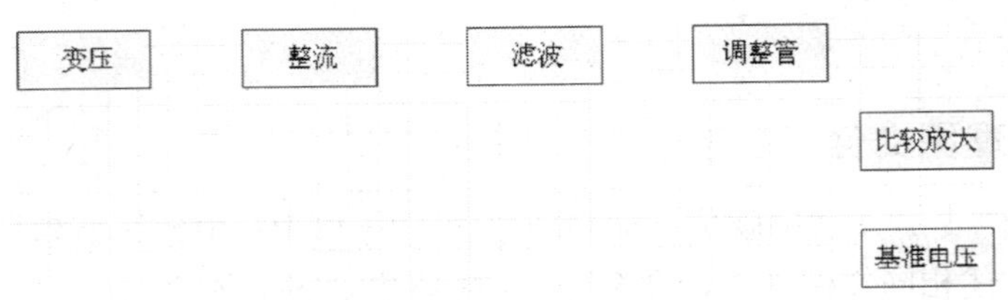

图 1—4—5　放置矩形框及其注释文本

3. 画连线

(1) 画直线。执行菜单命令【放置】/【描画工具】/【直线】，或单击实用工具栏中的描画工具╱按钮，绘制方法与绘制导线类似。

(2) 画箭头（小斜线）。为了得到精度更高的箭头，需要重新设置“捕获网格”值为1。画线方法同上，只是在画线状态下，可在光标处于十字形状时按键盘“Shift＋Space”键切换导线形式：90°转角、任意角度转角，以实现小斜线的绘制。

注意：

1) 一对箭头画好后，其余几对箭头可采用“选定＋复制＋粘贴”的方式完成，通过按键盘“Space”键旋转箭头方向。绘制完成的矩形框带箭头的连线如图1—4—6所示。

2) 只在特殊精细绘制时才将“捕获网格”设置为1或取消“捕获网格”，一般情况下必须恢复“捕获网格”的“√”，并设置为5。

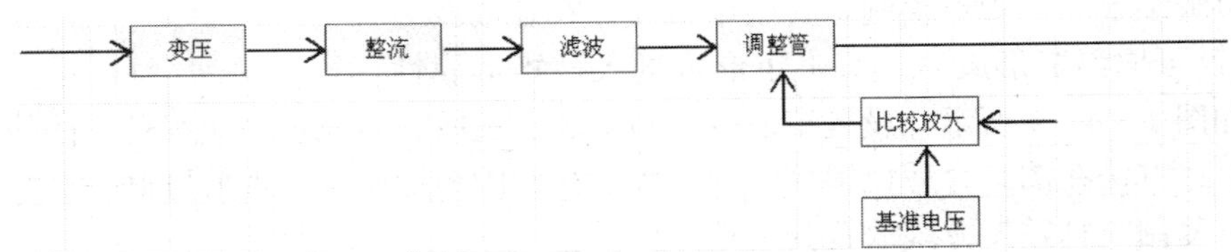

图 1—4—6　画带箭头的连线

4. 放置其他注释文本

执行菜单命令或右键单击工作区【放置】/【文本字符串】，或单击实用工具栏描画工具A按钮，放置并编辑图中其他注释文本。

5. 放置文本框

执行菜单命令或右键单击工作区【放置】/【文本框】，或单击实用工具栏描画工具按钮，十字光标上出现文本框，按键盘上的“Tab”键，弹出如图1—4—7所示文本框属性对话框，在“文本”一栏修改文本内容为“取样电路”(注意：一个字符占一行)，单击“变更”按钮可修改文本的字体、字形和字号，确认后出现白色文本框，单击鼠标左键确定文本框起始顶点，移动光标到适当位置单击鼠标左键确定文本框的终止顶点，完成一文本框放置，如图1—4—8所示。

6. 画圆圈

方框流程图中用圆圈表示输入端口、输出端口，可用绘制椭圆工具完成。

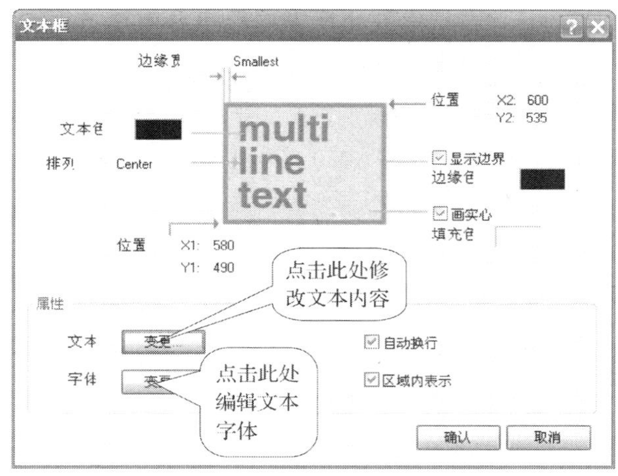

图 1—4—7　文本框属性对话框

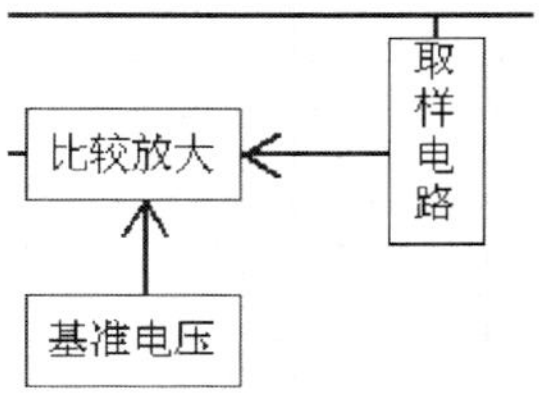

(1) 确定圆中心点。执行菜单命令【放置】/【描画工具】/【椭圆】，或单击实用工具栏中的描画工具⬭按钮，光标上带有一个椭圆，移动光标到适当位置，单击鼠标左键确定椭圆的中心点。

(2) 确定圆 X 方向半径。水平移动光标，椭圆在水平方向上的半径随着光标的移动而改变，在适当位置单击鼠标左键确定椭圆在 X 方向上的半径，此时选择最小 10 mil 作为椭圆 X 方向半径。

取样电路
比较放大
基准电压

图 1—4—8　放置“取样电路”文本框

(3) 确定圆 Y 方向半径。以上述方法垂直移动光标，确定最小 10 mil 作为椭圆 Y 方向半径。

(4) 编辑圆属性。用鼠标左键双击该圆，进入椭圆属性对话框，如图 1—4—9 所示，修改 X 半径、Y 半径尺寸为 5 mil，并且取消“画实心”，则得到半径为 5 mil 的空心圆圈，移至方框图输入端连线处。输出端小圆圈可采用“选定＋复制＋粘贴”方式完成。最终完成的方框流程图如图 1—4—10 所示。

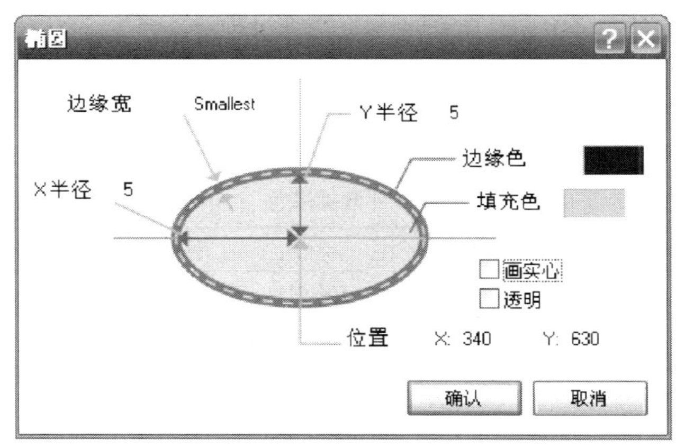

图 1—4—9　椭圆属性对话框

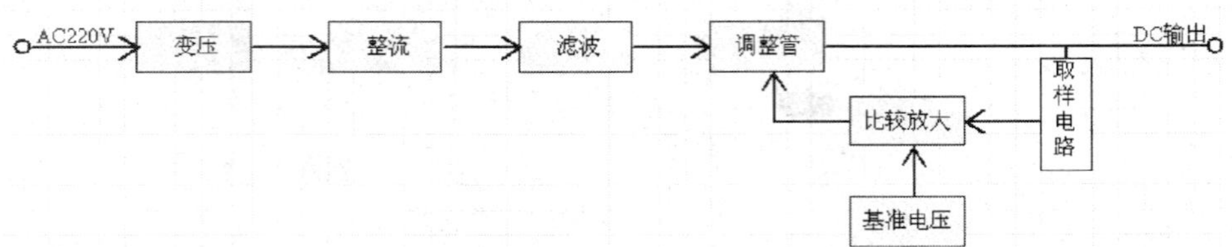

图 1—4—10 完成方框流程图

三、绘制波形图

1. 画正弦波形

执行菜单命令【放置】/【描画工具】/【贝塞尔曲线】，或单击实用工具栏中的描画工具按钮，在图 1—4—11 所示的 A 点处单击鼠标左键确定曲线起点，在 B 点处单击鼠标左键确定弧线两条切线的交点，在 C 点处双击鼠标左键确定终点，注意各点坐标值的对称性。曲线负半周 CDE 以同样方式绘制，或者复制曲线 ABC 并旋转方向而得到。

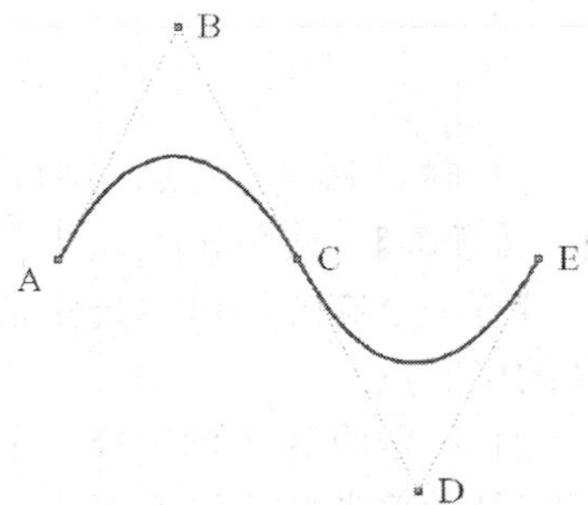

图 1—4—11 绘制正弦曲线的轨迹

2. 放置带箭头的直线、注释文本

用上述绘制直线和箭头的方法在曲线上绘制 X、Y 坐标轴，同时放置注释文本。最终得到的波形分析图如图 1—4—12 所示。

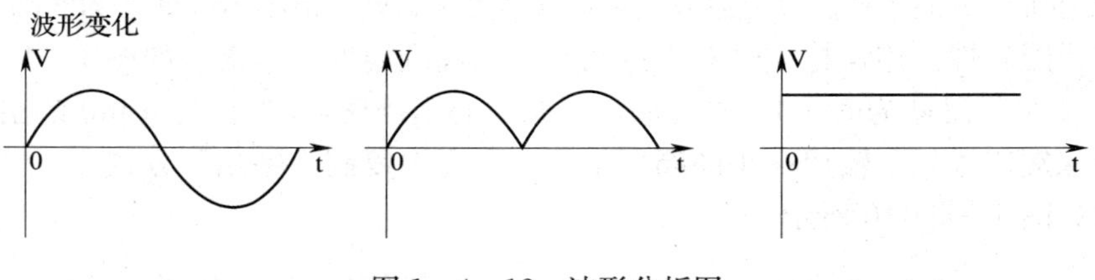

图 1—4—12 波形分析图

任务评价

表 1—4—1 **评分标准**

序号	项目	内容	评分标准	配分	得分
1	新建原理图文件	创建、启动原理图文件	正确创建、启动原理图文件：2 分；不正确创建、启动原理图文件：0 分	2	
2	设置图纸参数	图纸大小	正确设置图纸大小：2 分；不正确设置图纸大小：0 分	2	
		图纸方向	正确设置图纸方向：2 分；不正确设置图纸方向：0 分	2	

续表

序号	项目	内容	评分标准	配分	得分
2	设置图纸参数	图纸标题栏	正确设置图纸标题栏：3分；不正确设置图纸标题栏：0分	3	
		工作光标	正确设置光标：2分；不正确设置光标：0分	2	
		捕获网格	正确设置图纸捕获网格：2分；不正确设置图纸捕获网格：0分	2	
		可视网格	正确设置图纸可视网格：2分；不正确设置图纸可视网格：0分	2	
3	绘制方框图	放置、编辑矩形	正确放置、编辑所有矩形：10分；错一个扣5分；错两个以上0分	10	
		放置、编辑注释文本	正确放置、编辑所有注释文本：10分；错一个扣4分；错三个以上0分	10	
		放置连线	正确放置所有连线：10分；错误一处连线扣5分；错误放置两条以上：0分	10	
		放置箭头	正确放置所有箭头：10分；错误一处扣5分；错两处以上导线：0分	10	
		放置、编辑文本框	正确放置、编辑所有文本框：10分；错一个扣4分；错三个以上0分	10	
		放置、编辑圆圈	正确放置、编辑所有圆圈：10分；不正确放置、编辑圆圈：0分	10	
4	绘制波形图	绘制正弦波	正确绘制正弦波：15分；部分正确：8分；不正确：0分	15	
		放置圆弧	正确绘制圆弧：5分；不正确绘制圆弧：0分	5	
		放置椭圆	正确绘制椭圆：5分；不正确绘制椭圆：0分	5	
总分合计				100	

思考与练习

1. 绘制任务2中低频信号发生器电路原理图的方框图，如图1—2—14所示。
2. 绘制电容充放电曲线，如图1—4—13所示。

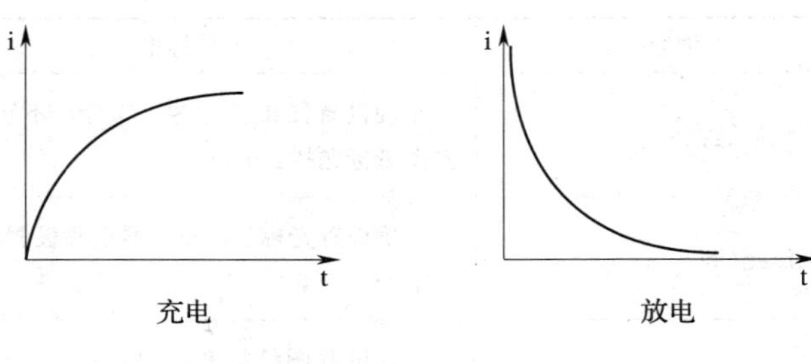

图 1—4—13　电容放电曲线

3. 绘制方波波形示意图。

课题二　复杂电路原理图绘制

任务 5　复杂电路原理图识图

◆ **技能点**

◎ 识别复杂电路原理图中复合式元件符号，并会编辑

◎ 识读复杂电路原理图中总线结构、输入、输出端口

◎ 识读复杂电路原理图各子图基本工作原理

◆ **知识点**

◎ 复合式元件概念、特性

◎ 复杂电路原理图中的总线结构

任务提出

通常数字电路设计中选用集成电路元件，并且会涉及多条并行导线的连接，如单片机电路中的地址线和数据线。Protel DXP 2004 环境为此提供了总线结构和复合式元件编辑方法。具体要求如下：

1. 识读如图 1—5—1 所示脉冲抖动去除电路中集成芯片 DM74LS04M、DM74LS32M 及 74LS74 的复合式元件符号及其功能，理解电路基本工作原理。

2. 识读如图 1—5—2 所示基于单片机的步进电动机控制系统中的总线、端口结构，理解该电路工作原理、各子电路功能及其相互关系。

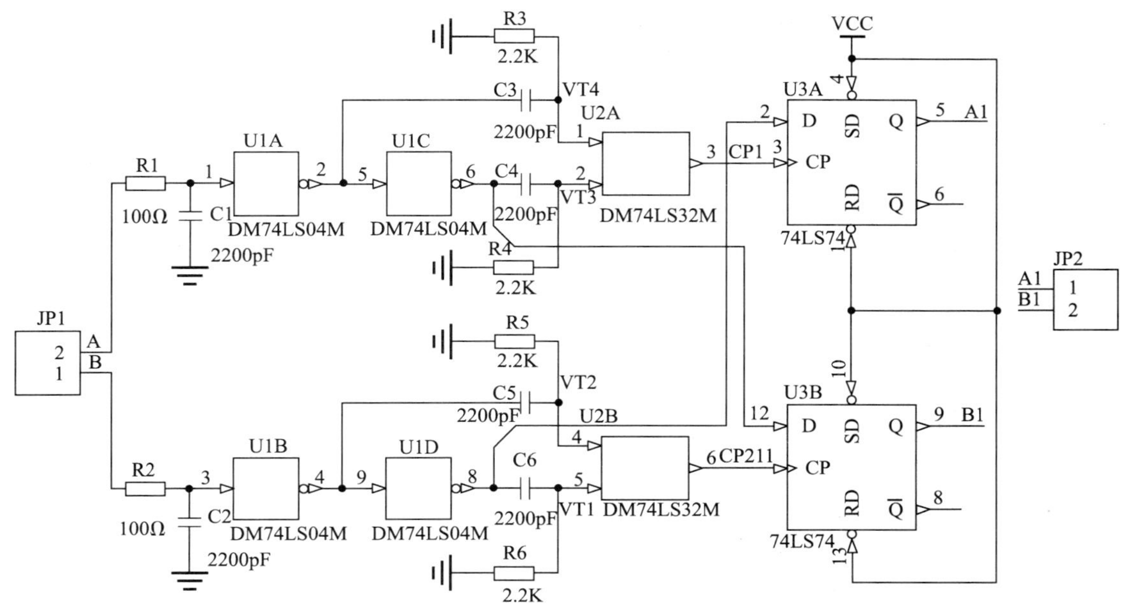

图 1—5—1　脉冲抖动去除电路

任务分析

机电控制电路中常见的电子电路通常是以单片机为核心的较复杂的电子电路，电路中会使用复合式元件（即集成芯片），如 74 系列、CMOS 系列集成电路，复杂电路图中的电气连接还涉及多条并行导线的连接，因此绘制电路原理图时需了解复合元件及总线结构。复杂电路系统在设计时按照电路功能可分成若干个子电路，每个子电路实现相应功能，从而共同完成一个复杂系统的电路功能。

相关知识

一、复合式元件

1. 复合式元件的概念

一块集成芯片中含有多个功能相同、相互独立的单元，这种芯片亦称为复合式元件，如 74LS00、74LS04 等集成芯片。如图 1—5—3 所示为通用型六反相器 74LS04 实物及其引脚排列图，该芯片内部包含六个功能相互独立的非门，每个非门有两个引脚（即 A 脚输入，Y 脚输出），芯片共有 14 个引脚，其中 7、14 脚分别为接地（GND）和电源引脚（VCC），同时为芯片上的六个非门供电。

2. 复合式元件在电路原理图中的表示

在电路原理图中复合式元件是用每一单元符号表示的，用到同一块芯片的不同单元时其元件编号为：用 A 表示第一个单元，B 表示第二单元，C，D... 依此类推。如图 1—5—4 所示为一块通用型六反相器 74LS04 在电路原理图中的表示，元件编号均为 U1（同一块芯片），

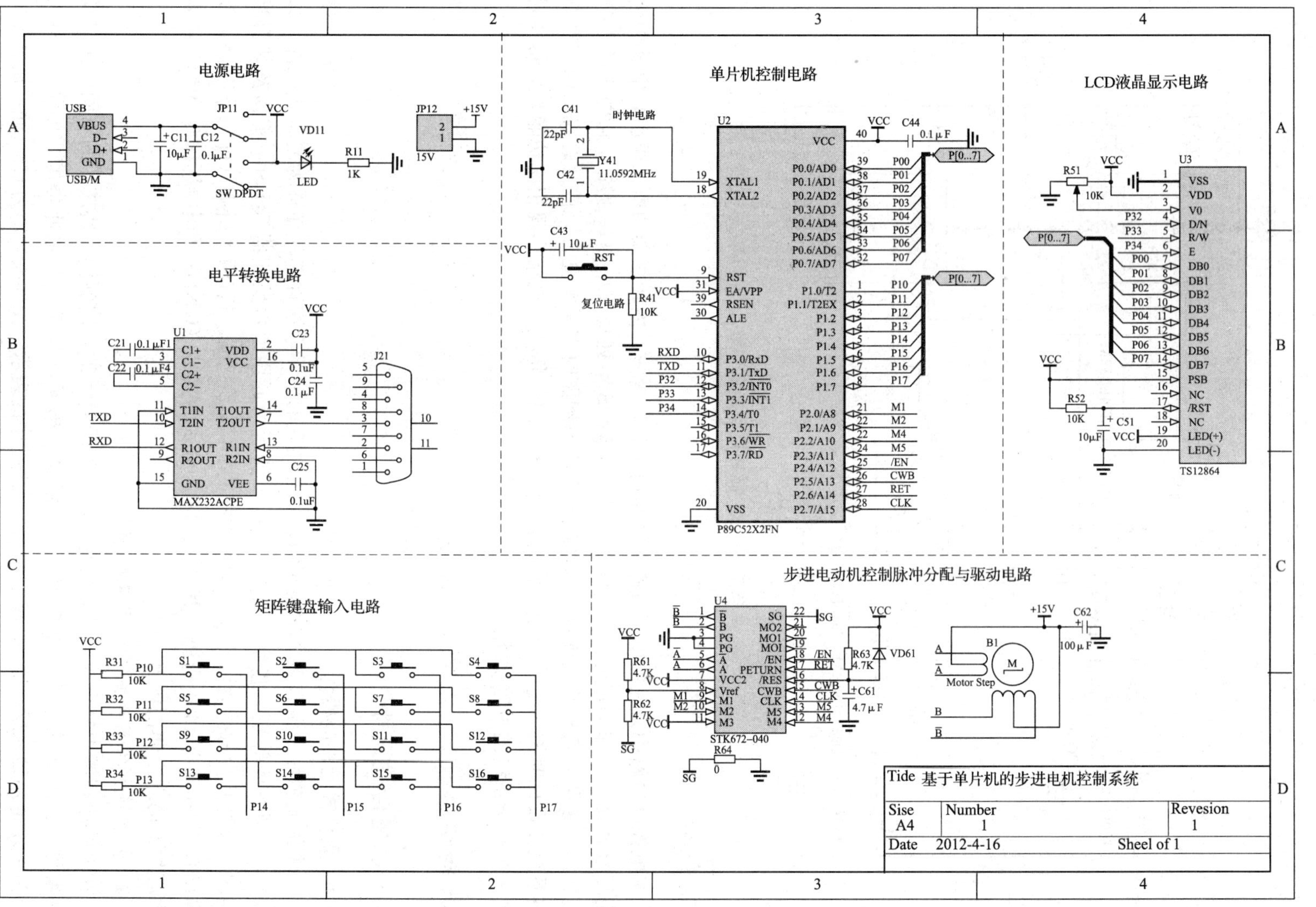

图 1—5—2 基于单片机的步进电动机控制系统

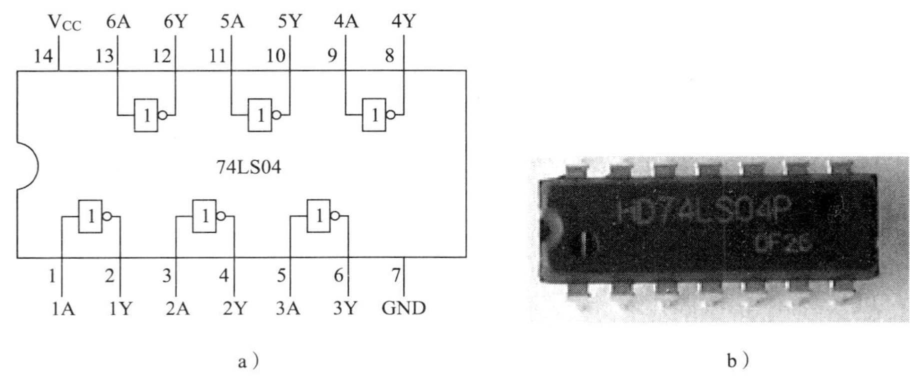

图 1—5—3　74LS04 引脚排列及其实物

a）引脚排列图　b）实物图

每对非门图形相同，编号中的 A 表示芯片的第一单元，对应的引脚为输入脚 1、输出脚 2，其他 B、C、D、E、F 单元如图 1—5—4 所示。

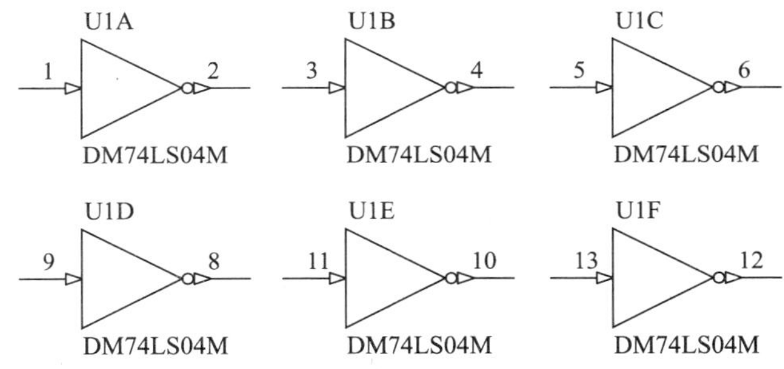

图 1—5—4　74LS04 在电路原理图中的编号

二、总线结构

1. 总线

总线（Bus）是用一根粗线来表达多条并行的、具有相同电气特性的电连接线（Wire），一般用于绘制地址总线、数据总线等，如图 1—5—5 所示的两条总线分别为 D【0...7】、A【0...15】。

注意：电路原理图环境下的总线本身并没有任何实质上的电气意义，仅为方便识图和绘图、简化电路原理图而引入的一种形式。

2. 总线入口

使用总线代替一组并行电连接线时，通常需要与总线入口（Bus Entry）配合使用，即总线通过总线入口（小斜线）将总线分成多根导线，如图 1—5—5 所示。

3. 网络标签

因总线不具有电气连通的意义，故在对应的电气节点上还需通过网络标签、端口来表示具体的电气连接关系。详见课题一任务 2 中相关知识。

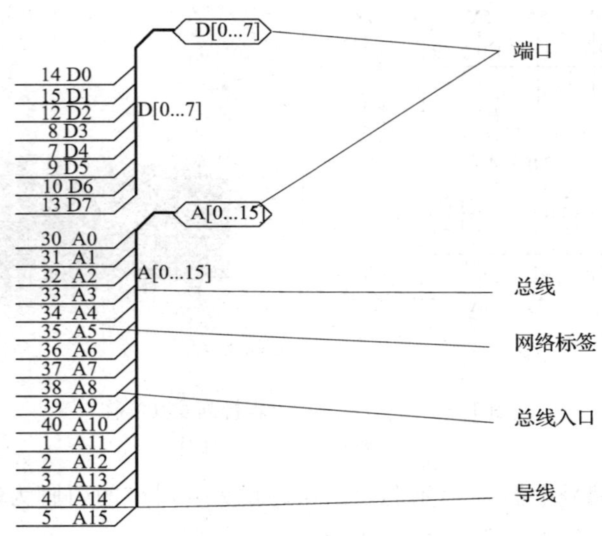

图 1—5—5　电路原理图中总线结构

4. 输入、输出端口

端口（Port）是一个电路与另一个电路之间的连接口，实现电路的电连接功能，一般用于含有多个子电路的复杂电路原理图或层次电路图中，以简化原理图，方便识读，如图 1—5—5 所示。

端口同网络标签一样，是具有电气意义的符号，具有相同名称的端口可认为在电气意义上是连接在一起的。如图 1—5—2 所示单片机控制电路的 P【0. . . 7】端口与 LCD 液晶显示电路的 P【0. . . 7】端口是导通的，即总线通过总线入口分成多根导线，再通过每根导线上相同的网络标签得到一一对应的电气连接关系。

注意：总线结构中所有导线虽然都通过总线入口连接到总线上，但只有网络标签相同的导线才在电气意义上是连接的。

任务实施

一、识读脉冲抖动去除电路原理图

1. 识别电路原理图中复合式元件

如图 1—5—1 所示的信号变换主要通过反相器 U1 或门 U2 和 D 触发器 U3 实现，它们均为复合式元件，其他元器件为常用电阻、电容，如图 1—5—6 所示。

(1) U1：DM74LS04M，即六反相器 74LS04，DM 为厂商标识，具体组成单元及实物如图 1—5—3 所示。图 1—5—6 中用到四个反相器，使用同一片 DM74LS04M 芯片中的四个独立单元，编号分别为 U1A、U1B、U1C、U1D。

(2) U2：DM74LS32M，即 74LS32。具体组成单元及实物如图 1—5—7 所示，芯片内包含四个功能相互独立的或门，每个或门有三个引脚（A、B 脚输入，Y 脚输出），共有 14 个引脚，其中 7、14 脚分别为接地（GND）和电源引脚（VCC），同时为芯片上的四个或门供电。如图 1—5—6 所示用到两个或门，使用同一片 DM74LS32M 芯片中的两个独立单元，编号分别为 U2A、U2B。

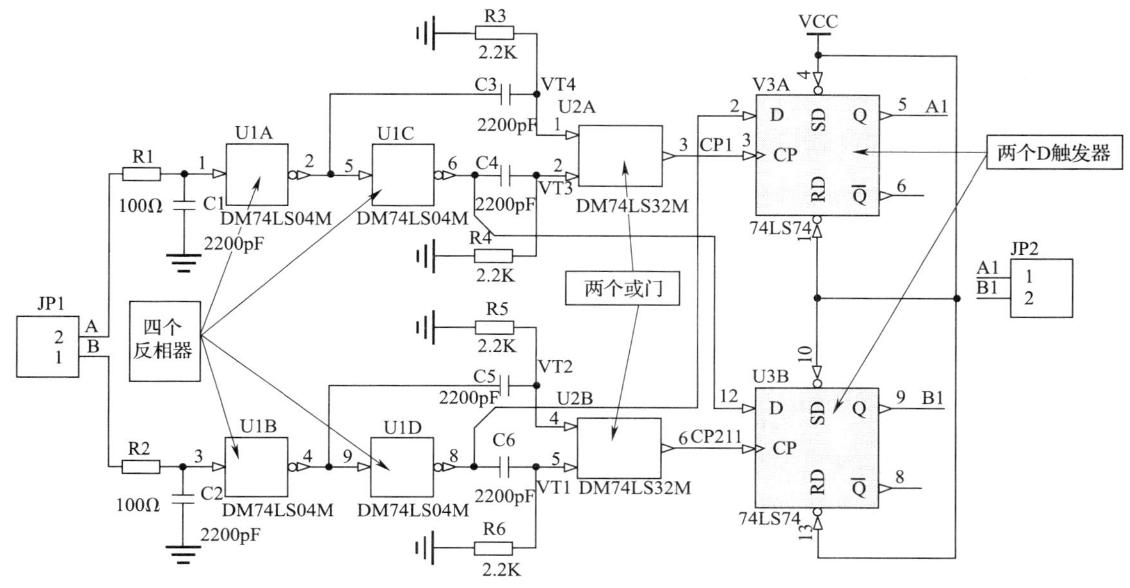

图 1—5—6　复合式元件的使用

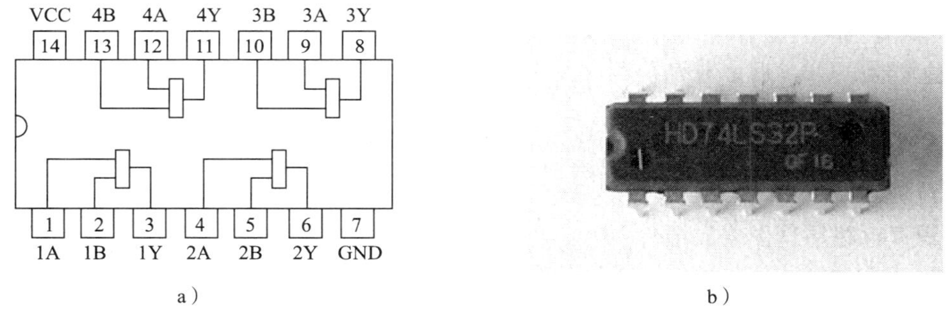

a)　　　　b)

图 1—5—7　74LS32 引脚排列图及其实物

a）引脚排列图　b）实物图

（3）U3：74LS74，即双 D 触发器，内部含两个独立的上升沿触发的 D 触发器，具体组成单元及实物如图 1—5—8 所示。每个触发器有数据输入（D）、置位输入（PR 或 SD）、复位输入（CLR 或 RD）、时钟输入（CK 或 CP）和数据输出（Q、$\overline{Q}$）。

74LS74 的引脚 PR、CLR 的低电平使输出预置或清除，而与其他输入端的电平无关。当 PR、CLR 均无效（高电平式）时，符合建立时间要求的 D 数据在 CP 上升沿作用下传送到输出端。如图 1—5—6 所示用到两个 D 触发器，使用同一片 74LS74 芯片中的两个独立单元，编号分别为 U3A、U3B。

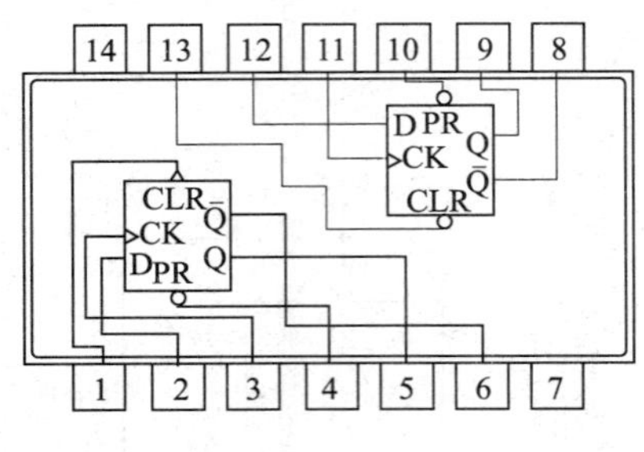

a）

b）

图 1—5—8　74LS74 引脚排列图及其实物

a）引脚排列图　b）实物图

2. 识读电路原理图基本工作原理

如图 1—5—1 所示是应用于光栅编码器输出的脉冲抖动去除电路。光栅编码器是应用于数控机床的一种角位移一数字转换器，通过光电转换将输出轴上的机械几何位移量转换成脉冲或数字量，即通过计算每秒光电编码器输出脉冲的个数而反映出当前电动机的转速。而在实际应用中，由于电动机和机床的振动使编码器某相（A 相或 B 相）有断续的方波脉冲输出，影响伺服电动机正确定位。

如图 1—5—1 所示将光栅编码器输出的 A、B 相信号经 R1、C1 及 R2、C2 的滤波和 U1 的 74LS04 反相器整形后得到 V1（B 相两次反相）、V2（B 相一次反相）、V3（A 相两次反相）、V4（A 相一次反相）四个信号。这四个信号再分别经过 U2 的 74LS32 或门后得到信号 CP1、CP2，即作为 U3（74LS74，D 触发器）的触发信号，此信号与 A、B 两路信号经两个 D 触发器（U3）后，分别得到与原信号 A、B 相差 90°相角的 A1、B1 两路信号，该信号去除了抖动输出脉冲。

二、识读基于单片机的步进电动机控制系统电路原理图

1. 识读电路原理图中元器件

如图 1—5—2 所示元器件信息见表 1—5—1。

表 1—5—1　基于单片机的步进电动机控制系统电路原理图元器件信息表

元器件编号	元器件名称	元器件参数
C12、C21、C22、C23、C24、C25、C44、C41、C42	无极性电容	0.1 μF、22 pF
C11、C43、C51、C61、C62	极性电容	10 μF、4.7 μF、100 μF
R11、R31、R32、R33、R34、R41、R52、R61、R62、R63、R64	电阻	1 K、10 K、4.7 K
R51	可调电阻	10 K
Y41	晶振	11.0592 MHz

续表

元器件编号	元器件名称	元器件参数
JP11	上电开关	
JP12	外接＋15 V 电源连接器	
J21	9 针串口连接器	
VD11	发光二极管	
VD61	二极管	
B1	四相步进电动机	
U1	电平转换芯片	MAX232ACPE
U2	单片机芯片	P89C52X2FN
U3	LCD 液晶显示模块	TS12864
U4	四相步进电动机驱动芯片	STK672－040
RST、S1～S16	按键开关	
USB	USB 接口	1364372－2

2. 识读电路原理图基本工作原理

工业控制系统中通常需要控制机械部件的平移和转动，而步进电动机是一种将电脉冲转化为角位移（或直线位移）的执行机械，最适合于数字控制，在数控机床等设备中得到广泛应用。

如图 1—5—2 所示是基于 51 单片机控制的四相步进电动机系统，由单片机产生正确的驱动脉冲信号，控制步进电动机以正确的转速向正确的方向产生正确的转动角度。整个电路系统按功能分为六个子电路：电源电路、电平转换电路、矩形键盘输入电路、单片机控制电路、LCD 液晶显示电路、步进电动机系统电路脉冲分配与驱动电路，每个子电路完成相应功能，从而实现单片机根据输入的键盘值控制四相步进电动机驱动芯片 STK672－040 的输入，再由 STK672－040 完成脉冲分配与功率驱动，输出脉冲控制步进电动机的运行，同时将步进电动机转速显示于 LCD 液晶显示屏上。

3. 识读复杂电路的各子电路图功能

（1）电源电路。电源电路提供整个控制系统稳定的＋5 V 电源，直接取自于 PC 机的 USB 接口，如图 1—5—9 所示。开关 JP11 控制上电，接通后指示灯 VD11 亮。JP12 接外部电源＋15 V，为步进电动机供电。

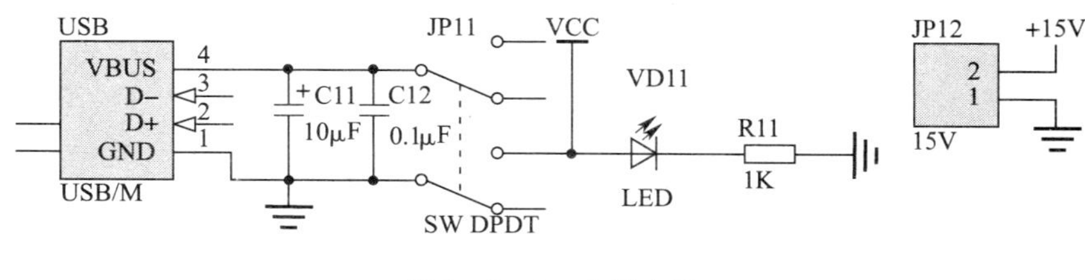

图 1—5—9 电源电路

（2）电平转换电路。又称下载电路，用于通过串口通信将PC机上的程序写入到单片机上。因PC机RS232串口的电平标准和单片机的TTL电平不一致，故单片机和PC机之间的串口通信必须经过RS232/TTL电平转换电路，如图1—5—10所示，电路核心元件MAX232，可实现电平转换功能；PC机与单片机通过J21连接。

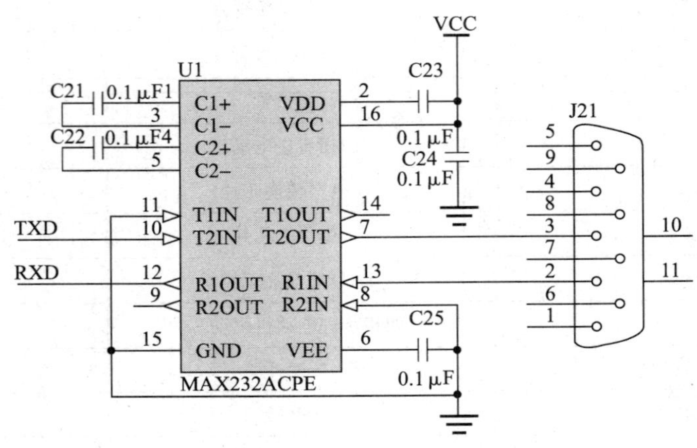

图1—5—10　电平转换电路

（3）矩形键盘输入电路。矩形键盘输入电路采用4×4的16键行列矩阵排列形式，如图1—5—11所示，当按键按下时，其交点的行线与列线接通，相应行线或列线上的电平发生变化，从而确定被按下的键。单片机U2的P1口用于键盘输入，高4位用于列控制，作为列检测输入线，与四根列线相连；P1口低4位用于行控制，作为行检测输入线，与四根行线相连，行线接入上拉电阻，以使其处于高电平。通过行列键盘扫描的方法，可获取键盘输入的键值。

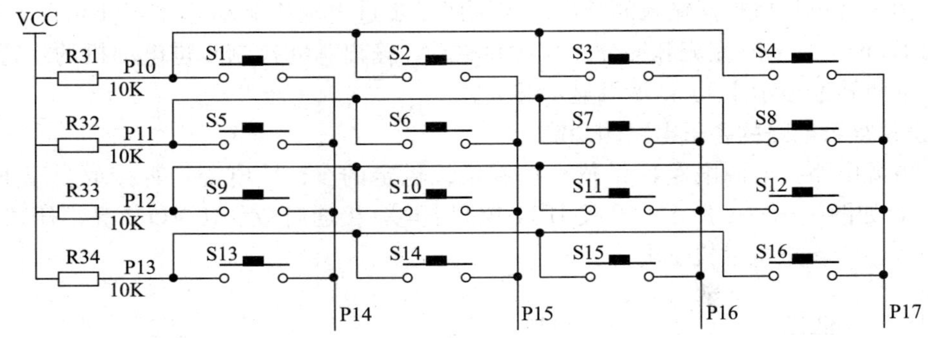

图1—5—11　矩形键盘输入电路

（4）单片机控制电路。单片机控制电路是系统电路原理图的核心部分，由单片机89C52实现控制，如图1—5—12所示，其中包括时钟电路和复位电路。

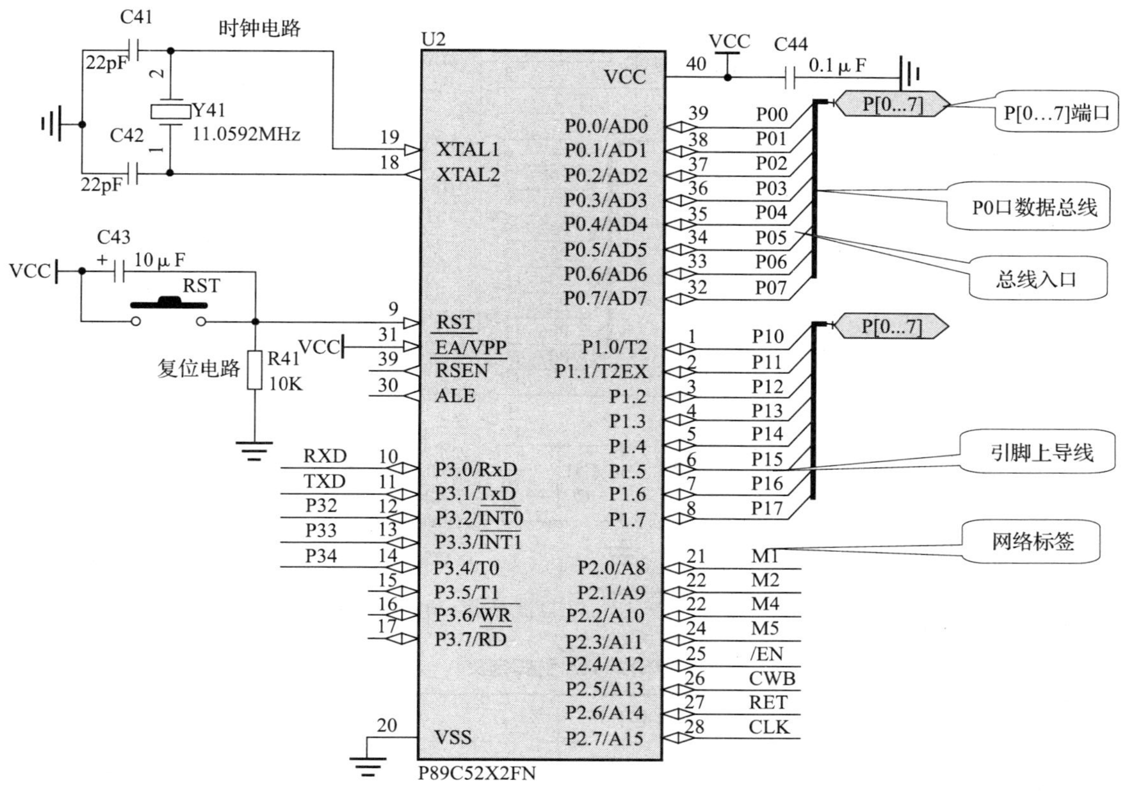

图 1—5—12　单片机控制电路

时钟电路使单片机工作于 11.059 2 MHz，晶振 Y41 属外部晶振。

复位电路使单片机的 CPU 及系统各部件处于确定的初始状态，并从初始状态开始工作。VCC 上电时，C43 充电，在 R41 电阻上出现电压，使得单片机复位；几个毫秒后，C43 充满电，让 R41 上电流降为 0，电压也为 0，使得单片机进入工作状态。工作期间，按下 RST 键，C43 放电，松开 RST 键，C43 又充电，在 R41 上出现电压，使得单片机复位。几个毫秒后，单片机进入工作状态。

89C52 的 P0 口及 P3.2、P3.3、P3.4 口用于 LCD 液晶显示的控制与数据传输，P1 口用于键盘输入，均通过总线入口、端口和网络标签实现电气连接，P2 口用于控制步进电动机的脉冲分配与驱动。

（5）LCD 液晶显示电路。液晶显示正广泛应用于电子产品等各个领域，液晶模块已成为单片机系统的一个重要输出器件，具有显示质量高、体积小、重量轻、功率消耗低的特点。如图 1—5—13 所示，本系统使用内含 ST7920 控制器的图形液晶显示模块 TS12864，它有八位的微处理器接口，通过内部的 128×64 位映射 DDRAM 实现 128×64 点的平板显示。查阅 TS12864 相关使用手册，得到其引脚定义见表 1—5—2。

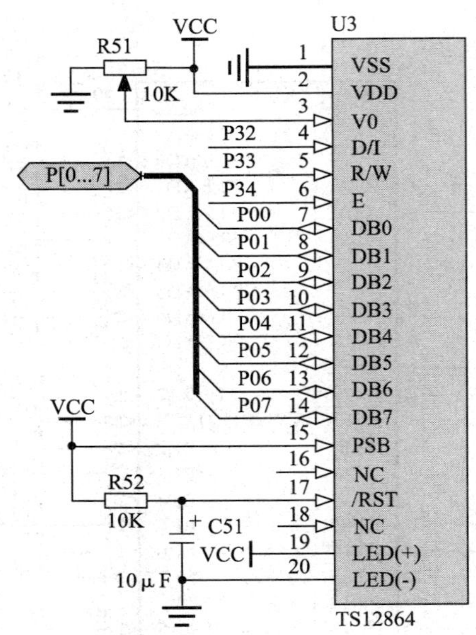

图 1—5—13　LCD 液晶显示电路

表 1—5—2　　**TS12864A 引脚定义**

引脚序号	引脚名称	引脚电平	引脚功能
1	VSS	0 V	电源地
2	VDD	+5 V	电源输入
3	V0		液晶显示对比度调节
4	D/I	H/L	H：显示数据；L：显示指令
5	R/W	H/L	H：读信号；L：写信号
6	E		读写使能
7～14	DB0～DB7	H/L	数据总线
15	PSB	H/L	H：八位或四位并口方式；L：串口方式
16	NC		
17	/RET	H/L	复位端，低电平有效
18	NC		
19	LED（+）		背光源正端（+5 V）
20	LED（—）		背光源负端

如图 1—5—13 所示 LCD 液晶显示电路，89C52 的 P0 口直接与液晶模块的数据总线相连，P3 口的 2、3、4 引脚分别与液晶模块的 D/I、R/W、E 相连，通过软件控制液晶模块

的输出。

(6) 步进电动机系统电路脉冲分配与驱动电路。如图 1—5—14 所示步进电动机系统电路脉冲分配与驱动电路，实现脉冲分配和驱动两项功能。电路中四相步进电动机驱动芯片选用 SANYO 公司的 STK672－040，内部集成了硬件脉冲分配与功率驱动功能，无须其他驱动电路即可控制步进电动机运行，查阅 STK672－040 相关使用手册，得到其引脚定义见表 1—5—3。

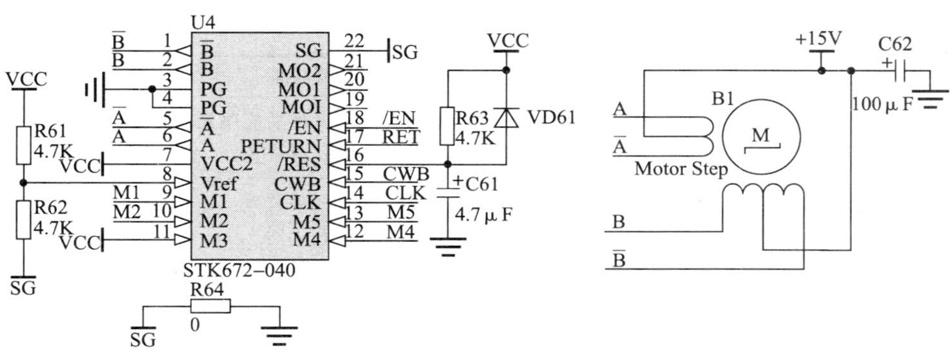

图 1—5—14　步进电动机系统电路脉冲分配与驱动电路

表 1—5—3　　　　STK672－040 引脚定义

引脚序号	引脚名称	引脚电平	引脚功能
1、2	$\bar{B}$、B		系统电路步进电动机的四相激励脉冲输出引脚
3、4	PG	0 V	电源地
5、6	$\bar{A}$、A		系统电路步进电动机的四相激励脉冲输出引脚
7	VCC2	+5 V	电源引脚
8	Vref		恒定电流检测基准引脚
9、10、11	M1、M2、M3		模式设置输入引脚
12、13	M4、M5		转向轨迹设置输入引脚
14	CLK	H/L	相位切换时钟输入引脚
15	CWB	H/L	步进方向设置输入引脚
16	/RES	H/L	复位引脚，低电平有效
17	RETURN	H/L	归位输入引脚
18	/EN	H/L	激励驱动输出关闭使能引脚
19、20、21	MOI、MO1、MO2	H/L	激励状态监视引脚
22	SG		信号地

如图 1—5—14 所示 R63、C61 和 VD61 构成了 STK672－040 的上电复位电路；R61、R62 分压网络提供了 Vref；M1、M2、M4、M5、/EN、CWB、/RES 分别与 89C52 P2 口

的 P2.0～P2.6 连接，由单片机根据需要提供正确的配置；CLK 为 STK672－040 的输入时钟，由单片机的 P2.7 引脚提供，它决定了输出脉冲信号的频率，即相位变换的频率，也决定了步进电动机的转速（频率）；A、B、$\overline{A}$、$\overline{B}$ 为 STK672－040 的四相脉冲输出，因芯片内部经过了功率放大驱动，所以可直接用于驱动步进电动机。

任务评价

表 1—5—4　　　　评分标准

序号	项目	内容	评分标准	配分	得分
1	识别复合式元件	复合式元件功能单元	正确识读复合式元件功能单元：10 分；部分正确识读：5 分；不正确：0 分	10	
		复合式元件符号	正确识读复合式元件符号：5 分；不正确识读复合元件符号：0 分	5	
		复合式元件属性编辑	正确识读复合式元件属性：5 分；不正确识读复合式元件属性：0 分	5	
2	识读复杂电路原理图总线结构	总线	正确识读所有总线：10 分；部分正确识读：5 分；不正确识读：0 分	10	
		总线入口	正确识读所有总线入口：10 分；部分正确识读：5 分；不正确识读：0 分	10	
		端口	正确识读所有端口：10 分；部分正确识读：5 分；不正确识读：0 分	10	
		网络标签	正确识读所有网络标签：5 分；不正确识读：0 分	5	
3	识读复杂电路原理图	识读原理图元器件	正确识读所有元器件及其功能：15 分；错误识读一个元器件扣 5 分；错误识读三个以上 0 分	15	
		识读电路原理图工作原理	掌握电路基本工作原理：10 分；不完全掌握工作原理：6 分；未掌握工作原理：0 分	10	
		识读复杂原理图各子电路图功能	掌握所有子电路基本工作原理图：20 分；不完全掌握工作原理：10 分；未掌握工作原理：0 分	20	
总分合计				100	

思考与练习

1. 简述电路原理图中总线结构及其功能。
2. 识读 Z80 单片机系统的部分功能电路原理图，如图 1—5—15 所示。
3. 识读编码译码显示电路，如图 1—5—16 所示。

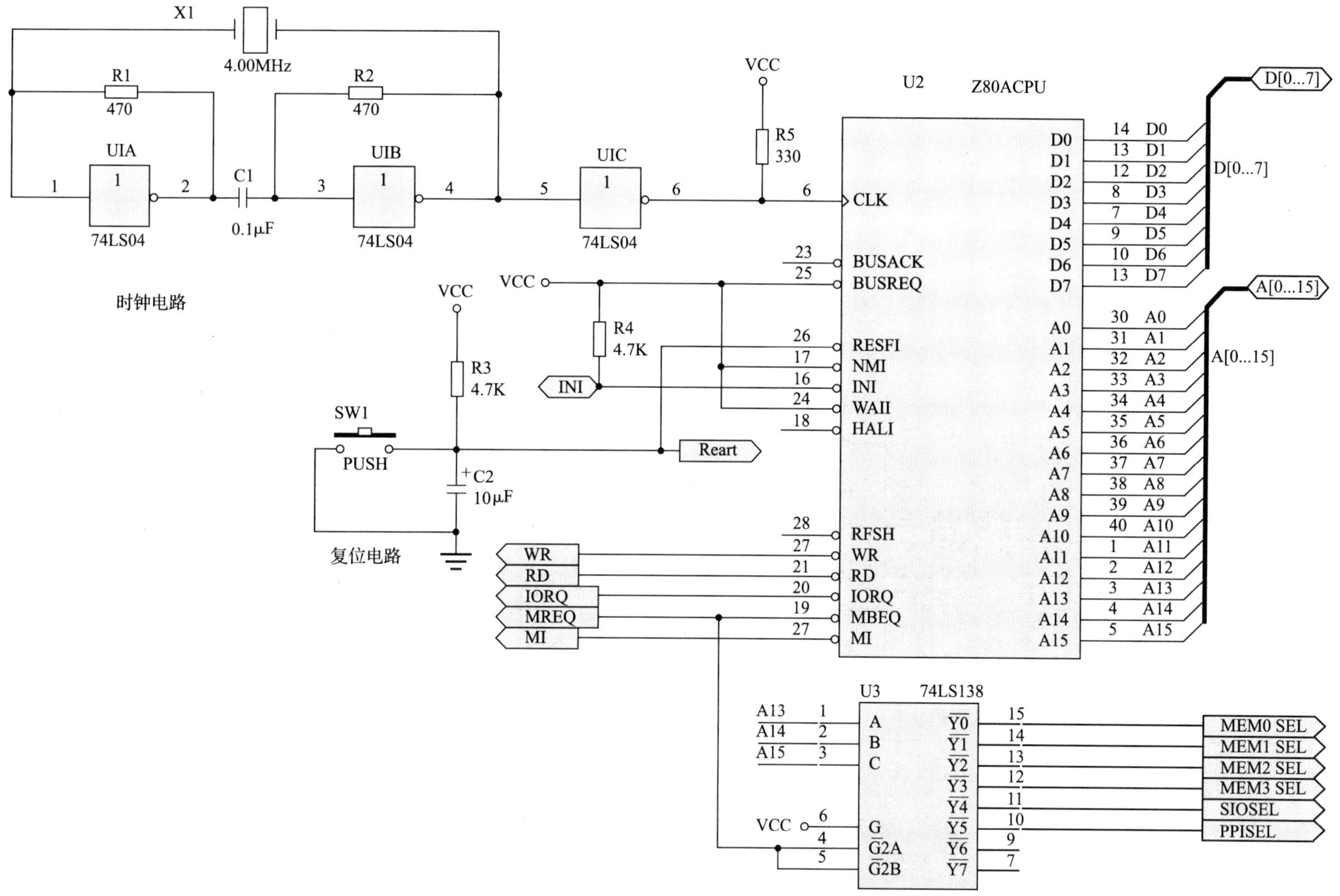

图 1—5—15　Z80 单片机系统的部分功能电路原理图

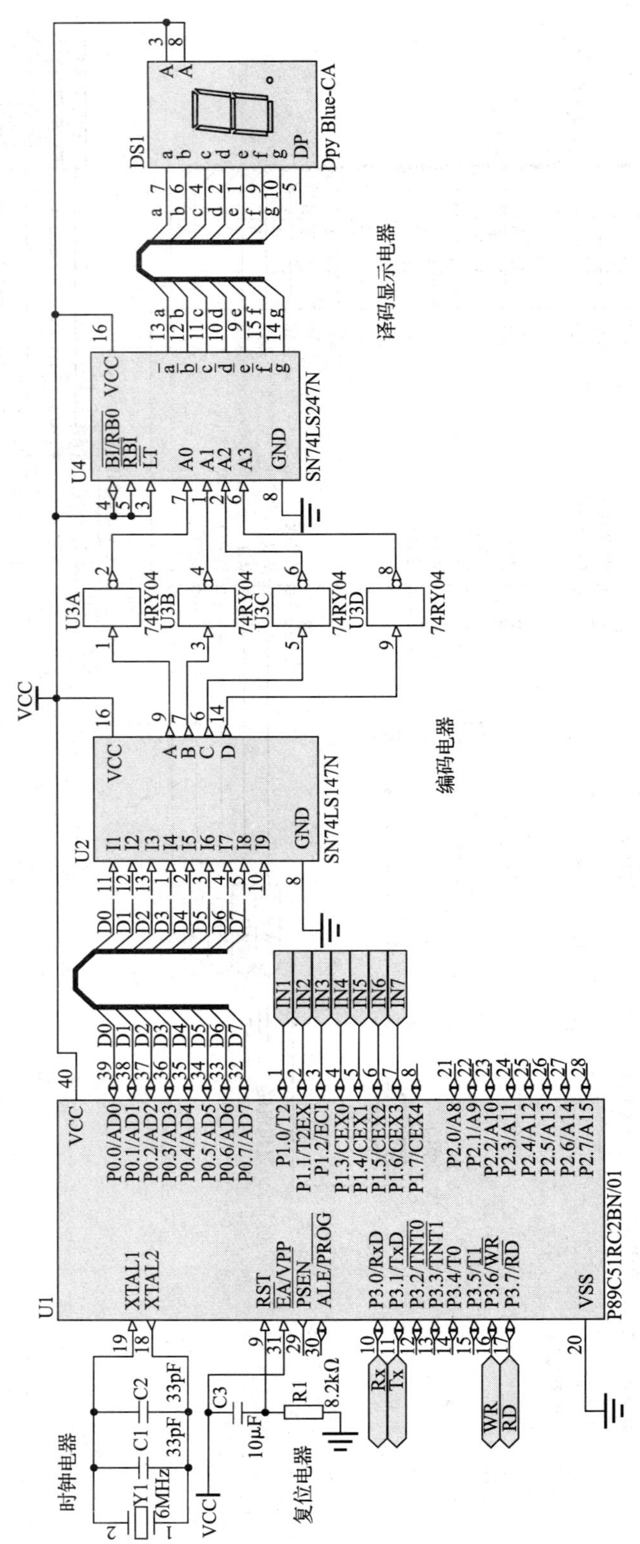

图 1—5—16　编码译码显示电路

任务6 编辑/制作原理图元件

◆ **技能点**

◎ 创建自己的元件库，利用 Protel DXP 2004 元件库编辑器的绘图工具制作分立元件、复合式元件，编辑修改已有元器件

◎ 在电路原理图编辑器中调用自己的元件库，使用自己制作的元器件完成电路原理图绘制

◎ 在原理图基础上创建原理图元件库文件，并修改库中元器件符号，更新原理图

◆ **知识点**

◎ 原理图中元器件符号组成

◎ 原理图元件库编辑器设计环境

◎ 制作新元器件的方法

◎ 编辑元件库中已有元器件的方法

任务提出

随着电子制造业的迅猛发展，会在实际电路设计中不断使用新元器件，如图 1—5—13 所示的液晶显示模块 TS12864A 和图 1—5—14 所示的电动机驱动芯片 STK672－0410，需要使用者建立自己的元件库，并在其中编辑制作需要的元器件电气图形符号。另外 Protel DXP 2004 内置元件库中某些元器件符号与 GB4728－2005 标准不一致，也需进一步编辑修改，如图 1—5—1 所示已修改过的集成芯片 DM74LS04M、DM74LS32M 等。

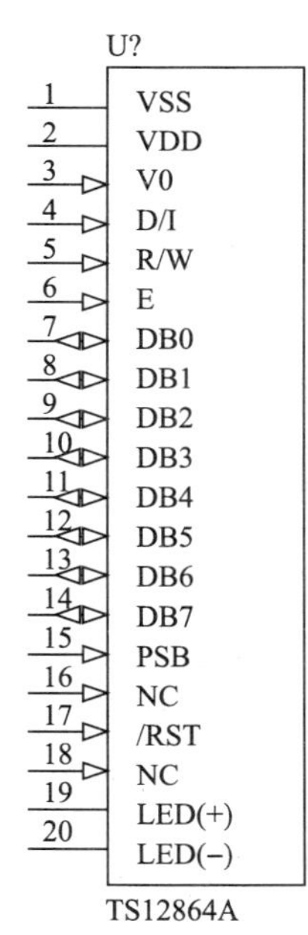

图 1—6—1 TS12864A

利用 Protel DXP 2004 元件库编辑器创建新元器件、修改原有非标准化元器件，并保存在相应元件库中，最终在原理图绘制中使用自建元件库及其元器件。具体要求如下：

1. 建立新元件库文件，命名为：自建元件. SchLib，设置元件库编辑器设计环境。

2. 在自建元件库中制作多个自创的元器件，分别如图 1—6—1 所示液晶显示模块 TS12864A（分立元件）、图 1—6—2 所示步进电动机驱动芯片 STK672－040（分立元件）、图 1—6—3 所示双 D 触发器 74LS74（复合式元件）。

3. 在上述自建元件库中编辑、修改 Protel DXP 2004 元件库中已有的二极管、可调电阻为标准符号，如图 1—6—4 所示。

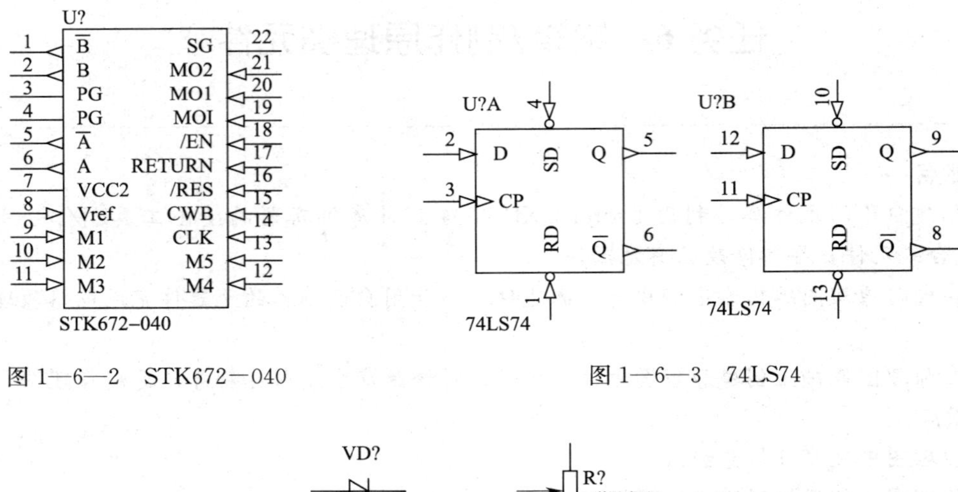

图 1—6—2　STK672－040

图 1—6—3　74LS74

图 1—6—4　修改后的二极管、可调电阻

4. 绘制脉冲抖动去除电路原理图，如图 1—6—5 所示，其中 U3 为上述自创的 74LS74，并创建该原理图个性化元件库：脉冲抖动去除电路. SchLib。编辑修改图中 DM74LS04M、DM74LS32M 为标准符号，并更新电路原理图如图 1—5—1 所示。

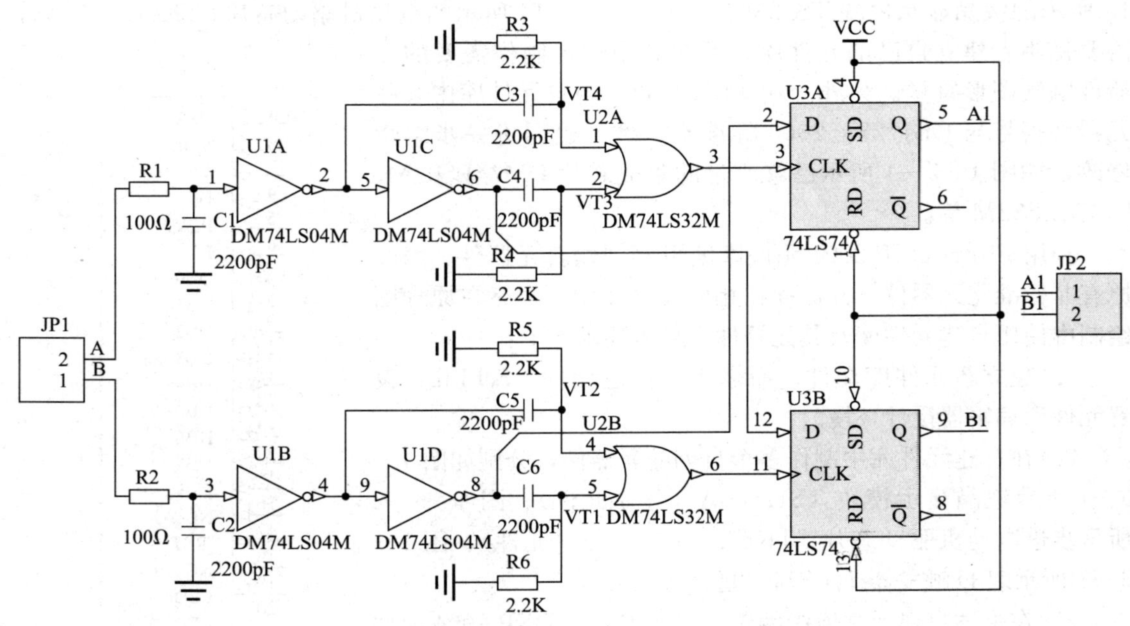

图 1—6—5　未更新的脉冲抖动去除电路原理图

任务分析

编辑/制作元器件一般采用两种方法：一是利用 Protel DXP 2004 元件库编辑器提供的相应工具完全自己制作新元器件；二是从 Protel DXP 2004 元件库中找出相近或相似的元器件，经适当修改后得到符合标准的元器件。本次任务中如图 1—6—1 所示液晶显示模块 TS12864A（分立元件）和图 1—6—3 所示双 D 触发器 74LS74（复合式元件）采用方法一完成；如图 1—6—2 所示步进电动机驱动芯片 STK672－040（分立元件）和图 1—6—4 所示标准二极管、可调电阻采用方法二，借鉴 Protel DXP 2004 元件库已有元器件编辑修改方式完成。

相关知识

一、原理图元件库编辑器

在 Protel DXP 2004 环境下执行菜单命令【文件】/【打开】，路径是 C:\Protel DXP 2004\Library\Miscellaneous Devices. IntLib（路径因安装目录不同而不同），出现如图 1—6—6 所示对话框，单击“抽取源”按钮提取源文件，经确认后在“Project”面板上双击 Miscellaneous Devices. SchLib 文件，即可进入 Protel DXP 2004 SP2 内置的 Miscellaneous Devices. SchLib 元件库编辑器环境，如图 1—6—7 所示。

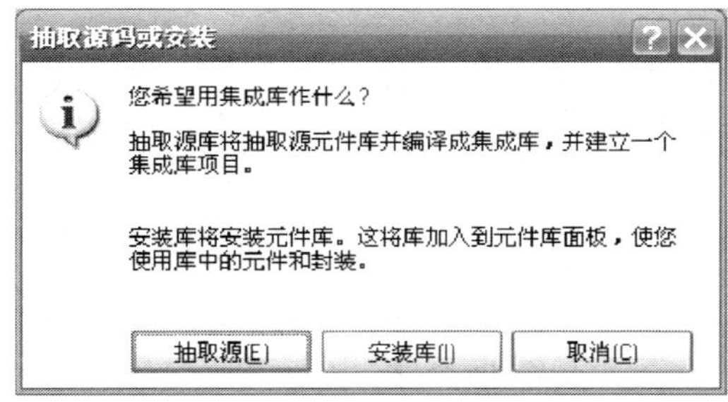

图 1—6—6　抽取源码或安装对话框

1. 原理图元件库编辑环境

原理图元件库编辑器用于编辑、制作和管理元器件的图形符号，如图 1—6—7 所示，可见其操作界面和原理图的编辑界面基本相同，只是增加了专门用于制作元器件的工具和元件库管理面板。编辑区有一个十字坐标轴，将元件编辑区划分为四个象限。一般元器件的编辑均在第四象限进行，且通常将元器件的参考原点设置为坐标原点，方便元器件绘制编辑。

2. 元件库编辑管理器面板

单击如图 1—6—7 所示的“SCHLibrary”元件库管理面板标签，进入元件库编辑管理器界面，如图 1—6—8 所示。

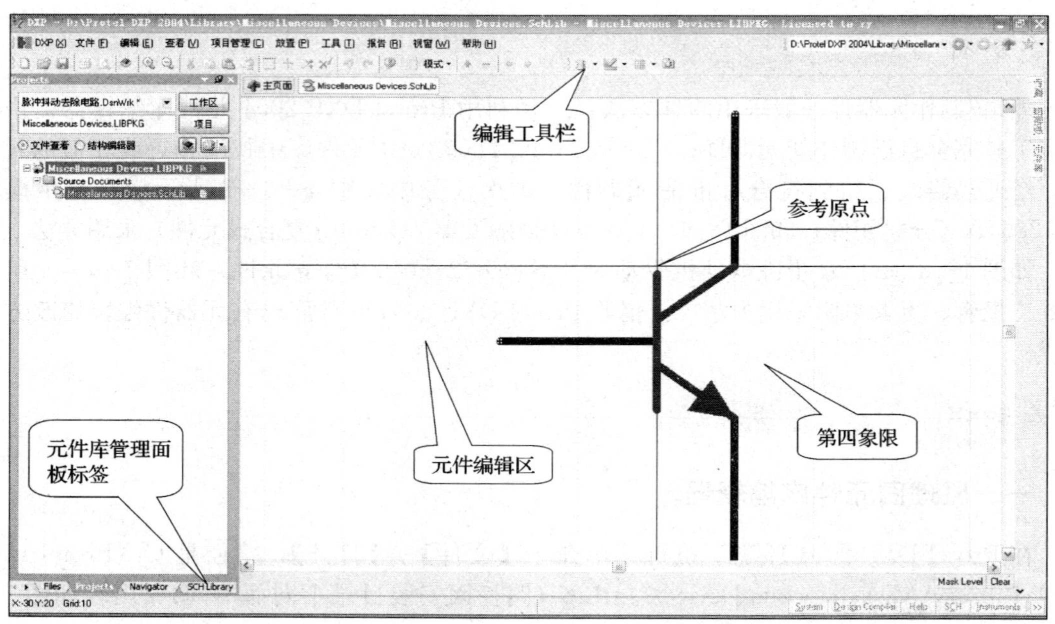

图 1—6—7　原理图元件库编辑器环境

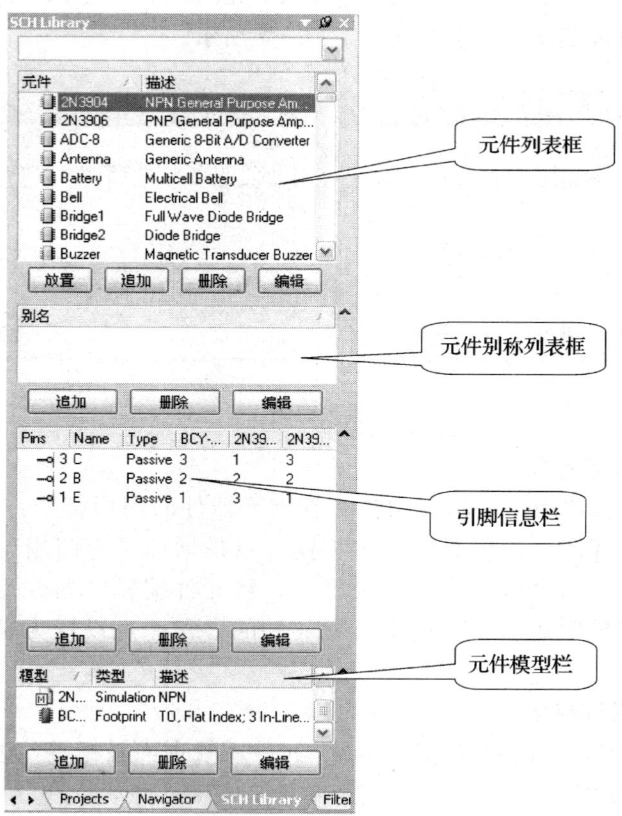

图 1—6—8　“SCHLibrary”元件库编辑管理器界面

（1）元件列表框。列出当前打开的元件库中的所有元器件，其下有四个按钮：

“放置”：可将在元件列表框中选定的元器件放置到当前激活的原理图中。若当前没有激活的原理图，则系统会自动建立新的原理图，命名为：Sheet1. SchDoc。

“追加”：可在当前原理图库中添加一个用户新建的元器件。

“删除”：可在当前原理图库中删除一个被选定的元器件。

“编辑”：可打开元件属性对话框，设置元器件属性。

（2）元件别称列表框。元件列表框中选定的元器件，若有别名，则会显示在此列表框中。有些元器件的功能、封装、引脚形式等信息完全一致，只是生产厂家不同，只需为其中已有的元器件符号添加一个或多个别称即可。

（3）引脚信息栏。显示元件列表框中选定的元器件引脚名称、编号、类型等信息。

（4）元件模型栏。列出被选定元器件的相关模型，包括模型文件名称、类型、描述等信息，在仿真设置及 PCB 设计中会使用到该栏。

二、原理图元器件符号组成

如图 1—6—9 所示，原理图中的元器件一般由以下部分组成：

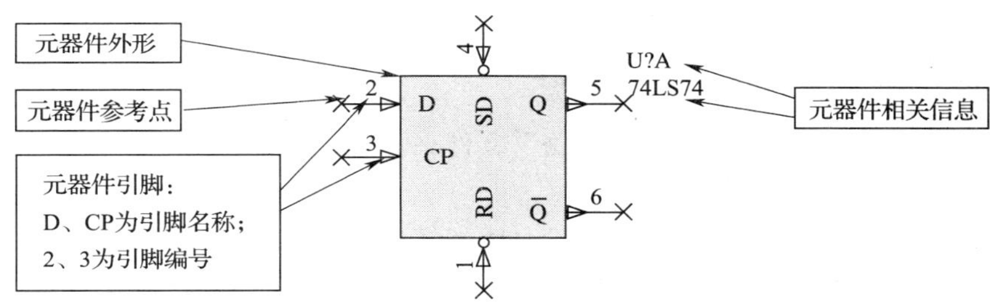

图 1—6—9　元器件符号组成

1. 元器件外形

元器件外形仅表示实际原理图中的元器件符号图形，并不代表实际的元器件外形尺寸。

2. 元器件引脚

元器件引脚具有电气特性，原理图中通过导线将各元器件引脚连接起来，实现各元器件之间的电气连接。元器件引脚的数量、编号、名称及属性必须与实际元器件保持一致。元器件的引脚信息主要包括引脚的名称、编号、电气类型等，其中引脚电气类型有：“Input”输入型、“IO”输入输出型、“Output”输出型、“OpenCollector”集电极开路型、“Passive”无源型、“HiZ”高阻型、“Emitter”发射极型、“Power”电源型。

3. 元器件相关信息

元器件相关信息包括元器件默认编号、型号、参数等信息。

三、元器件绘图工具

原理图元件库编辑器中的元器件绘图工具比原理图编辑器中的绘图工具增加了元器件引脚放置工具和 IEEE 符号工具，如图 1—6—10 所示。只需将光标放置到工具栏中的按钮上即可显示其功能提示。

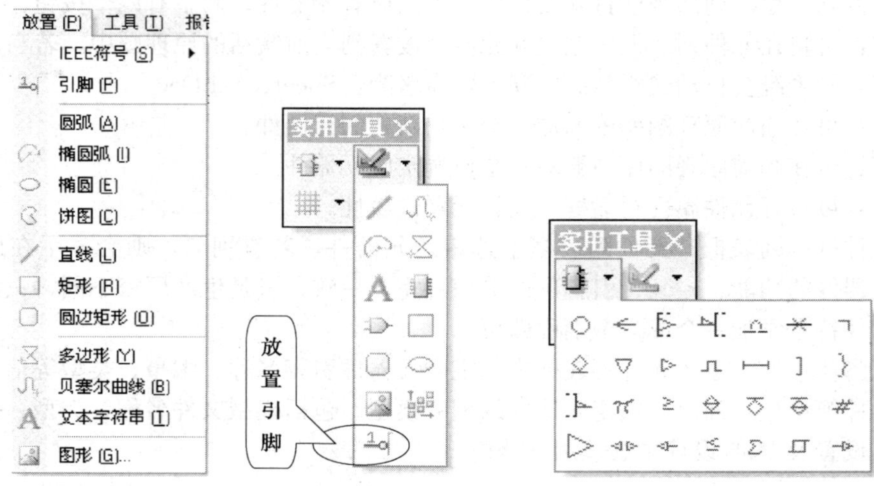

图 1—6—10　元件库编辑器绘图工具

任务实施

一、创建并启动自建元件库编辑器

在用户目录中新建“脉冲抖动去除电路”文件夹。

1. 新建、保存设计工作区

详见任务 3，将新建设计工作区保存在上述文件夹中，并命名为“脉冲抖动去除电路. DsnWrk”。

2. 新建、保存工程项目文件

详见任务 3，将新建工程项目文件保存在上述文件夹中，并命名为“脉冲抖动去除电路. PrjPCB”。

3. 新建、启动原理图元件库编辑器

执行菜单命令【文件】/【创建】/【库】/【原理图库】(或右键单击项目管理器中“脉冲抖动去除电路. PrjPCB”/【追加新文件到项目中】/【Schematic Library】)，新建一个原理图库文件，同时绘图区域进入该原理图库编辑器环境，再执行菜单命令【文件】/【保存】(或右键单击该原理图库文件，执行【保存】)，将该原理图库文件保存在上述文件夹中，并命名为“自建元件. SchLib”，如图 1—6—11 所示。

二、设置元件库编辑器环境参数

1. 设置图纸参数、网格

执行菜单命令【设计】/【文档选项】，弹出“库编辑器工作区”对话框，选中“库编辑器选项”标签，图纸参数设置如图 1—6—12 所示。右侧“可视网格”和“捕获网格”选项前一般均打“√”，值为 10 mil，参数值可根据实际设计需要进行设置。

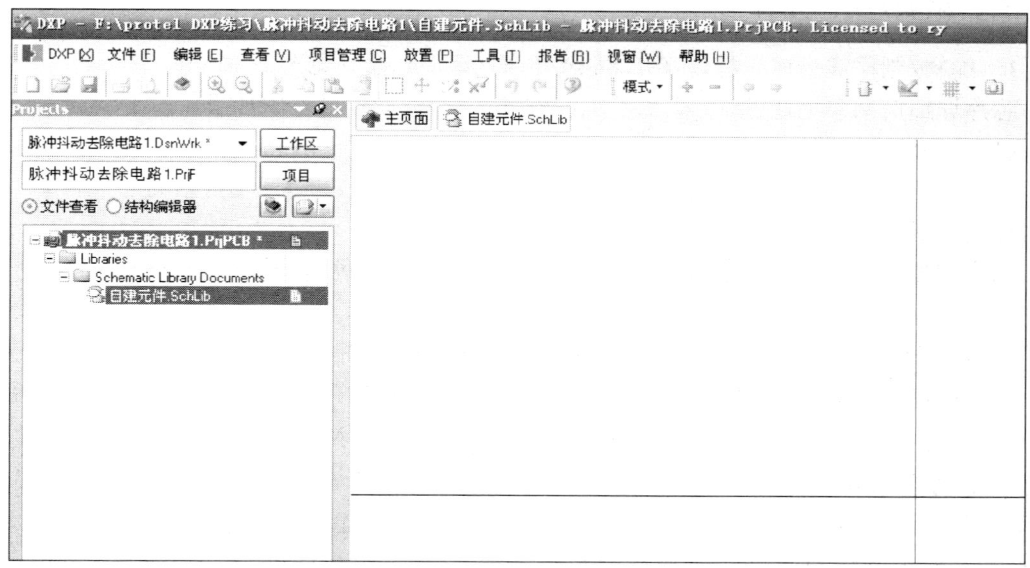

图 1—6—11　新建、启动原理图元件库编辑器

图 1—6—12　库编辑器工作区对话框

2. 设置单位

图 1—6—12 中选择“单位”标签，根据任务目标选择“使用英制单位”的 DXP Defaults。

3. 其他环境特性设置

执行菜单命令【工具】/【原理图优先设定】，在“Schematic”的“Graphical Editing”中可进行其他环境特性设置。

三、编辑/制作元件

1. 编辑/制作液晶显示模块 TS12864A（分立元件）器（见图 1—6—1）

芯片详细信息参见任务 5，采用手工制作方法编辑/制作，步骤如下：

（1）重命名元器件。如图 1—6—7 所示单击左下角的“SchLibrary”元件库管理面板标签，选中默认元器件“Commonent _ 1”后执行菜单命令【工具】/【重新命名元件】，在重命名元件对话框中输入元器件名为：TS12864A。

（2）调整设计窗口到原点。执行菜单命令【编辑】/【跳转到】/【原点】，或通过快捷键“Ctrl+Home”，将图纸原点调整到设计窗口的中心。

注意：Protel DXP 2004 的元器件均在原点附近绘制，并作为该元器件的参考点。

（3）绘制、编辑元器件外形。如图 1—6—11 所示执行菜单命令【放置】/【矩形】（或单击实用工具栏中的按钮），将方块左上角与原点（X：0，Y：0）重合并单击鼠标左键，拖动鼠标到坐标（X：50 mil，Y：—210 mil）以确定矩形右下角，如图 1—6—13 所示。此时，按键盘上“Tab”键（或放置好矩形后直接对矩形左键双击），弹出如图 1—6—14 所示矩形对话框，可设置矩形框边缘线宽、边缘线颜色、矩形填充颜色以及矩形位置大小等。

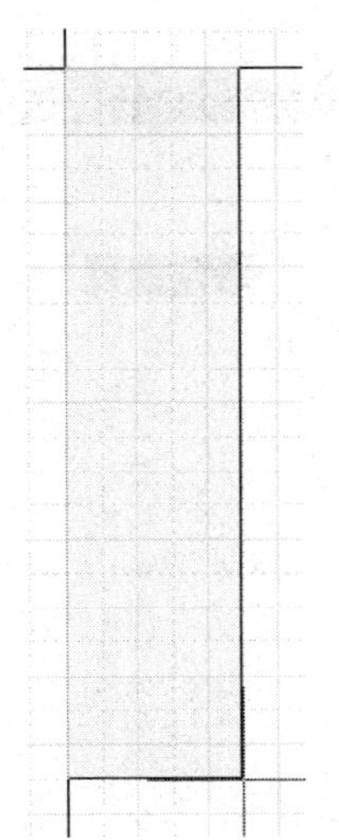

图 1—6—13　绘制 TS12864A 元件外形

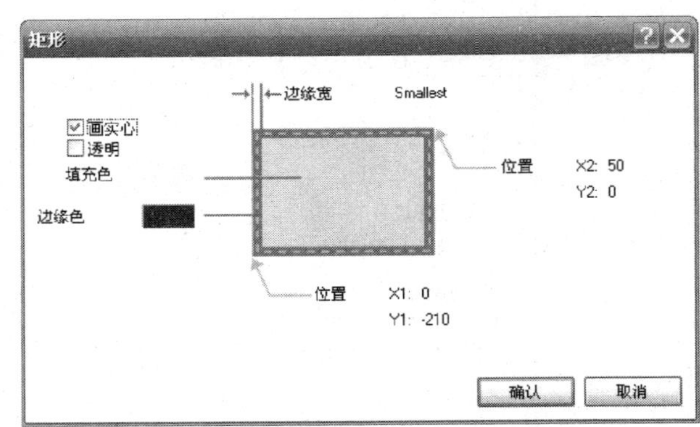

图 1—6—14　矩形对话框

（4）放置、编辑引脚。执行菜单命令【放置】/【引脚】（或单击实用工具栏中的按钮），鼠标带动一端有十字的黑色引脚移动，按键盘上“Space”键调整引脚方向，使带有十字的一端朝向元器件的外面，此时按键盘上“Tab”键（或放置好引脚后直接对该引脚左键双击），如图 1—6—15 所示设置引脚名称、编号、电气类型及其长度，确认后第一个引脚放置、编辑完成，如图 1—6—16 所示。

以同样方式依次放置、编辑其余 19 个引脚，引脚属性参见表 1—6—1。编辑、制作完成 TS12864A 后如图 1—6—17 所示。

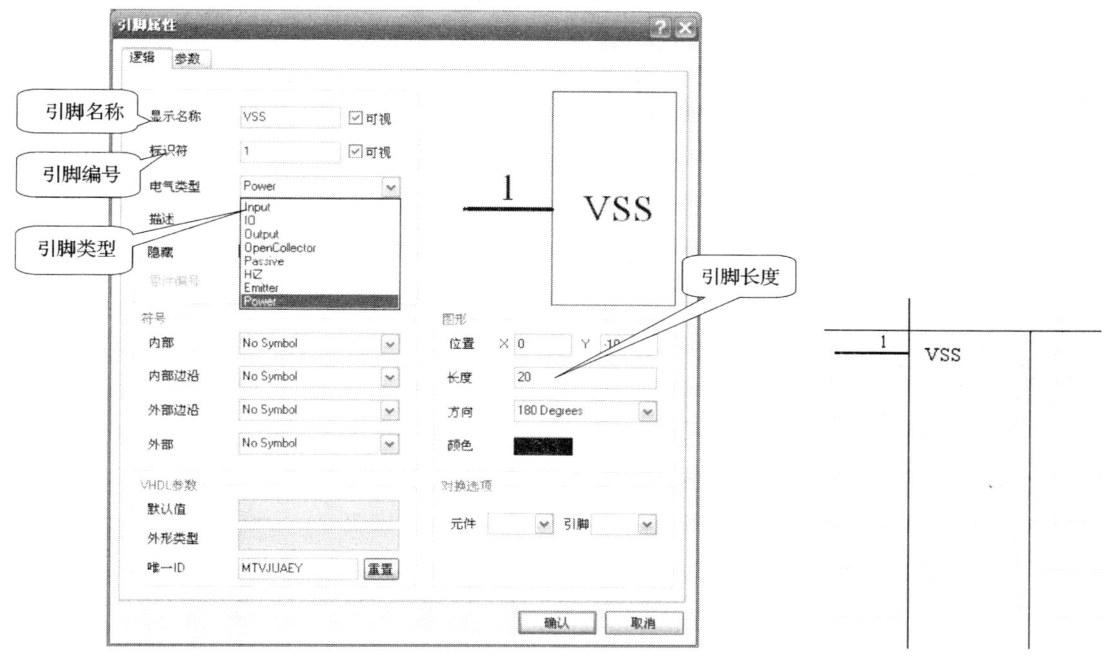

图 1—6—15 引脚属性对话框

图 1—6—16 放置、编辑一个引脚

表 1—6—1 **TS12864A 引脚属性表**

引脚编号	引脚名称	引脚电气类型	引脚方向	引脚长度
1	VSS	Power	180°	20 mil
2	VDD	Power	180°	20 mil
3	V0	Input	180°	20 mil
4	D/I	Input	180°	20 mil
5	R/W	Input	180°	20 mil
6	E	Input	180°	20 mil
7～14	DB0～DB7	IO	180°	20 mil
15	PST	Input	180°	20 mil
16	NC	Input	180°	20 mil
17	/RET	Input	180°	20 mil
18	NC	Input	180°	20 mil
19	LED（+）	Power	180°	20 mil
20	LED（−）	Power	180°	20 mil

（5）修改元器件属性。在图 1—6—17 的“SchLibrary”元件库编辑管理器中选中 TS12864A 后，单击“编辑”按钮，打开“Library Component”（库元件属性）对话框。在“Default Designator”（默认编号）栏填写 U?；在“注释”栏填写 TS12864A；在“描述”栏填写 LCD display，其他设置默认设置。

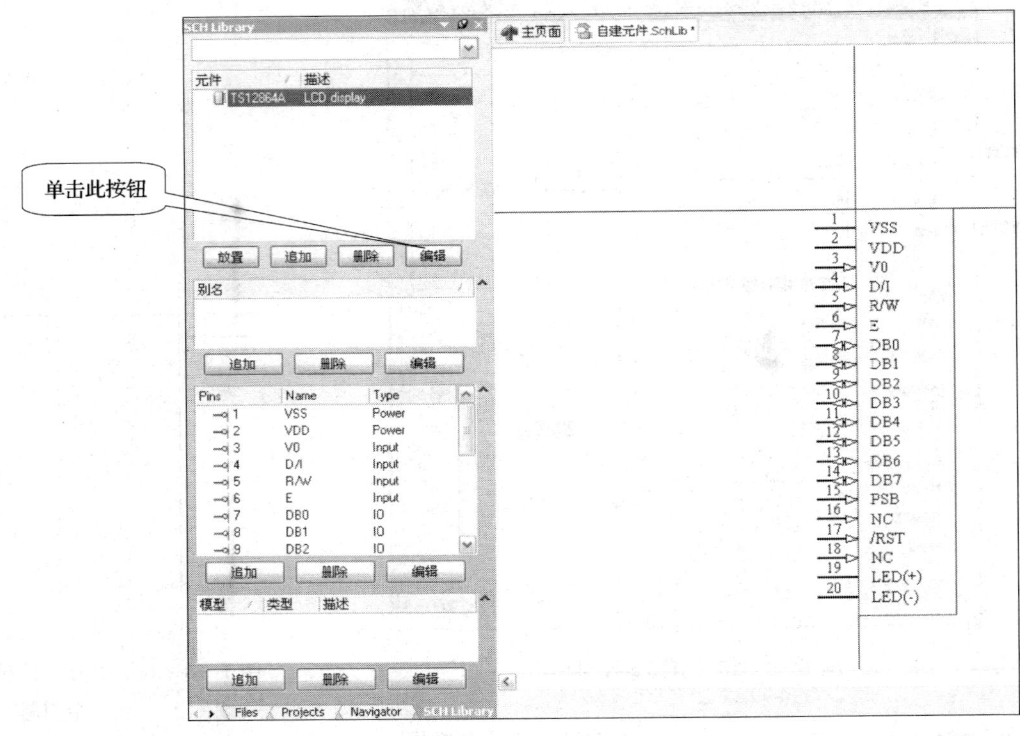

图 1—6—17　编辑、制作完成 TS12864A

2. 编辑/制作四相步进电动机驱动芯片 STK672—040（分立元件）（见图 1—6—2）

芯片详细信息参见任务 5，因其符号外形及引脚数量与 Protel DXP 2004 内置库文件 Miscellaneous Connectors. SchLib 中的 Header 11×2 A 相似，故采用编辑修改已有元件 Header 11×2 A 而得到新元器件，步骤如下：

（1）新建元器件。执行菜单命令【工具】/【新元件】，弹出如图 1—6—18 所示新建元件对话框，输入元器件名为：STK672－040。确认后可见“SchLibrary”元件库管理面板的元器件列表中增加了一个新元器件：STK672－040，并且当前编辑区打开一张新图纸。

（2）复制已有元件 Header 11×2 A。执行菜单命令【文件】/【打开】，路径是 C:\Protel DXP 2004\Library\Miscellaneous Connectors. IntLib（路径因安装目录不同而不同），单击“抽取源”按钮提取源文件，经确认后双击 Miscellaneous Connectors. SchLib 文件，即可进入 Miscellaneous Connectors. SchLib 元件库编辑器环境，单击左下侧“SchLibrary”标签进入元件库编辑管理器界面，如图 1—6—19 所示。在元件列表中选中 Header 11×2 A，在编辑区选定整个元件，并单击工具栏中的“ ”按钮（或执行菜单命令【编辑】/【复制】），将十字光标单击原点作为剪贴板的参考点。

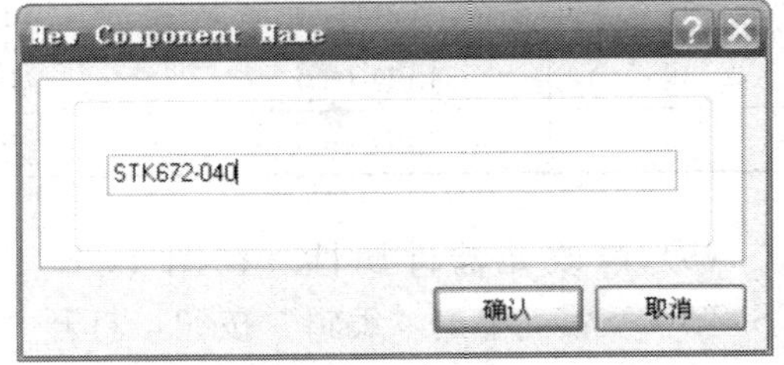

图 1—6—18　新建元件并命名

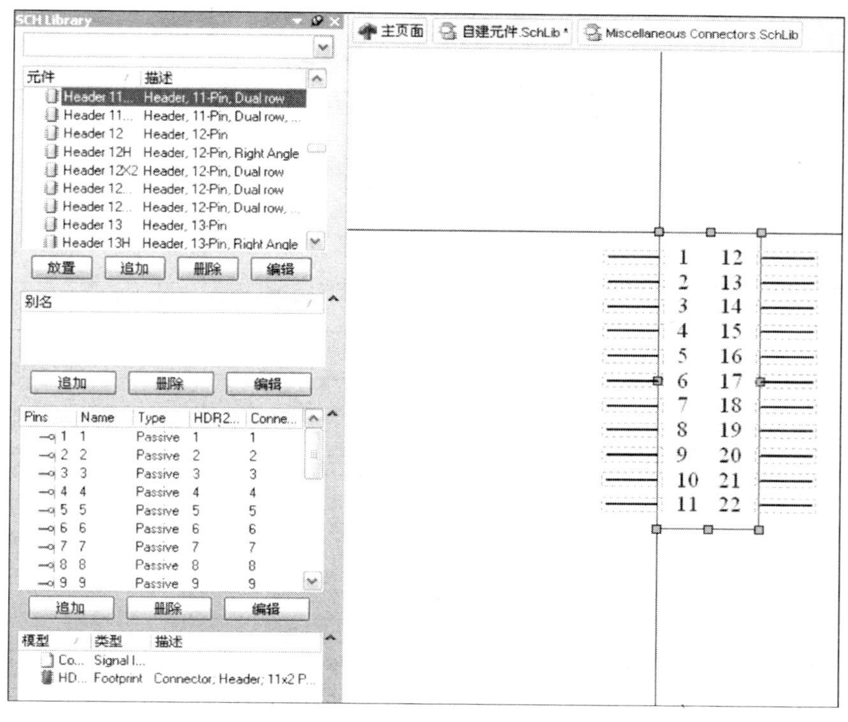

图 1—6—19　复制已有元器件 Header 11×2 A

（3）粘贴到新元器件中。单击工作编辑区上端的“自建元件. SchLib”标签，工作界面切换回自建元件库编辑器中，再单击左下侧“SchLibrary”标签，选中元件列表中已新建好的 STK672－040，回到新图纸环境。单击工具栏中的“”按钮（或执行菜单命令【编辑】/【粘贴】），将 Header 11×2 A 粘贴到当前 STK672－040 图纸中，注意原点对齐。

（4）修改元器件外形。双击矩形，进入如图 1—6—20 所示矩形属性对话框，将位置 X2 的值由 40 修改为 70，即矩形变宽。将元件右侧所有引脚选定，并整体移动到矩形框右侧的边缘，如图 1—6—21 所示。

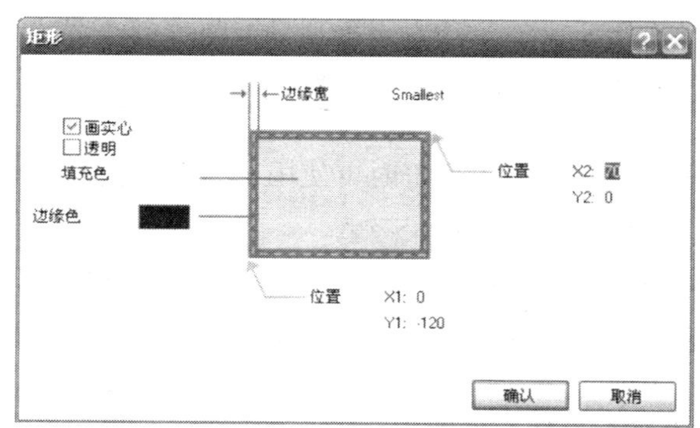

图 1—6—20　编辑/修改元件外形

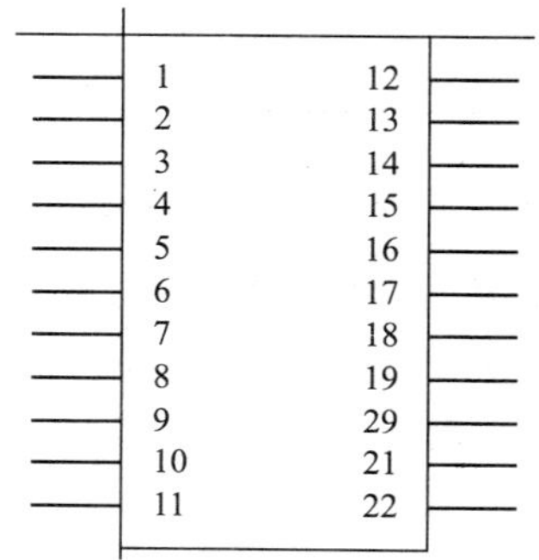

图 1—6—21　修改后元件外形

（5）修改元件引脚。参照图 1—6—2 和表 1—6—2 逐一修改 STK672－040 引脚属性。

表 1—6—2　　STK672－040 引脚属性表

引脚序号	引脚名称	引脚电气类型	引脚方向	引脚长度
1	$\overline{B}$（B\）	Output	180°	20 mil
2	B	Output	180°	20 mil
3	PG	Power	180°	20 mil
4	PG	Power	180°	20 mil
5	$\overline{A}$（A\）	Output	180°	20 mil
6	A	Output	180°	20 mil
7	VCC2	Power	180°	20 mil
8	Vref	Input	180°	20 mil
9	M1	Input	180°	20 mil
10	M2	Input	180°	20 mil
11	M3	Input	180°	20 mil
12	M4	Input	0°	20 mil
13	M5	Input	0°	20 mil
14	CLK	Input	0°	20 mil
15	CWB	Input	0°	20 mil
16	/RES	Input	0°	20 mil
17	RETURN	Input	0°	20 mil
18	/EN	Input	0°	20 mil
19	MOI	Output	0°	20 mil
20	MO1	Output	0°	20 mil
21	MO2	Output	0°	20 mil
22	SG	Power	0°	20 mil

注意：当字符上端需要显示一横（表示非）时，输入字符时可使用“\”来实现。如在引脚名处输入“G\2A”来实现 $\overline{G}$2A、输入“Y\7\”来实现 $\overline{Y7}$ 等。

（6）修改元件属性。操作同前，在“Default Designator”（默认编号）栏填写 U?；在“注释”栏填写 STK672－040；在“描述”栏填写四相步进电动机驱动，其他设置为默认。

至此，自建元件．SchLib 中已编辑完成两个元件，如图 1—6—22 所示。

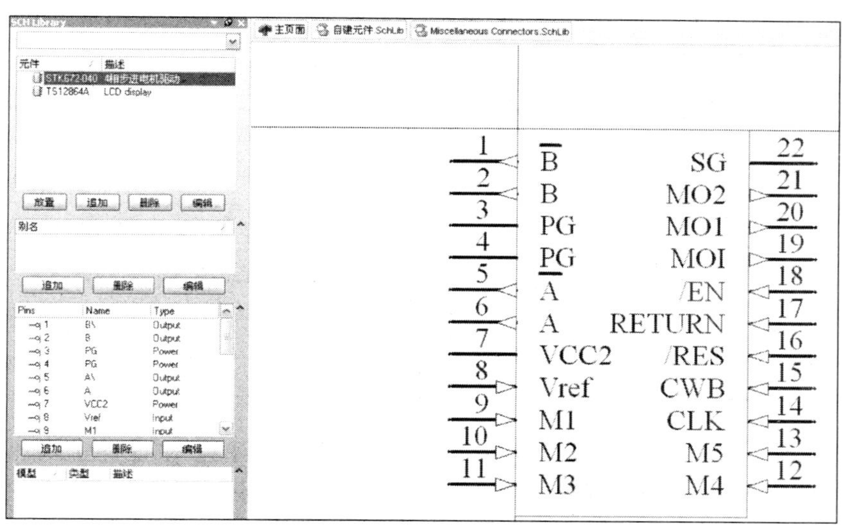

图 1—6—22　编辑完成两个元器件

3. 编辑/制作双 D 触发器 74LS74（复合式元件）（见图 1—6—3）

双 D 触发器 74LS74 芯片信息详见任务 5，编辑/制作采用手工制作方法，因其为复合式元件，故需完成两个独立的功能单元设计，步骤如下：

（1）新建元器件。操作同前，输入元器件名为：74LS74。

（2）绘制、编辑元件外形。执行菜单命令【放置】/【矩形】（或单击实用工具栏中的按钮），矩形的左上角与原点（X：0，Y：0）重合，右下角坐标（X：60 mil，Y：－60 mil），并进入矩形属性对话框编辑矩形。

（3）放置元器件引脚。执行菜单命令【放置】/【引脚】（或单击实用工具栏中的按钮），依次在适当位置放置六个引脚，注意调整引脚方向，使引脚上带有十字的一端朝向元器件的外面，如图 1—6—23 所示。

（4）修改各引脚属性。依次左键双击各个引脚（或选中引脚后按键盘上的“Tab”键），调出其引脚属性对话框，参照表 1—6—3 修改各引脚属性。第一功能单元编辑完成后如图 1—6—24 所示，注意通常隐藏电源 VCC 引脚和 GND 引脚。

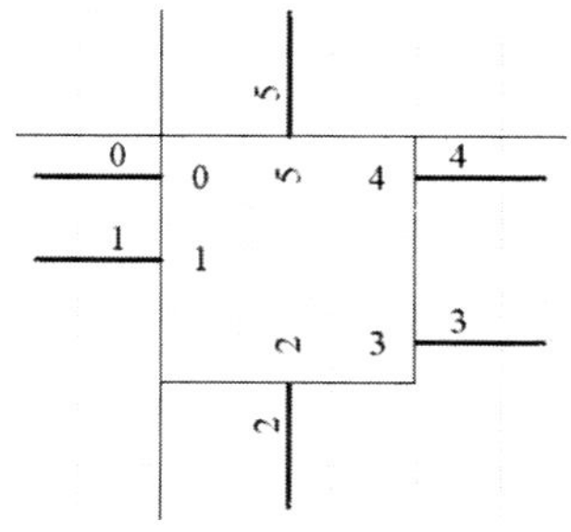

图 1—6—23　放置元件引脚

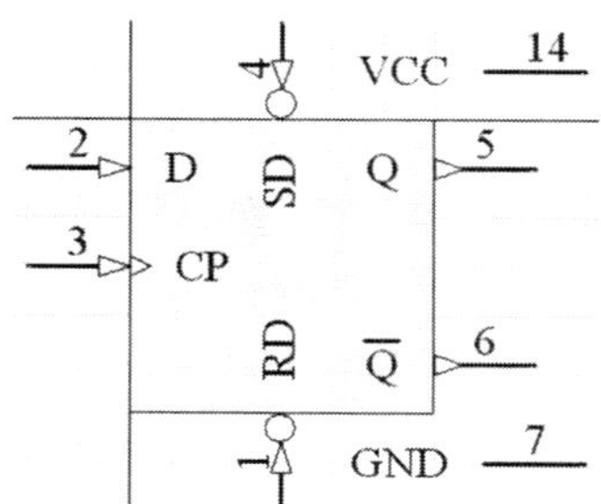

图 1—6—24　编辑完成 74LS74 第一功能单元

表 1—6—3　　　　74LS74 引脚属性表

引脚序号	引脚名称	引脚电气类型	引脚方向	引脚符号特性
1/13	RD	Input	270°	外部边沿 Dot
2/12	D	Input	180°	
3/11	CP	Input	180°	内部边沿 Clock
4/10	SD	Input	180°	外部边沿 Dot
5/9	Q	Output	0°	
6/8	Q\	Output	0°	
7	GND	Power	180°	
14	VCC	Power	180°	

（5）新建第二个功能单元。执行菜单命令【工具】/【创建元件】后，元件库编辑管理器中的 74LS74 如图 1—6—25 所示，包含两个组成部分：PartA 和 PartB，同时编辑区打开一张新空白图纸，用于绘制 74LS74 的第二功能单元（PartB）。

（6）复制、粘贴第一功能单元。单击图 1—6—25 中的 PartA，回到已编辑好的第一功能单元图纸中，将第一功能单元图形全部选定，注意包括被隐藏的电源引脚和 GND 引脚，单击工具栏中的按钮（或执行菜单命令【编辑】/【复制】），将十字光标单击于原点作为剪贴板的参考点。

单击图 1—6—25 中的 PartB，切换到新空白图纸，单击工具栏中的按钮（或执行菜单命令【编辑】/【粘贴】），将第一功能单元粘贴到当前第二功能单元图纸中，注意原点对齐。

（7）修改第二功能单元引脚属性。第二功能单元与第一功能单元除了引脚编号不同之外，其余完全一致，逐一修改各引脚编号即可，如图 1—6—26 所示完成第二功能单元编辑。

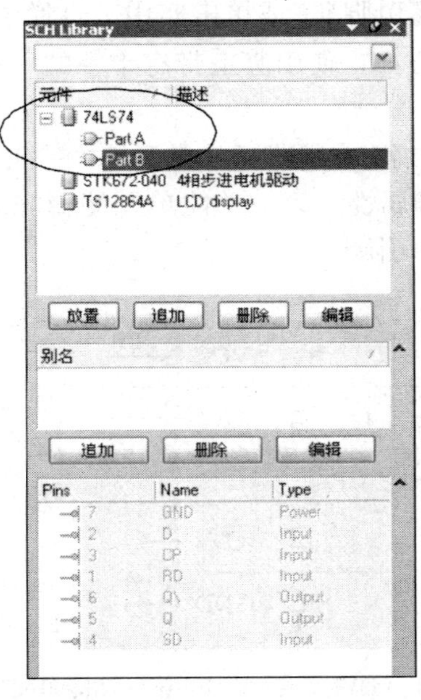

图 1—6—25　创建 74LS74 第二功能单元

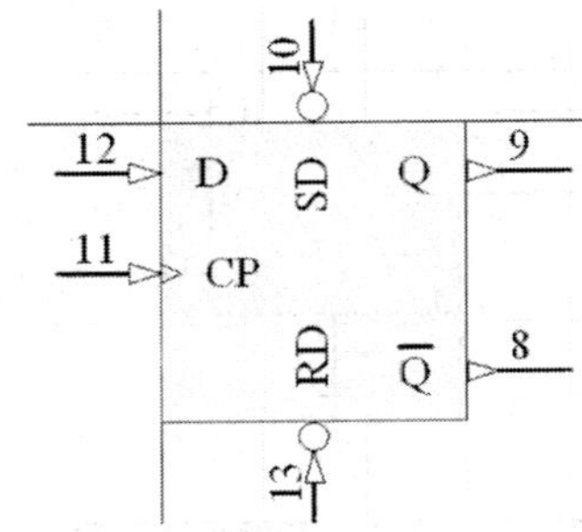

图 1—6—26　完成 74LS74 第二功能单元

（8）修改元件属性。操作同前。在“Default Designator”（默认编号）栏填写 U?；在“注释”栏填写 74LS74；在“描述”栏填写双 D 触发器，其他设置为默认。

4. 修改 Protel DXP 2004 元件库中已有二极管、可调电阻为标准符号（见图 1—6—4）

（1）新建元件。操作同前，输入元器件名为：二极管。

（2）复制已有元件 Diode。操作同前，打开 Miscellaneous Devices. IntLib 文件，经确认后左键双击 Miscellaneous Devices. SchLib 文件，进入该元件库编辑器环境，在元件列表中选定 Diode，在编辑区选定并复制整个元器件，原点作为剪贴板的参考点。

（3）粘贴到新元器件中。工作界面切换回自建元件库编辑器已新建好的二极管图纸环境中，将 Diode 粘贴到当前二极管图纸中，注意原点对齐，如图 1—6—27 所示。

图 1—6—27　复制、粘贴 Diode

（4）修改元件外形。左键双击图 1—6—27 中的实心三角形，进入其属性对话框，如图 1—6—28 所示，取消“画实心”，确认后如图 1—6—29 所示。再单击工具栏中的“╱”按钮（或执行菜单命令“放置”/“直线”），在三角形中间画上一条直线，如图 1—6—30 所示即为标准二极管电气符号。

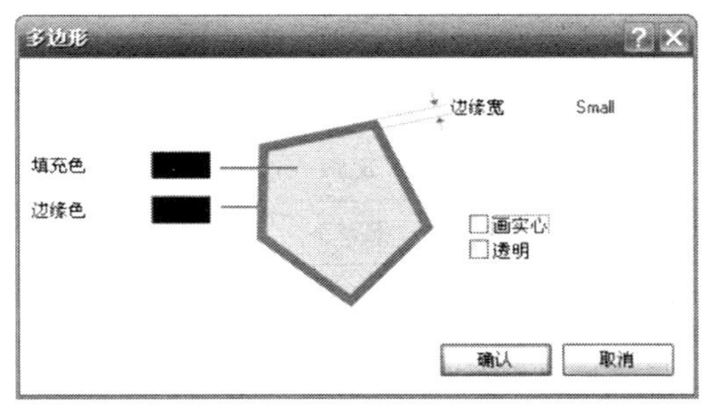

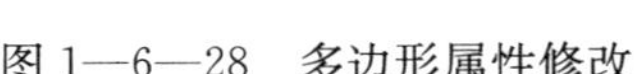

图 1—6—28　多边形属性修改

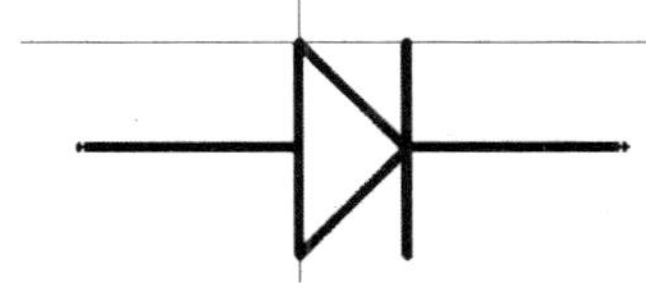

图 1—6—29　修改外形为空心

（5）修改元器件属性。操作同前，在“Default Designator”（默认编号）栏填写 VD?；在“注释”栏填写二极管；其他设置为默认。

上述同样方式修改可调电阻，不再赘述。至此完成五个元件的编辑、制作。

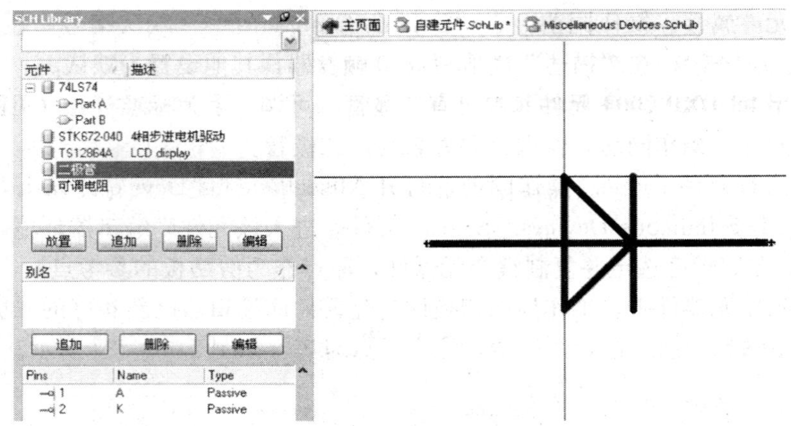

图 1—6—30　自建元件. SchLib 各元器件

四、绘制脉冲抖动去除电路原理图，调用自建元件库

1. 新建、启动原理图编辑器

在前面“脉冲抖动去除电路. PrjPCB”中新建、保存一个原理图文件，并命名为“脉冲抖动去除电路. SchDoc”。

2. 设置原理图图纸和工作参数

详见任务 3。

3. 调用自建元件库

原理图编辑环境下，单击工作区右侧的面板标签“元件库”(或执行菜单命令【设计】/【浏览元件库】)，在库面板中单击“元件库”按钮，进入可用元件库对话框。点击“安装”按钮后选择上述完成的自建元件库文件，如图 1—6—31 所示，注意自建元件库所在路径，本书路径为 F：\ protel DXP 练习 \ 脉冲抖动去除电路 1 \ 自建元件. SchLib。

图 1—6—31　选择自建元件. SchLib

单击“打开”按钮后回到库面板中，如图 1—6—32 所示，可见自建元件库已加载成功，在下面的元件列表和元器件符号中可见自建元件，单击右上角的“Place”按钮可将选定的自建元件放置到绘图工作区。

4. 放置元器件

（1）放置 74LS74。从上述自建元件库中选定 74LS74，单击右上角的“Place”按钮，将 74LS74 的 PartA 放置到图纸中，同样放置 PartB 到图纸中。

（2）放置 DM74LS04M。如初学者不清楚 DM74LS04M 存放于哪个元件库中，可采用元件查找方式放置。单击图 1—6—32 中的“查找”按钮，进入图 1—6—33，在上端空白处输入：＊74LS04＊。单击左下“查找”按钮，开始查找该元件，最后查找结果如图 1—6—34 所示，共有六个符合要求的元件。选择其中一个放置到图纸中。

（3）放置其他元器件。采用上述两种方法放置其他元件到原理图中。

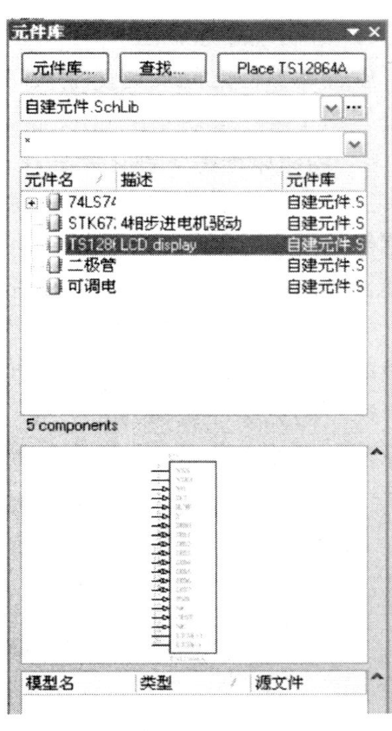

图 1—6—32　调用自建元件．SchLib

图 1—6—33　查找元件

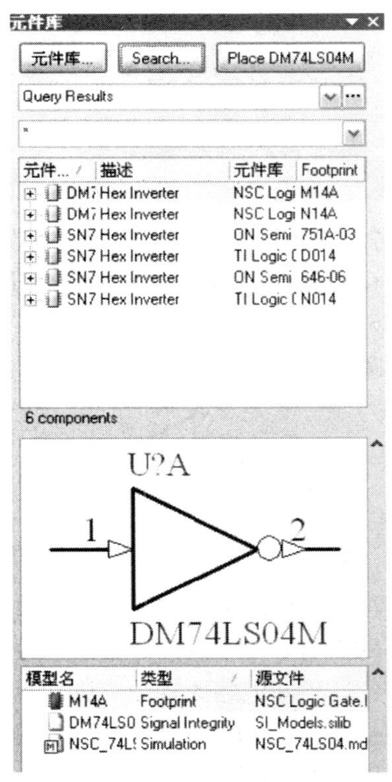

图 1—6—34　查找结果

5. 绘制电路原理图

放置元器件之间的连接导线以及电源、接地端口、网络标签等，方法详见任务 3。最终完成如图 1—6—5 所示电路原理图。

6. 创建原理图个性化元件库

上述绘制完成的脉冲抖动去除电路原理图中的元器件来自于多个不同的库文件，不利于元器件的管理，更不利于用户之间的信息交流。为项目中的这个原理图创建一个个性化的原理图元件库，以便于集中管理电路原理图中所用到的元器件。

（1）执行菜单命令【设计】/【建立设计项目库】，弹出确认对话框，单击“OK”按钮后生成脉冲抖动去除电路. SchLib 文件。

（2）浏览脉冲抖动去除电路. SchLib 文件，如图 1—6—35 所示，可见脉冲抖动去除电路原理图中的六种元器件均在该元件库中。

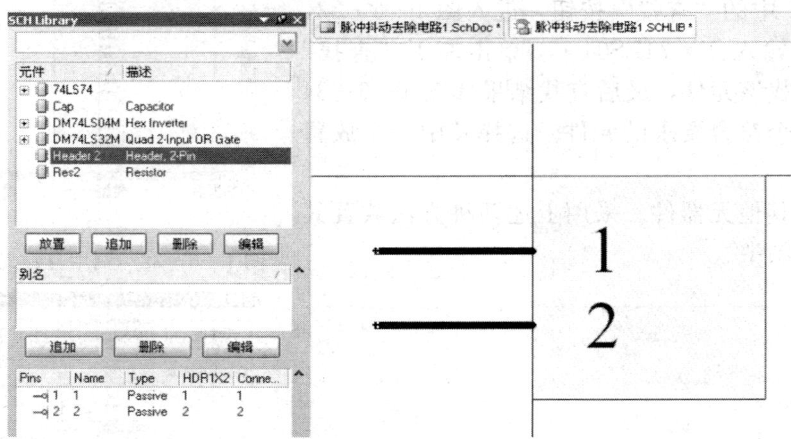

图 1—6—35　浏览个性化元件库

7. 修改元件库中元器件，并更新原理图

（1）修改元器件为标准电气符号。图 1—6—35 中 DM74LS04M 的电气符号（见图 1—6—36）与标准电气符号有差别，在该元件库中将 DM74LS04M 的三角外形修改为方形外形，如图 1—6—37 所示。

图 1—6—36　74LS04M 非标准电气符号　　　图 1—6—37　修改后的标准 74LS04M

注意：DM74LS04M 的六个单元外形均需修改，将捕获栅格设置为 5 mil。

DM74LS32M 以同样方式修改为标准电气符号，如图 1—6—38 所示。

（2）更新电路原理图。脉冲抖动去除电路. SchLib 中的非标准元器件修改完成后，相应脉冲抖动去除电路原理图中的相应元器件符号也应该更新。在上述脉冲抖动去除电路. SchLib 环境下执行菜单命令【工具】/【更新原理图】后，得到更新后的电路原理图如图 1—6—38 所示。

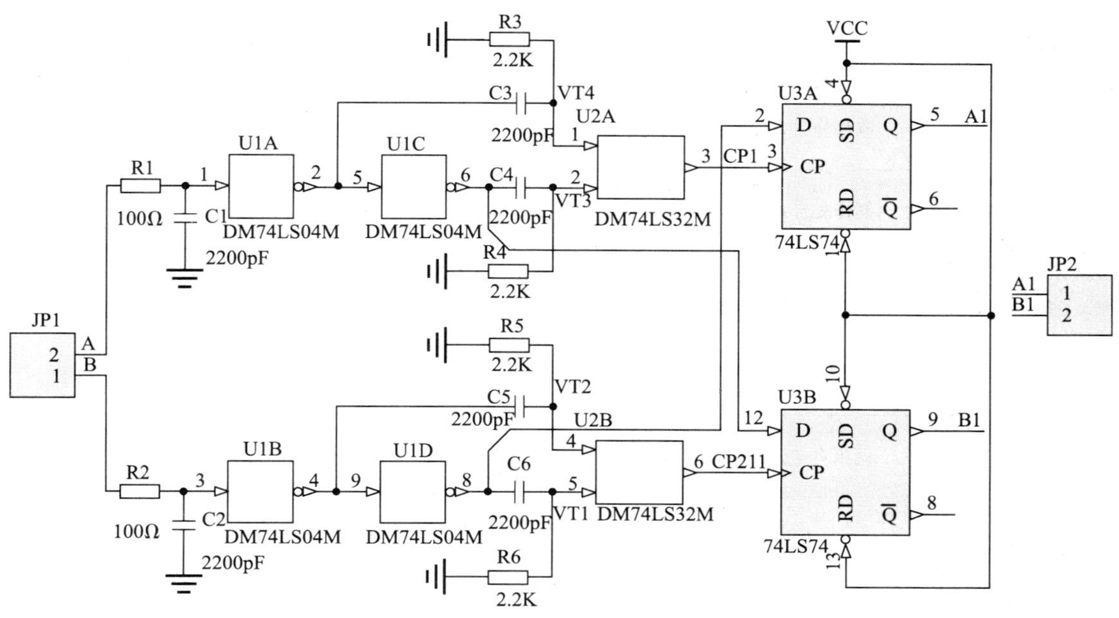

图 1—6—38　更新后的脉冲抖动去除电路原理图

任务评价

表 1—6—4　　评分标准

序号	项目	内容	评分标准	配分	得分
1	创建自建元件库	新建、保存设计工作区	正确新建、保存设计工作区：1 分；不正确新建、保存设计工作区：0 分	1	
		新建、保存工程项目文件	正确新建、保存工程项目文件：1 分；不正确创建、保存工程项目文件：0 分	1	
		新建、启动原理图元件库编辑器	正确新建、启动原理图元件库编辑器：2 分；不正确新建、启动原理图文件库编辑器：0 分	2	
2	设置库工作环境	图纸参数设置	正确设置图纸参数：5 分；不正确设置图纸参数：0 分	5	
		网格设置	正确设置可视、捕获网格：2 分；不正确设置可视、捕获网格：0 分	2	
		元件库编辑器面板	正确使用元件库编辑器面板：4 分；不正确使用元件库编辑器面板：0 分	4	
		原理图元器件符号组成	掌握原理图元器件符号组成：4 分；部分掌握：2 分；不掌握：0 分	6	
		元器件绘图工具	掌握所有元器件绘图工具：15 分；部分掌握：8 分；不掌握：0 分	15	

续表

序号	项目	内容	评分标准	配分	得分
3	制作、编辑元器件	制作分立元件	正确制作、编辑分立元件：10×2 个＝20 分；部分正确：各得 5 分；不正确：0 分	20	
		制作复合式元件	正确制作、编辑复合式元件：10 分；部分正确：5 分；不正确：0 分	10	
		修改已有元器件	正确修改已有元器件：10 分；部分正确：5 分；不正确：0 分	10	
4	调用自建元件库及其元器件	新建、启动原理图文件	正确新建、启动原理图元件：1 分；不正确新建、启动原理图文件：0 分	1	
		调用自建元件库	正确调用自建元件库：5 分；不正确调用自建元件库：0 分	5	
		使用自建元件绘制原理图	正确使用自建元件库中元件绘制原理图：10 分；不正确使用自建元件库中元件绘制原理图：0 分	10	
		创立原理图个性化元件库	正确创建原理图个性化元件库：5 分；不正确创建原理图个性化元件库：0 分	5	
		更新电路原理图	正确更新电路原理图：3 分；不正确更新电路原理图：0 分	3	
总分合计				100	

思考与练习

1．在电气控制系统电路中，常用到如图 1—6—39 所示的元器件，试建立元件库 DQ.schlib，并绘制如下元器件。

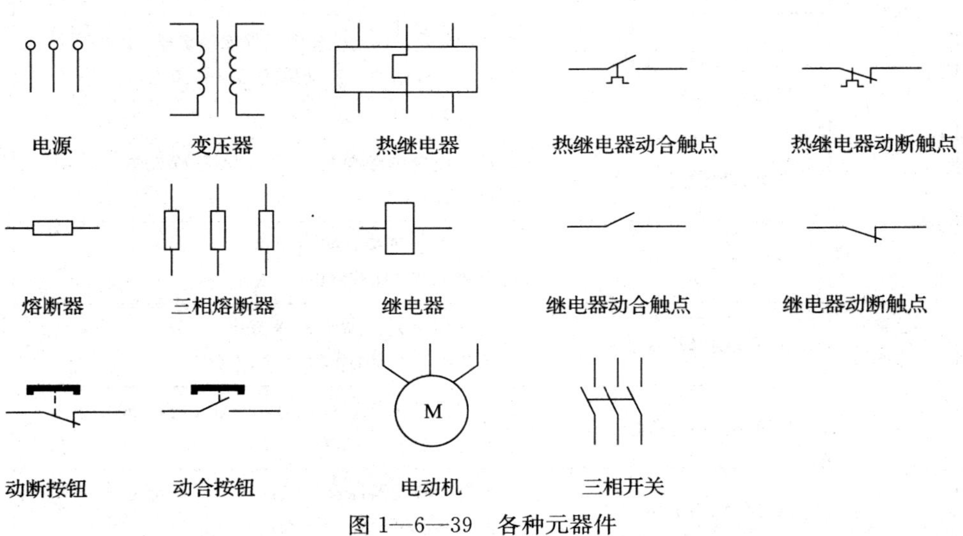

图 1—6—39　各种元器件

2. 使用题 1 中元器件，绘制如图 1—6—40 所示继电器控制电路图。

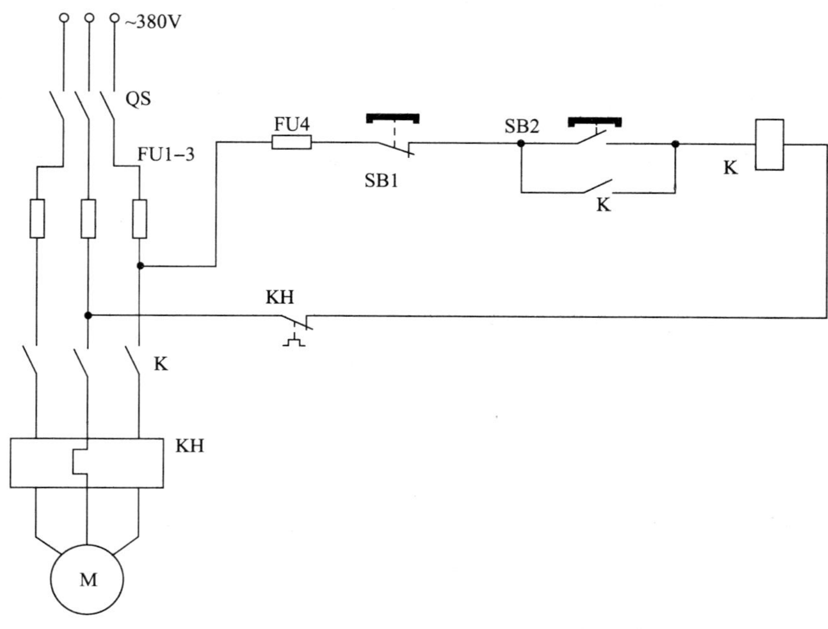

图 1—6—40 继电器控制电路图

3. 绘制照明自动控制电路原理图，如图 1—6—41 所示。其中 VD1、VD2、VD3、VT2 需修改为空心，L1、K（CS3020）、U1（CC4013）需要绘制。创建该电路项目的个性化元件库。

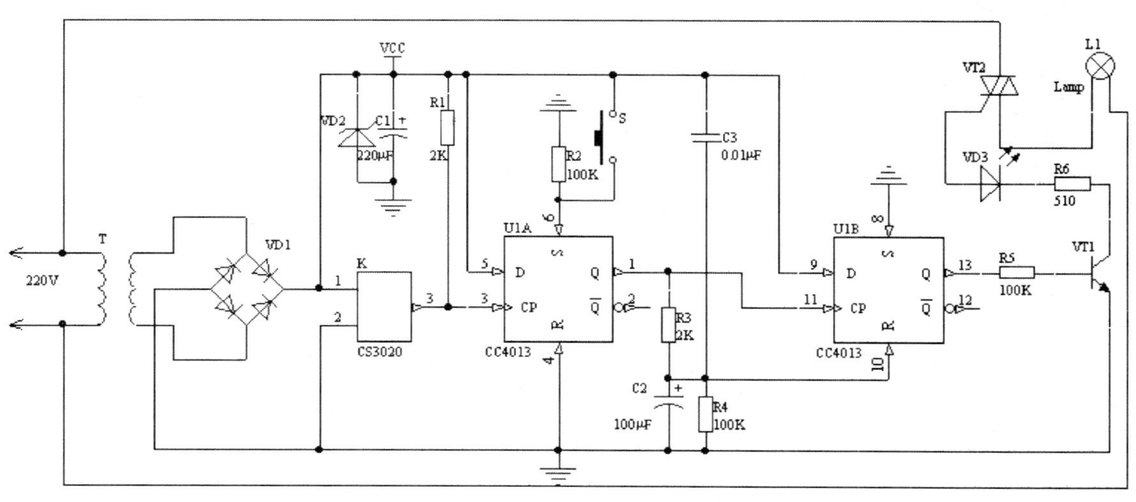

图 1—6—41 照明自动系统电路原理图

任务7　较复杂电路原理图绘制

◆ **技能点**

◎ 运用Protel DXP 2004原理图编辑器绘制具有复合式元件和总线结构的较复杂的电路原理图

◆ **知识点**

◎ 复合式元件的放置、编辑方法

◎ 总线、总线入口、端口的放置、编辑方法

◎ 较复杂电路原理图绘制方法

任务提出

电路原理图设计中经常遇到较复杂的功能强大的模数混合电路，其中包括复合式元件、总线结构、输入输出端口等电气对象。运用Protel DXP 2004原理图编辑器绘制基于单片机的步进电动机控制系统电路原理图（见图1—5—2），具体要求如下：

1. 设置合适的图纸参数及原理图工作环境参数。
2. 所有元器件符号必须与图中所示相符合，绘制完整电路原理图。

任务分析

在任务5中识读图1—5—2，可知系统按功能分为六个子电路，各子电路完成相应功能，并且六个子电路绘制在一张图纸中，此图较前面简单电路图绘制增加了总线结构、端口等新内容，同时原理图中使用了复合式元件。图中元器件及对应元件库见表1—7—1。

表1—7—1　　基于单片机的步进电动机控制系统电路原理图元器件表

元器件标识	库中元器件名	元器件参数	元器件所在元件库
C12、C21、C22、C23、C24、C25、C44	cap	0.1 μF	Miscellaneous Devices. IntLib
C41、C42	cap	22 pF	Miscellaneous Devices. IntLib
C11、C43、C51	Cap Pol2	10 μF	Miscellaneous Devices. IntLib
C61	Cap Pol2	4.7 μF	Miscellaneous Devices. IntLib
C62	Cap Pol2	100 μF	Miscellaneous Devices. IntLib
R11	Res2	1 K	Miscellaneous Devices. IntLib
R31、R32、R33、R34、R41、R52	Res2	10 K	Miscellaneous Devices. IntLib
R61、R62、R63、R64	Res2	4.7 K	Miscellaneous Devices. IntLib

续表

元器件标识	库中元器件名	元器件参数	元器件所在元件库
R51	可调电阻	10 K	自建元件. SchLib
Y41	XTAL	11.059 2 MHz	Miscellaneous Devices. IntLib
JP11	SW DPDT		Miscellaneous Devices. IntLib
JP12	Header 2		Miscellaneous Connectors. IntLib
J21	D Connector 9		Miscellaneous Connectors. IntLib
VD11	LED		自建元件. SchLib
VD61	二极管		自建元件. SchLib
B1	Motor Step		Miscellaneous Devices. IntLib
U1	MAX232ACPE		Maxim Communication ransceiver. IntLib
U2	P89C52X2FN		Philips Microcontroller 8－Bit. IntLib
U3	TS12864A		自建元件. SchLib
U4	STK672－040		自建元件. SchLib
RST、S1～S16	SW－PB		Miscellaneous Devices. IntLib
USB	1364372－2		AMP Serial Bus USB. IntLib

因图中元器件 R51、VD61、U3、U4、VD11 在软件内置元件库中无法找到，需要在自建元件. SchLib 中编辑制作，其中 R51（可调电阻）、VD61（二极管）、U3（TS12864）、U4（STK672－040）的制作已在任务 6 中完成，所以绘图之前还需在任务 6 的自建元件. SchLib 中制作 VD11（LED，发光二极管）。

绘制较复杂的电路原理图步骤如图 1—7—1 所示。

图 1—7—1　较复杂电路原理图绘制流程

相关知识

一、复合式元件的放置与编辑

电路原理图中放置的复合式元件符号是该元器件其中的一个独立单元，默认放置的是第一单元。若需用到该元器件的多个其他相同单元，可多次放置。

注意：尽量使用完同一复合式集成芯片里的所有功能单元，以减少集成芯片的使用个数，降低电路板制作成本。

左键双击复合式元器件进入其属性对话框，如图 1—7—2 所示，在“标识符”栏填写元器件的编号为 U1、U2……在注释下方的“Part”栏，通过单击“＜”“＞”按钮确定使用复合式元件的某个独立单元。通常“Part”栏中 part 的分子 1 对应于元器件编号中的 A，依次 part 的分子 2 对应于编号中的 B……part 的分母表示该芯片含有的功能单元总数。

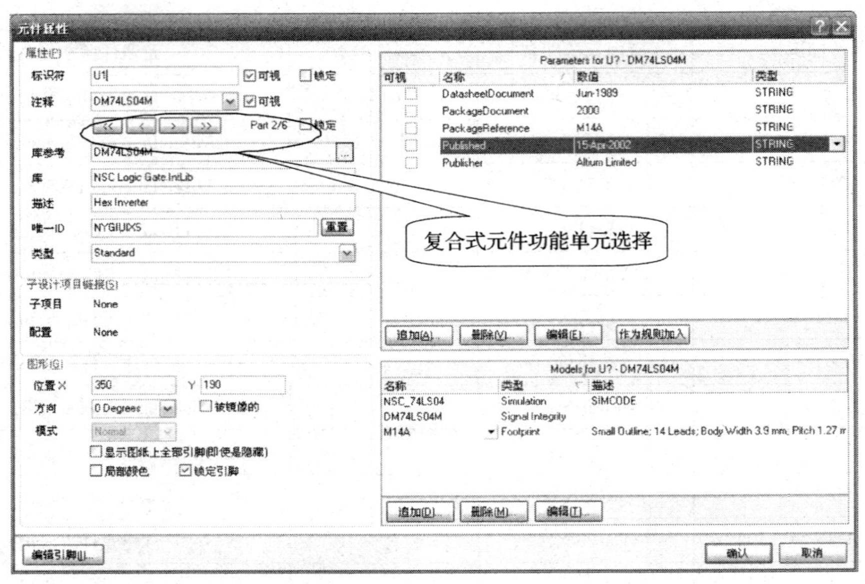

图 1—7—2　复合式元件的编辑

二、总线、总线入口、端口的放置与编辑

1. 总线放置与编辑

执行菜单命令，或右键单击工作区【放置】/【总线】，或单击配线工具栏中的 按钮，如图 1—7—3 所示。

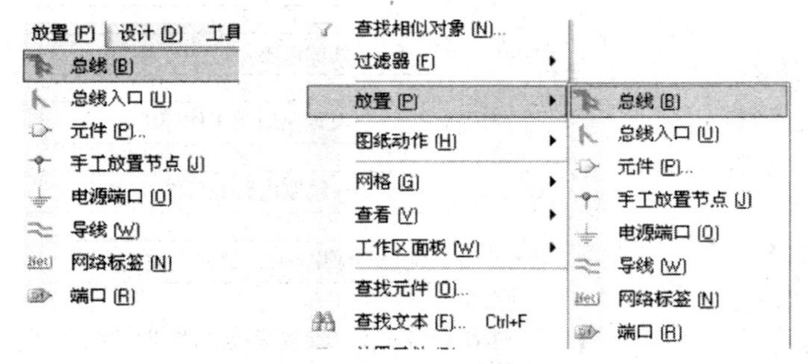

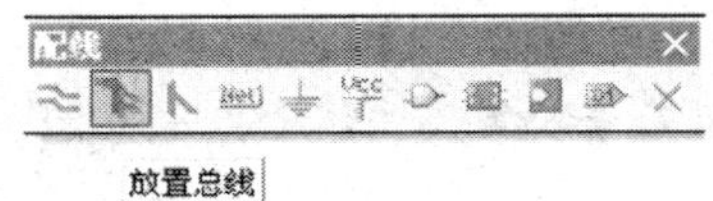

图 1—7—3　放置总线方式

总线绘制方法、步骤与导线绘制相同，其属性设置也类同，如图 1—7—4 所示为弹出的总线属性对话框，可设置总线的线宽、颜色。

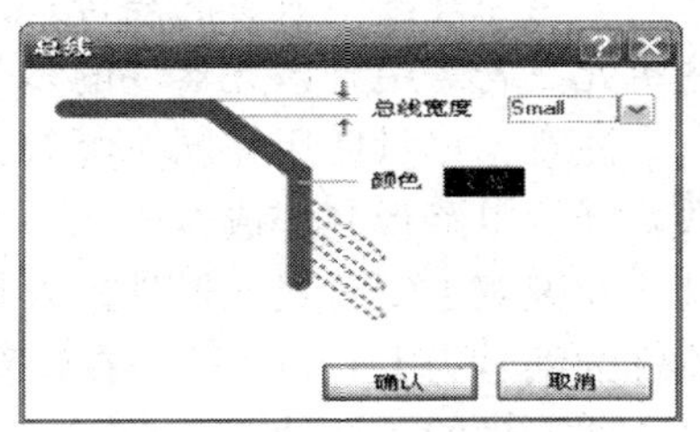

图 1—7—4　总线属性对话框

2. 总线入口放置与编辑

执行菜单命令，或右键单击工作区【放置】/【总线入口】，或单击配线工具栏中的 按钮，如图 1—7—5 所示。此时十字光标上附着一段总线入口线，按键盘上

"Space"键使总线入口逆时针旋转 90°，或按"X"键、"Y"键使总线入口水平或垂直翻转，光标移到合适位置，出现红色星形标志，如图 1—7—6 所示。此时按键盘上的"Tab"键，弹出如图 1—7—7 所示总线入口属性对话框。单击鼠标左键即可完成一个总线入口的放置。

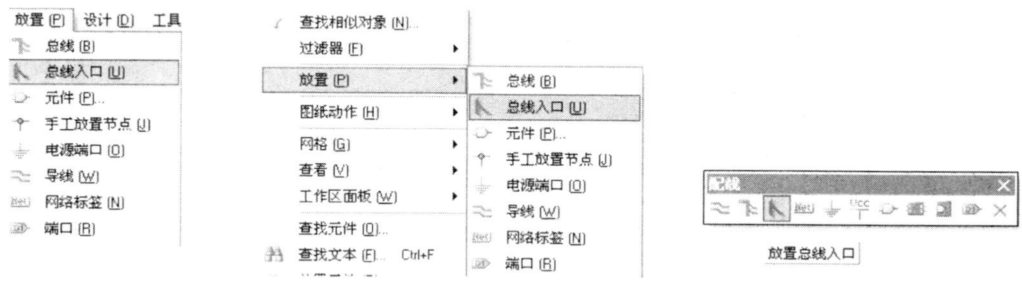

图 1—7—5　放置总线入口方式

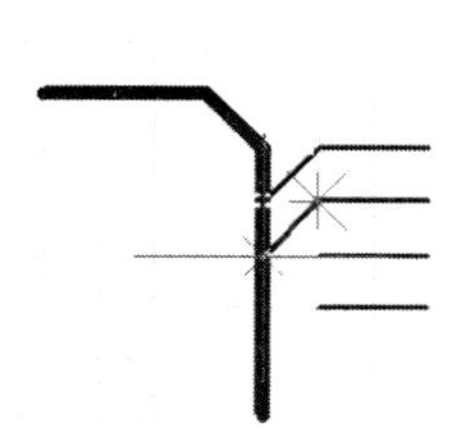

图 1—7—6　放置总线入口状态

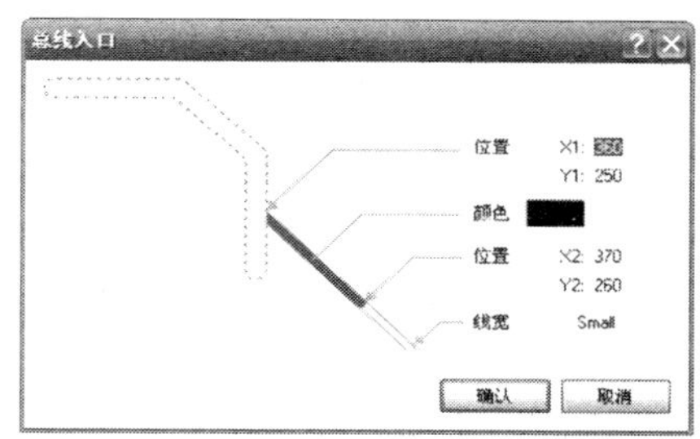

图 1—7—7　总线入口属性对话框

3. 端口放置与编辑

执行菜单命令，或右键单击工作区【放置】/【端口】，或单击配线工具栏中的按钮，如图 1—7—8 所示。此时十字光标上附着一个端口，按键盘上"Space"键调整端口方向，光标移到合适位置，出现红色星形标志，单击鼠标左键确定端口左侧起点位置，向右移动光标到合适位置，再次单击鼠标左键确定端口终点位置，如图 1—7—8 所示。

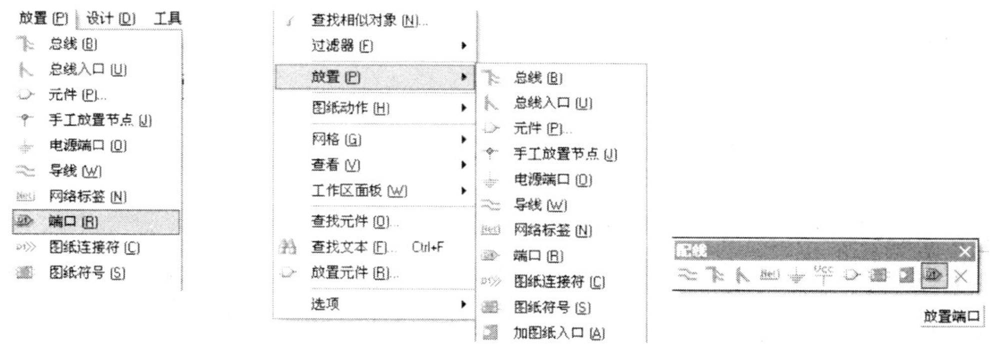

图 1—7—8　放置端口方式

放置端口过程中按键盘上“Tab”键，或放置完成端口后左键双击该端口，弹出如图1—7—10所示端口属性对话框，可对端口属性进行设置。

注意画圈部分的设置，I/O类型有三种：输出端口（Output）、输入端口（Input）、双向端口（Bidirectional）。

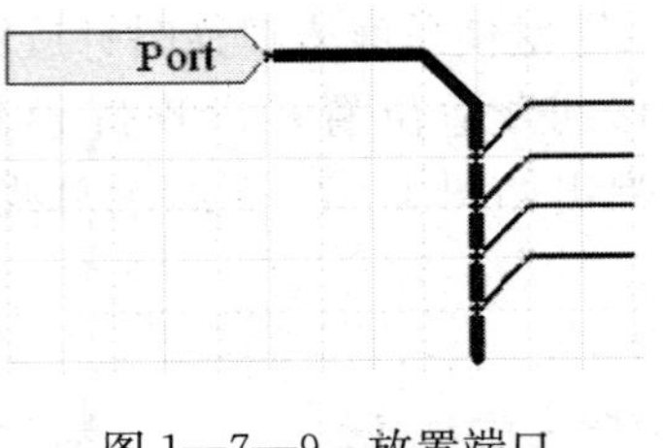

图1—7—9　放置端口

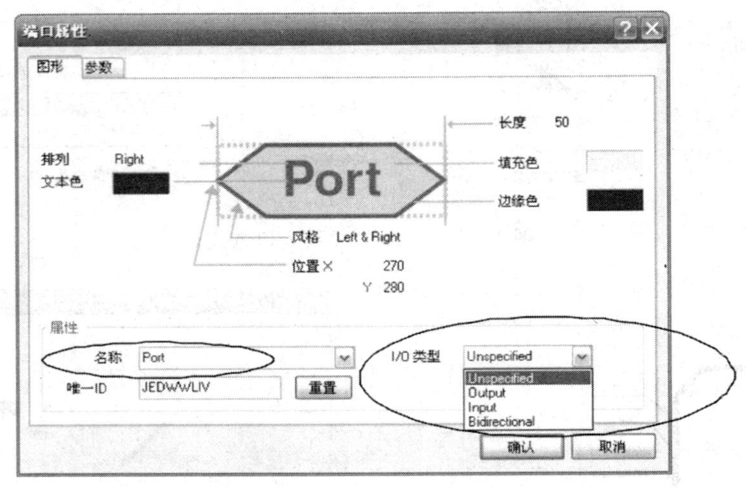

图1—7—10　端口属性对话框

任务实施

一、新建电路板工程项目文件

在用户目录中新建“步进电动机控制系统”文件夹。

1. 新建、保存设计工作区

详见任务3，保存新建的设计工作区在上述文件夹中，并命名为“基于单片机的步进电动机控制系统．DsnWrk”。

2. 新建、保存工程项目文件

详见任务3，保存新建的工程项目文件在上述文件夹中，并命名为“基于单片机的步进电动机控制系统．PrjPCB”。

二、追加自建元件库文件与编辑制作新元器件

本书中所有自建的原理图元器件统一存放在任务6建立的自建元件．SchLib中，故应先将该文件追加到当前项目中，然后在其中继续编辑、制作新元器件VD11（LED，发光二极管）。

1. 追加已有自建元件库到当前项目中

对Projects面板中“基于单片机的步进电动机控制系统．PrjPCB”处右键单击，弹出

如图1—7—11所示快捷菜单，执行【追加已有文件到项目中】命令，在图1—7—12中选择任务6中已建立的“自建元件. SchLib”，单击“打开”按钮后，即将“自建元件. SchLib”添加到“基于单片机的步进电动机控制系统. PrjPCB”中。

图1—7—11　追加已有文件到项目中

2. 修改发光二极管为空心

（1）新建元器件。打开“自建元件. SchLib”文件，切换工作面板到“SchLibrary”，执行菜单命令【工具】/【新元件】，输入元器件名为：LED。

（2）复制已有的内置于Miscellaneous Devices. IntLib中的LED2到当前新建元器件中。执行菜单命令【文件】/【打开】，在Miscellaneous Devices. IntLib中找到LED2，选定、复制、粘贴到当前新元器件中，如图1—7—13所示。

图1—7—12　选择已有自建元件. SchLib文件

（3）修改元器件外形。详见任务6操作，将实心三角形修改为空心，如图1—7—14所示为修改后的LED。

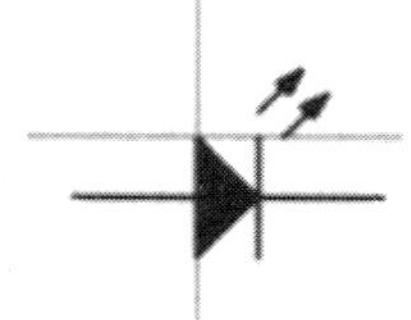

图1—7—13　复制、粘贴LED2到新元器件

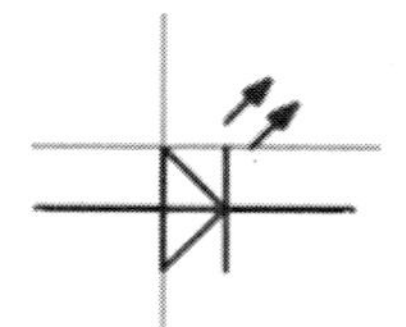

图1—7—14　修改后的LED

（4）修改元器件属性。操作同任务 6，在“Default Designator”（默认编号）栏填写 VD?；在“注释”栏填写 LED，其他为默认设置。

三、新建系统电路原理图与设置工作参数

1. 新建、保存原理图文件

详见任务 3，将新建的原理图文件保存在上述文件夹中，并命名为“基于单片机的步进电动机控制系统．SchDoc”。

2. 设置原理图工作环境

（1）设置图纸参数。执行菜单命令【设计】/【文档选项】，在“图纸选项”标签中选择图纸为“Landscape”（水平）方向，图幅选择“标准风格 A4”。

（2）设置网格。“可视网格”和“捕获网格”选项前默认均打“√”，“可视网格”值为 10 mil，“捕获网格”值为 5 mil，“电气网格”值为 4 mil。

（3）设置标题栏。完成后标题栏显示如图 1—7—15 所示。

Title	基于单片机的步进电动机控制系统		
Size A4	Number 1		Revision 1
Date:	2012-4-16	Sheet of 1	
File:	F:\protel DXP练习\..\基于单片机的步进电动机控制系统.SchDoc		阮艳

图 1—7—15 标题栏设置

（4）划分图纸。图 1—5—2 按功能分为六个子电路，故将电路原理图纸按子电路原理图复杂程度划分为六个区域。执行菜单命令【放置】/【描画工具】/【直线】（或单击实用工具栏中的描画工具╱按钮），同时按键盘上的“Tab”键，弹出如图 1—7—16 所示折线属性对话框，在“线风格”下拉框中选择“Dashed”（虚线），参照参考区编号将图纸划分为六个区域，如图 1—7—17 所示。

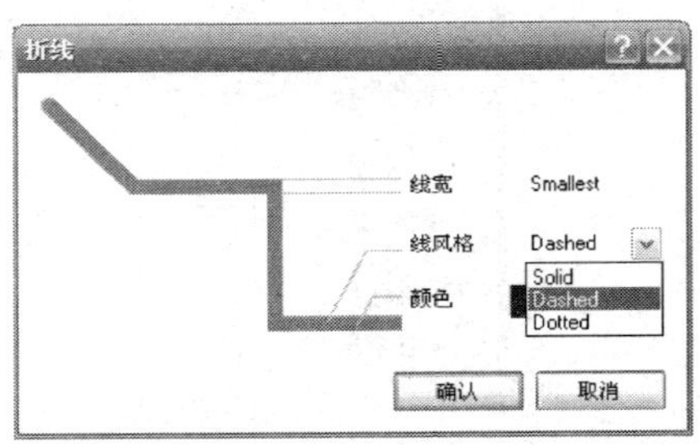

图 1—7—16 折线属性设置

四、绘制各子电路原理图

详见任务 3 操作，此处给出简明步骤。

1. 电源电路的绘制

（1）加载自建元件．SchLib 文件，并放置 VD11。在新建的原理图编辑环境下，打开工作区右侧的面板标签“元件库”，单击元件库按钮，将当前项目中编辑的“自建元件．SchLib”安装于当前可用元件库中，如图 1—7—18 所示。选定 LED，单击“Place LED”按钮将发光二极管 LED 放置于如图 1—7—19 所示图纸左上区域的原理图中。

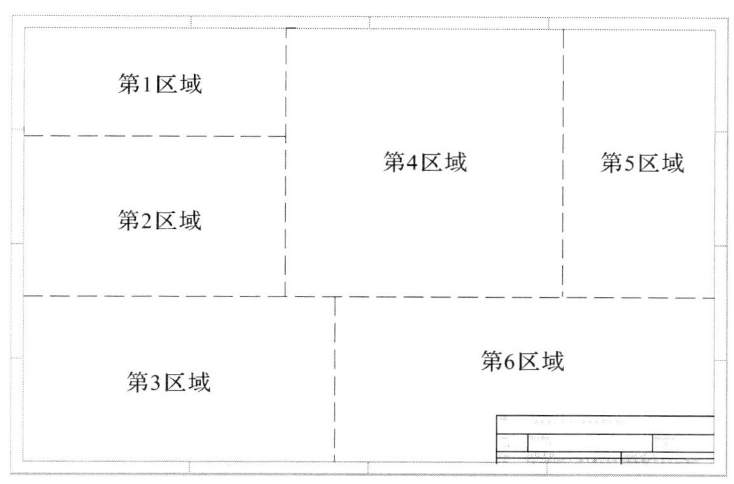

图 1—7—17　根据子电路功能划分图纸区域

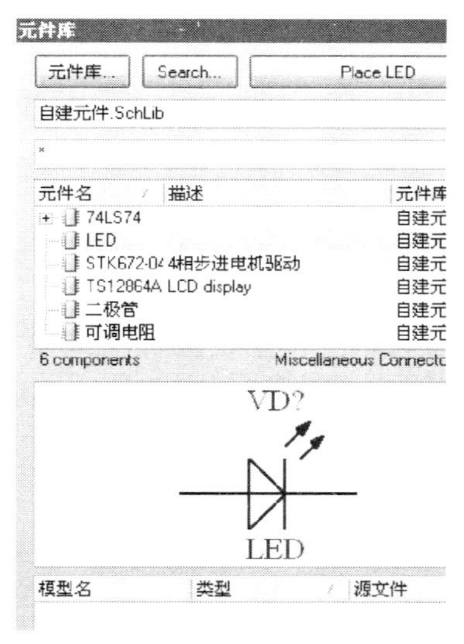

图 1—7—18　加载自建元件．SchLib

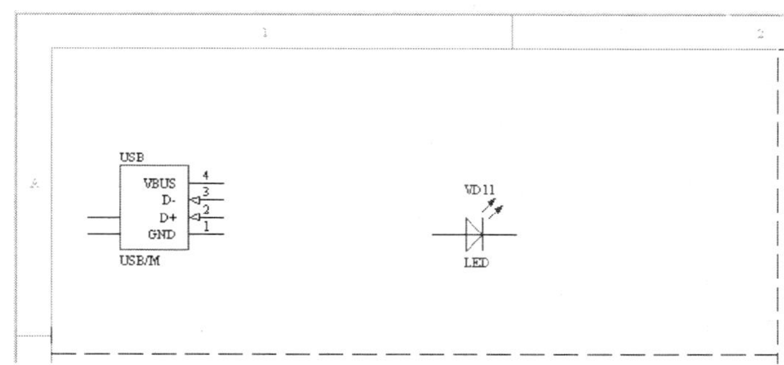

图 1—7—19　放置元器件

（2）加载 AMP Serial Bus USB．IntLib 文件，并放置 USB。在图 1—7—18 中再次单击“元件库”按钮，加载所需元件库，路径为：C:\Protel DXP 2004\Library\Amp\AMP Serial Bus USB. IntLib（此处 Protel DXP 2004 安装于 C 盘根目录下），在 AMP Serial Bus USB．IntLib 中选定 1364372－2，并放置于图纸左上区域的原理图中。

注意：为快速查找复杂电路原理图中的元器件，元器件编号通常按区域进行，如第一区的电阻、电容默认编号为 R1?、C1?，第二区的电阻、电容默认编号为 R2?、C2?，但整张图纸中芯片统一编号。

（3）放置、编辑其他元器件。见表 1—7—1 将电源电路中其他元器件依次放置于图 1—7—19 中。

（4）放置导线。将各元器件之间有电气连接关系的引脚用导线连接。

（5）放置电源端口。执行菜单命令或右键单击工作区【放置】/【电源端口】，或单击配线工具栏中的⏚ VCC 按钮，放置 VCC、GND 及+15V 电源。电源电路如图 1—7—20 所示。

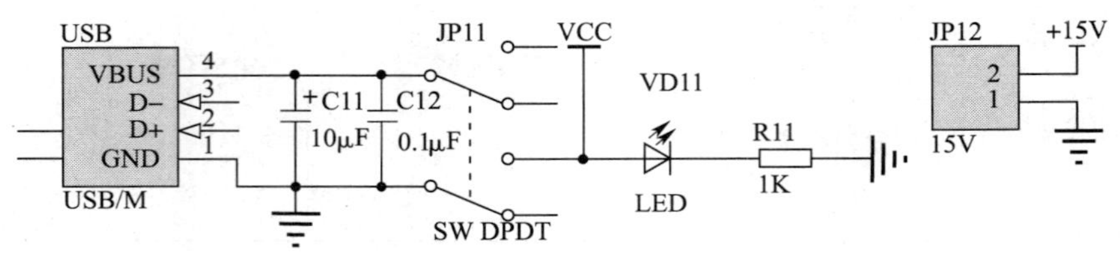

图 1—7—20　电源电路

2. 电平转换电路的绘制

（1）放置、编辑核心元器件（U1：MAX232）。执行菜单命令【工具】/【查找元件】，或在图 1—7—18 中单击“Search”按钮（查找），弹出如图 1—7—21 所示元件库查找对话框，输入查找条件“MAX232 *”，单击左下方“查找”按钮，等待一段时间后，查找结果如图 1—7—22 所示，搜索到 18 个符合条件的元器件。从中选定一个元器件单击“Place MAX232ACPE”按钮，在图纸左侧第二区域放置该元器件符号。

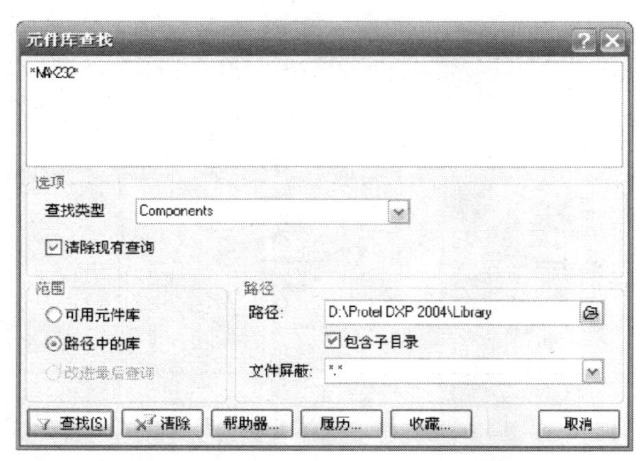

图 1—7—21　元件库查找对话框

图 1—7—22　元器件 MAX232 查找结果

（2）放置、编辑 J21。将 Miscellaneous Connectors. IntLib 作为当前元件库，取出“D Connector 9”放置于图纸左侧第二区域，通过键盘上“Space”键与“X”键调整方向，如图 1—7—23 所示。

（3）参照表 1—7—1 中信息放置、编辑其他元器件，按照上述方法绘制电平转换电路，其中 U1—12 和 U1—10 上的网络标签，通过执行菜单命令或右键单击工作区【放置】/【网络标签】，或单击配线工具栏中的 Net 按钮放置完成。绘制完成的电平转换电路如图 1—7—24 所示。

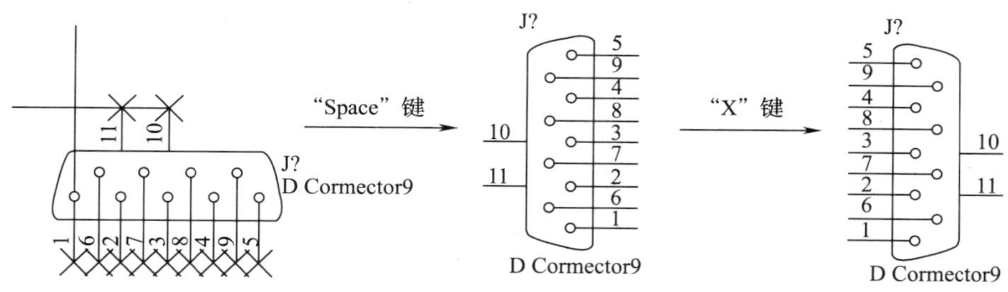

图 1—7—23　调整元器件方向

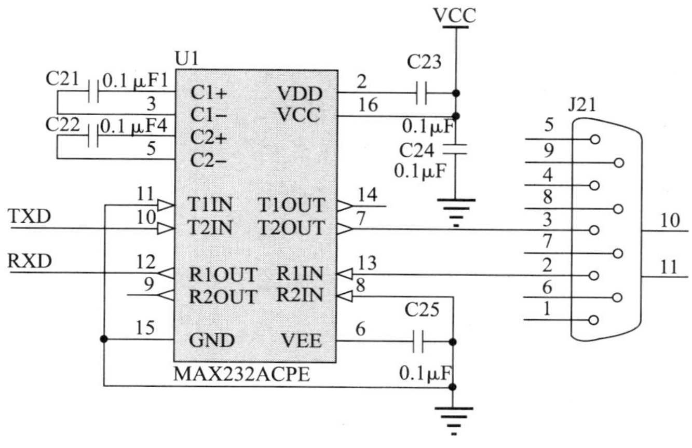

图 1—7—24　电平转换电路

3. 矩形键盘输入电路的绘制

(1) 放置 S 开关。在库文件 Miscellaneous Devices. IntLib 中找到元器件 SW－PB，放置 16 个开关于图纸左下第三区域。

(2) 元器件排列。执行菜单命令【查看】/【工具栏】/【实用工具】，打开实用工具，其中的“调准工具”各按钮可将调整对象以不同方式对齐，如图 1—7—25 所示。完成的矩形键盘输入电路如图 1—7—26 所示。

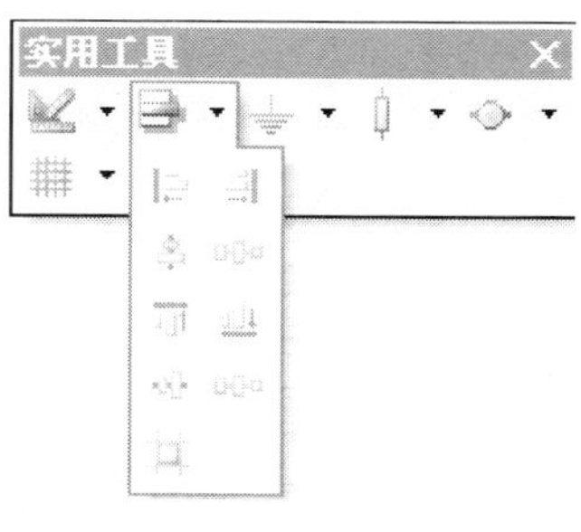

图 1—7—25　调准工具

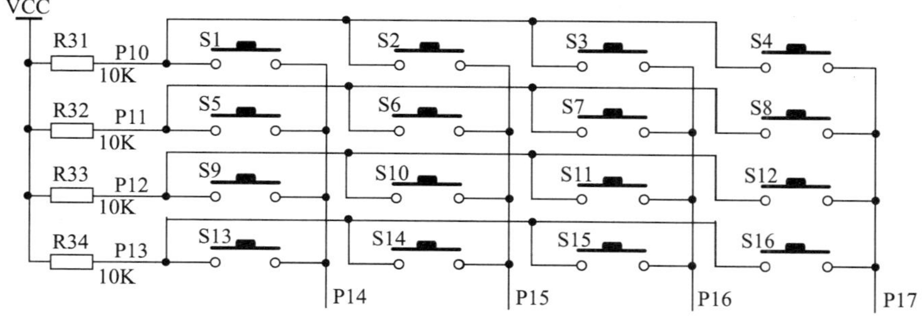

图 1—7—26　矩形键盘输入电路

4. 单片机控制电路的绘制

(1) 放置、编辑元器件。本系统中核心元器件U2 (89C52) 采用上述元器件查找方法或参照表1—7—1中信息加载Protel DXP 2004 \ Library \ Philips \ Philips Microcontroller 8—bit. IntLib库文件，放置核心元器件U2 (P89C52X2FN) 到图纸中部第四区域。其他元器件参照表1—7—1中信息放置到图纸中。

(2) 放置总线结构。主要处理U2右侧数据总线部分。

1) 阵列粘贴放置16根导线。首先在P0.0口放置一根导线，然后选定该导线并执行菜单命令【编辑】/【复制】(或单击“原理同标准”工具栏中的按钮，或热键“Ctrl+C”)，十字光标定位于导线左端点(参考点)，并左键单击。然后执行菜单命令【编辑】/【粘贴队列】，弹出如图1—7—27所示对话框，将“项目数”一栏修改为7 (即需要P0.1～P0.7口上七根导线)，“垂直间距”设置为10。确认后移动十字光标到最下端P0.7口引脚起点处，左键单击“确定”按钮后，上面七根导线粘贴到相应位置上，如图1—7—28所示。P1口的八根导线同法放置。

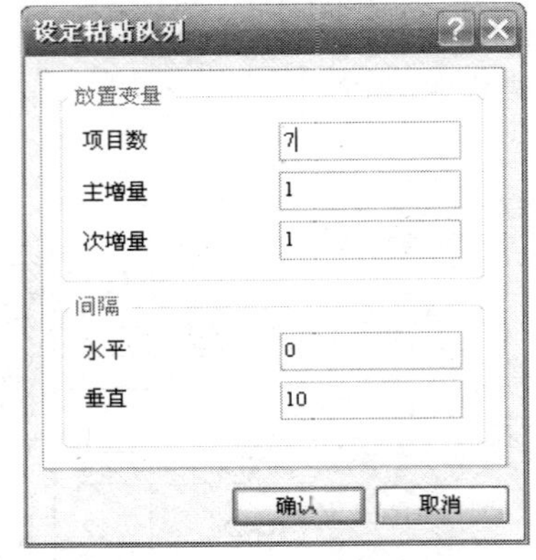

图1—7—27 设定粘贴队列对话框

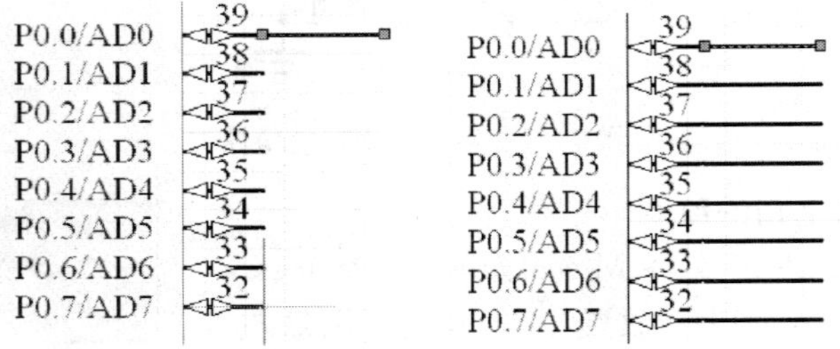

图1—7—28 阵列粘贴导线

2) 阵列粘贴放置16个总线入口。操作同上。

3) 放置总线。分别在P0口和P1口的数据线部分放置总线，如图1—7—29所示。

4) 放置网络标签。在上述每根导线上放置网络标签并进行编辑。

5) 放置端口。在总线处分别放置端口P【0...7】和P【1...7】。

总线结构完成后如图1—7—30所示。

(3) 放置其他电气对象。放置电源、接地端口及连接导线，完成的单片机控制电路如图1—7—31所示。

5. LCD液晶显示电路的绘制

(1) 放置、编辑核心元器件 (U3: TS12864)。在“自建元件. SchLib”中找到TS12864，放置于图纸右侧第五区域。其他元器件参照表1—7—1中信息放置、编辑。

(2) 放置总线结构。按上述相同方法放置。LCD液晶显示电路如图1—7—32所示。

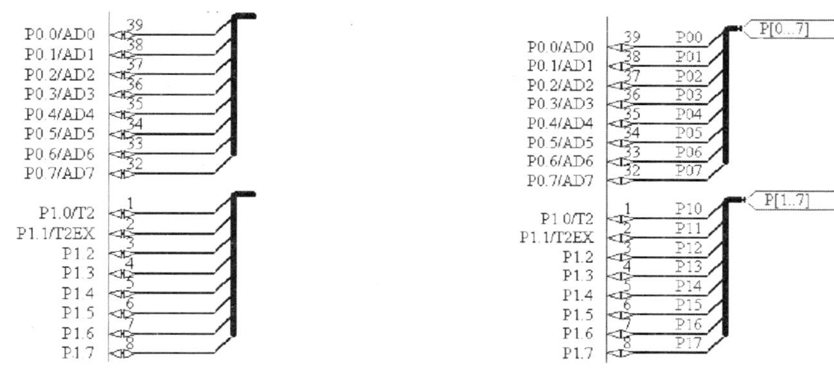

图 1—7—29　放置导线、总线入口、总线　　图 1—7—30　完整总线结构

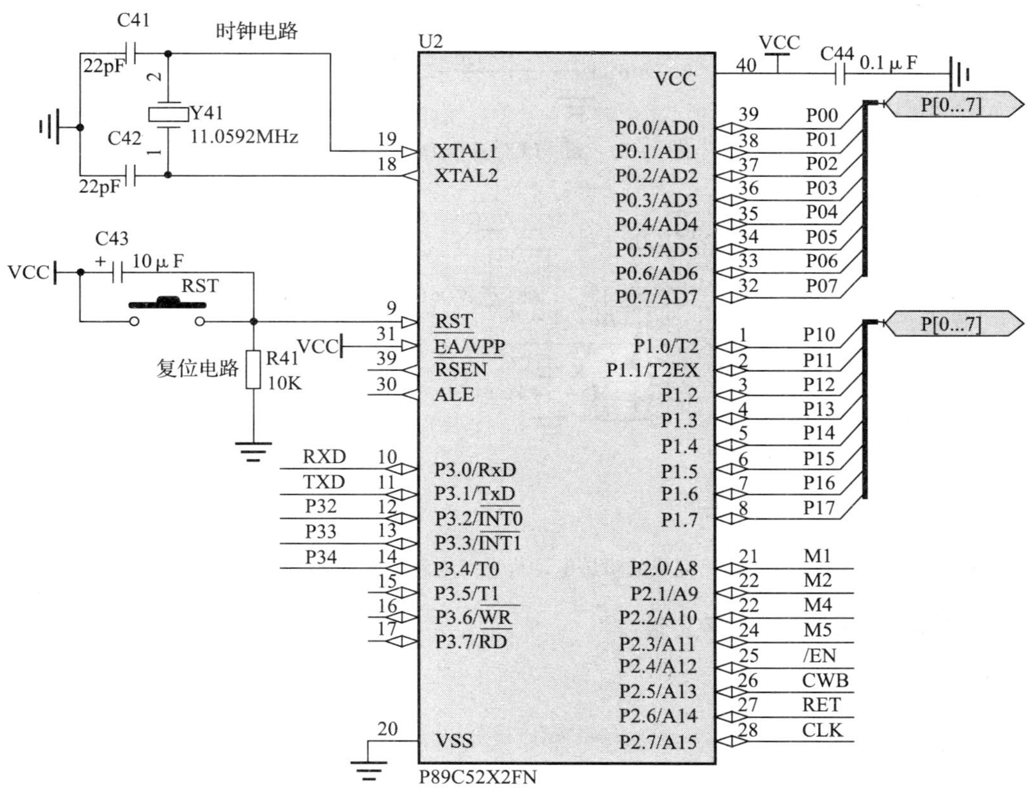

图 1—7—31　单片机控制电路

6. 步进电动机系统电路脉冲分配与驱动电路的绘制

放置、编辑核心元器件（U4：STK672－040）。在“自建元件．SchLib”中找到STK672－040，放置于图纸右下侧第六区域。其他元器件参照表 1—7—1 中信息放置、编辑。完成的步进电动机系统电路脉冲分配与驱动电路如图 1—7—33 所示。

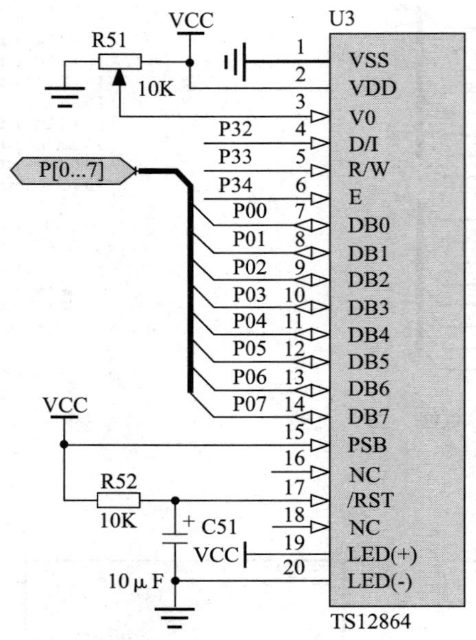

图 1—7—32　LCD 液晶显示电路

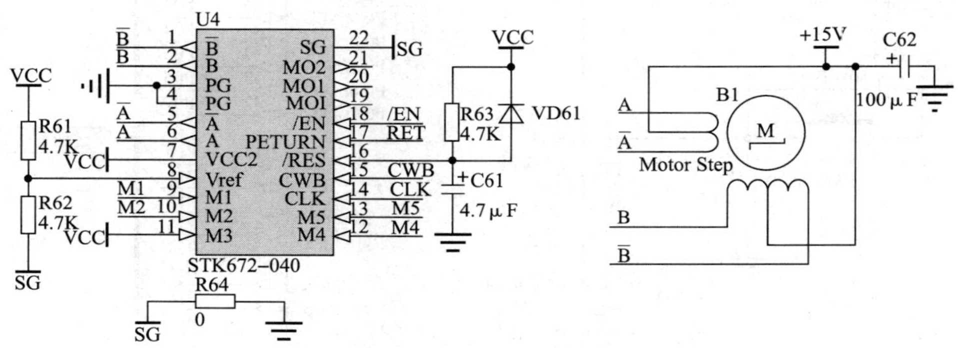

图 1—7—33　完成的步进电动机系统电路脉冲分配与驱动电路

五、编辑、修改并保存文件

详见课题二任务 9 操作。

任务评价

表 1—7—2　　　　**评分标准**

序号	项目	内容	评分标准	配分	得分
1	新建电路板工程项目文件	新建、保存设计工作区	正确新建、保存设计工作区：1 分；不正确新建、保存设计工作区：0 分	1	
		新建、保存工程项目文件	正确新建、保存工程项目文件：1 分；不正确新建、保存工程项目文件：0 分	1	

续表

序号	项目	内容	评分标准	配分	得分
2	追加已有自建元件库文件，并编辑制作新元器件	追加已有自建元件库到当前项目中	正确追加已有自建元件库：5 分；不正确追加已有自建元件库：0 分	5	
		修改发光二极管为空心	正确修改元器件：5 分；不正确修改元器件：0 分	5	
3	新建原理图文件，并设置工作参数	新建、启动原理图文件	正确新建、启动原理图文件：1 分；不正确新建、启动原理图文件：0 分	1	
		设置工作参数、网格、标题栏	正确设置图纸参数、网格、标题栏：5 分；部分正确：3 分；不正确：0 分	5	
		划分图纸区域	正确划分图纸区域：5 分；不正确划分图纸区域：0 分	5	
4	绘制各子电路原理图	电源电路的绘制	正确加载元件库：3 分；不正确加载元件库扣 3 分；正确绘制子电路图：2 分；不正确绘制子电路图：0 分	10	
		电平转换电路的绘制	正确查找元器件：3 分；不正确查找元器件扣 3 分；正确绘制子电路图：7 分；部分正确绘制子电路图：3 分；不正确绘制子电路图：0 分	15	
		矩形键盘输入电路的绘制	正确绘制子电路：5 分；部分正确绘制子电路：3 分；不正确绘制子电路：0 分	10	
		单片机控制电路的绘制	正确使用自建元件：2 分；不正确使用自建元件扣 2 分；正确绘制总线结构：6 分；不正确绘制总线结构扣 6 分；正确绘制子电路原理图：7 分；不正确绘制扣 7 分。	20	
		LCD 液晶显示电路的绘制	正确使用自建元件：4 分；不正确使用自建元件扣 4 分；正确绘制总线结构：4 分；不正确绘制总线结构扣 4 分；正确绘制子电路原理图：4 分；不正确绘制扣 4 分。	12	
		步进电动机系统电路脉冲分配与驱动电路的绘制	正确使用自建元件：3 分；不正确使用自建元件扣 3 分；正确绘制子电路原理图：2 分；不正确绘制扣 2 分。	10	
总分合计				100	

思考与练习

1. 绘制高灵敏度无线话筒电路原理图，如图1—7—34所示。

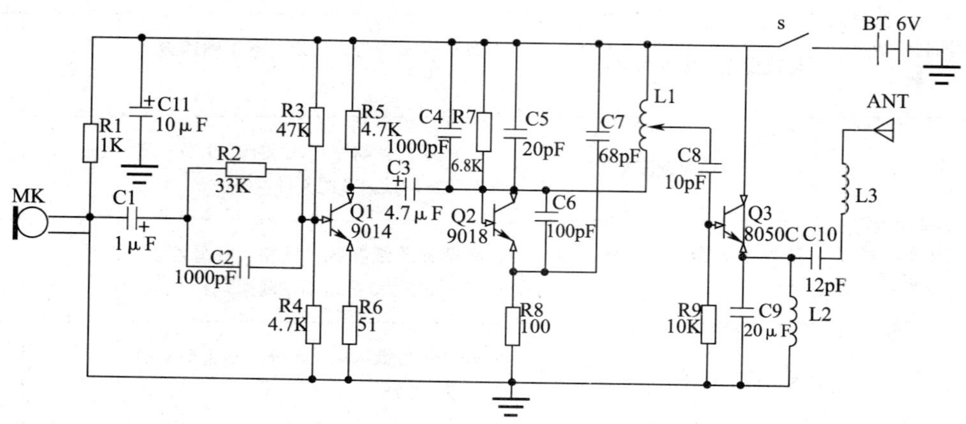

图1—7—34　高灵敏度无线话筒电路原理图

2. 绘制运放电路原理图，如图1—7—35所示。

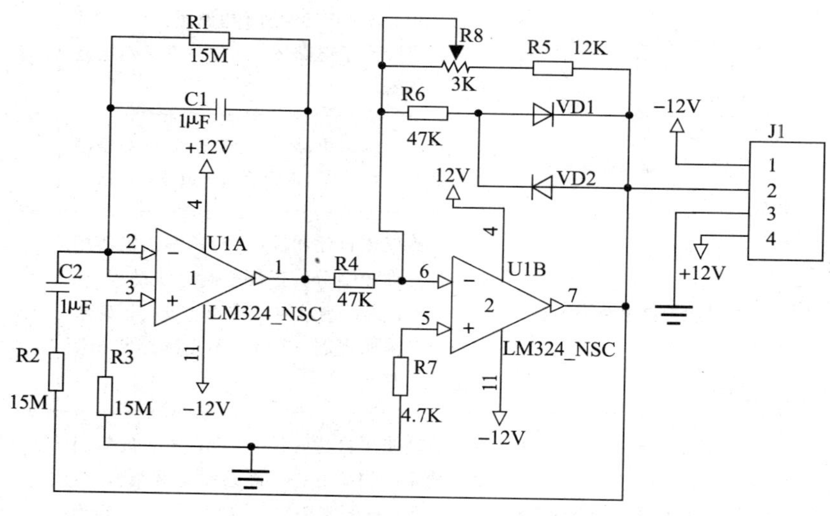

图1—7—35　运放电路原理

3. 绘制任务5中如图1—5—16所示电路原理图。

任务 8　层次电路原理图设计

◆ **技能点**

◎ 电路功能模块划分

◎ 运用自上而下的层次电路原理图设计方法绘制复杂的电路原理图

◎ 层次电路图的切换

◆ **知识点**

◎ 层次电路原理图的结构

◎ 电路原理图层次化设计方法

任务提出

电路设计中若遇到计算机主板这类规模大的复杂电路原理图时，如果仍在一张图纸中绘制，势必一方面导致需要使用大幅面的图纸，另一方面因电路图所包含的电气对象数量繁多、结构逻辑关系复杂，而不利于电路的阅读、分析、检查与交流。因此，对于复杂的电路原理图，工程上通常采用层次化的设计方法，将原理图按照功能模块进行划分，分开绘制到不同的图纸上，从而使复杂的电路结构清晰、层次分明，从读者的角度既能更好地把握电路整体结构，又能方便地查看各子电路内容；从设计者的角度能分工合作完成各设计模块电路，以提高电子产品的整机设计速度，增强产品的竞争力。

采用自上而下的层次电路图设计方法，绘制基于单片机的步进电动机控制系统电路原理图（见图 1—5—2），具体要求如下：

1. 划分电路功能模块。
2. 根据电路功能模块设计主电路图，如图 1—8—1 所示。

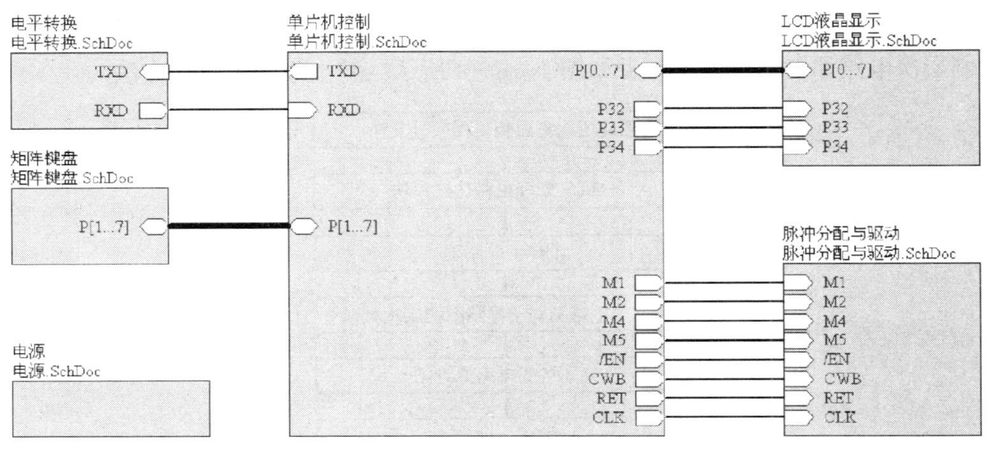

图 1—8—1　基于单片机的步进电动机控制系统主电路

3. 由主电路图创建各子电路图，实现层次关系如图 1—8—2 所示。

图 1—8—2　主电路图与各子电路图的层次关系

4. 分别绘制各子电路原理图。
5. 对层次电路原理图进行层次切换，生成层次表。

任务分析

任务 7 中已将基于单片机的步进电动机控制系统电路原理图按功能划分为六个子电路图，其层次结构如图 1—8—3 所示。最上面的总图称为顶层原理图或主电路图，主要定义下面各子电路图之间的连接关系；下面的分图称为底层原理图或子电路图。其中主电路图与子电路图的关系是父电路与子电路的关系，在子电路图中仍可包含下一级子电路。

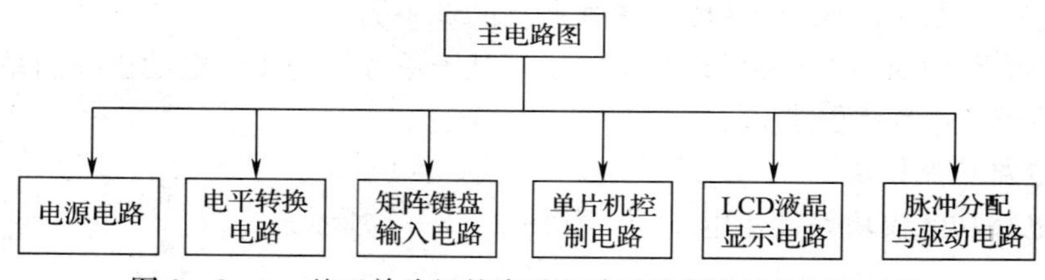

图 1—8—3　基于单片机的步进电动机控制系统的层次结构

绘制层次电路原理图步骤可参见如图 1—8—4 所示（自上而向下设计方法）。

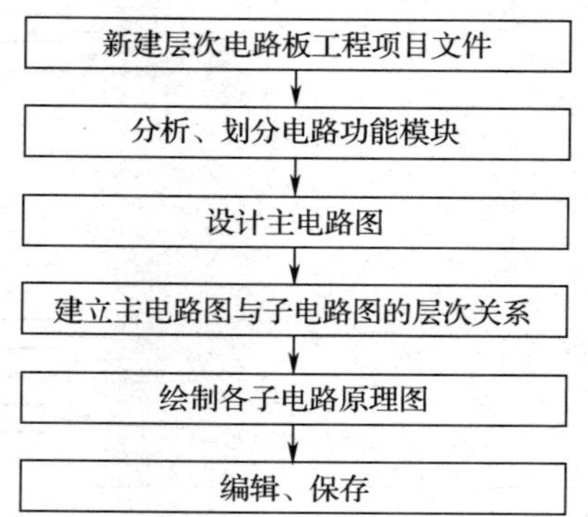

图 1—8—4　自上而下层次电路图绘制流程

相关知识

一、层次电路原理图的层次结构与主电路图

1. 层次电路原理图文件的层次结构

层次电路原理图的结构在项目管理器中类似于 Windows 系统中的目录树结构，如图 1—8—2 所示，由一个主电路原理图文件和若干个子电路原理图文件构成，并且构成层次包含关系。

2. 层次电路原理图的主电路图

以基于单片机的步进电动机控制系统层次电路为例，其主电路图如图 1—8—5 所示，包括六个图纸符号、图纸符号内的若干图纸入口以及连接导线。主电路图用于表示六个子电路图之间的整体连接关系，相当于整机电路图中的方框图。一个图纸符号相当于一个子模块，而每一个模块均对应于一个具体的子电路原理图。子电路图与主电路图的连接是通过图纸符号中的图纸入口实现的。

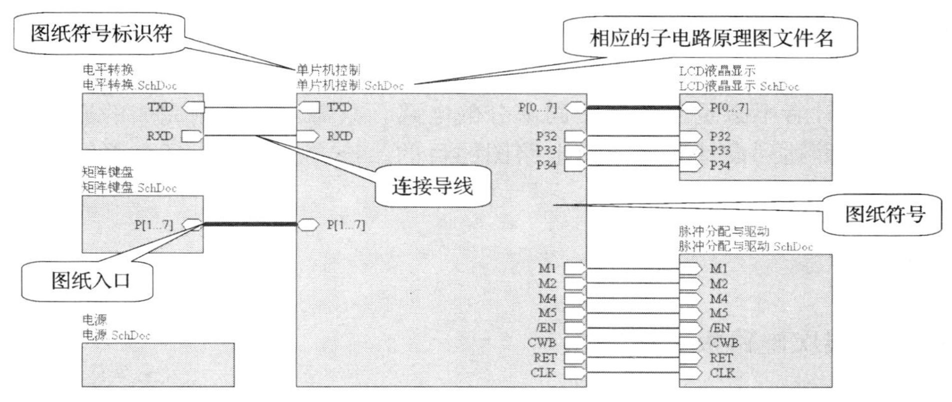

图 1—8—5　认识主电路

二、层次电路原理图的设计方法

1. 自上而下的层次原理图设计

自上而下的层次原理图设计方法是常用的复杂电路设计方法。首先将系统划分成若干个功能模块，进而建立层次原理图主电路图，再根据主电路图中的图纸符号分别建立相应的子模块电路图，最后建立每个基本模块电路。该方法主要从系统开始，逐级向下进行细化，其流程如图 1—8—6 所示。

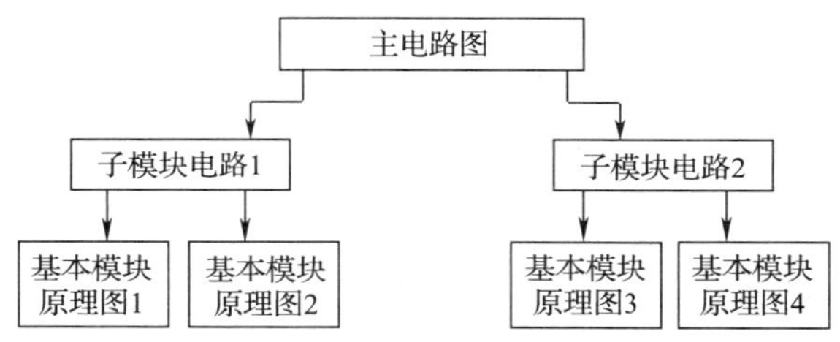

图 1—8—6　自上而下层次原理图设计流程

2. 自下而上的层次原理图设计

自下而上的层次原理图设计方法与上述过程相反，利用绘制的各个基本模块原理图产生子模块电路，进而完成层次原理图主图的设计。该方法主要从基本模块开始，逐级向上进行抽象，其流程如图1—8—7所示。

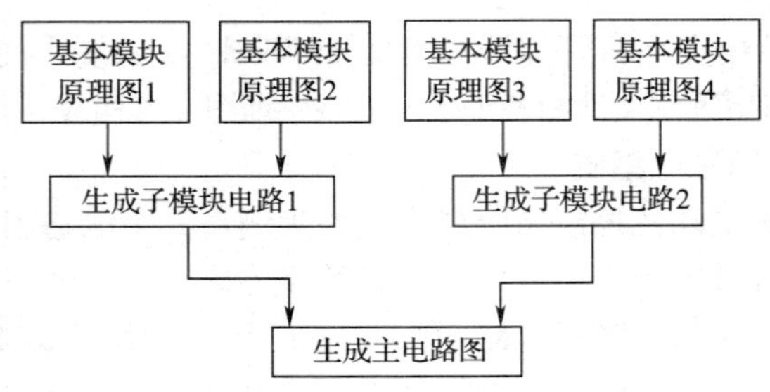

图1—8—7　自下而上层次原理图设计流程

3. 多通道层次原理图设计

多通道层次原理图设计方法是指在层次电路原理图设计中，有一个或多个电路图被重复地调用，而设计者不必重复绘制相同部分的电路，只需对已绘制完成的通道电路图进行属性设置，从而达到设计其他通道电路图的目的。该方法在现代通信系统中应用较为广泛。

任务实施

一、新建层次电路板工程文件

在用户目录中新建“层次电路图”文件夹。

1. 新建、保存设计工作区

详见任务3，在上述文件夹中保存新建的设计工作区，并命名为“单片机控制步进电动机系统.DsnWrk”。

2. 新建、保存工程项目

详见任务3，在上述文件夹中保存新建的工程项目，并命名为“单片机控制步进电动机.PrjPCB”。

3. 新建、保存原理图文件

详见任务3，在上述文件夹中保存新建的原理图文件，并命名为“主图.SchDoc”。

二、分析、划分功能模块

功能模块划分详见任务5分析中的图1—8—3，其中单片机控制电路是核心部分，与其他五个子电路的连接端口有：与电平转换电路TXD、RXD；与矩阵键盘电路P1口；与LCD液晶显示电路P0口、P32、P33、P34；与脉冲分配与驱动电路M1、M2、M4、M5、/EN、CWB、RET、CLK。

三、设计主电路图

1. 设置主电路图环境参数

详细操作见任务 3，简明设置步骤：

（1）设置图纸参数。选择图纸为“Landscape”（水平）方向，使用自定义风格，自定义高度：700；自定义宽度：500。其他图纸设置采用默认值。

（2）设置网格。“可视网格”值为 10 mil，“捕获网格”值为 5 mil，“电气网格”值为 4 mil。

（3）设置标题栏。设置完成后标题栏显示如图 1—8—8 所示。

Title 主图			
Size A4	Number 0		Revision 1
Date:	2012-4-21	Sheet of	7
File:	F:\protel DXP练习\..\主图.SchDoc	Drawn By:	阮艳

图 1—8—8　“主图电路”图纸标题栏

2. 放置图纸符号

（1）在主电路原理图编辑状态下，执行菜单命令或右键单击工作区“放置”/“图纸符号”，或单击配线工具栏中的 按钮后，十字光标上附着一个绿色图纸符号轮廓。

（2）图纸符号的轮廓随光标移动，此时图纸符号处于放置状态，按键盘上的“Tab”键，弹出图纸符号属性对话框，如图 1—8—9 所示设置，编辑标示符和文件名，其他为默认设置。确认后系统返回到放置图纸符号状态。

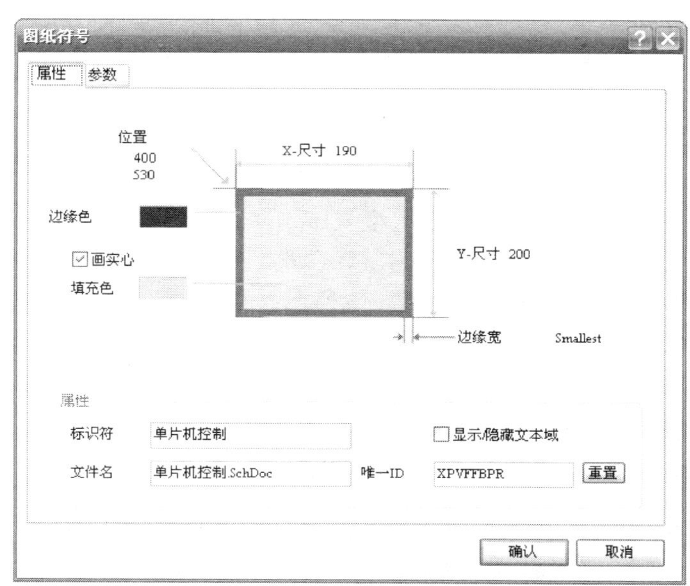

图 1—8—9　图纸符号属性设置

(3) 移动光标到合适位置，单击鼠标左键确定该图纸符号起点位置，此时图纸符号的大小随着光标的移动而变化，调整图纸符号大小并单击鼠标左键确定终点位置，此时放置完成第一个图纸符号（单片机控制），如图1—8—10所示。

图1—8—10　放置好的图纸符号

(4) 此时十字光标上仍附着一个与前面图纸符号完全相同的轮廓，可用上述方法继续放置并编辑其他五个图纸符号，也可单击鼠标右键或按键盘“Esc”键退出放置图纸符号命令。图纸符号放置完成后如图1—8—11所示。

3. 放置图纸入口

(1) 执行菜单命令或右键单击工作区【放置】/【加图纸入口】，或单击配线工具栏中的按钮后，移动十字光标到图纸符号“单片机控制”内部，单击鼠标左键，十字光标上出现一个端口符号。

电平转换
电平转换.SchDoc
矩阵键盘
矩阵键盘.SchDoc
电源
电源.SchDoc
单片机控制
单片机控制.SchDoc
LCD液晶显示
LCD液晶显示.SchDoc
脉冲分配与驱动
脉冲分配与驱动.SchDoc

图1—8—11　放置完成图纸符号

(2) 此时按键盘上的“Tab”键，弹出如图1—8—12所示图纸入口属性对话框，“名称”即图纸入口的名称，此处设置为“TXD”；“I/O类型”即图纸入口的输入输出类型，有四种选择：不确定型（Unspecified）、输入型（Input）、输出型（Output）和双向型（Bidirecitonal），此处设置为“Output”；其他为默认设置。确认后移动光标到合适位置单击鼠标左键放置完成第一个图纸入口，如图1—8—13所示。

(3) 此时十字光标上仍附着一个图纸入口，可用上述方法继续放置并编辑其他图纸入口，也可单击鼠标右键或按键盘“Esc”键退出放置图纸入口命令。图纸入口放置完成后如图1—8—14所示。其中注意各图纸符号中图纸入口的I/O属性如下：

电平转换电路：TXD为Input、RXD为Output；

矩阵键盘电路：P【1...7】为Bidirecitonal；

单片机控制电路：TXD为Output，RXD为Input，P【0...7】为Bidirecitonal，P【1...7】为Bidirectional P32、P33、P34为Output，M1、M2、M4、M5、/EN、CWB、RET、CLK为Output；

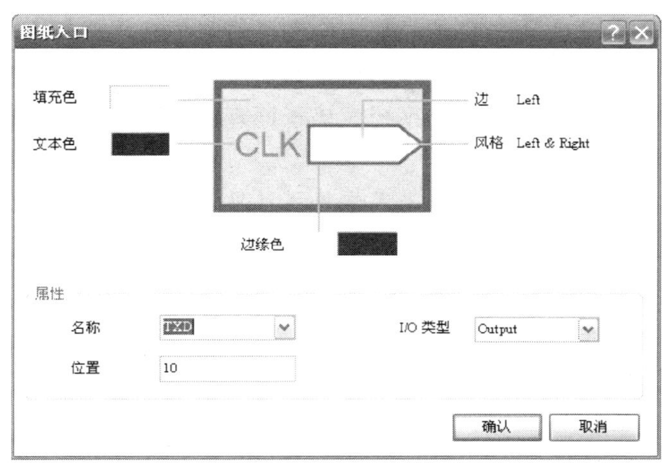

图 1—8—12 图纸入口属性设置

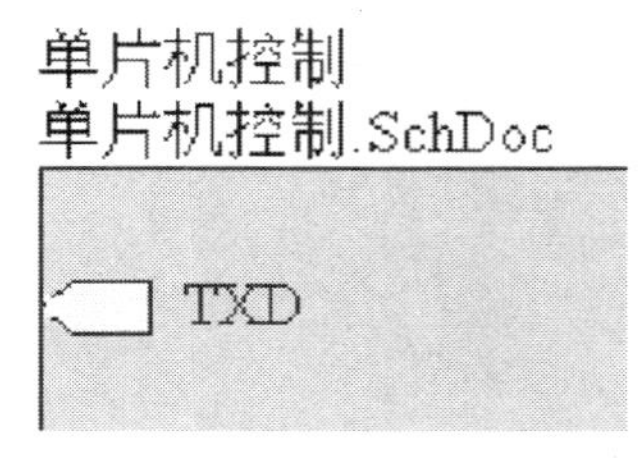

图 1—8—13 放置一个图纸入口

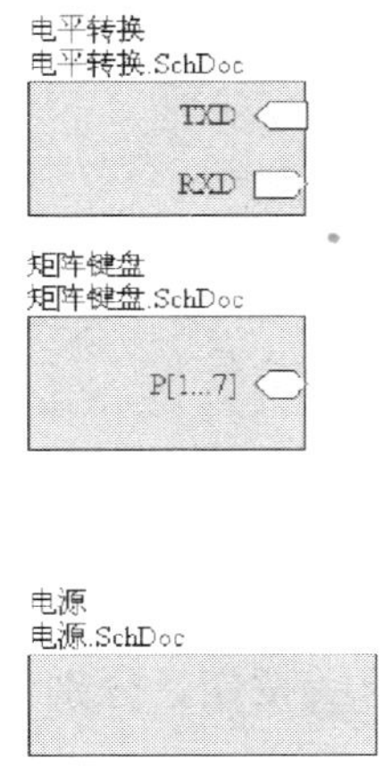

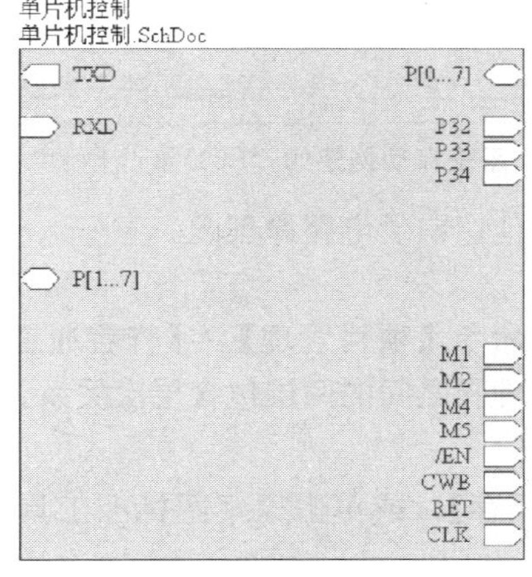

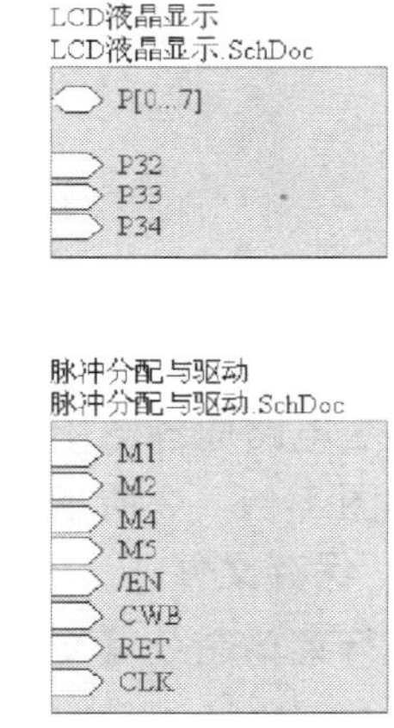

图 1—8—14 放置完成图纸入口

LCD 液晶显示电路：P【0...7】为 Bidirecitonal，P32、P33、P34 为 Input；

脉冲分配与驱动电路：M1、M2、M4、M5、/EN、CWB、RET、CLK 为 Input。

4. 放置连接线

根据电气特性用导线或总线连接各图纸符号，完成后的主电路原理图如图 1—8—1 所示。

四、建立主电路图与子电路图之间的层次关系

1. 创建各子电路原理图

(1) 在主电路原理图中执行菜单命令【设计】/【根据符号创建图纸】后，移动十字光标到图纸符号“LCD 液晶显示”上，单击鼠标左键，弹出如图 1—8—15 所示 Confirm 对话框，询问在创建子电路原理图时是否将信号的输入/输出方向反向。

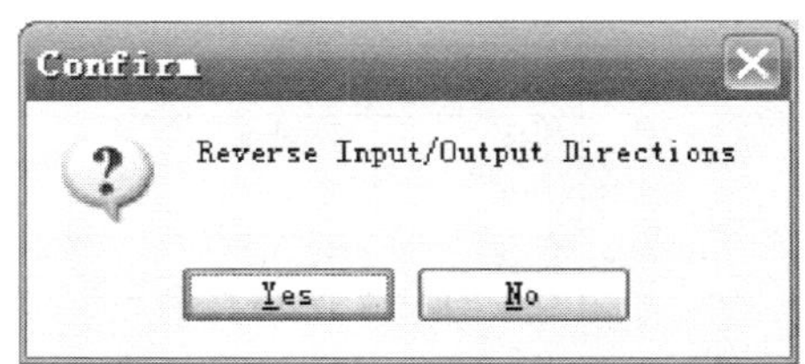

图 1—8—15 询问 I/O 方向是否反向

（2）单击 No 按钮，系统会自动为“LCD 液晶显示”图纸符号创建一个空白子电路原理图纸，如图 1—8—16 所示，名称自动命名为“LCD 液晶显示 . SchDoc”，并且根据主图中“LCD 液晶显示”图纸符号中放置的图纸入口，系统在该子原理图中自动生成了四个与之对应的输入/输出端口。

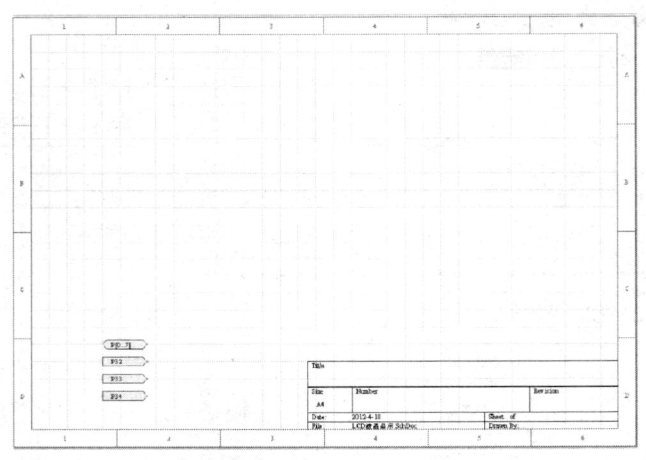

图 1—8—16　系统自动创建的“LCD 液晶显示”电路原理

（3）依上述相同方法创建其他空白子电路原理图。

2. 建立层次关系

在主电路原理图中执行菜单命令【项目管理】/【查看通道】，在 Project 工作面板上建立了如图 1—8—2 所示的七张原理图之间的两层包含层次关系。

3. 保存文件

执行菜单命令【文件】/【保存】，或单击原理图标准工具栏中的按钮，分别将七张图纸及其层次关系保存在前述“单片机控制步进电动机 . PrjPCB”中。

五、绘制各子电路原理图

1. 绘制电源电路原理图

（1）打开电源电路。双击图 1—8—2 中的“电源 . SchDoc”文件，进入该电路原理图空白图纸。

（2）设置图纸参数、标题栏。操作同前，设置图纸参数同主图电路。SheetNumber 数值为 1；SheetTotal 数值为 7，设置完成“电源电路”图纸标题栏如图 1—8—17 所示。

Title 电源			
Size A4	Number 1		Revision 1
Date:	2012-4-21	Sheet of	7
File:	F:\protel DXP练习\..\电源.SchDoc	Drawn By:	阮艳

图 1—8—17　“电源电路”图纸标题栏

（3）按照任务 7 中的方法绘制电源电路，或者直接将任务 7 中完成的电源电路复制粘贴到当前图纸中来，绘制完成的电源电路原理图如图 1—8—18 所示。

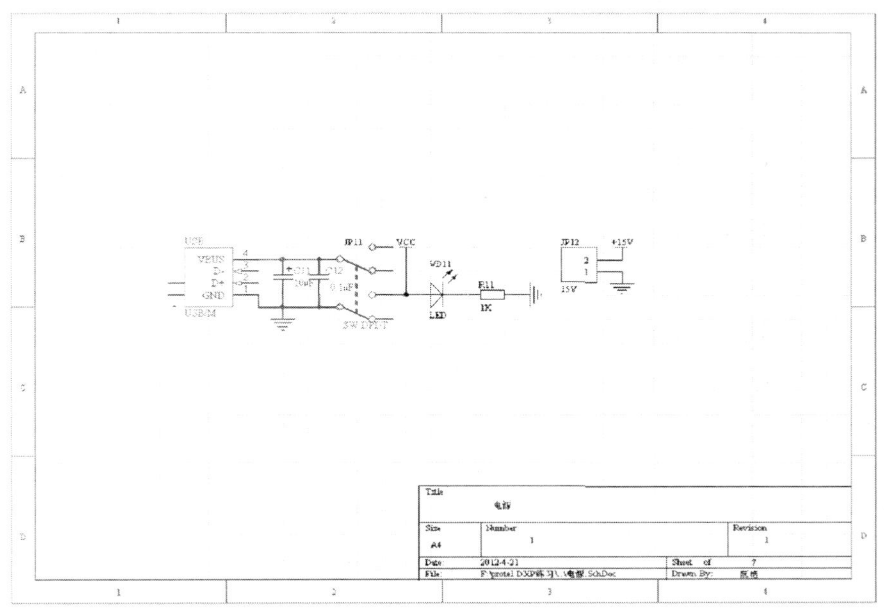

图 1—8—18　电源 . SchDoc

2. 绘制其他子电路原理图

操作同上，图纸参数、网格、标题栏设置同上，只是每幅图中图纸编号不同，绘制完成的其他五幅子电路原理图如图 1—8—19～图 1—8—23 所示。

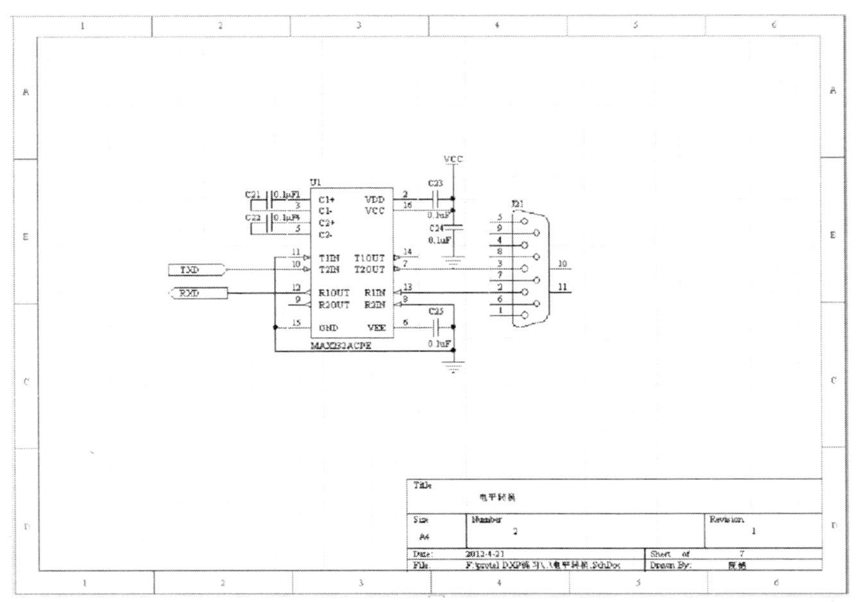

图 1—8—19　电平转换 . SchDoc

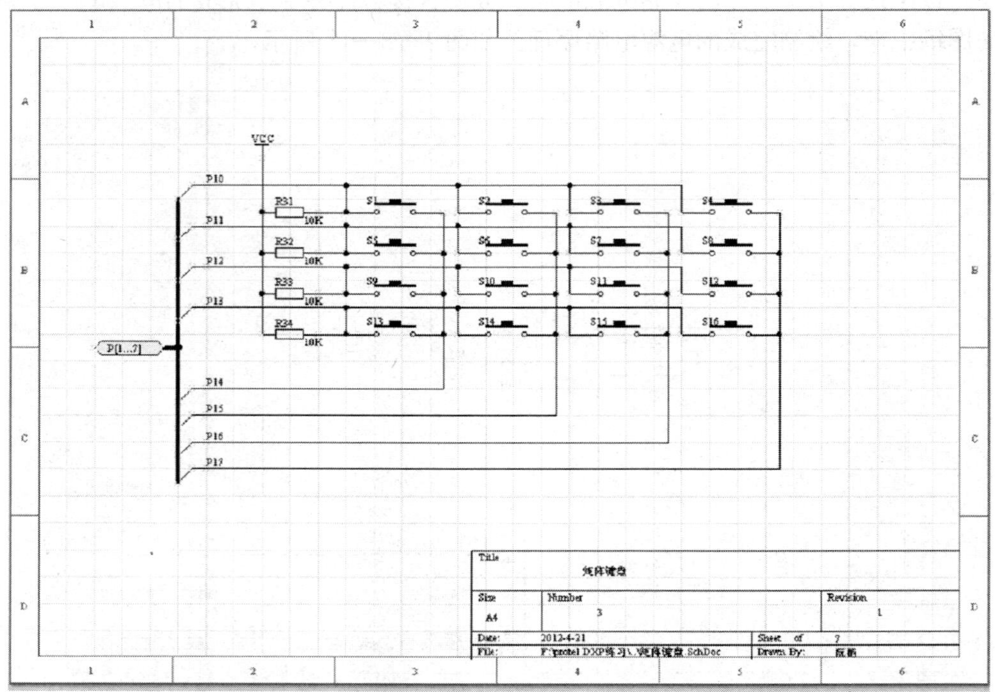

图 1—8—20　矩阵键盘 . SchDoc

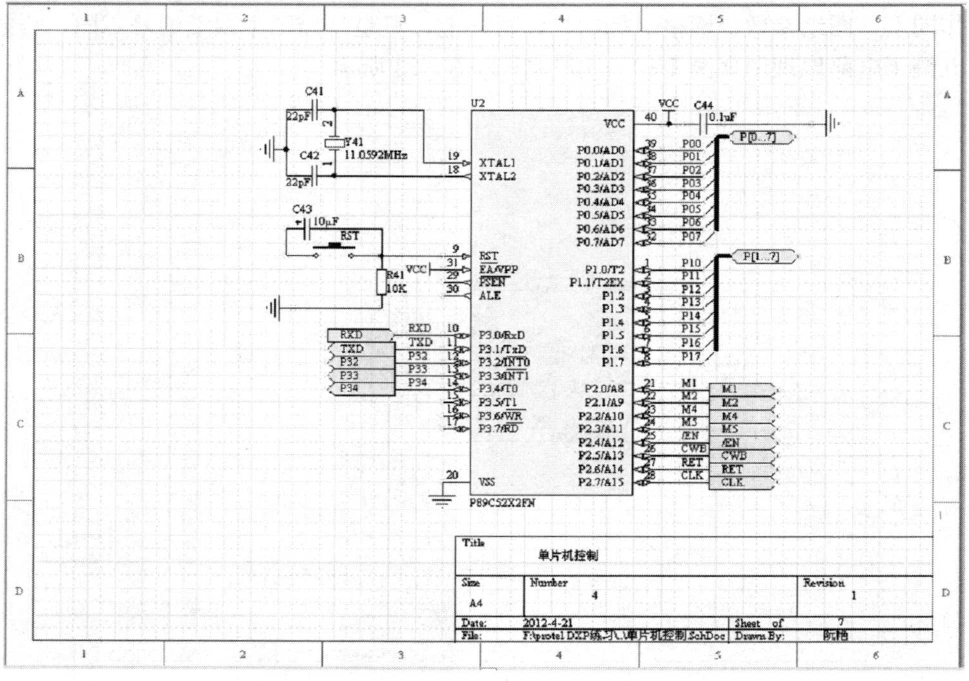

图 1—8—21　单片机控制 . SchDoc

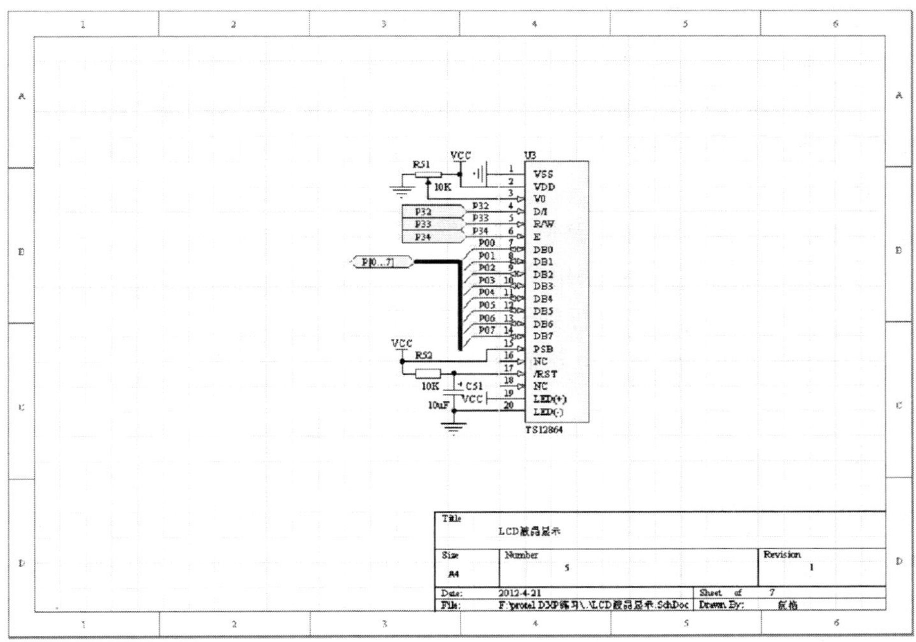

图 1—8—22　LCD 液晶显示 . SchDoc

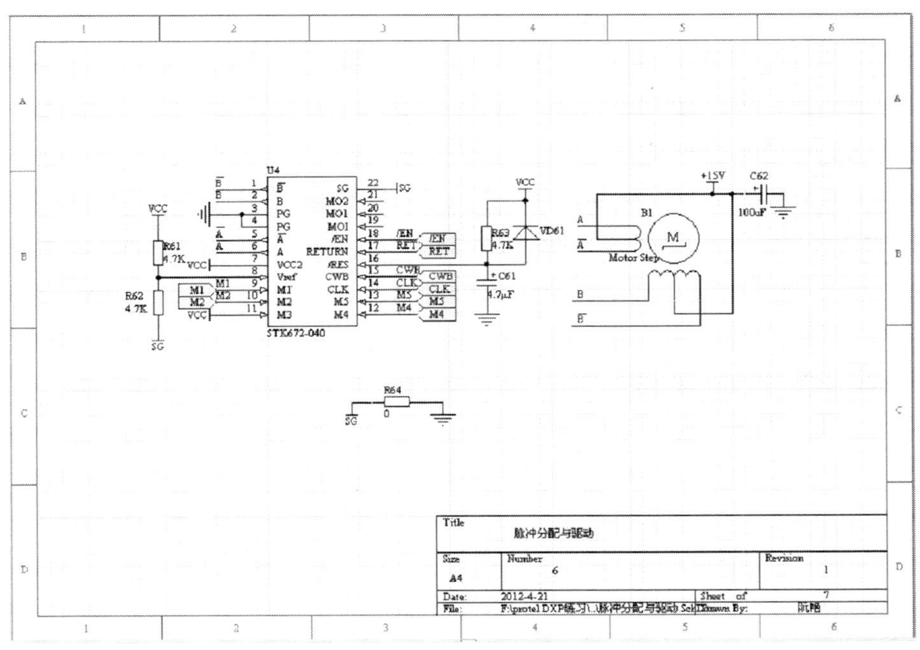

图 1—8—23　脉冲分配与驱动 . SchDoc

六、主电路图与子电路图的切换

1. 从主电路原理图切换到子电路原理图

在主电路原理图中，执行菜单命令【工具】/【改变设计层次】，或者单击原理图标准工

具栏中的 按钮，移动十字光标到需要切换的图纸符号上，并单击鼠标左键，即可自动切换到对应的子电路原理图中。

注意：在由主电路原理图切换到子电路原理图时，移动光标到图纸符号的图纸入口上左键单击，同样可以切换到相应的子电路原理图上，此时，在子电路原理图中只有选中的 I/O 端口高亮显示。

2. 从子电路原理图切换到主电路原理图

在某一子电路原理图中，执行菜单命令【工具】/【改变设计层次】，或者单击原理图标准工具栏中的 按钮，移动十字光标到子电路原理图中的任意一个 I/O 端口上，并单击鼠标左键，即可自动切换到对应的主电路原理图中，且在主电路原理图中该被选中的 I/O 端口高亮显示。

七、生成层次报表

执行菜单命令【报告】/【Report Project Hierarchy】，系统将生成基于单片机的步进电动机控制系统的层次关系文件“单片机控制步进电动机 .REP”，该文件记录了系统的层次原理图的层次结构数据。打开该报表文件，如图 1—8—24 所示，可清晰地看到原理图的层次关系。

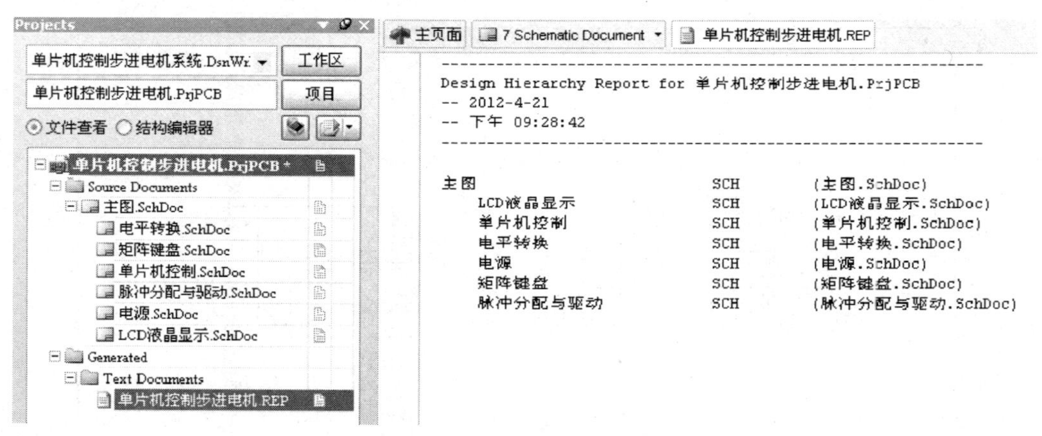

图 1—8—24　层次报表文件

任务评价

表 1－8－1　　　　**评分标准**

序号	项目	内容	评分标准	配分	得分
1	认识层次电路原理图	认识层次电路图结构	正确认识层次电路图结构：5 分；不正确认识层次电路图结构：0 分	5	
		认识主电路原理图	正确认识主图组成：5 分；部分认识主图组成：3 分；不正确认识：0 分	5	

续表

序号	项目	内容	评分标准	配分	得分
2	层次电路原理图设计方法	自上而下	掌握自上而下设计方法：2分；未掌握：0分	2	
		自下而上	掌握自下而上设计方法：2分；未掌握：0分	2	
		多通道	掌握多通道设计方法：1分；未掌握：0分	1	
3	新建层次电路板工程文件	新建、保存设计工作区	正确新建、保存设计工作区：2分；不正确创建、保存设计工作区：0分	2	
		新建、保存工程项目	正确创建、保存工程项目：3分；不正确创建、保存工程项目：0分	3	
		新建、启动原理图文件	正确创建、启动原理图文件：5分；不正确创建、启动原理图文件：0分	5	
4	主电路原理图设计	设置工作参数	正确设置图纸参数、网格、标题栏：5分；部分正确设置图纸参数、网格、标题栏：3分；不正确设置图纸参数、网格、标题栏：0分	5	
		放置图纸符号	正确放置、编辑所有图纸符号：10分；部分正确放置、编辑图纸符号：6分；不正确放置、编辑图纸符号：0分	10	
		放置图纸入口	正确放置、编辑所有图纸入口：10分；部分正确放置、编辑图纸入口：6分；不正确放置、编辑图纸入口：0分	10	
		放置连线、网络标签	正确放置连线、网络标签：5分；部分正确放置连线、网络标签：3分；不正确放置连线、网络标签：0分	5	
5	建立主电路原理图与子电路原理图之间的层次关系	创建子电路原理图	在主电路原理图基础上正确创建子电路原理图：5分；不正确创建：0分	5	
		建立层次关系	正确建立主电路原理图与所有子电路原理图之间的层次关系：5分；不正确建立：0分	5	
6	绘制各子电路原理图	在子电路原理图中绘制各子电路原理图	正确绘制各子电路原理图：20分；部分正确绘制：10分；不正确绘制：0分	20	

续表

序号	项目	内容	评分标准	配分	得分
7	主电路原理图与子电路原理图的切换	从主电路原理图切换到子电路原理图	正确切换：5分；不正确切换：0分	5	
		从子电路原理图切换到主电路原理图	正确切换：5分；不正确切换：0分	5	
		生成层次报表	正确生成层次报表：5分；不正确：0分	5	
总分合计				100	

思考与练习

1. 试用层次电路图绘制方法设计任务5中如图1—5—15所示电路原理图。
2. 试用层次电路图绘制方法设计任务5中如图1—5—16所示电路原理图。

课题三　电路原理图设计后处理

任务9　电路原理图设计后处理

◆ **技能点**

◎ 创建、输出电路原理图的电气规则检查报告、网络表、元件清单等报表文件

◎ 创建层次电路原理图报表

◎ 阅读、分析原理图各报表信息，修改电路原理图

◎ 打印输出原理图

◆ **知识点**

◎ 元器件的封装型号

◎ 电气规则检查及其意义

◎ 网络表文件的结构及其意义

◎ 元件报表文件的意义

任务提出

电路原理图设计完成后输出包含各种信息的报表文件，一方面可检查原理图自身设计是否合理，另一方面是后续PCB设计的桥梁。具体要求如下：

1. 对任务3中已绘制完成的“串联负反馈稳压电源电路原理图”（见图1－3－1）进行电气规则检查，并创建、输出原理图网络表、元件报表，分析各报表文件，并根据报表信息修改原理图。

2. 对任务8中已设计完成的“基于单片机的步进电动机控制系统层次电路原理图”（见

图 1—8—1）创建、输出项目网络表、组织列表、交叉参考元件列表。

3. 打印输出上述原理图。

任务分析

对电路原理图进行编辑、查错及生成网络表之前，首先需绘制完整的原理图，对图中所有元器件设置合适的封装型号，并对必要的网络标注网络标签。

电路原理图设计后处理步骤如图 1—9—1 所示。

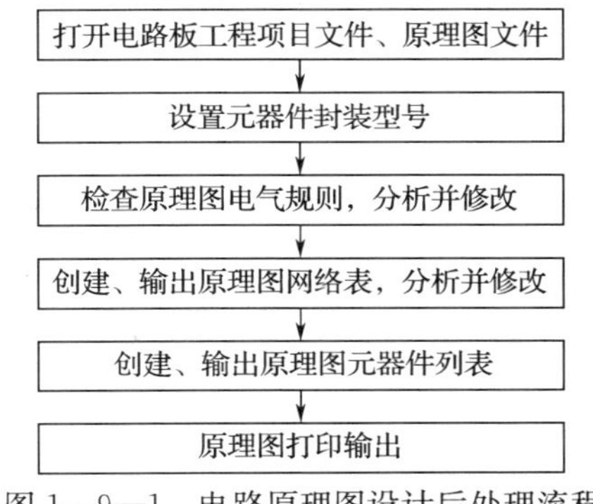

图 1—9—1　电路原理图设计后处理流程

相关知识

一、元件封装

1. 元件封装的概念

元件封装（Footprint）是指元器件实际焊接到印制电路板上所指示的外观和焊点位置，由元器件实际的投影轮廓尺寸、管脚对应的焊盘名称、编号、钻孔尺寸以及管脚间距离、标注字符等信息组成。如图 1—9—2 所示是电阻的一个封装，封装型号为 AXIAL－0.3，矩形为电阻外形轮廓，两焊盘（即 1 脚、2 脚）之间距离为 300 mil。

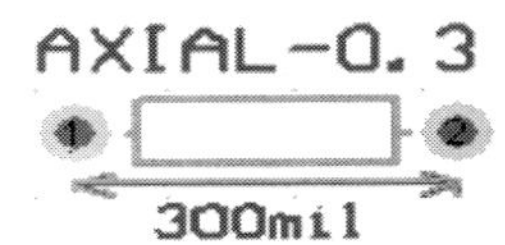

图 1—9—2　电阻的封装

电路原理图中每个元器件都必须赋予合适的元件封装相关信息，即在原理图中双击打开某一元器件的属性对话框，如图 1—9—3 所示，右下方的“Footprint”一项的模型名称不能为空，必须添加上该元器件合适的封装型号。因为，后续 PCB 图中的元器件是以其封装形式存在的。

2. 元件封装的分类

（1）插针式元件。元器件的管脚是一根导线，安装元器件时该导线必须通过焊盘、穿过电路板焊接固定，焊盘必须钻一个能够穿过管脚的孔（从顶层钻通到底层），适合波峰焊生产工艺。如图 1—9—4 所示为插针式元件及其封装型号。

（2）表面贴装式元件。即直接把元器件贴在电路板表面，靠粘贴固定，焊盘不需要钻孔，特别适合大批量、全自动、机械化的生产加工，因此成本较低。表面贴装式元件各引脚间的间距很小，故元器件体积也小，适合回流焊生产工艺。如图 1—9—5 所示为表面贴装式元件及其封装型号，其中焊盘的 Layer 属性必须设置为单一板层，如 TopLayer（顶层）或 BottomLayer（底层）。

图 1—9—3　元件属性对话框中的封装型号

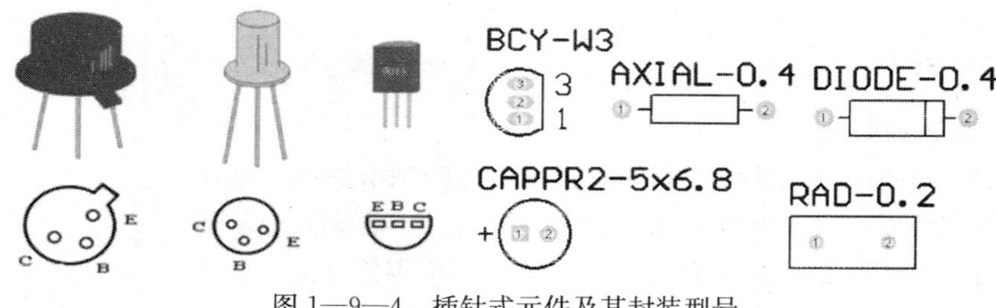

图 1—9—4　插针式元件及其封装型号

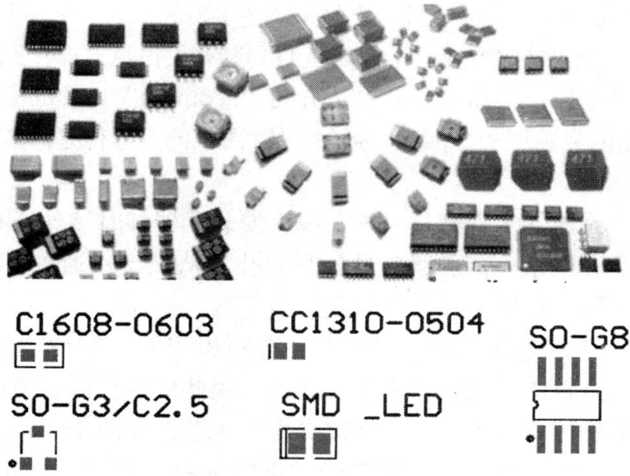

图 1—9—5　表面贴装式元件及其封装型号

3. 常见元器件的封装型号

（1）固定电阻。固定电阻如图 1—9—6 所示，其封装尺寸主要取决于电阻额定功率。插针式电阻封装型号有 AXIAL－0.3～AXIAL－1.0，贴片式电阻封装型号有 0402～5720 等。其中插针式电阻封装型号的 AXIAL 表示轴状，后面的参数（0.3～1.0）表示插针式电阻两引脚间距。贴片式电阻封装型号中的参数前两位与后两位分别表示电阻的长与宽，以英寸为单位。

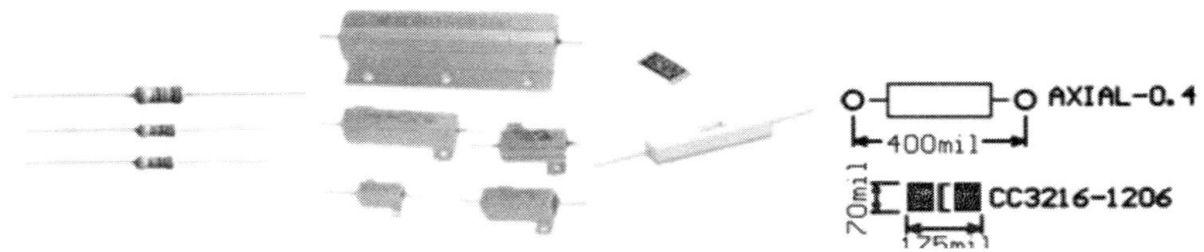

图 1—9—6　固定电阻实物及其封装型号

（2）可调电阻。可调电阻根据被调节对象的属性、性能、成本、操作及安装等有不同封装外形，如图 1—9—7 所示。

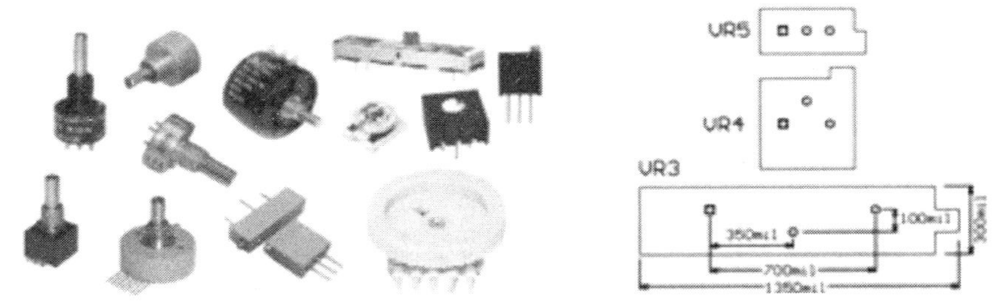

图 1—9—7　可调电阻实物及其封装型号

（3）电容。电容分为无极性和有极性两种，封装型号有表面贴装式、插针式，如图 1—9—8 所示。

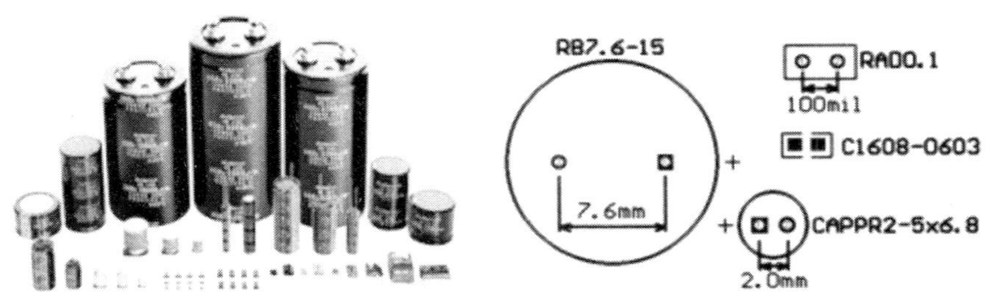

图 1—9—8　电容实物及其封装型号

（4）二极管。如图 1—9—9 所示为常见二极管及其封装型号。

（5）三极管/场效应管/晶闸管。常见三极管、场效应管、晶闸管元器件及其封装型号如图 1—9—10 所示。

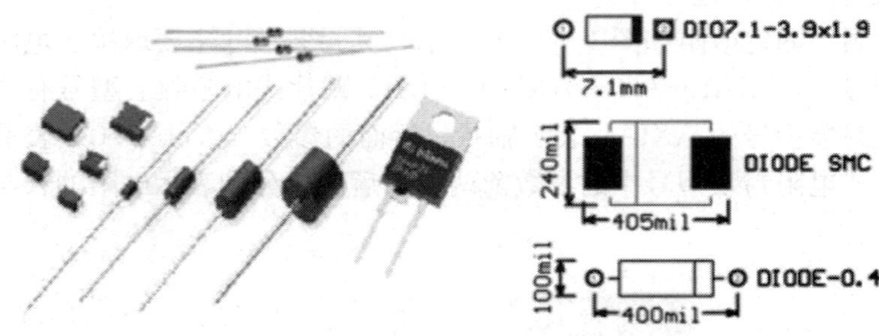

图 1—9—9　二极管实物及其封装型号

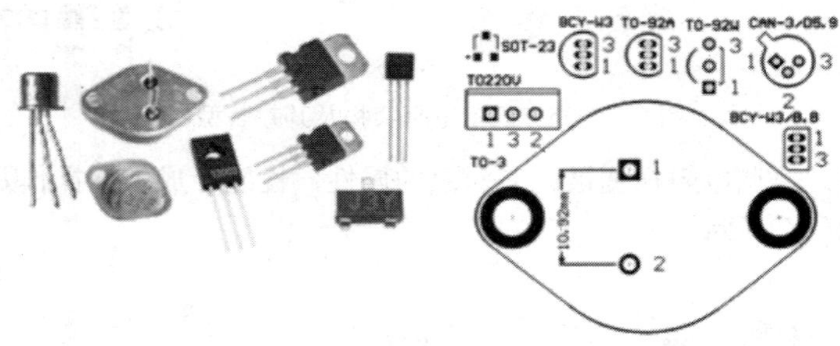

图 1—9—10　三极管实物及其封装型号

（6）集成芯片。几种常见的集成芯片及其封装型号如图 1—9—11 所示。

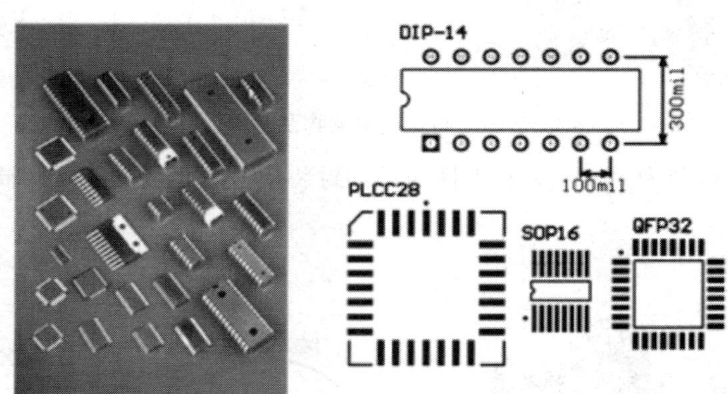

图 1—9—11　集成芯片实物及其封装型号

4. 元件封装库

Protel DXP 2004 既具有元件集成库（扩展名为 . IntLib），也有专门的元件封装库（扩展名为 . PcbLib）。

（1）打开内置元件封装库。执行菜单命令【文件】/【打开】（或单击标准工具栏中的按钮），打开路径 C：\ Protel DXP 2004（Protel DXP 2004 软件安装于 C 盘根目录下）\ Library \ Pcb，如图 1—9—12 所示，元件封装分门别类存放于各个封装库中。

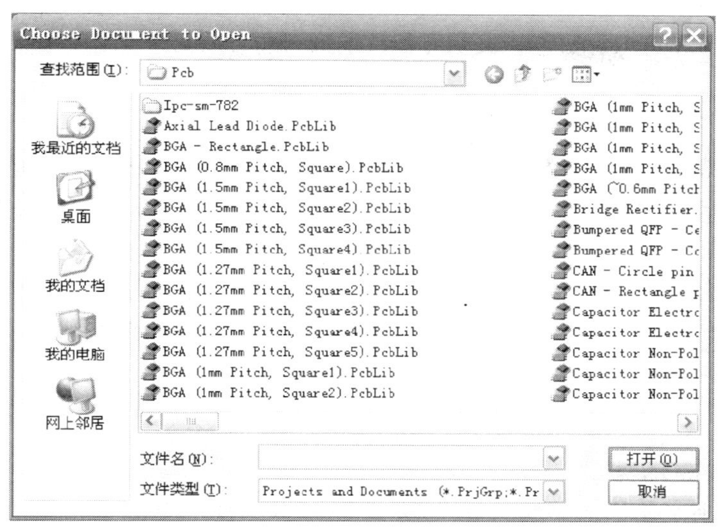

图 1—9—12　打开 Protel DXP 2004 元件封装库 Pcb

（2）浏览常用元件封装。用上述相同方法打开常用元件封装库，路径为 C：\ Protel DXP 2004 \ Library \ Miscellaneous Devices 中的 Miscellaneous Devices. PcbLib，浏览常用封装型号及对应的封装图。

如图 1—9—12 所示，左键双击进入其元件封装库编辑环境，左键单击左下侧“PCB Library”工作面板，浏览该封装库中所有封装型号，可见面板由三部分组成：元件封装型号栏、图元栏、封装图。元件封装型号栏列出了封装库中所有封装的名称、焊盘个数、图元组成个数；图元栏列出组成该封装的具体元素；封装图则给出整个封装图形及其参考点位置。

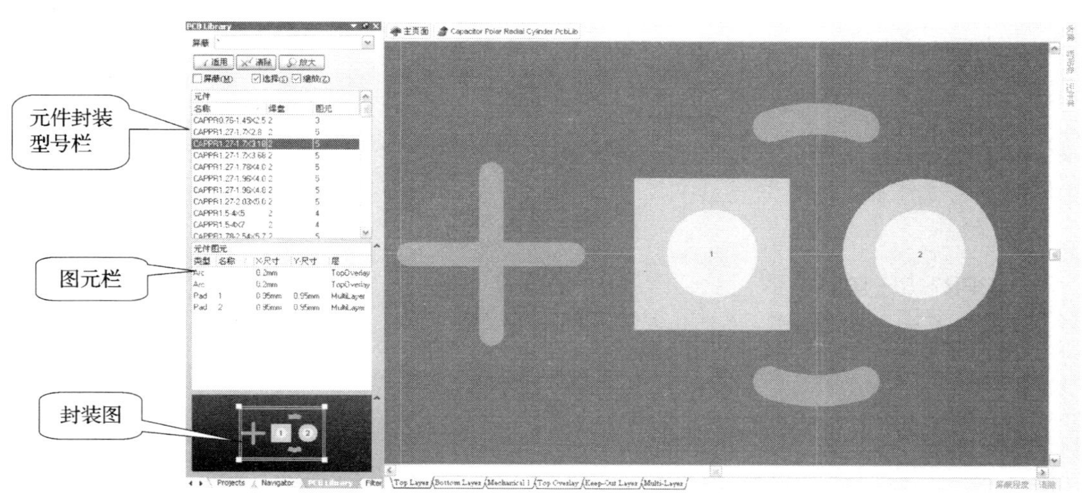

图 1—9—13　浏览 Capacitor Polar Radial Cylinder. PcbLib

注意：表面贴装式元件封装图的焊盘均为红色，表明元器件贴装于印制电路板表面；插针式元件封装图的焊盘均为灰色，表明元器件需通过打孔焊接于印制电路板上。

二、电气规则检查

原理图电气规则检查（ERC：Electrical Rule Check）的主要目的在于检查原理图中的电气连接情况，如某个输出引脚连接到另一个输出引脚会造成输出信号冲突、未连接完整的网络标签会造成信号断线、元器件重复编号会使软件无法区别不同元器件等不合理的电气冲突现象，Protel DXP 2004 会分别以错误（Error）、警告（Warning）信息来提醒设计者注意。

电路原理图设计中，可在适当位置放置忽略 ERC 测试点，即“No ERC”标志，以使系统在进行电气规则检查（ERC）时，忽略对某些节点的检查，否则系统在编辑时会生成错误信息提示。

三、原理图网络表

绘制电路原理图最主要的目的在于由该电路原理图创建输出一个对应的网络表（Netlist），以供后续设计印制电路板或仿真使用。Protel 的原理图网络表文件是一个简单的 ASCII 码文本文件，包含了原理图中所有元器件信息和网络连接信息，是电路原理图的另一种表现形式，在格式上可分为元器件属性部分和网络连接关系部分。

1. 元器件属性部分

[	元器件属性描述开始
R1	元器件编号
AXIAL－0.4	元器件封装型号
7.5 K	元器件类型或标称值
	以下三行为元器件附加说明
]	元器件属性描述结束
[	
C1	
CAPPR7.5－16x35	
2 200 μF/35 V	
]	
…	

每一对方括号内描述一个元器件的属性，包括该元器件编号、封装型号、参考值或型号。其中除左方括号和右方括号各占一行外，每一个元器件的描述文字占据六行，且六行内

容顺序不能颠倒。原理图中有多少个元器件，网络表中就应有多少对方括号。

2. 网络连接关系部分

……

(	网络连接描述开始
NetR1 _ 1	软件自动添加的网络标签
R1—1	网络连接的第一个分支，电阻 R1 的 1 号引脚
C1—2	网络连接的第二个分支，电路 C1 的 2 号引脚
Q—B	网络连接的第三个分支，三极管 VT1 的基极引脚
R2—2	网络连接的第四个分支，电阻 R2 的 2 号引脚
)	网络连接描述结束
(	
GND	人工给予的网络标签
C1—2	
C2—2	
C3—2	
JP1—2	
R5—1	
VD1—1	
VD2—1	
)	

……

每一对圆括号内描述同一个网络的连接内容，包括网络标签、网络分支，一条网络有多少个分支，网络连接描述中就有多少行元器件编号及引脚号，相同元器件引脚号码不能重复。只要通过网络标签连接的网络就被认为是有效连接，如上述网络标签 GND；电路中用户没有放置网络标签的网络由系统自动给定，如上述网络标签 NetR1 _ 1。原理图中有多少条网络，网络表中就应有多少对圆括号。

四、元件列表

元件列表有多种文件形式，主要包括元器件编号、类型、封装型号等信息内容，用于整理一个电路或一个项目文件中的所有元器件，如图 1—9—26 所示，以便于元器件的采购、管理及成本预算。

五、层次电路原理图报表

1. 项目组织结构列表

主要用于描述指定的项目文件中所包含的各个原理图文件的文件名和相互的层次关系，

以方便设计人员查看，如图1—8—24所示。

2. 交叉参考元件列表

可帮助了解元器件在整个工程中的相互关系，清楚查阅元器件的名称、编号、所在原理图的信息等，如图1—9—31所示。

任务实施

一、打开电路板工程文件

启动Protel DXP 2004 SP2，执行菜单命令【文件】/【打开设计工作区】，在相应存储路径下选择任务3中已建立的“串联负反馈稳压电源.DsnWrk”文件。

执行菜单命令【文件】/【打开项目】（或在项目管理器上单击 工作区 按钮/【追加已存在项目】），在相应存储路径下选择任务3中已建立的“串联负反馈稳压电源.PrjPCB”文件。

打开项目管理器下方的“Projects”标签，在“文件查看”中左键双击在任务3中已绘制完成的“串联负反馈稳压电源.SchDoc”，打开该原理图。

二、设置元器件封装型号

在“串联负反馈稳压电源.SchDoc”原理图中，左键双击每一个元器件，进入元件属性对话框，如图1—9—3所示，一般在右下部的“Footprint”一项默认给出元器件封装型号，但因元器件实际尺寸等具体情况，有时需要重新设置元器件封装型号。若打开原理图中自建的元器件属性对话框，其右下部的“Footprint”一项一般为空，此时需要追加元器件封装型号。

1. 查看元器件原有封装型号。左键双击图中C1（2 200 μF/35 V圆柱形极性电容），进入其元件属性对话框，如图1—9—14所示，右下部的“Footprint”一项默认元器件封装型号为：POLAR0.8，不符合该圆柱形极性电容的封装形式，并且其下拉式选框中没有适合的封装型号。

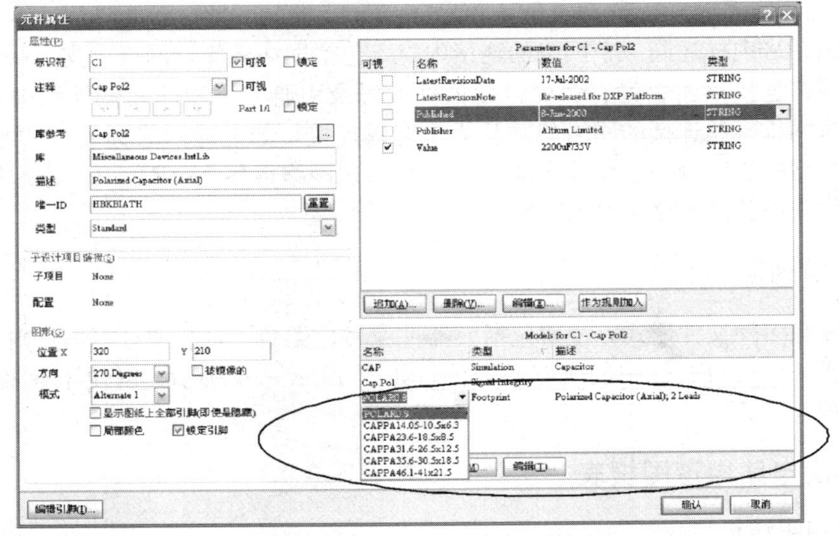

图1—9—14 C1默认封装型号

2. 追加元器件封装型号。单击图 1—9—14 中 Models 列表框下的“追加”按钮，弹出如图 1—9—15 所示为新加的模型对话框，在下拉式列表框中选择模型类型为“Footprint”，确认后进入如图 1—9—16 所示 PCB 模型对话框，单击“浏览”按钮，弹出如图 1—9—17 所示“库浏览”对话框，根据 2 200 μF/35 V 圆柱形极性电容的实际尺寸，选择封装型号为 CAPPR7.5－16×35，并点击【确认】按钮。

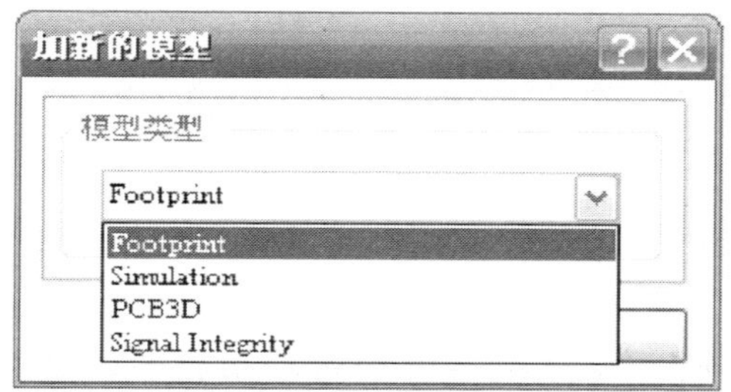

图 1—9—15　新加的模型对话框

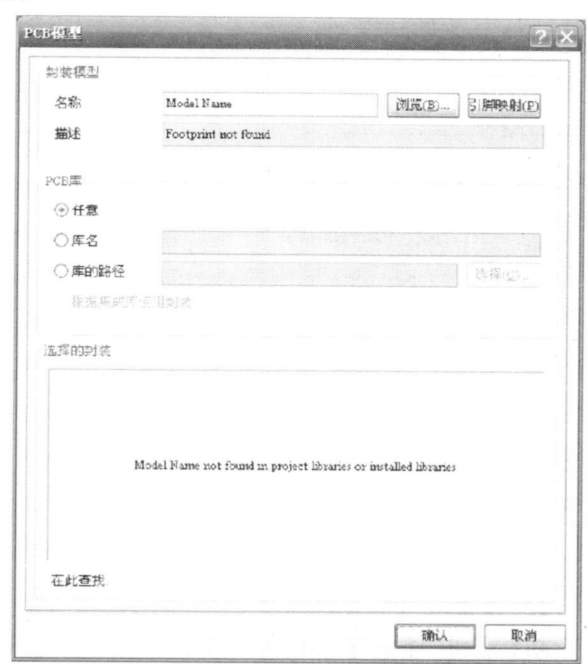

图 1—9—16　PCB 模型对话框

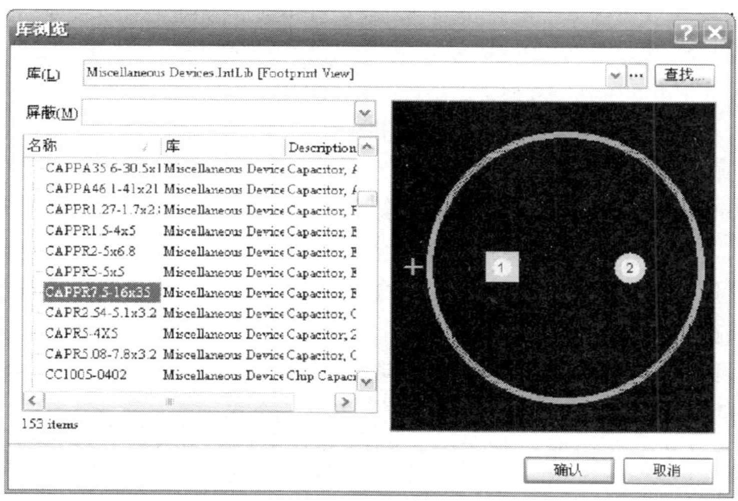

图 1—9—17　库浏览对话框

3. 重新观察元器件封装。回到原理图，重新双击 C1 元器件，进入其元件属性对话框，观察右下“Footprint”一项中已为上述指定的封装型号。

依照上述步骤，参照表1—9—1信息设置串联负反馈稳压电源电路原理图中每一个元器件的封装型号。修改完成后，执行菜单命令【文件】/【保存】（或单击原理图标准工具按钮），保存最后完整的串联负反馈稳压电源电路原理图。

表1—9—1　　串联负反馈稳压电源电路原理图元器件信息

元器件编号	元器件参考值	元器件封装型号
C1	2 200 μF/35 V	CAPPR7.5—16x35
C2	0.01 μF/35 V	RAD—0.2
C3	470 μF/25 V	CAPPR5—5x5
JP1、JP2	Header 2	HDR1X2
R1、R2、R3、R5	7.5 K、390 Ω、220 Ω、150 Ω	AXIAL—0.4
R4	220 Ω	VR5
T1	18/12 VA	TRANS
VD1	整流桥	E—BIP—P4/D10
VD2	2DW51	DIODE—0.4
VT1	3DD155A	1—04
VT2、VT3	3DG6D/9014	BCY—W3/B.7

三、原理图电气规则检查

1. 设置电气检查规则

执行菜单命令【项目管理】/【项目管理选项】，弹出项目管理选项对话框，如图1—9—18所示。

（1）设置Error Reporting（错误报告类型）。单击“Error Reporting”选项卡，可对与总线（Buses）、元器件（Components）、文档（Documents）、网络（Nets）、其他对象（Others）、参数（Parameters）等有关的规则进行设置。如在与元器件有关的选项中包含元器件引脚的复用、元器件的重复引用、元器件编号的重复，以及子图入口重复等诸多选项，并在报告模式中有“无报告”“警告”“错误”“致命错误”四种级别。

（2）设置Connection Matrix（电气连接矩阵）。单击“Connection Matrix”选项卡，如图1—9—19所示，可用不同的错误程度来设置每一个错误类型。如需改变某一电气连接的检查报告信息，可在矩阵图中左键单击相应的方块，通过方块颜色调整相应报告类型。

2. 检查结果报告

（1）编辑项目。执行菜单命令【项目管理】/【Compile PCB Project 串联负反馈稳压电源.PrjPCB】，对项目进行编辑。

（2）查看检查结果。若电路绘制正确，则检查结果输出的Messages面板为空白。如有错误，Messages面板如图1—9—20所示提示，双击其中某一错误选项，可弹出如图1—9—21所示Compile Errors对话框，并记录错误的详细情况。双击其中一个错误，系统即跳转到原理图中相应的错误对象，可见图中其他对象为暗灰色，错误处为正常显示，以便检查和修改错误。

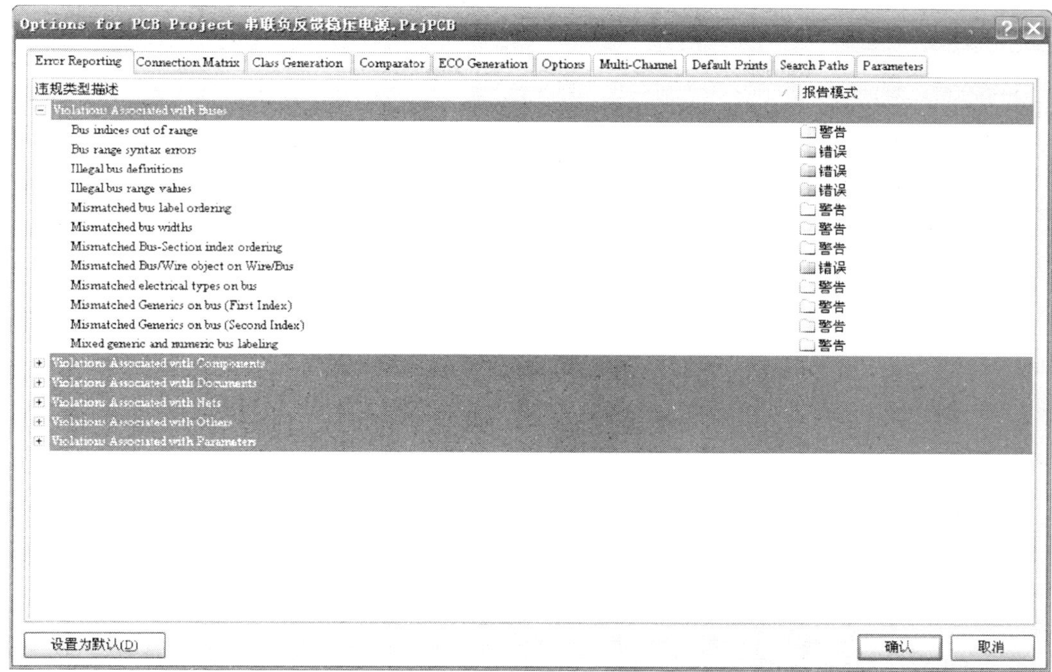

图 1—9—18　“项目管理选项”对话框的“Error Reporting”选项卡

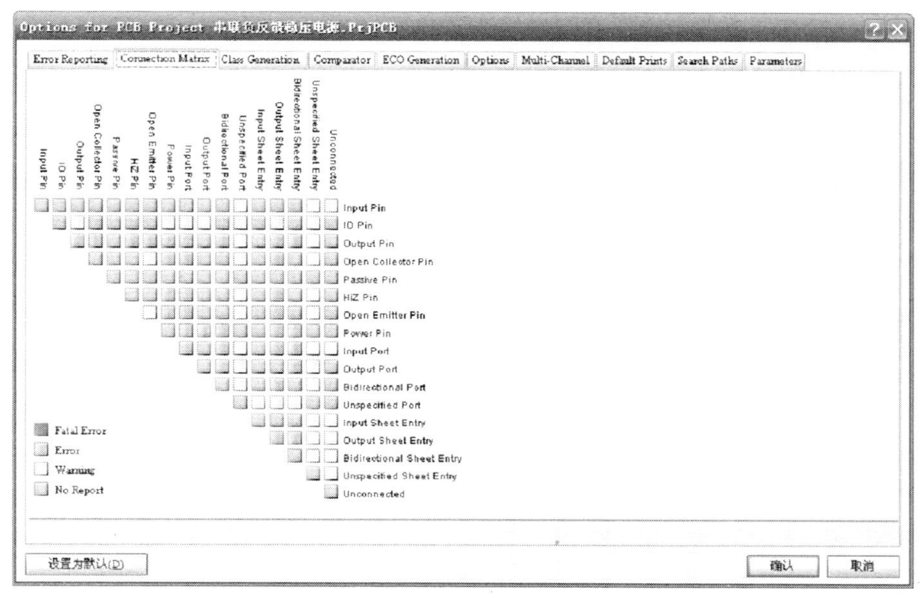

图 1—9—19　项目管理选项对话框的“Connection Matrix”选项卡

（3）修改错误。重新回到原理图中，分析错误提示处的问题，并加以改正。然后保存修改后的原理图文件。最后重新进行原理图编辑查错，直至 Messages 面板中无错误报告为止。

Messages

Class	Document	Source	Message	Time	Date	No.
[Error]	串联负反馈…	Com…	Signal NamedSignal_AC1[0] has no driver	下午 06:…	2012-5-7	1
[Error]	串联负反馈…	Com…	Signal NamedSignal_AC2[0] has no driver	下午 06:…	2012-5-7	2
[Error]	串联负反馈…	Com…	Signal NamedSignal_GND[0] has no driver	下午 06:…	2012-5-7	3
[Error]	串联负反馈…	Com…	Signal NamedSignal_OUT[0] has no driver	下午 06:…	2012-5-7	4
[Error]	串联负反馈…	Com…	Signal PinSignal_C1_1[0] has no driver	下午 06:…	2012-5-7	5

图 1—9—20　Messages 面板

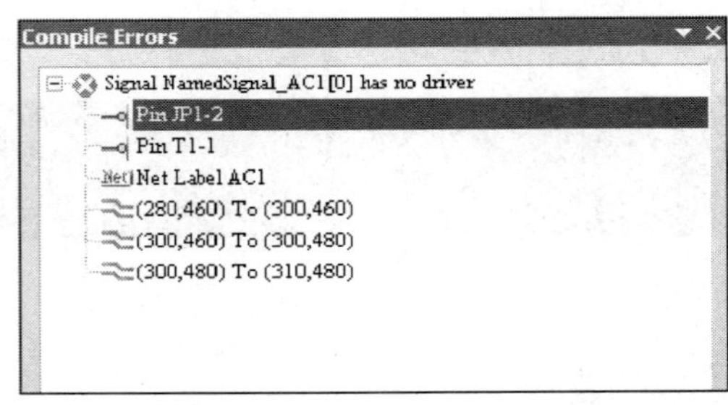

图 1—9—21　Compile Errors 对话框

四、创建、输出原理图网络表

1. 设置网络表选项

在串联负反馈稳压电源电路原理图环境中，执行菜单命令【项目管理】/【项目管理选项】，选择“Options”选项卡，如图 1—9—22 所示，可设置文件的输出路径、输出选项和网络表选项等内容。此处采用默认设置。

图 1—9—22　项目管理选项对话框的“Options”选项卡

2. 创建网络表

(1) 创建网络表文件。执行菜单命令【设计】/【文档的网络表】/【Protel】，系统自动生成当前文档的网络表，并命名为“串联负反馈稳压电源.NET”，此时 Project 工作面板如图 1—9—23 所示，增加了 Generated 文件夹及网络表文件。

（2）浏览、分析网络表文件。双击“串联负反馈稳压电源．NET”文件，可见如图1—9—24所示网络表文件，其详细内容见表1—9—2。浏览网络表文件中方括号元器件描述部分：可检查元器件编号是否重名或含有？号（元器件描述中的第一行）、元器件封装是否缺失或不正确（元器件描述中的第二行）等问题；浏览网络表中圆括号网络连接描述部分：可查看每一条网络连接的分支引脚是否正确连接。当前网络表中包含16个元器件（16对方括号）和13条网络（13对圆括号），与串联负反馈稳压电源电路原理图中网络数、元器件数相符合。

图1—9—23　创建生成“串联负反馈稳压电源．NET”

```
[
C1
CAPPR7.5-16x35
2200μF/35V



]
[
C2
RAD-0.2
0.01μF/35V



]
[
C3
CAPPR5-5x5
470μF/25V



]
[
JP1
HDR1X2
Header 2



]
[
JP2
HDR1X2
Header 2
```

图1—9—24　打开串联负反馈稳压电源．NET文件

表1—9—2　　串联负反馈稳压电源网络表详细内容

[	]
C1	[
CAPPR7．5－16x35	C3
2 200 μF/35 V	CAPPR5－5×5
	470 μF/25 V

]
[
C2
RAD—0.2
0.01 μF/35 V

]
[
JP2
HDR1X2
Header 2

]
[
R1
AXIAL—0.4
7.5 K

]
[
R2
AXIAL—0.4
390

]
[
R3
AXIAL—0.4
220

]

]
[
JP1
HDR1X2
Header 2

AXIAL—0.4
150

]
[
T1
TRANS
18/12 VA

]
[
VD1
E—BIP—P4/D10
整流桥

]
[
VD2
DIODE—0.4
2DW51

]
[
VT1
1—04
3DD155A

[
R4
VR5
220

]
[
R5

]
[
VT3
BCY—W3/B.7
3DG6D/9014

]
(
AC1
JP1—2
T1—1
)
(
AC2
JP1—1
T1—2
)
(
GND
C1—2
C2—2
C3—2
JP2—1
R5—1
VD1—1
VD2—1
)
(
NetC1_1
C1—1
R1—1

]
[
VT2
BCY—W3/B.7
3DG6D/9014

)
(
NetR2_1
R2—1
VD2—2
VT3—3
)
(
NetR3_1
R3—1
R4—1
)
(
NetR4_2
R4—2
R5—2
)
(
NetR4_3
R4—3
VT3—2
)
(
NetT1_3
T1—3
VD1—2
)
(
NetT1_4
T1—4
VD1—4
)
(
NetVT1_2

VD1－3
VT1－1
VT2－1
)
(
NetC2_1
C2－1
R1－2
VT2－2
VT3－1
VT1－2
VT2－3
)
(
OUT
C3－1
JP2－2
R2－2
R3－2
VT1－3

(3) 修改原理图。根据上述具体分析，若有必要修改原理图中元器件或网络连接，可回到原理图中进行相应修改；也可直接在网络表文件中修改完成。

注意：网络表提取的是当前原理图的内容，每次原理图修改后需要重新生成更新后的网络表。

五、创建、输出原理图元件列表

1. 简单元件清单

在串联负反馈稳压电源电路原理图环境中，执行菜单命令【报告】/【Simple BOM】，生成项目简单元件清单，有两种文件格式，如图 1—9—25 和图 1—9—26 所示。

```
"Bill of Material for 串联负反馈稳压电源电路.SCHDOC"
"On 2012-5-8 at 上午 09:59:27"

"Comment","Pattern","Quantity","Components"

"0.01uF/35V","RAD-0.2","1","C2","Capacitor"
"150","AXIAL-0.4","1","R5","Resistor"
"18/12VA","TRANS","1","T1","Transformer (Coupled Inductor Model)"
"220","AXIAL-0.4","1","R3","Resistor"
"220","VR5","1","R4","Potentiometer"
"2200uF/35V","CAPPR7.5-16x35","1","C1","Polarized Capacitor (Axial)"
"2DW51","DIODE-0.4","1","VD2",""
"390","AXIAL-0.4","1","R2","Resistor"
"3DD155A","1-04","1","VT1","NPN Bipolar Transistor"
"3DG6D/9014","BCY-W3/B.7","2","VT2, VT3","NPN Bipolar Transistor"
"470uF/25V","CAPPR5-5x5","1","C3","Polarized Capacitor (Axial)"
"7.5K","AXIAL-0.4","1","R1","Resistor"
"Header 2","HDR1X2","2","JP1, JP2","Header, 2-Pin"
"整流桥2W005","E-BIP-P4/D10","1","VD1",""
```

图 1—9—25　串联负反馈稳压电源电路.CSV 文件

2. 项目元件列表

(1) 执行菜单命令【报告】/【Bill of Material】，弹出元器件列表对话框，如图 1—9—27 所示。

(2) 在“其他列”中选择报表的内容，选中内容会在列表对话框中增加该列。

(3) 单击“报告”按钮，弹出报告预览对话框，单击“输出”按钮，选择保存类型为：Microsoft Excel Worksheet 或 Adobe PDF，可输出两种文件类型的元器件列表清单，如图 1—9—28 和图 1—9—29 所示。

```
Bill of Material for 串联负反馈稳压电源电路.SCHDOC
On 2012-5-8 at 上午 09:59:27

 Comment       Pattern        Quantity             Components
--------------------------------------------------------------------------------
 0.01uF/35V    RAD-0.2            1    C2        Capacitor
 150           AXIAL-0.4          1    R5        Resistor
 18/12VA       TRANS              1    T1      Transformer (Coupled Inductor Model)
 220           AXIAL-0.4          1    R3        Resistor
 220           VR5                1    R4        Potentiometer
 2200uF/35V    CAPPR7.5-16x35     1    C1        Polarized Capacitor (Axial)
 2DW51         DIODE-0.4          1    VD2
 390           AXIAL-0.4          1    R2        Resistor
 3DD155A       1-04               1    VT1       NPN Bipolar Transistor
 3DG6D/9014    BCY-W3/B.7         2    VT2, VT3  NPN Bipolar Transistor
 470uF/25V     CAPPR5-5x5         1    C3        Polarized Capacitor (Axial)
 7.5K          AXIAL-0.4          1    R1        Resistor
 Header 2      HDR1X2             2    JP1, JP2  Header, 2-Pin
 整流桥2W005    E-BIP-P4/D10       1    VD1
```

图 1—9—26　串联负反馈稳压电源电路.BOM 文件

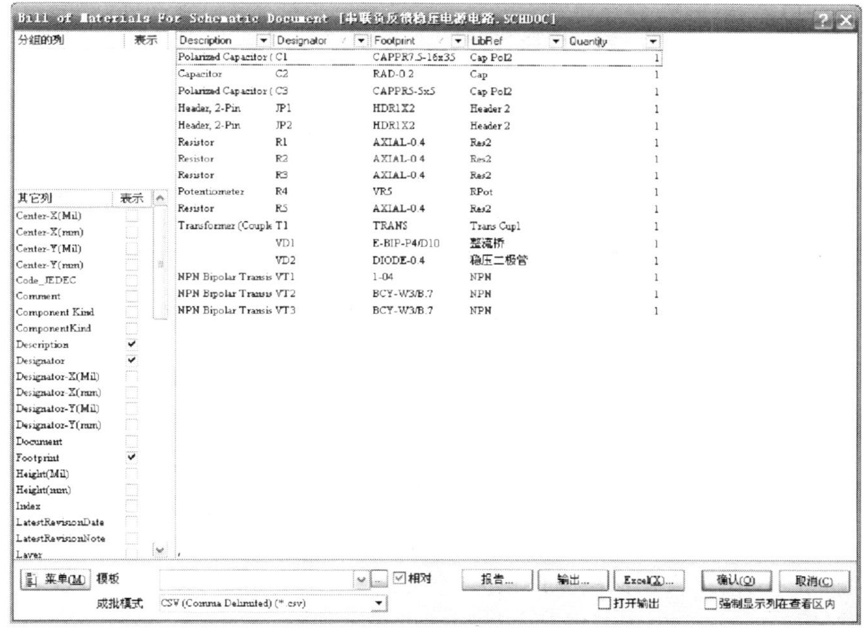

图 1—9—27　元器件列表对话框

六、创建、输出层次电路原理图报表

1. 创建层次电路原理图网络表

（1）编辑层次电路原理图。打开任务 8 中已绘制完成的“单片机控制步进电动机.PrjPCB”中的层次电路原理图，执行菜单命令【项目管理】/【Compile PCB Project 单片机控制步进电动机.PrjPCB】，对项目进行编辑。

（2）生成层次电路原理图网络表。执行菜单命令【设计】/【设计项目的网络表】/【Protel】，系统自动生成“单片机控制步进电动机.NET”文件。打开网络表文件，得到该层次电路原理图中包含 54 个元器件和 34 条网络。

	A	B	C	D	E
1	Description	Designator	Footprint	LibRef	Quantity
2	Polarized Capacitor (	C1	CAPPR7.5-16x35	Cap Pol2	1
3	Capacitor	C2	RAD-0.2	Cap	1
4	Polarized Capacitor (	C3	CAPPR5-5x5	Cap Pol2	1
5	Header, 2-Pin	JP1	HDR1X2	Header 2	1
6	Header, 2-Pin	JP2	HDR1X2	Header 2	1
7	Resistor	R1	AXIAL-0.4	Res2	1
8	Resistor	R2	AXIAL-0.4	Res2	1
9	Resistor	R3	AXIAL-0.4	Res2	1
10	Potentiometer	R4	VR5	RPot	1
11	Resistor	R5	AXIAL-0.4	Res2	1
12	Transformer (Couple	T1	TRANS	Trans Cupl	1
13		VD1	E-BIP-P4/D10	整流桥	1
14		VD2	DIODE-0.4	稳压二极管	1
15	NPN Bipolar Transis	VT1	1-04	NPN	1
16	NPN Bipolar Transis	VT2	BCY-W3/B.7	NPN	1
17	NPN Bipolar Transis	VT3	BCY-W3/B.7	NPN	1

图 1—9—28　生成串联负反馈稳压电源电路 . xls 文件

Report Generated From DXP

Description	Designator	Footprint	LibRef	Quantity
Polarized Capacitor (Axial)	C1	CAPPR7.5-16x35	Cap Pol2	1
Capacitor	C2	RAD-0.2	Cap	1
Polarized Capacitor (Axial)	C3	CAPPR5-5x5	Cap Pol2	1
Header, 2-Pin	JP1	HDR1X2	Header 2	1
Header, 2-Pin	JP2	HDR1X2	Header 2	1
Resistor	R1	AXIAL-0.4	Res2	1
Resistor	R2	AXIAL-0.4	Res2	1
Resistor	R3	AXIAL-0.4	Res2	1
Potentiometer	R4	VR5	RPot	1
Resistor	R5	AXIAL-0.4	Res2	1
Transformer (Coupled Inductor Model)	T1	TRANS	Trans Cupl	1
	VD1	E-BIP-P4/D10	ÕûÁ÷ÇÅ	1
	VD2	DIODE-0.4	ÎÈÑ¹¶þ¼«¹Ü	1
NPN Bipolar Transistor	VT1	1-04	NPN	1
NPN Bipolar Transistor	VT2	BCY-W3/B.7	NPN	1
NPN Bipolar Transistor	VT3	BCY-W3/B.7	NPN	1

图 1—9—29　生成串联负反馈稳压电源电路 . PDF 文件

2. 创建交叉参考元件列表

（1）执行菜单命令【报告】/【Component Cross Reference】，弹出如图 1—9—30 所示交叉参考元件列表对话框。

（2）在“其他列”选项中选中“Designator、Document、Footprint、Quantity、Value”项。单击“输出”按钮，设置输出文件名为：单片机控制步进电动机交叉，文件类型为 Microsoft Excel Worksheet。单击“保存”按钮，可输出如图 1—9—31 所示 Excel 表格形式的交叉参考元件列表文件。

七、打印、输出电路原理图

1. 页面设置

（1）打印设置。执行菜单命令【文件】/【页面设定】，如图 1—9—32 所示。可设置打印纸尺寸、方向、打印比例等。

（2）打印预览。单击如图 1—9—32 所示的“预览”按钮，进行打印预览。

2. 原理图打印

执行菜单命令【文件】/【打印】，弹出打印输出对话框，如图 1—9—33 所示。对打印机名称、打印范围等设置完成后，单击“确认”按钮即可开始打印。

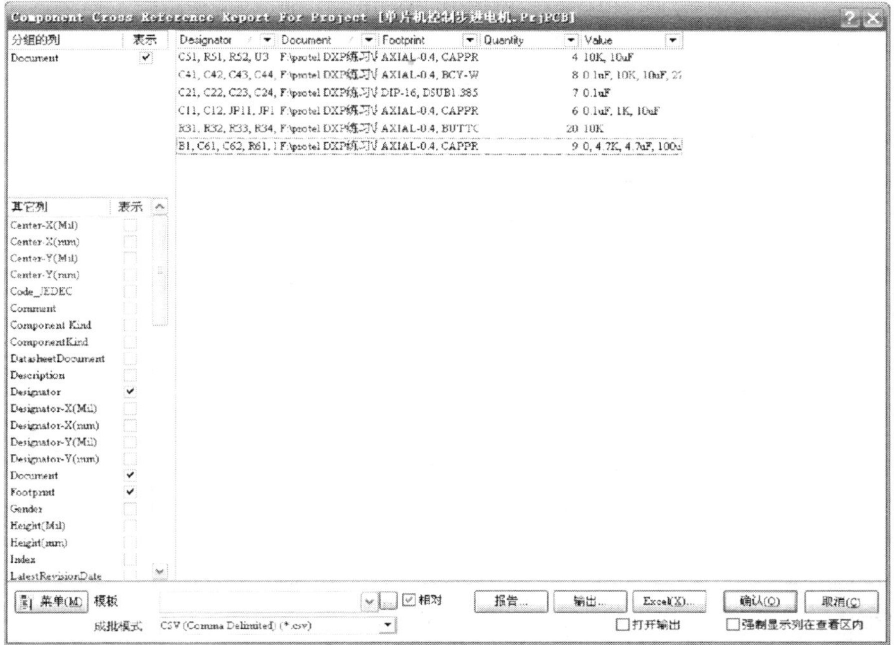

图 1—9—30　交叉参考元件列表对话框

	A	B	C	D	E
1	Designator	Document	Footprint	Quantity	Value
2	C51, R51, R52, U3	F:\protel DXP练习\	AXIAL-0.4, CAPPR	4	10K, 10uF
3	C41, C42, C43, C44	F:\protel DXP练习\	AXIAL-0.4, BCY-W	8	0.1uF, 10K, 10uF, 22pF
4	C21, C22, C23, C24	F:\protel DXP练习\	DIP-16, DSUB1.385	7	0.1uF
5	C11, C12, JP11, JP1	F:\protel DXP练习\	AXIAL-0.4, CAPPR	6	0.1uF, 1K, 10uF
6	R31, R32, R33, R34	F:\protel DXP练习\	AXIAL-0.4, BUTTC	20	10K
7	B1, C61, C62, R61,	F:\protel DXP练习\	AXIAL-0.4, CAPPR	9	0, 4.7K, 4.7uF, 100uF

图 1—9—31　交叉参考元件列表文件

图 1—9—32　原理图打印属性设置

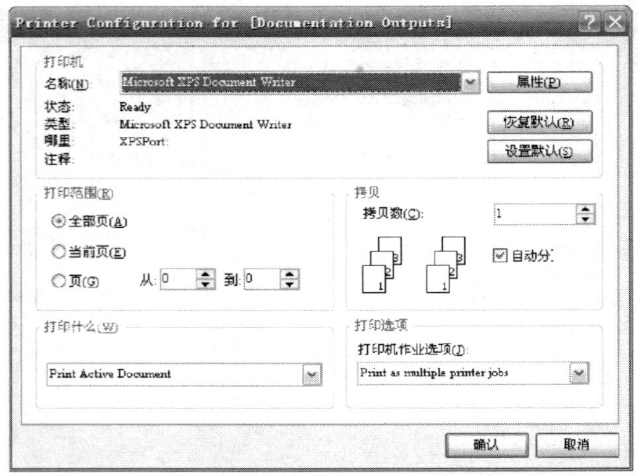

图 1—9—33　打印输出对话框

任务评价

表 1—9—3　　评分标准

序号	项目	内容	评分标准	配分	得分
1	准备工作	打开已有工作区、PCB 项目文件及原理图文件	正确打开已有工作区：1 分；正确打开 PCB 项目文件：1 分；正确打开原理图文件：1 分；错误打开：各扣 1 分	3	
2	设置元器件封装型号	设置元器件合适的封装型号	错一个元器件封装型号扣 4 分；错误三个以上 0 分	12	
3	原理图电气规则检查	电气规则检查设置	正确设置电气规则检查：10 分；部分正确设置：5 分；不正确设置：0 分	10	
		创建、分析编辑报告	正确创建、编辑电气规则检查报告：4 分；正确分析报告：6 分；不正确创建、编辑、扣 4 分；不正确分析扣 6 分。	10	
		修改原理图错误	根据报告正确修改原理图：10 分；部分修改正确：5 分；不正确修改：0 分	10	
4	创建、输出网络表	设置网络表选项	正确设置网络表选项：2 分；不正确设置：0 分	2	
		创建网络表文件	正确创建网络表文件：3 分；不正确创建：0 分	3	
		检查网路表中元器件描述及其个数	正确分析检查网络表中所有元器件描述：10 分；错误一处扣 4 分；错误三处以上 0 分	10	

续表

序号	项目	内容	评分标准	配分	得分
4	创建、输出网络表	检查网络表中网络连接描述及其个数	正确分析检查网络表中所有网络连接描述：10分；错误一处扣4分；错误三处以上0分	10	
		修改原理图	依据网络表信息正确修改原理图：5分；不正确修改分析：0分	5	
5	创建、输出元件列表	创建、分析元件列表	正确创建分析元件列表：5分；不正确创建分析：0分	5	
		识别元件列表各种格式文件	正确识别元件列表文件格式：5分；不正确识别：0分	5	
6	层次电路原理图报表	创建层次电路原理图网络表	正确创建层次电路原理图网络表：5分；不正确创建：0分	5	
		创建项目组织结构列表	正确创建项目组织结构列表：5分；不正确创建：0分	5	
		创建交叉参考元件列表	正确创建交叉参考元件列表：5分；不正确创建：0分	5	
总分合计				100	

思考与练习

1. 如任务3的思考与练习题中的各电路原理图所示，分别编辑填写图中元器件封装型号，进行电气规则检查，待电路原理图修改无误后创建输出网络表、元件列表。

2. 对任务8的思考与练习题中设计的层次电路原理图进行电气规则检查，待电路原理图修改无误后创建输出层次电路原理图网络表、项目组织结构列表、交叉参考元件列表。

课题四　电 路 仿 真

任务10　电路原理图仿真分析

◆ **技能点**

◎ 运用 Protel DXP 2004 SP2 的仿真功能对电路原理图进行电路性能仿真分析

◆ **知识点**

◎ 电路仿真必备条件

◎ 常用仿真信号源及仿真分析类型

◎ 电路仿真分析方法

任务提出

在传统电子线路设计中，为验证电路设计的合理性必须通过搭建实际的电路进行检测和调试，因此大大提高了研发成本、延长了研发时间。而借助 Protel DXP 2004 SP2 强大的电路仿真功能模拟电路的实际工作效果，可对所设计的电路性能进行预计、判断和校验，对电路参数进行检测与调试，从而降低开发成本，缩短开发周期。具体要求如下：

1. 绘制共射放大电路原理图（见图 1—10—1），设置仿真信号源 V1 振幅为 10 mV，频率为 1 kHz（软件中常表示为 1 KHz，下同），VCC 为 12 V。

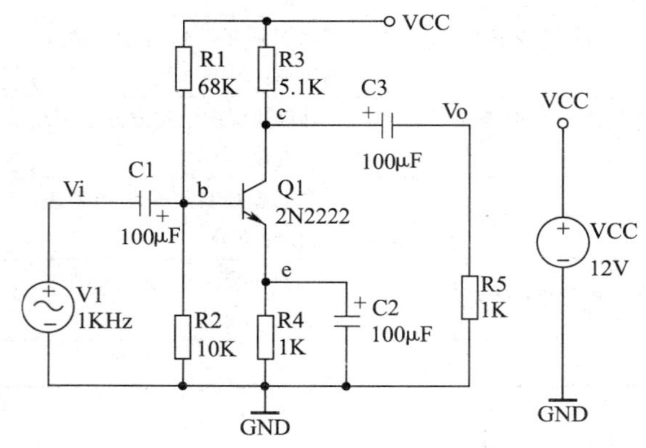

图 1—10—1 共射放大电路

2. 对共射放大电路进行静态工作点分析、瞬态/傅里叶分析、交流小信号分析（频率响应）、参数扫描分析。

3. 分析仿真结果，调整原理图中元器件参数值，以达到最佳设计。

任务分析

任务 2 中已详细介绍了图 1—10—1 阻容耦合共射极放大电路工作原理，输入端的 Vi 信号经电路放大后，在输出端 Vo 可得到放大了的信号。利用 Protel DXP 2004 SP2 对该电路的功能进行仿真分析、测试，以验证电路功能是否正常，各项性能指标是否达到设计要求，发现潜在的设计问题并加以修改。

电路原理图仿真分析步骤可参见图 1—10—2 所示。

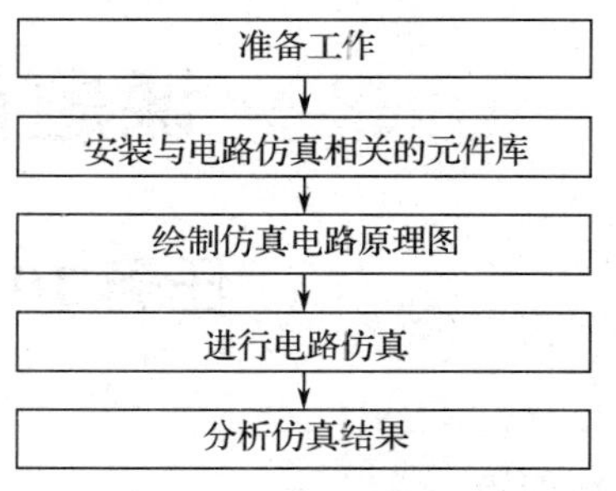

图 1—10—2 电路原理图仿真分析流程

相关知识

一、电路仿真含义

电路仿真（Simulation）是以电路分析理论为基础，通过建立元器件的数学模型，借助数值计算方法，利用仿真软件在计算机上对电路功能、性能指标进行分析计算，然后以文字、表格、图形等方式在屏幕上显示出电路的有关性能指标。

二、电路仿真必备条件

1. 元器件

仿真电路中使用的所有元器件必须含有仿真模型文件，即每个元器件的元件属性对话框右下“Models”列表框中必须含有元器件的 Simulation 类型，具有仿真模型名称、参数值等仿真属性，如图 1—10—3 所示。若元器件未定义仿真属性或属性设置不合理，仿真时会出现警告或显示错误信息。

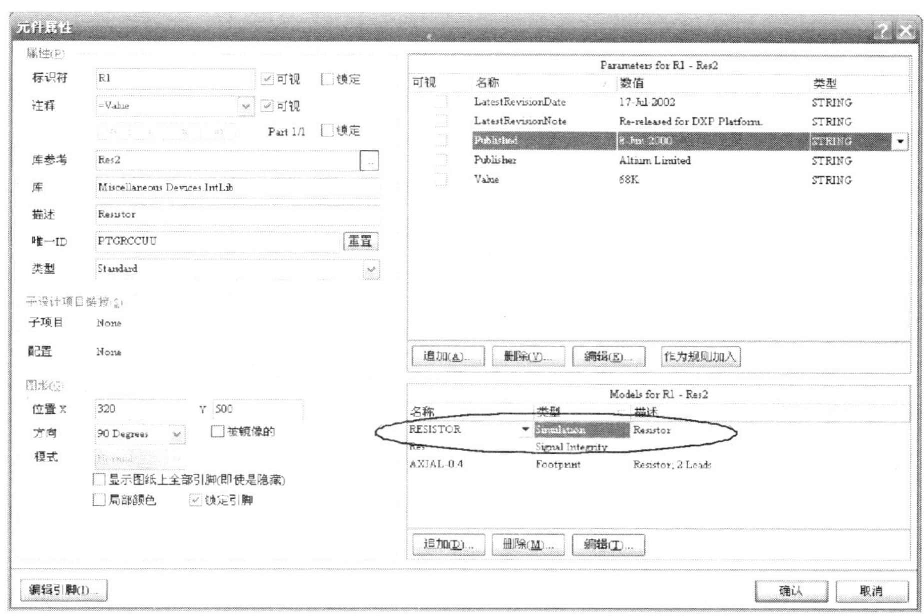

图 1—10—3　元件属性对话框中的仿真选项

2. 仿真信号源

仿真电路中必须提供仿真信号源，如图 1—10—1 所示的 V1 和 VCC。Protel DXP 2004 仿真信号源存放于 C：\Program Files\ Protel DXP 2004\Library\Simulation\Simulation Sources. IntLib 中。

3. 关键节点的网络标签

仿真电路中在关键节点处必须放置网络标签，以供仿真分析时作为可用信号，如图 1—10—1所示的网络标签 *Vi*、*Vo*、*b*、*c*、*e*。

三、常用仿真信号源

在 Simulation Sources. IntLib（仿真集成库）中，常用仿真信号源见表 1—10—1。仿真电路图中对某一信号源双击，可进入其属性对话框，在右下“Models”列表框中含有信号源的 Simulation 类型，双击打开其仿真模型对话框，单击“参数”可进行仿真参数设置。如图 1—10—4 所示为直流电压源仿真参数设置。

表 1—10—1　　常见仿真信号源

仿真信号源符号	仿真信号名称
V? VSRC　I? ISRC	直流电压源　直流电流源
V? VSIN　I? ISIN	正弦波电压源　正弦波电流源
V? VPULSE　I? IPULSE	周期脉冲电压源　周期脉冲电流源
V? VPWL　I? IPWL	分段线性电压源　分段线性电流源

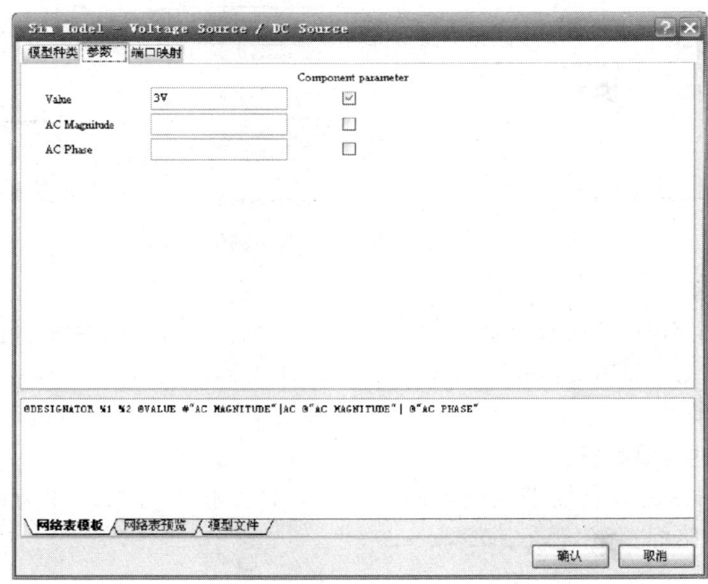

图 1—10—4　直流电压源仿真参数设置

实用工具栏中也列出了常用仿真信号源，如图 1—10—5 所示。

1. 直流信号源

直流信号源为电路提供不变的电压或电流信号，参数设置如图 1—10—4 所示，一般只设置“Value”项内容，此处为 3 V。直流电压源仿真波形如图 1—10—6 所示。

2. 正弦波信号源

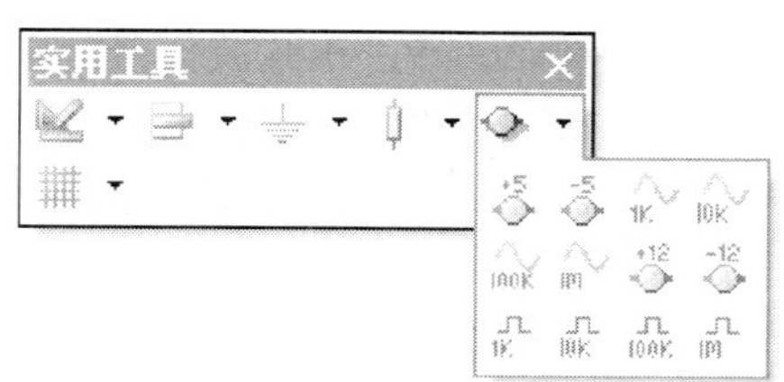

图 1—10—5　实用工具栏中常用仿真信号源

正弦波信号源在电路仿真分析中常作为瞬态分析、交流小信号分析的信号源，其参数设置如图 1—10—7所示，根据实际情况只需修改其中“Amplitude”（正弦波峰值）和“Frequency”（正弦波频率）两项，其余均为默认值。每项参数含义如下：

(1) DC Magnitude：直流参数，正弦波信号源的直流偏置，通常设置为 0。

图 1—10—6　直流电压源仿真波形

Sim Model - Voltage Source / Sinusoidal

模型种类　参数　端口映射

Component parameter

DC Magnitude　0

AC Magnitude　1

AC Phase　0

Offset　0

Amplitude　3

Frequency　1K

Delay　0

Damping Factor　0

Phase　0

@DESIGNATOR %1 %2 ?"DC MAGNITUDE"|DC @"DC MAGNITUDE"| SIN(?OFFSET/&OFFSET//0/ ?AMPLITUDE/&LITUDE//1/ ?F

网络表模板　网络表预览　模型文件

确认　取消

图 1—10—7　正弦波电压源仿真参数设置

(2) AC Magnitude：交流小信号振幅，作为交流小信号分析源时可设置它，一般为 1。

(3) AC Phase：交流小信号相位，作为交流小信号分析源时可设置它，一般为 0。

(4) Offset：叠加在正弦波上的直流值，此处为 0。

(5) Amplitude：正弦波信号的振幅。

(6) Frequency：正弦波信号的频率。

(7) Delay：初始时刻的延时。

(8) Damping Factor：阻尼因子，每秒正弦波幅值变化量，一般为 0。

(9) Phase：正弦波信号的初始相位，一般为 0。

正弦波电压源仿真波形如图 1—10—8 所示。

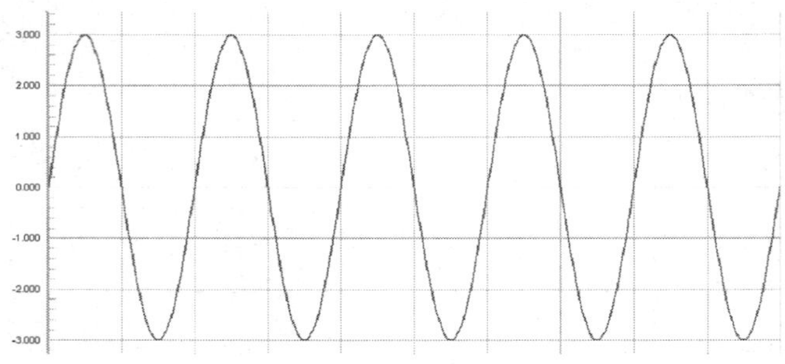

图 1—10—8　正弦波电压源仿真波形

3. 周期脉冲信号源

周期脉冲信号源在瞬态分析中使用较多，其参数设置如图 1—10—9 所示，根据实际情况修改参数，每项参数含义如下：

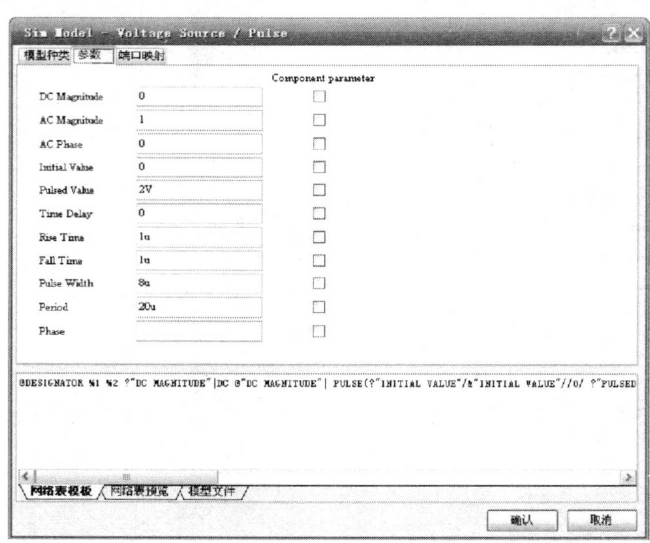

图 1—10—9　周期脉冲电压源仿真参数设置

(1) DC Magnitude：一般默认为 0。

(2) AC Magnitude：交流小信号分析时的信号振幅，一般为 1 V。

(3) AC Phase：交流小信号分析时的信号相位，默认为 0。

(4) Initial Value：脉冲电压起始值。

(5) Pulsed Value：脉冲信号幅度。

(6) Time Delay：脉冲信号从初始状态到激发的延迟时间。

(7) Rise Time：脉冲上升时间，必须大于 0。

(8) Fall Time：脉冲下降时间，必须大于 0。

(9) Pulse Width：脉冲宽度。

(10) Period：脉冲周期。

(11) Phase：脉冲相位，具体设置当时间为 0 时脉冲的相移，一般为 0。

周期脉冲电压源仿真波形如图 1—10—10 所示。

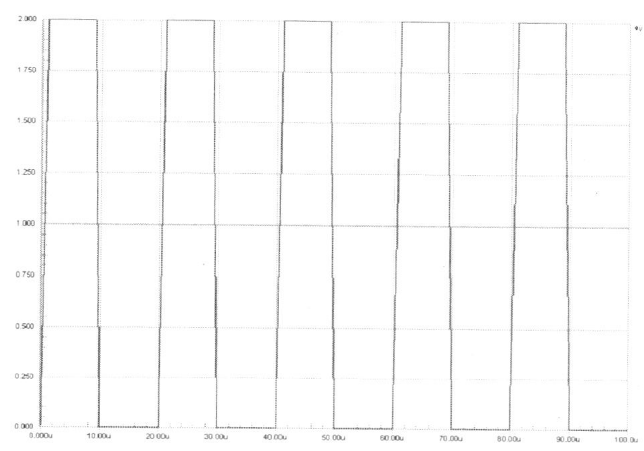

图 1—10—10　周期脉冲电压源仿真波形

4. 分段线性信号源

分段线性信号源是非周期信号源，其参数设置需给出转折点时间—电压对应值，参数设置如图 1—10—11 所示。分段线性电压源仿真波形如图 1—10—12 所示。

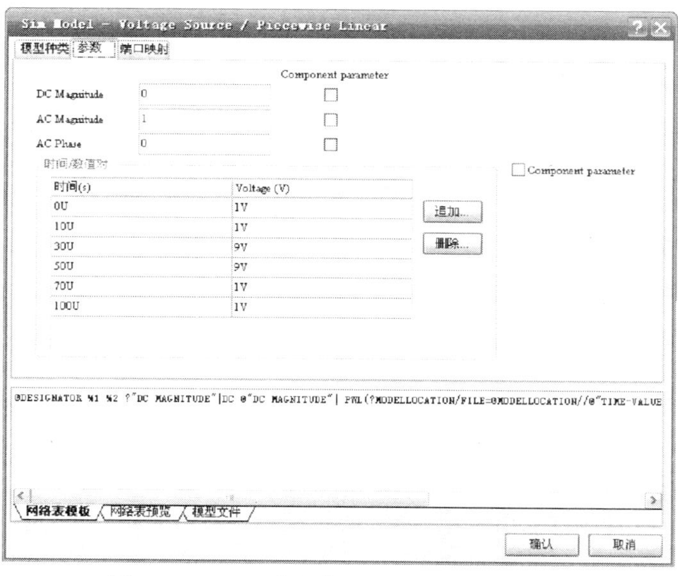

图 1—10—11　分段线性电压源仿真参数设置

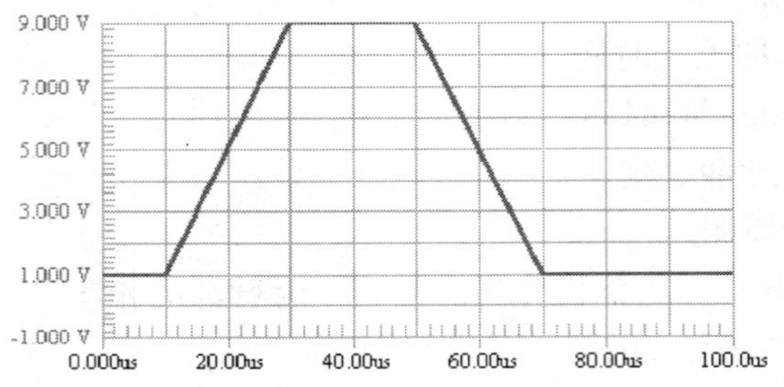

图 1—10—12　分段线性电压源仿真波形

四、仿真分析类型

Protel DXP 2004 支持十种电路仿真分析类型，如表 1—10—2 所示。

表 1—10—2　仿真分析类型

序号	仿真分析类型	仿真分析名称
1	Operating Point Analysis	静态工作点分析
2	Transient/Fourier Analysis	瞬态/傅里叶分析
3	DC Sweep Analysis	直流扫描分析
4	AC Small Signal Analysis	交流小信号分析
5	Noise Analysis	噪声分析
6	Pole—Zero Analysis	零—极点分析
7	Transfer Function Analysis	传递函数分析
8	Temperature Sweep Analysis	温度扫描分析
9	Parameter Sweep Analysis	参数扫描分析
10	Monte Carlo Analysis	蒙特卡罗分析

1. 静态工作点分析

静态工作点分析是为求解在直流信号源作用下电路中的电压值和电流值。分析过程中通常视电容为开路、电感为短路。合适的静态工作点是电路正常工作的必备条件。

2. 瞬态分析和傅里叶分析

瞬态分析是观察、分析电路中某个节点的变量（电压、电流）随时间变化的波形，是一种时域分析方法。系统在瞬态分析之前自动进行静态工作点分析，在瞬态分析的最后一个周期自动进行傅里叶变换，以得到该信号的频谱函数。

瞬态分析和傅里叶分析是使用最为广泛的仿真分析，通过此分析可检验所设计的电路功能是否正常实现。

3. 直流扫描分析

直流扫描分析可以对信号源的电压/电流进行扫描，输出当信号源的电压/电流变化时电路中各个节点的电压以及各元器件电流、电压、功率的变化情况，一般用于确定电路正常工作时所允许的输入信号的波动范围。

4. 交流小信号分析

交流小信号分析是在一定的频率范围内计算电路的响应，即输出信号随输入信号的频率变化而变化的情况，从而分析电路的幅频特性和相频特性。

5. 噪声分析

噪声分析用来测量电阻或半导体器件等产生的噪声频谱密度。噪声分析一般与交流小信号分析一起进行，分析交流小信号的每一个频率、每一个噪声源的噪声电平均方值之和对输出节点的影响，进而尽量选择低噪声元器件，降低电路噪声强度，提高电路工作性能。

6. 零—极点分析

零—极点分析用来求解交流小信号电路的传递函数中零、极点的个数及其数值，以分析单输入、单输出线性系统的稳定性。

7. 传递函数分析

传递函数分析用于分析电路系统中当初始条件为零时，系统的响应（或输出）与信号（或输入）的拉式变换之比，主要在于计算电路的直流输入电阻、直流输出电阻及直流增益。

8. 温度扫描分析

温度扫描是指在一定的温度范围内进行电路参数的计算，以确定电路的温度漂移等性能指标。温度扫描分析一般需在瞬态分析、直流扫描分析或交流小信号分析时才允许进行。

9. 参数扫描分析

参数扫描分析是指在一定的元器件参数范围内，按照指定的参数增量进行扫描以分析电路的性能。该分析必须与其他仿真方式中的一种或几种同时运行才有效，可帮助用户分析电路达到最佳性能时元器件的参数值。

10. 蒙特卡罗分析

蒙特卡罗分析是一种统计分析方法，在给定的电路元器件参数容差范围内随机抽取一组序列，然后使用这些参数对电路进行静态工作点、瞬态、直流扫描、交流小信号等分析，并通过多次分析结果估算出电路性能的统计分布规律。该分析可对电路生产时的成品率及成本等进行预测。

任务实施

一、准备工作

在用户目录中新建“仿真”文件夹，作为本任务的文档存储路径。下面的准备工作及加载元件库相关操作，在前面任务中已有详细说明，此处只给出简明步骤。

1. 新建、保存设计工作区，并命名为“共射放大电路 . DsnWrk”。

2. 新建、保存工程项目文件，并命名为“共射放大电路 . PrjPCB”。

3. 新建、保存电路原理图文件，并命名为“共射放大电路 . SchDoc”。打开该电路原理图文件，将图纸大小设置为 A4，并设置图纸参数及标题栏内容。

二、安装与电路仿真相关的元件库

1. 安装 **Miscellaneous Devices. IntLib**

共射放大电路中的所有电阻、电容均在此库，且该混合元件集成库通常已存在于当前元件库中，无须再次安装。

2. 安装 Simulation Sources. IntLib

此库为信号源的集成库，共射放大电路中的 V1（正弦波电压源）和 VCC（直流电压源）均在此库。单击右侧元件库面板，打开 C:\Program Files \ Protel DXP 2004 \ Library \ Simulation \ Simulation Sources. IntLib 并安装。

3. 安装 Motorola Discrete BJT. IntLib

共射放大电路中的 Q1（三极管）存在于此库。单击右侧元件库面板，打开 C:\Program Files \ Protel DXP 2004 \ Library \ Motorola \ Motorola Discrete BJT. IntLib 并安装。

三、绘制仿真电路原理图

1. 放置、编辑三极管 Q1

在原理图编辑环境下，单击元件库面板，选择 Motorola Discrete BJT. IntLib 为当前元件库，如图 1—10—13 所示，在下面的元器件列表中选中 2N2222 并双击，元器件 2N2222 以浮动状态出现在原理图中。按键盘上的“Tab”键，弹出该元件的元件属性对话框，修改标识符为 Q1，注意不要修改元器件默认编号的字母部分，否则后面仿真操作时会出错。双击图 1—10—13 右下模型部分的“Simulation”项（模型），打开仿真模型对话框，不做改动。

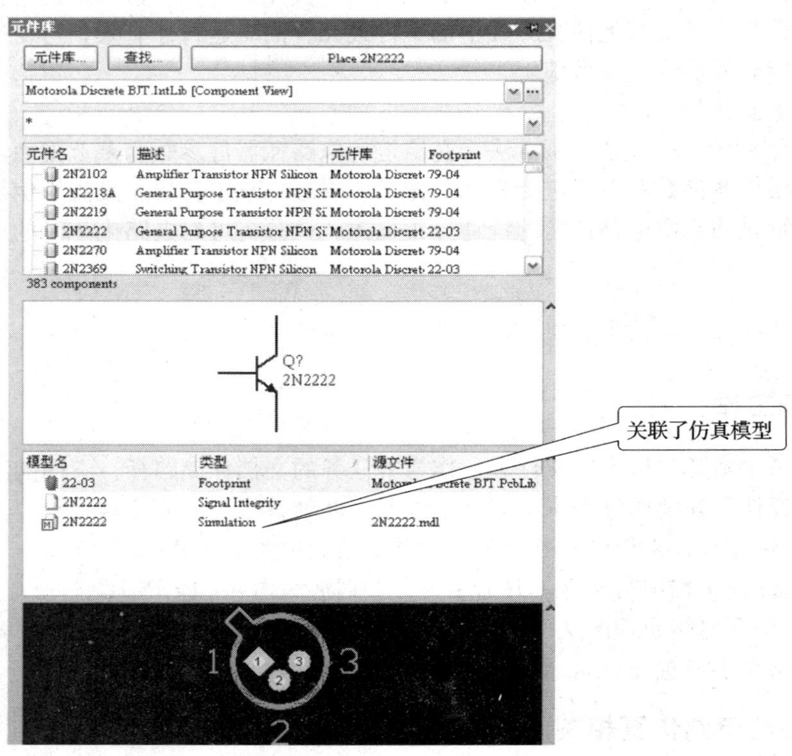

图 1—10—13　放置 2N2222

2. 放置、编辑电阻 R1

执行快捷键“P－P”，打开放置元件对话框，填写 R1 的相关内容，如图 1—10—14 所示。单击“确认”按钮后，R1 处于浮动状态。按键盘上的“Tab”键，弹出 R1 的元件属性对话框，如图 1—10—15 所示设置。

3. 放置其他元器件

依照上述步骤，按照图 1—10—1 所示放置、编辑其他元器件。

注意：若某些元器件不知其所在元件库，可通过查找的方式放置到原理图中，但元器件必须含有仿真模型文件。

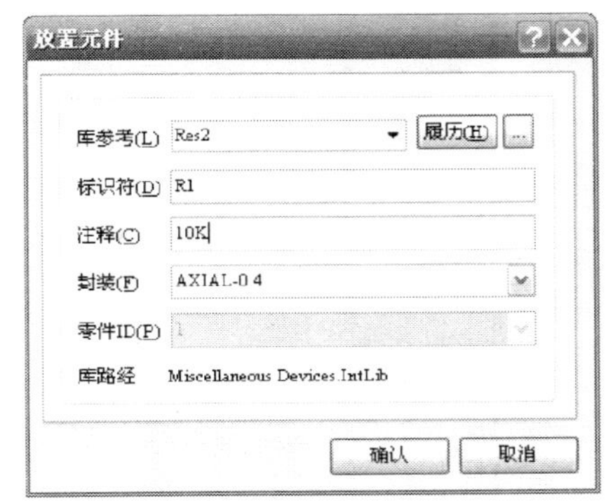

图 1—10—14　放置电阻 R1

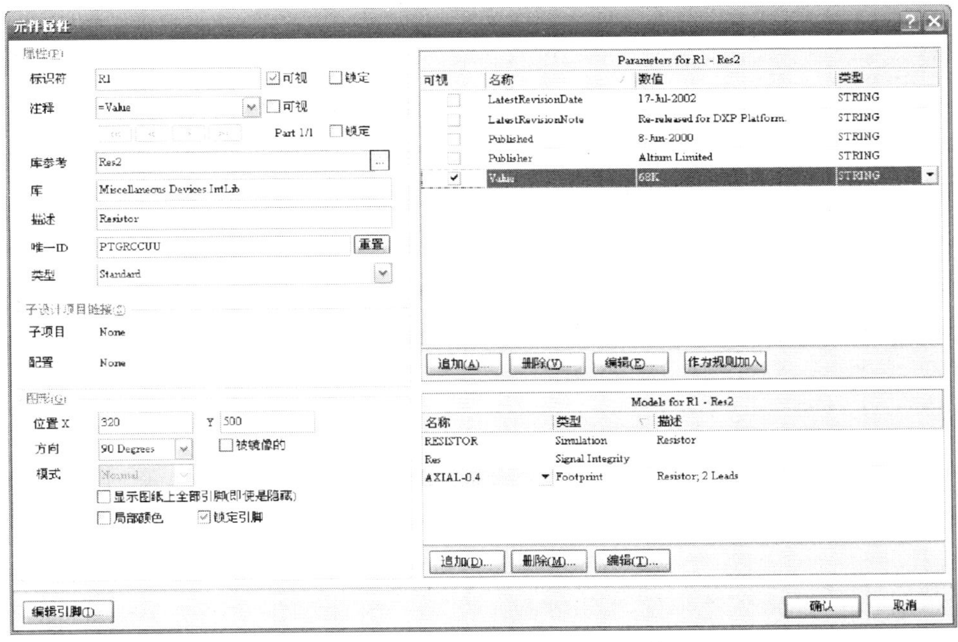

图 1—10—15　R1 的元件属性对话框

4. 放置、编辑直流电压源 VCC

将元件库切换到 Simulation Sources. IntLib，选中 VSRC 双击后，直流电压源 VSRC 处于浮动状态。按键盘上的“Tab”键，弹出其元件属性对话框，如图 1—10—16 所示设置。

双击如图 1—10—16 所示右下模型部分的“Simulation”项，打开 VCC 仿真模型参数设置对话框，此处不做改动。

5. 放置、编辑正弦波信号源 V1

依照上述方法放置 VSIN，属性对话框中“标识符”栏编辑为 V1，“注释”栏编辑为 1 kHZ，VSIN 的仿真模型参数如图 1—10—17 所示，其中 Amplitude（正弦波峰值）设置为 10 mV，Frequency（正弦波频率）设置为 1 K（表示 1 kHz），其余均为默认值。

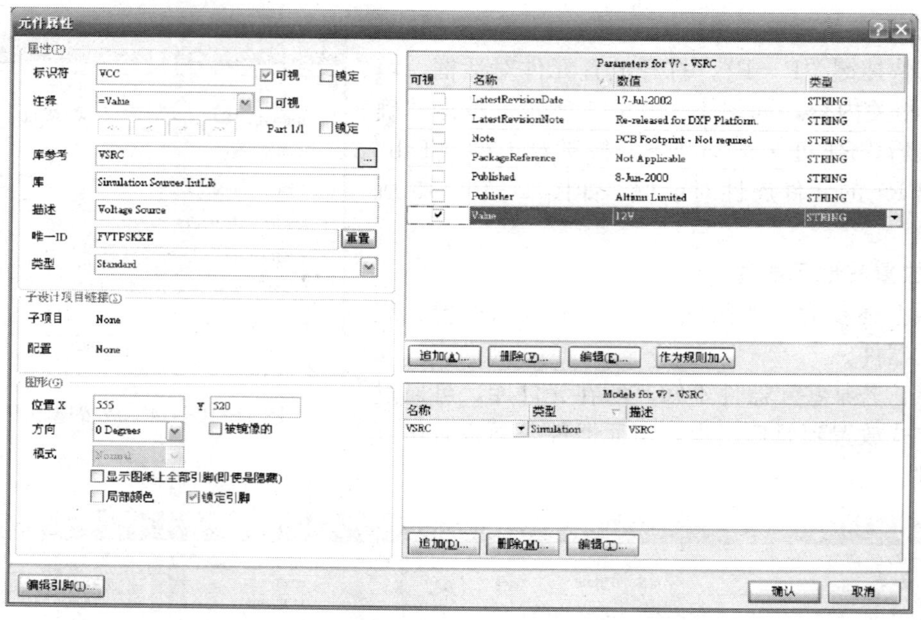

图 1—10—16 VCC 元件属性对话框

图 1—10—17 V1 的仿真模型参数设置

6. 连接电路

执行快捷键“P—W”，放置导线，连接电路。

7. 放置接地端口和网络标签

按照图 1—10—1 所示放置接地端口 GND，以及网络标签 Vi、Vo、b、c、e。

四、电路仿真

1. 仿真常规设置

执行菜单命令【设计】/【仿真】/【Mixed Sim】，弹出分析设定对话框，选择左侧“分析/选项”列表中的“General Setup”选项，常规参数设置如图 1—10—18 所示。

图 1—10—18　分析设定对话框

（1）“为此收集数据”下拉列表框设置为 Active Signals，即仅收集图 1—10—18 中在“活动信号”区域中出现的被激活变量的数据。

（2）“图纸到网络表”下拉列表框设置为 Active Sheet，即当前原理图。

（3）“Sim View 设定”下拉列表框设置为 Show active signals，即按照“活动信号”区域中出现的变量数据保存和显示仿真结果。

（4）“活动信号”信号从左侧“可用信号”列表框中选择，此时选择信号点 B、C、E、VI、VO，双击或通过单击 [>] 按钮移至“活动信号”区域。

2. 静态工作点分析

（1）静态工作点分析设置。此项无须设置，只须选中左侧“分析/选项”中的“Operating Point Analysis”即可通知软件进行该项分析。单击“确认”按钮运行原理图仿真，同时打开的“Message”面板中无仿真错误提示，说明仿真运行成功。

（2）仿真结果分析。系统自动创建出“共射放大电路 . Sim”和“共射放大电路 . Sdf”两个文件。打开“共射放大电路 . Sdf”文件可观察仿真结果，如图 1—10—19 所示，可见三极管基极电压 1. 455 V，集电极电压 7. 670 V，三极管具有放大功能。

主页面	共射放大电路.SchDoc *	共射放大电路.sdf
b	1.455 V	
c	7.670 V	
e	858.6mV	
vi	0.000 V	
vo	0.000 V	

图 1—10—19　静态工作点分析结果

3. 瞬态分析和傅里叶分析

(1) 瞬态分析和傅里叶分析设置。单击左侧“分析/选项”中的“Transient/Fourier Analysis”，进入如图 1—10—20 所示参数设置界面。此处不作修改。选中“Enable Fourier”选项。

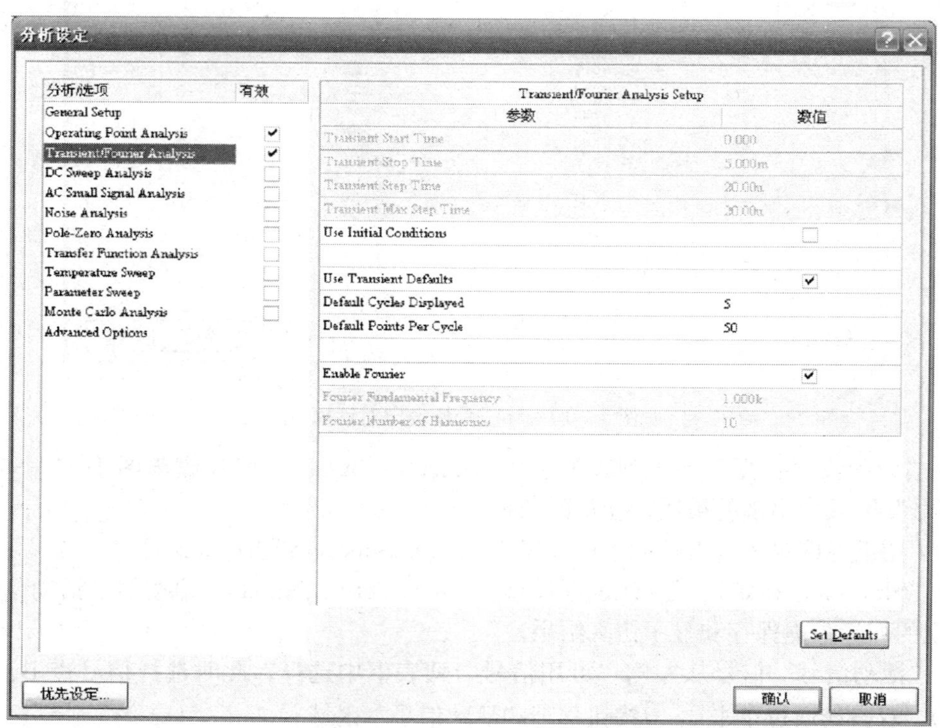

图 1—10—20　瞬态分析和傅里叶分析仿真参数设置

如图 1—10—20 所示若取消“Use Transient Defaults”（使用瞬态分析默认值）复选框，而选中“Use Intial Conditions”（使用初始条件）复选框，则可重新设置瞬态分析仿真参数：“Transient Start Time”（仿真起始时间）、“Transient Stop Time”（仿真终止时间）、“Transient Step Time”（仿真步长）和“Transient Max Step Time”（仿真最大步长），以及“Default Cycles Displayed”（默认信号周期）、“Default Points Per Cycle”（默认单周期信号点数）。

确认后运行原理图仿真，同时打开的“Message”面板中无仿真错误提示，仿真运行成功。

（2）仿真结果分析。打开“共射放大电路.Sdf”文件，单击下方的“Transient Analysis”标签观察仿真结果，如图1—10—21所示，可见Vo与Vi是反相关系，而且Vo远大于Vi，电路起到放大作用。

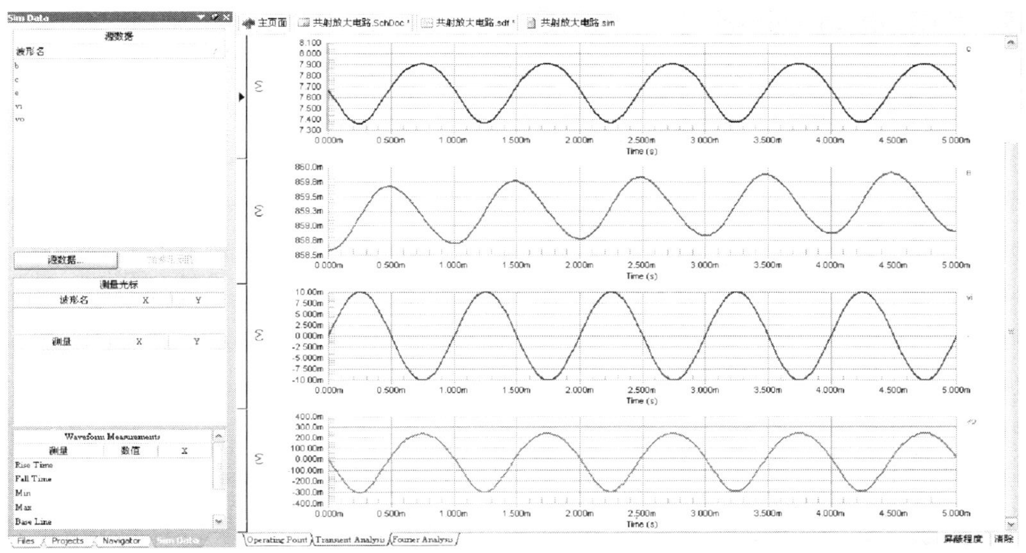

图1—10—21　瞬态分析结果

单击图1—10—21下方的“Fourier Analysis”标签，结果如图1—10—22所示。打开生成的文本文件“共射放大电路.Sim”，其中收集了激活信号的傅里叶变换结果，如Vo的傅里叶变换文本结果如图1—10—23所示。

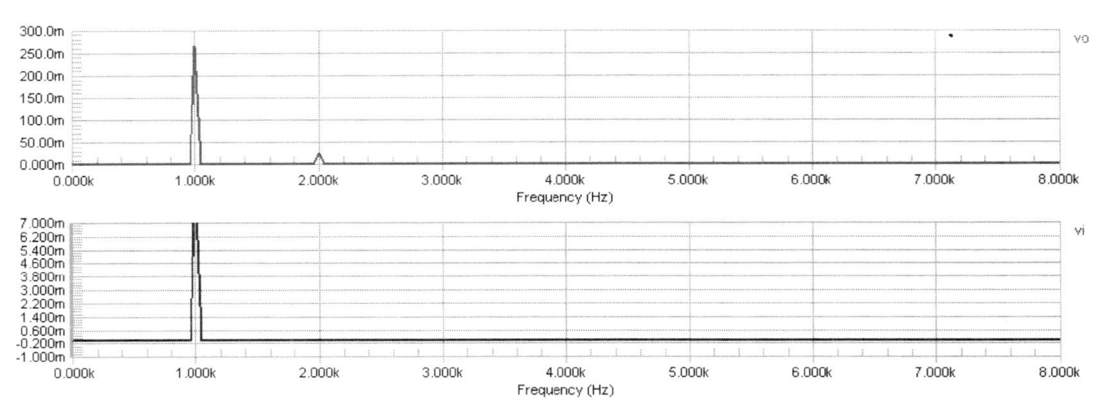

图1—10—22　傅里叶变换结果

4. 交流小信号分析

（1）交流小信号分析设置。单击左侧“分析/选项”中的“AC Small Signal Analysis”，进入如图1—10—24所示设置仿真参数。其中设置“Start Frequency”（起始频率）为

10 Hz，“Stop Frequency”（结束频率）为 10 kHz，在“Sweep Type”（扫描类型）下拉列表中选中线性，“Test Points”（测试点数）为 1 000 点，“Total Test Points”（总测试点数）为1 000点。

```
Circuit: 共射放大电路
Date:    星期一 五月 14 12:35:07 2012


Fourier analysis for vo:
  No. Harmonics: 10, THD: 9.35542 %, Gridsize: 200, Interpolation Degree: 1

Harmonic  Frequency      Magnitude       Phase          Norm. Mag      Norm. Phase
--------- ---------      ---------       -----          ---------      -----------
 0        0.00000E+000   -2.96725E-003   0.00000E+000   0.00000E+000   0.00000E+000
 1        1.00000E+003   2.66894E-001    -1.76988E+002  1.00000E+000   0.00000E+000
 2        2.00000E+003   2.49271E-002    9.77358E+001   9.33972E-002   2.74724E+002
 3        3.00000E+003   1.44201E-003    1.55344E+001   5.40294E-003   1.92522E+002
 4        4.00000E+003   6.52271E-005    -1.18651E+002  2.44394E-004   5.83366E+001
 5        5.00000E+003   5.03641E-005    -1.79047E+002  1.88705E-004   -2.05933E+000
 6        6.00000E+003   4.08790E-005    -1.79699E+002  1.53166E-004   -2.71132E+000
 7        7.00000E+003   3.50805E-005    -1.78617E+002  1.31440E-004   -1.62944E+000
 8        8.00000E+003   3.07884E-005    -1.77653E+002  1.15358E-004   -6.65198E-001
 9        9.00000E+003   2.74603E-005    -1.76765E+002  1.02889E-004   2.23226E-001
```

图 1—10—23 傅里叶变换文本结果

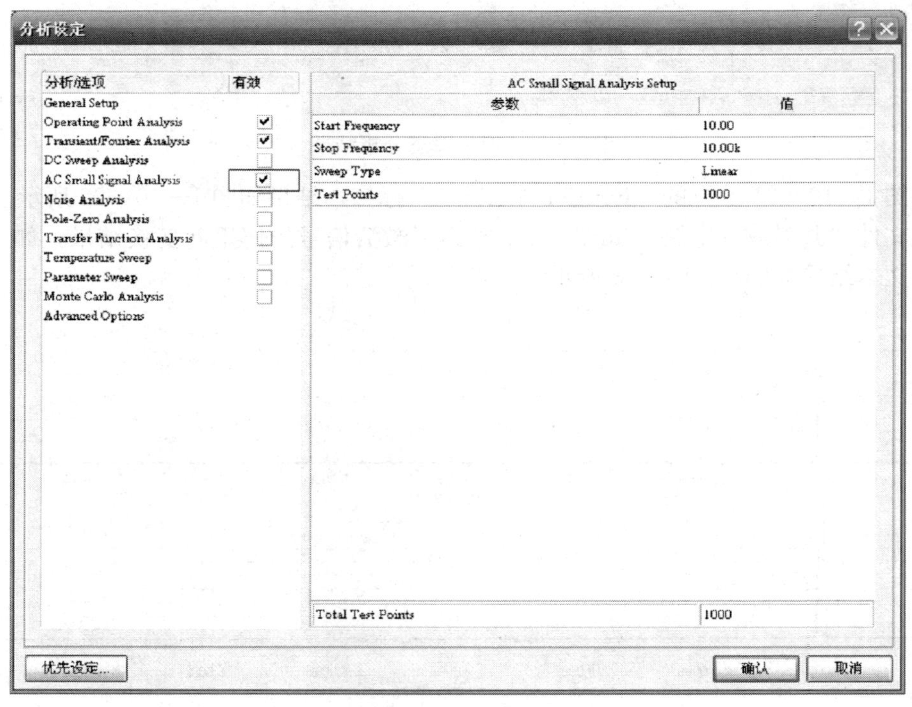

图 1—10—24 交流小信号分析仿真参数设置

（2）仿真结果分析。打开“共射放大电路 . Sdf”文件，单击下方的“AC Analysis”标签，可观察仿真结果，如图 1—10—25 所示。

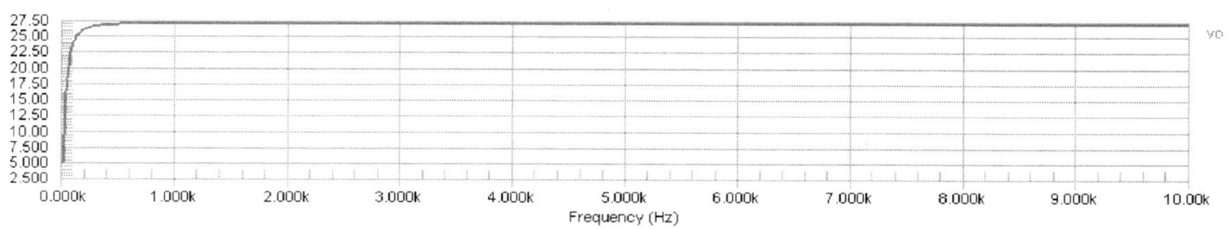

图 1—10—25　交流小信号分析结果

5. 参数扫描分析

（1）参数扫描分析设置。单击左侧“分析/选项”中的“Parameter Sweep”，进入如图1—10—26所示设置仿真参数。在其中“Primary Sweep Variable”（主扫描变量）的下拉列表中选中R1，“Primary Start Value”（主扫描变量起始值）为10 kΩ，“Primary Stop Value”（主扫描变量终止值）为80 kΩ，“Primary Step Value”（主扫描变量步长）为10 kΩ，在“Primary Sweep Type”（扫描类型）下拉列表中选中绝对值扫描，即将扫描起始值、终止值和步长定义的数值作为扫描变量的值进行计算。

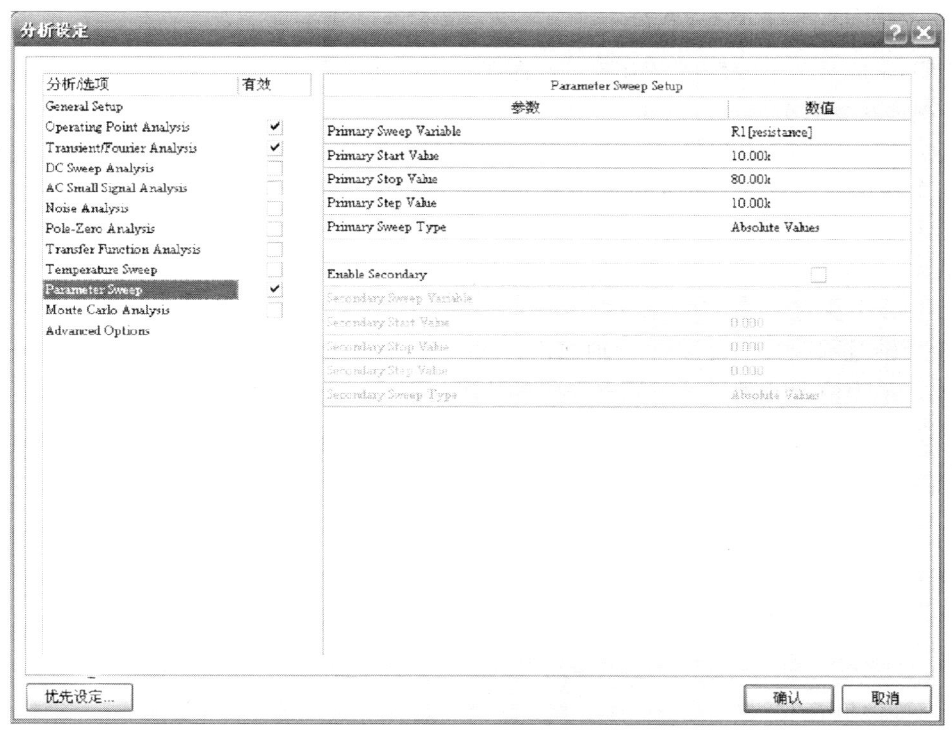

图 1—10—26　参数扫描分析仿真参数设置

（2）仿真结果分析。打开“共射放大电路.Sdf”文件，单击下方的“Parameter Sweep Analysis”标签，可观察Vo及不同R1取值对应于Vo波形的仿真结果，如图1—10—27所示。图中第一波形表示Vo输出，第二波形则在同一个坐标系中描绘了对应于R1取值为10 kΩ、20 kΩ、30 kΩ、40 kΩ、50 kΩ、60 kΩ、70 kΩ时Vo的输出波形。若单击第二波形右侧的 Vo _ p1，则 R1 取 10 kΩ 时对应的 Vo 输出波形被加粗显示，其他依此类推。可以看到 R1 取值不合理时（如取 10 kΩ、20 kΩ、30 kΩ、40 kΩ、50 kΩ），Vo 输出波形将会失真，故 R1 取 68 kΩ 为最佳参数值。

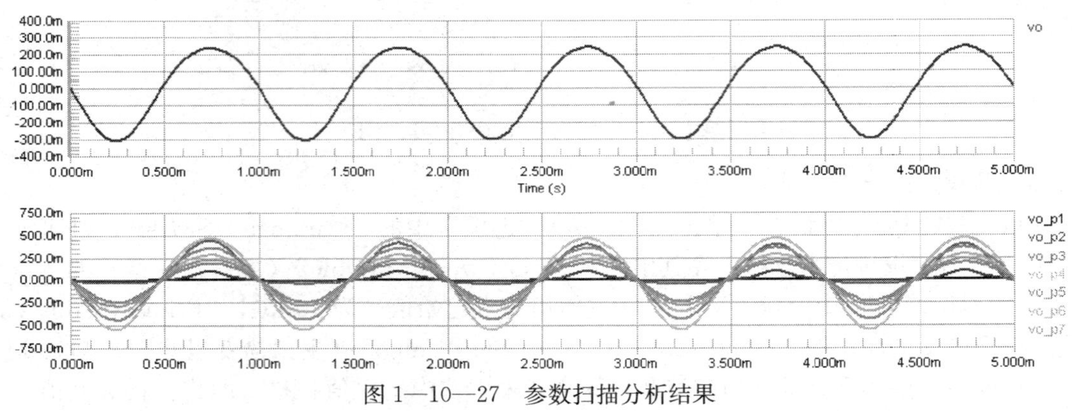

图 1—10—27　参数扫描分析结果

五、电路仿真结果处理

为使电路仿真结果分析得更清晰、更直观，可对其仿真波形进行一定处理。

1. 调整波形显示范围

（1）X 轴范围调整。以图 1—10—27 参数扫描分析波形为例，图中 X 轴方向的范围为 5 ms，5 个周期波形较多，因此可调整波形的显示范围。执行菜单命令【仿真图表】/【仿真图表选项】，或对图形显示窗口右键单击执行【Chart Options】命令，进入图表选项对话框，切换到“刻度”选项卡（或者直接对波形的 X 轴双击），如图 1—10—28 所示设置最大值、最小值及分配尺寸。

（2）Y 轴范围调整。直接对 Y 轴双击，进入 Y 轴设定对话框，如图 1—10—29 所示设置最大值、最小值及分割尺寸。调整完成后波形如图 1—10—30 所示。

图 1—10—28　X 轴范围调整

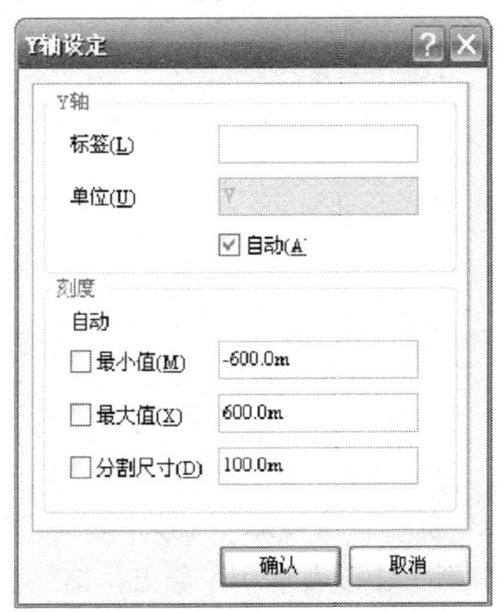

图 1—10—29　Y 轴范围调整

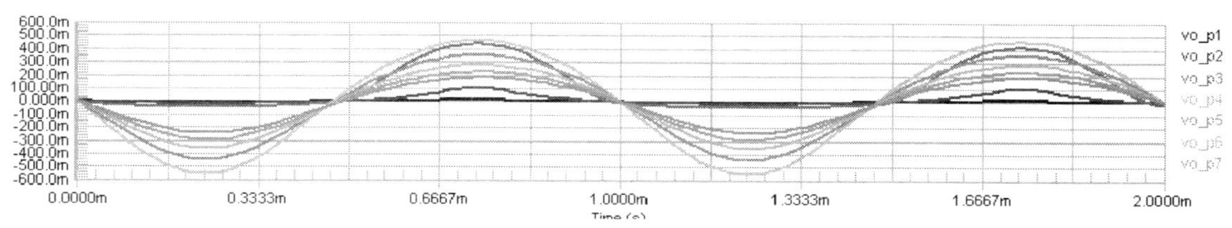

图 1—10—30　显示范围调整后波形

注意：显示窗口中右键单击执行【Fit Document】命令，即可恢复原来波形显示。按住鼠标左键拖动，可局部放大仿真波形。

2. 增减仿真波形项

（1）删减波形图。以图 1—10—21 瞬态分析波形为例。分别在 b、c 和 e 三个波形中单击鼠标右键执行【Delete Plot】（删除图块）命令，只保留 Vi 和 Vo 的波形图，结果如图 1—10—31 所示。

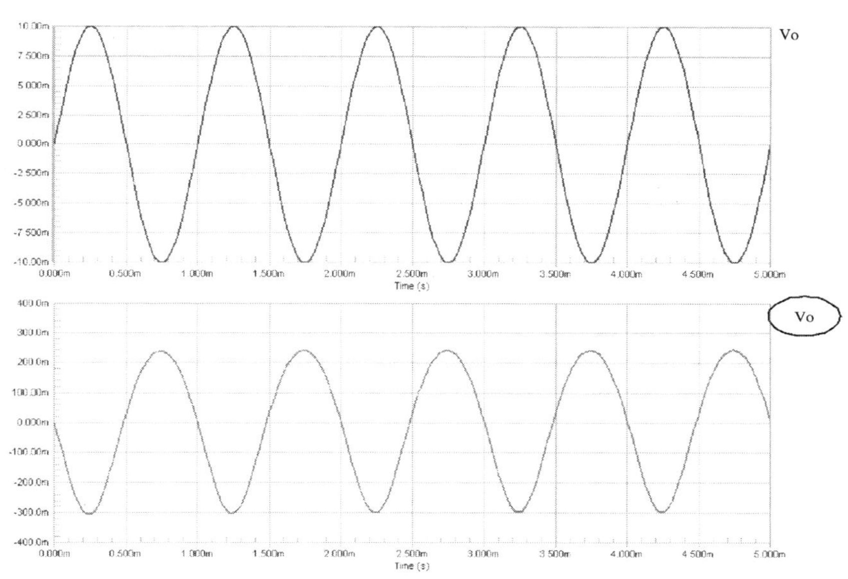

图 1—10—31　Vi 和 Vo 的瞬态分析结果

（2）增加波形图。执行菜单命令【编辑】/【插入】，则在当前波形图前插入一个空白图形栏，如图 1—10—32 所示。

执行菜单命令【波形】/【追加波形】，或显示窗口内右键单击执行【Add Wave to Plot】命令，或单击工具栏中的（追加波形）按钮，进入追加波形对话框，如图 1—10—33 所示。在左侧波形列表框中选中“b”，“表达式”“名称”栏均输入 b，单击“建立”按钮，即信号 b 的波形图被增加到空白波形图中。

3. 波形比较

以图 1—10—31 为例，按住圆圈位置的 Vo，将 Vo 拖动到 Vi 图块处放开，删除空白图块，并在键盘上按“Z—A”键，最大程度显示图纸内容，效果如图 1—10—34 所示。

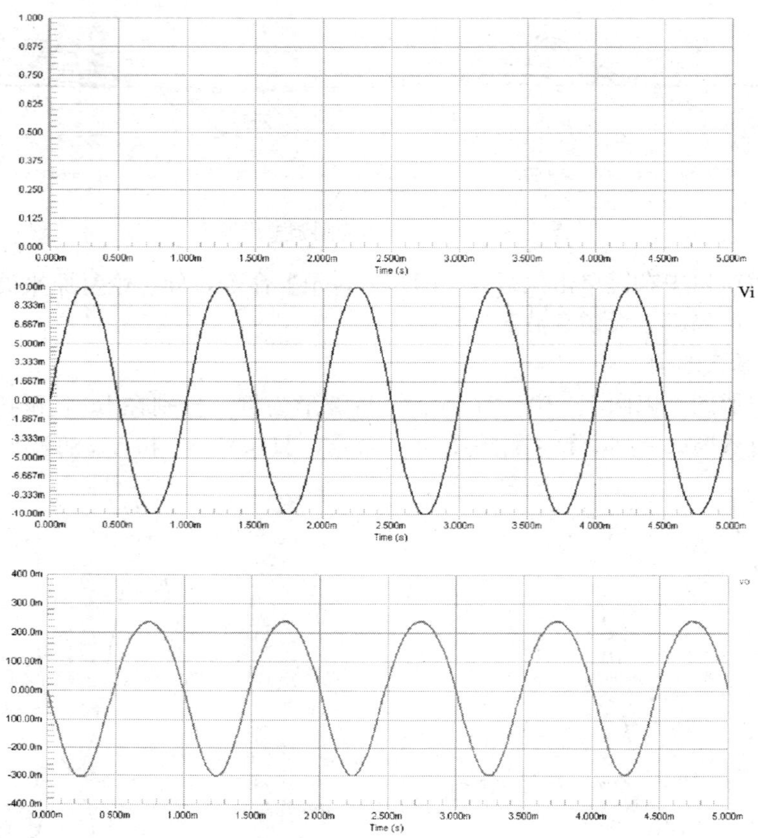

图 1—10—32　插入空白图形栏

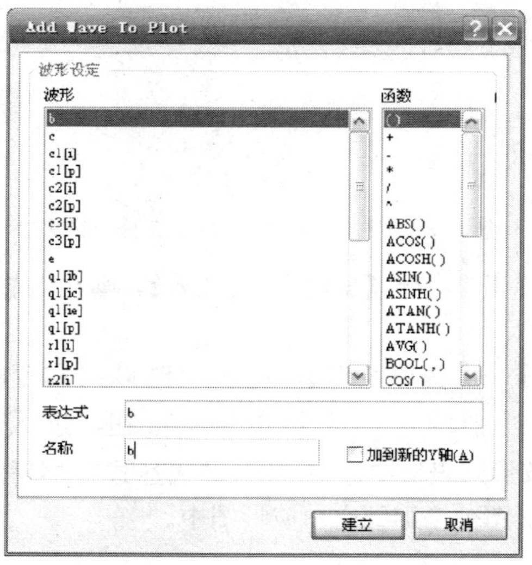

图 1—10—33　追加波形对话框

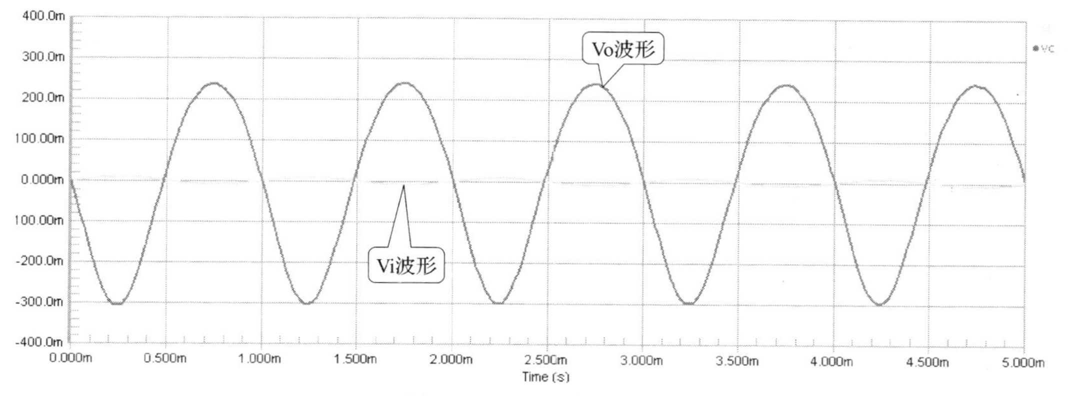

图 1—10—34　波形比较

任务评价

表 1—10—3　　评分标准

序号	项目	内容	评分标准	配分	得分
1	准备工作	新建、保存设计工作区	正确新建、保存设计工作区：1 分；不正确新建、保存设计工作区：0 分	1	
		新建、保存工程项目文件	正确新建、保存工程项目文件：1 分；不正确新建、保存工程项目文件：0 分	1	
		新建、保存电路原理图文件	正确新建、启动电路原理图文件：1 分；不正确新建、启动电路原理图文件：0 分	1	
		设置原理图图纸参数、网格、标题栏	正确设置原理图图纸参数、网格、标题栏：2 分；不正确设置：0 分	2	
2	安装元件库	安装与电路仿真相关的元件库	正确安装相关仿真元件库：5 分；不正确安装：0 分	5	
		安装仿真信号源库	正确安装仿真信号源库：5 分；不正确安装：C 分	5	
3	绘制仿真电路原理图	放置、编辑元器件	正确放置、编辑所有元器件：8 分；错误放置、编辑元器件一个扣 4 分；错误两个以上 0 分。	8	
		放置、编辑仿真信号源	正确放置、编辑所有仿真信号源：7 分；错误放置、编辑一个仿真信号源扣 4 分；错误两个以上 0 分	7	
		放置导线	正确放置所有导线：5 分；错误一处 0 分	5	
		放置接地端口	正确放置、编辑所有接地端口：2 分；错误一处 0 分	2	
		放置网络标签	正确放置所有网络标签：3 分；错误一处 0 分	3	

续表

序号	项目	内容	评分标准	配分	得分
4	电路仿真分析	仿真常规设置	正确设置：10分；部分正确设置：5分；不正确设置：0分	10	
		静态工作点分析	正确进行静态工作点分析：2分；不正确分析：0分	2	
		瞬态分析和傅里叶分析设置	正确设置瞬态分析和傅里叶分析：5分；不正确设置：0分	5	
		瞬态分析仿真结果	瞬态分析仿真结果正确：4分；不正确：0分	4	
		傅里叶分析仿真结果	傅里叶分析仿真结果正确：4分；不正确：0分	4	
		交流小信号分析设置	正确设置交流小信号分析：5分；不正确设置：0分	5	
		交流小信号分析仿真结果	交流小信号分析仿真结果正确：5分；不正确：0分	5	
		参数扫描分析设置	正确设置参数扫描分析：5分；不正确设置：0分	5	
		参数扫描分析仿真结果	参数扫描分析结果正确：10分；部分正确：5分；不正确：0分	10	
5	仿真结果处理	波形显示范围调整	正确调整显示范围：3分；错误调整显示范围：0分	3	
		增减仿真波形项	正确增减仿真波形一项：2分；错误一项扣2分；错误两处0分	4	
		波形比较	正确比较信号波形：3分；错误操作：0分	3	
总分合计				100	

思考与练习

1. 实用电源电路如图1—10—35所示，其中仿真信号源为正弦电压信号源，频率50 Hz，波峰值25 V，请对电路进行瞬态分析，并分别将$R1$的阻值改为200 Ω、500 Ω、1 kΩ、2 kΩ、3 kΩ、5.1 kΩ等值分别进行瞬态仿真分析，观察电路的输出电压范围。

2. 稳压电路的仿真。如图1—10—36、图1—10—37所示分别为半波整流电路及全波整流电路、桥式整流电路。其中半波整流和全波整流电路中的正弦波幅值为12 V、频率为0.5 Hz，桥式整流电路的电源为市电，幅值220 V、频率为50 Hz。试分析三种电路的瞬态响应。

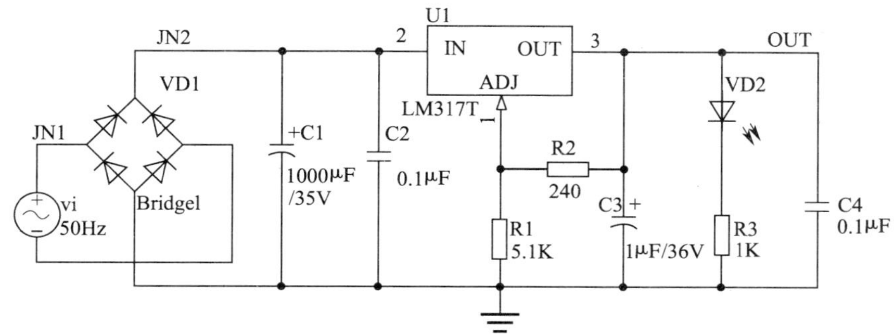

图 1—10—35　实用电源电路

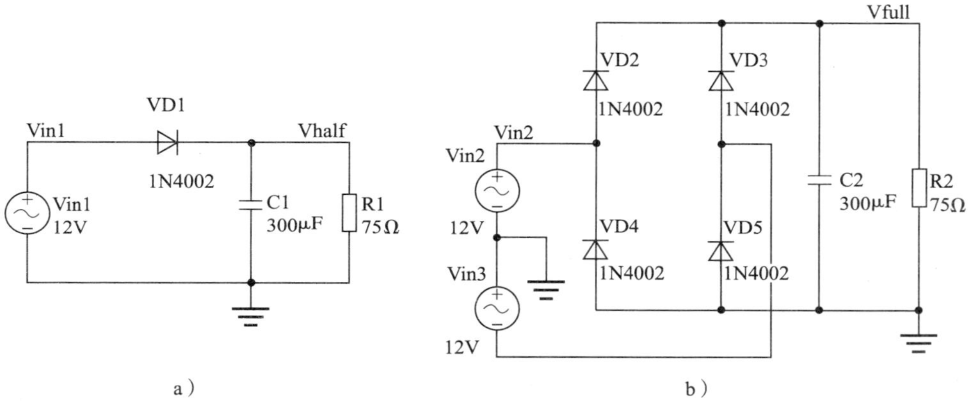

图 1—10—36　半波整流电路及全波整流电路

a）半波整流电路　b）全波整流电路

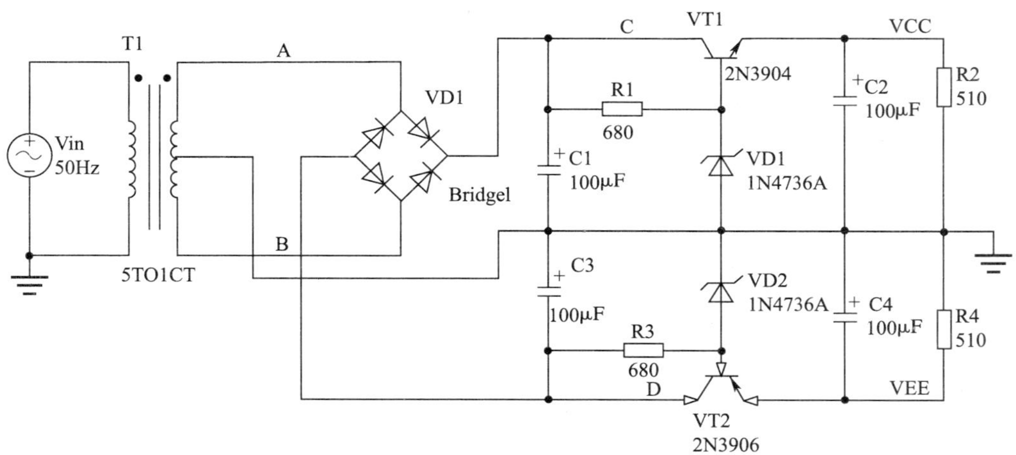

图 1—10—37　桥式整流电路

模块二 印制电路板识读与设计

印制电路板（Printed Circuit Board，PCB），又简称电路板，是电子设备的主要部件，是电子元器件的支撑体和电气连接的提供者。印制电路板是通过一定的制作工艺，在绝缘度非常高的基材上覆盖一层导电性能良好的铜箔构成覆铜板，按照设计好的PCB图，在覆铜板上蚀刻出相关的图形，再经钻孔等处理制成，以供元器件装配。未安装元器件的PCB称为裸板，亦称为印制线路板，如图2—0—1所示。

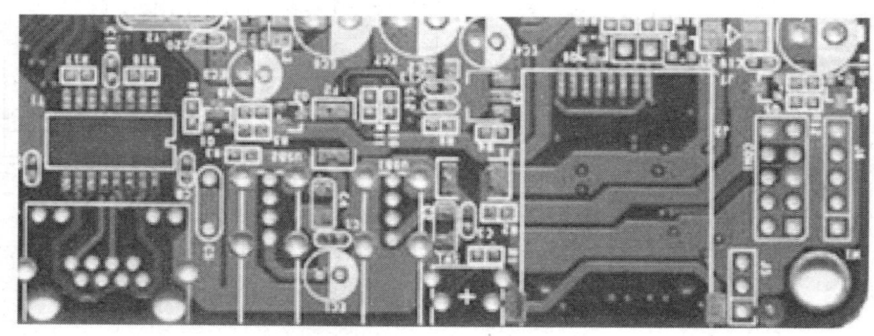

图2—0—1 印制电路板（裸板）

安装、焊接元器件后的印制电路板如图2—0—2所示，为一电脑主板的印制电路板。

图2—0—2 一电脑主板的印制电路板

模块二的主要内容是运用 Protel DXP 2004 实现电路 PCB 设计，在识读印制电路板及其 PCB 图的基础上，进行从简单双面 PCB 自动设计、单面 PCB 手动设计到复杂多层 PCB 的设计，并进行 PCB 设计后的处理。

课题一　简单电路 PCB 设计

任务 1　识读 PCB

◆ **技能点**

◎ 认识印制电路板中的组成对象

◎ 识读 PCB 图中元件封装、焊盘、过孔、铜膜导线等图形符号

◆ **知识点**

◎ 印制电路板种类

◎ PCB 图工作层面

任务提出

运用 Protel DXP 2004 进行 PCB 设计之前，应了解印制电路板上的各种对象，识读各种对象在 Protel DXP 2004 的 PCB 图中的表示方法，以便为后续 PCB 设计做好准备。具体要求如下：

1. 认识印制电路板，识别电路板中的组成对象及其功能。

2. 在 Protel DXP 2004 环境下打开设计完成的 PCB 文件如图 2—1—1 所示，识读 PCB 图中的组成元素及其表示形式，理解各自功能。

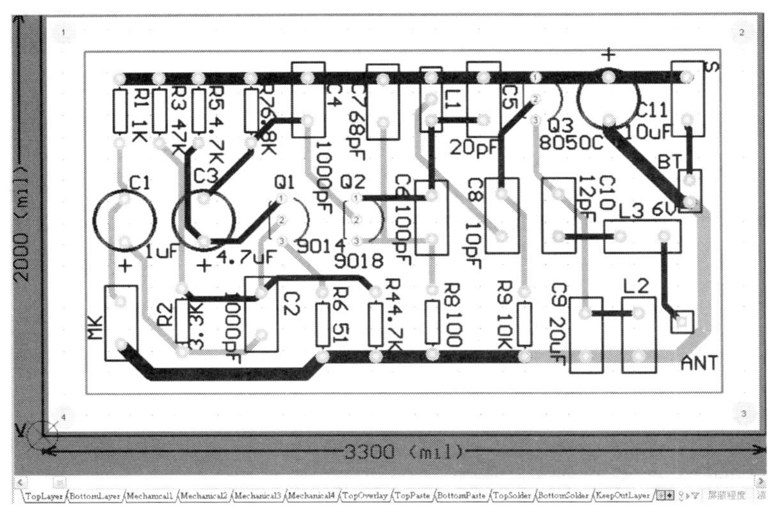

图 2—1—1　Protel DXP 2004 中的 PCB

任务分析

识读一块完整的印制电路板时，要分别识读组成电路板的绝缘基板、元件封装轮廓、铜膜导线、焊盘、孔、阻焊膜、字符等对象。而 PCB 图的识读内容包括工作层面、元件封装、铜膜导线、焊盘、过孔、元件标注、PCB 边框、尺寸标注以及 Mark 点等。

相关知识

印制电路板的种类很多，按其结构可分为单面板、双面板和多层板。

一、单面板

单面板是只有一面敷铜的电路板，只可在敷铜的一面布线。单面板结构简单、不需打过孔，故成本低，但因只可一面布线，布线难度大，所以适用于线路相对简单的一般电子产品，如电视机、计算机显示器等电路板。

二、双面板

双面板是两面均有敷铜、两面均可布线的电路板，包括底层（Bottom Layer）和顶层（Top Layer）。一般采用金属化孔（Via）实现两面铜膜导线的电气连接。多数情况元器件集中放置于 PCB 的顶层（Top Layer）。双面板两面均可布线，布线设计较容易，所以使用最为广泛，如 DVD 机、单片机控制板和通信设备等。

三、多层板

多层板指三层以上的电路板，不仅底层（Bottom Layer）和顶层（Top Layer）两面敷铜，在电路板内部层面（Internal Plane）还包含铜箔，通过叠合压制而成，通常有 4、6、8 层板等，其结构如图 2—1—2 所示。各层铜箔之间通过绝缘材料隔离，通过金属化孔（Via）实现电气连接。多层板多面均可布线，布线设计相对容易，布线密度大，可使整机小型化，适用于线路复杂且技术指标要求高的精密电子产品，如计算机主机板、内存条、显卡等。

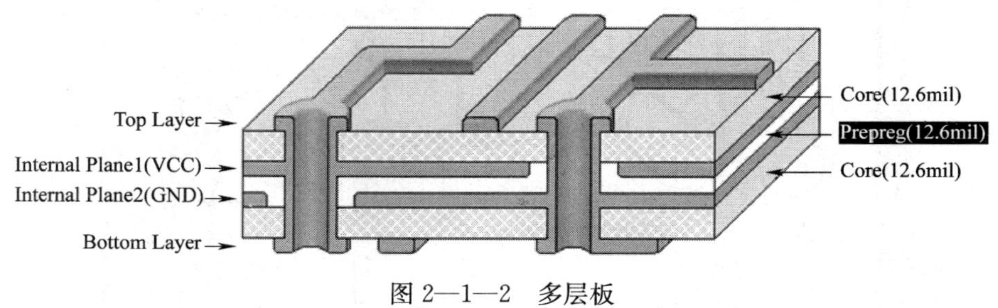

图 2—1—2　多层板

任务实施

一、识读印制电路板中各种对象（以双面板为例）

一块完整的印制电路板主要由绝缘基板、元件封装轮廓、铜膜导线、焊盘、孔、阻焊膜、字符等对象组成，如图 2—1—3 所示。

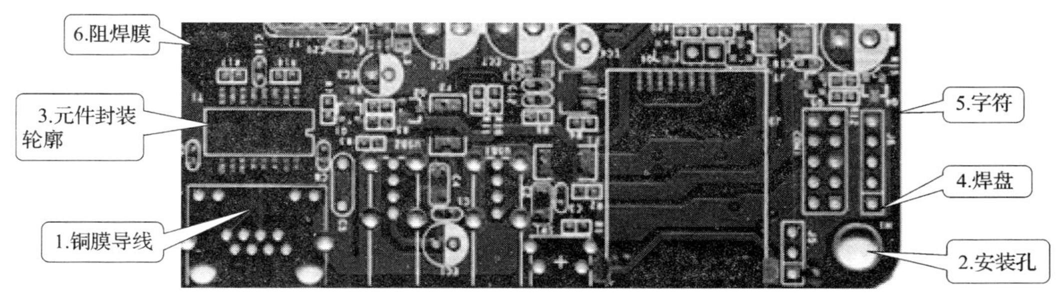

图 2—1—3　印制电路板中各对象

1. 绝缘基板

印制电路板的绝缘基板是由高分子的合成树脂与增强材料组成。常用的合成树脂有酚醛、环氧、聚四氟乙烯树脂等。增强材料一般有玻璃布、玻璃毡或纸，它们决定了绝缘基层的机械性能和电气性能。

2. 铜箔、铜膜导线

铜箔是印制电路板表面的导电材料，通过黏合剂被粘贴到绝缘基板的表面，再制成印制导线（即铜膜导线）和焊盘，实现电气连接。常见覆铜板见表 2—1—1。

表 2—1—1　常见覆铜板种类

覆铜板名称	覆铜板标称厚度 mm	铜箔厚度 μm	覆铜板特点
酚醛纸基覆铜板	1.0、1.5、2.0、2.5、3.2	18、35、70	价格低，阻燃强度低，易吸水，耐高温性能差
环氧纸基覆铜板	（同上）	18、35、70	价格高于酚醛纸板，机械强度、耐高温和潮湿性较好
环氧玻璃布覆铜板	0.2、0.3、0.5、1.0、1.5、2.0、3.0	18、35、70	性能优于环氧酚醛纸质板，且基板透明
聚四氟乙烯覆铜板	0.25、0.3、0.5、0.8、1.0、1.5、2.0	18、35、70	价格高，介电常数低，介质损耗低，耐高温，耐腐蚀
聚酰亚胺挠性覆铜板	0.2、0.5、0.8、1.2、1.6、2.0	9、18、35、70	可挠性、重量轻

铜膜导线用于各导电对象之间的连接，由铜箔构成，具有导电特性。

3. 孔

印制电路板的孔有工艺孔、元件安装孔、机械安装孔及金属化孔等，主要用于基板加工、元件安装、产品装配及不同层面之间的连接。其中金属化孔用于连接印制电路板不同板层间的铜膜导线。过孔的内壁需镀上一层金属，且过孔的上下两面与普通的焊盘形状基本一致，具有导电特性。

4. 元件封装轮廓

元件封装轮廓表示元器件实际占据印制电路板的空间大小，为元件安装预留的确切位置，印制板上一般为白色图形，不具有导电特性。

5. 焊盘

焊盘用于放置焊锡、连接导线和元器件引脚，由铜箔构成，具有导电特性。

6. 字符印制

字符印制部分一般用白色油漆制成，用于标注元器件的符号和编号等，便于印制电路板装配时的电路识别。该层用丝网印制技术实现，故亦称丝印层，不具有导电特性。

7. 阻焊膜

阻焊膜指涂覆在印制电路板表面上的绿色阻焊剂（或是黄色、红色、黑色等），PCB 行业称这层绿色阻焊剂为“绿油”。阻焊膜能防止波峰焊时产生桥接现象，提高焊接质量和节约焊料。同时，阻焊膜是印制电路板的永久性保护层，能防潮、防烟雾、防霉菌和防止机械损伤。

二、识读 PCB 图

Protel DXP 2004 的 PCB 图中各对象如图 2—1—4 所示。

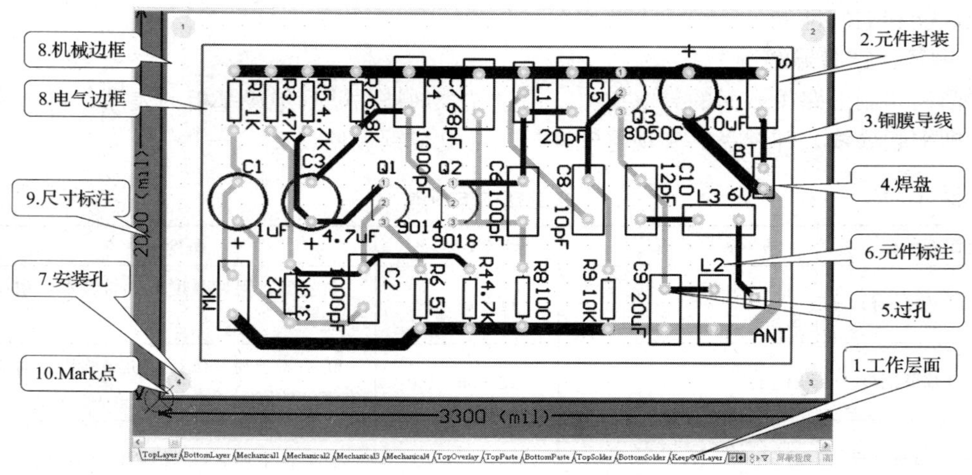

图 2—1—4　Protel DXP 2004 的 PCB 图中各对象

1. 工作层面

Protel 软件中主要以工作层面表示印制电路板中的不同对象，显示于工作区下方。具体工作层面见表 2—1—2。

表 2—1—2　Protel DXP 2004 的 PCB 工作层

工作层	作　用
信号层	用于放置与信号有关的电气元素，如铜膜导线等。最多可提供 32 个信号层，即 Top Layer（顶层）、Bottom Layer（底层）和 Mid－Layer 1～Mid－Layer 30（中间层）
内部电源/接地层	用于布置电源线和接地线，常用于大面积的电源或接地。最多可提供 16 个内部电源/接地层，即 Internal Plane 1～ Internal Plane 16
机械层	用于确定电路板的形状、轮廓，也可以印上标注的尺寸等重要信息。最多可提供 16 个机械层，即 Mechanical 1～Mechanical 16

续表

工作层	作　用
屏蔽层	用于确保电路板上不需要镀锡的地方不被镀锡，从而保证电路板运行的可靠性。其中 Top Solder 和 Bottom Solder 分别为顶层阻焊层和底层阻焊层，Top Paste 和 Bottom Paste 分别为顶层锡膏防护层和底层锡膏防护层
丝印层	用于绘制元器件的轮廓、放置元器件的编号和其他文本信息。其中，Top Overlay 和 Bottom Overlay 分别为顶层丝印层和底层丝印层
禁止布线层	即 Keep－Out Layer，主要用于绘制电路板的电气边框，指定放置元器件和布线的区域
其他层	Drill Guide（钻孔方位层）和 Drill Drawing（钻孔绘图层）：为制造电路板提供钻孔信息，该层为自动计算 Multi－Layer（多层）：代表所有的信号层，在它上面放置的元器件会自动地放到所有的信号层上，所以可通过 Multi－Layer 将焊盘快速地放置到所有的信号层上

2. 元件封装

元件封装是指元器件在 PCB 上显示的实际外形、焊盘大小和焊盘位置关系等信息，存在于 PCB 的顶层丝印层或底层丝印层上，为元器件的安装留下一个确定的位置。

3. 铜膜导线

铜膜导线又称铜膜走线、导线，用于连接印制电路板上各元器件的引脚，实现各元器件之间电信号的连接。如图 2—1—4 所示深色走线为顶层铜膜导线、浅色走线为底层铜膜导线。

4. 焊盘

焊盘用于将元器件引脚焊接固定在印制电路板上，以实现元器件的电气连接。制作印制电路板时，焊盘会预先布上锡，并不被阻焊绿油所覆盖。插针式元件的焊盘形状通常有圆形（Round）、方形（Rectangle）和八角形（Octagonal），如图 2—1—5 所示。插针式元件焊盘必须打孔，表面贴装式元件的焊盘如图 2—1—6 所示。

5. 过孔

过孔可实现不同板层间电信号的连接，孔内壁需要镀上一层金属。从制板工艺角度，过孔可分为三类：通孔（Through Via，从顶层直接通到底层）、盲孔（Blind Via，从顶层或底层通到某一里层，未穿透所有层）、埋孔（Buried Via，只在内部里层之间相互连接），如图 2—1—7 所示。

图 2—1—5　插针式元件的焊盘形状

图 2—1—6　表面贴装式元件的焊盘

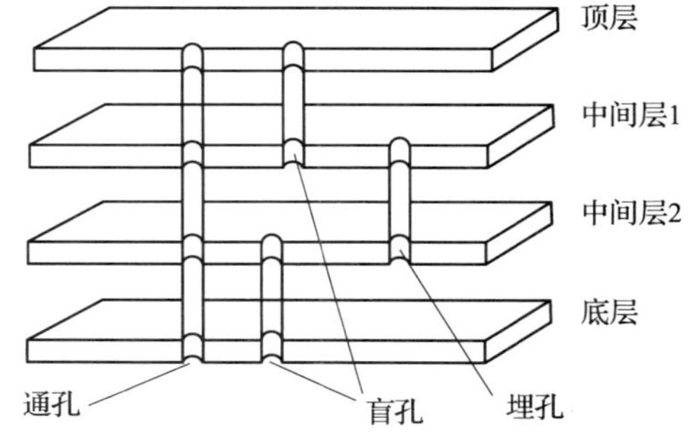

图 2—1—7　过孔示意

6. 元件标注

元件标注为元器件编号和元器件参数信息，用于标识各元器件的安装位置，一般存在于顶层丝印层或底层丝印层。

7. 安装孔

安装孔用于印制电路板的安装或元器件的安装，由螺丝大小决定孔径尺寸。

8. PCB 边框

（1）电气边框。即为PCB的内边框，存在于禁止布线层，用于规定元器件布局、铜膜导线布线等电气区域范围。

（2）机械边框。即为PCB的外边框，存在于机械层4，用于规定印制电路板制作、加工过程中机械夹持范围。

9. 尺寸标注

PCB中关键尺寸的标注，存在于机械层1。

10. Mark 点

即基准点，为印制电路板装配工艺中所有步骤提供共同的可测量的参考点。

任务评价

表2—1—3　　评分标准

序号	项目	内容	评分标准	配分	得分
1	识读印制电路板	单面板	正确区分单面板及其特性：5分；不正确区分：0分	5	
		双面板	正确区分双面板及其特性：5分；不正确区分：0分	5	
		多层板	正确区分多层板及其特性：5分；不正确区分：0分	5	
		绝缘基板	正确掌握绝缘基板板材及厚度规格：5分；不正确掌握：0分	5	
		铜膜导线	正确识别印制板上铜膜导线：5分；不正确识别：0分	5	
		孔	正确识别印制板上各种孔及其功能：5分；不正确识别：0分	5	
		元件符号轮廓	正确识别印制板上各种元件符号轮廓：5分；不正确识别：0分	5	
		焊盘	正确识别印制板上焊盘及其功能：5分；不正确识别：0分	5	
		字符印制	正确识别印制板上注释字符及其功能：5分；不正确识别：0分	5	
		阻焊膜	正确识别印制板上阻焊膜及其功能：5分；不正确识别：0分	5	

续表

序号	项目	内容	评分标准	配分	得分
2	识读 PCB 图	工作层面	正确识别 PCB 中各个工作层面及其功能：5 分；不正确识别：0 分	5	
		元件封装型号	正确识别 PCB 中各种元件封装型号：5 分；不正确识别：0 分	5	
		铜膜导线	正确识别 PCB 中铜膜导线：5 分；不正确识别：0 分	5	
		焊盘	正确识别 PCB 中焊盘：5 分；不正确识别：0 分	5	
		过孔	正确识别 PCB 中过孔及其功能：5 分；不正确识别：0 分	5	
		元件标注	正确识别 PCB 中元件标注：5 分；不正确识别：0 分	5	
		安装孔	正确识别 PCB 中安装孔及其功能：5 分；不正确识别：0 分	5	
		PCB 边框	正确识别 PCB 外边框、内边框及其功能：5 分；不正确识别：0 分	5	
		尺寸标注	正确识别 PCB 中尺寸标注及其功能：5 分；不正确识别：0 分	5	
		Mark 点	正确识别 PCB 中 Mark 点及其功能：5 分；不正确识别：0 分	5	
总分合计				100	

思考与练习

1. 简述印制电路板上的对象组成。
2. 识读实用门铃电路 PCB 图，如图 2—1—8 所示。

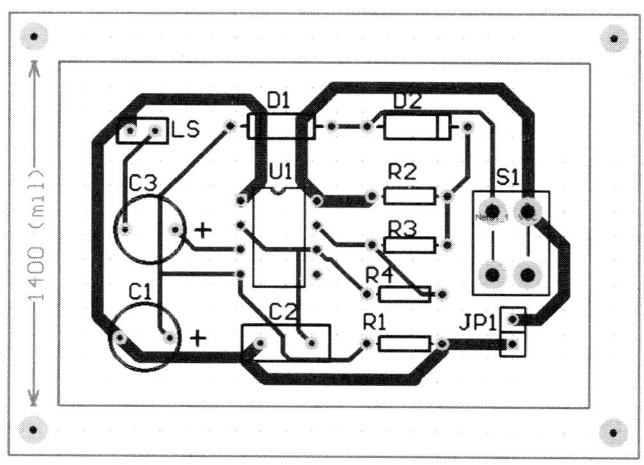

图 2—1—8　实用门铃电路 PCB

任务2　简单电路双面PCB自动设计

◆ **技能点**

◎ 运用Protel DXP 2004的PCB编辑器设计简单电路双面PCB

◆ **知识点**

◎ 印制电路板设计的一般原则

◎ 印制电路板自动设计的一般步骤

◎ 印制电路板设计规则检查

任务提出

运用Protel DXP 2004实现电路系统设计的最终目标是进行PCB设计，为加工印制电路板提供设计图样。本任务要求在模块一课题二任务6中的图1—6—38脉冲抖动去除电路原理图基础上，运用PCB编辑器自动布局、自动布线方法设计出如图2—2—1所示的PCB图，具体设计要求如下：

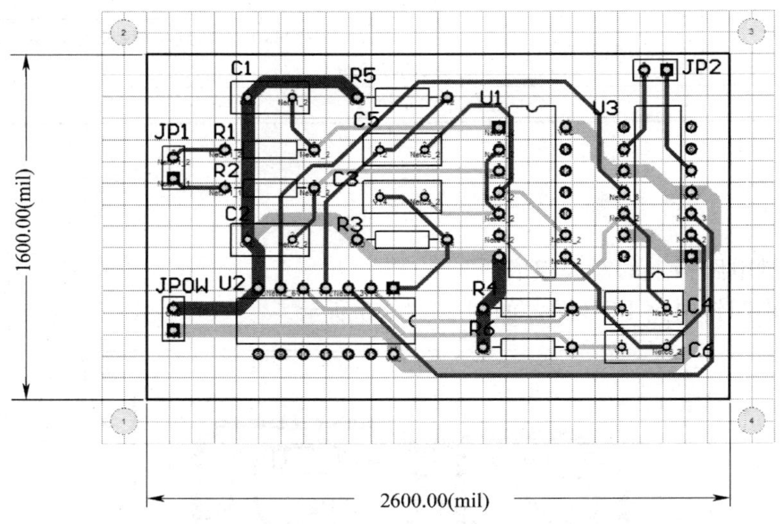

图2—2—1　脉冲抖动去除电路的PCB图

1. 双面板，电路板尺寸为2 600 mil×1 600 mil，禁止布线区与电路板边沿距离为200 mil。

2. 采用插针式元件，焊盘之间允许走一条导线，安全间距为15 mil。

3. 最小铜膜导线尺寸为20 mil，VCC和GND网络导线尺寸为60 mil。

4. 元器件间的最小间距为20 mil。

5. 四角放置4个安装孔，孔径为120 mil。

6. 对该PCB图进行设计规则检查。

任务分析

双面 PCB 自动设计步骤如图 2—2—2 所示。

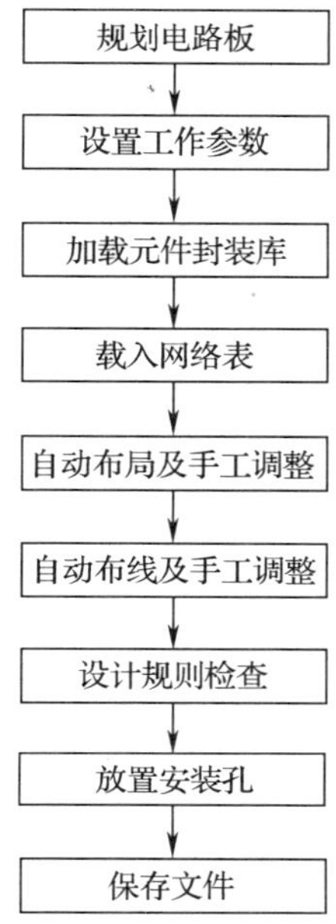

图 2—2—2　双面 PCB 自动设计步骤

相关知识

一、覆铜板选用原则

覆铜板的性能指标主要有抗剥强度、耐浸焊性（耐热性）、翘曲度（或弯曲度）、电气性能（工作频率范围、介质损耗、绝缘电阻和耐压强度）及耐化学溶剂性能。覆铜板的选用主要根据产品的技术要求、工作环境和工作频率，同时兼顾经济性。在保证产品质量的前提下，优先考虑经济效益，选用价格低廉的覆铜板，以降低成本。

二、印制电路板尺寸设计原则

从成本、铜膜线长度、抗噪声能力等方面综合考虑，电路板尺寸应越小越好。但如果板的尺寸过小，则散热不好，且相邻的铜膜线之间易引起干扰。

印制电路板的尺寸因受机箱外壳大小的限制，以能恰好放入机箱外壳内为宜。其次，印制电路板与外接组件一般是通过塑料导线连接，或设计成插座形式，即在设备内安装一个插入式插座，因此需在印制电路板上留出充当插口的接触位置。

电路板的最佳形状是矩形，长宽比为 3∶2 或 4∶3。当电路板的尺寸大于 200 mm×150 mm时，应该考虑电路板的机械强度，需加金属附件固定，以提高耐振、耐冲击性能。

三、布局原则

根据电路原理图，按照信号走向逐个安排各功能单元电路元器件的位置，以每个功能单元电路的核心元器件为中心，围绕其进行布局。信号的流向应从左到右或从上到下，元器件相互平行或垂直排列，以求整齐、美观、紧凑，模拟部分与数字部分分开，高频信号与低频信号分开，输入和输出信号分开。

1. 元器件离印制电路板边缘的距离

通常元器件距印制电路板边缘的距离至少要等于板厚。若印制电路板需要使用导轨槽进行流水线插件、贴片、波峰焊或回流焊，则所有元器件应放置在离板边缘约 5 mm 处。

2. 元器件布局层面

通常所有元器件均应布置在印制电路板的同一面上，只有当顶层元器件过密时，才可将一些高度有限且发热量小的元器件（如贴片电阻、贴片电容、贴片 IC 等）放在底层。

3. 元器件布局顺序

首先放置装配时位置要求较高的元器件，如电源插座、指示灯、开关、连接件等，再放置特殊元器件和大元器件，如发热元件、变压器、IC 等。最后放置小元器件，如电阻、电容、二极管等。

4. 特殊元器件布局

高频元器件的连线应尽可能短；尽量加大具有高电位差元器件之间的距离；带有高电压的元器件应尽量布置在手不易触及的位置；发热元件应远离热敏元件；质量过大的元器件应有支架固定或不安装在印制板上；对于电位器、可变电容器、可调电感线圈或微动开关等可调元器件应考虑整机的结构要求；机外调节的元器件要与调节旋钮在机箱面板上的位置相对应，机内调节的元器件应放置在印制电路板上便于调节的位置。

四、布线原则

1. 线长

铜膜导线应尽可能短，拐弯处应为圆角或斜角（45°），而直角或尖角在高频电路和布线密度高的情况下会影响电气性能。当双面板布线时，两面的导线应该相互垂直、斜交或弯曲走线，避免相互平行，以减小寄生耦合。

2. 线宽

导线宽度应以能满足电气特性要求且便于生产为准则，其最小值取决于流过的电流，一般不宜小于 0.2 mm。如果电路的工作电流较大时，对于铜皮厚度为 35 μm 的印制电路板，走线可按照 1 A/mm 经验值决定导线宽度。安装孔和支架孔附近不能布线，电源线和地线的线宽一般应大于等于 1 mm。

3. 绝缘间隔

相邻电气对象之间的间距应该满足绝缘间隔的要求，同时还需考虑实际生产条件，绝缘间隔越宽越好。一般双面板最小绝缘间隔设为 0.3 mm，单面板最小绝缘间隔设为 0.5 mm。在高压电路中绝缘间隔一般取 500 V/mm 的经验值。

4. 屏蔽与接地

电路板上应尽可能多地保留铜箔做地线，既有利于散热又利于增强屏蔽能力以减小电磁干扰。多层电路板的内层做电源和地线专用层，更能提高电路板的抗干扰能力。

五、焊盘设计原则

印制电路板上的焊盘内孔直径通常在金属引脚直径基础上再增加 0.2 mm 以上，焊盘直径至少在焊盘孔径基础上再增加 1.0 mm 以上，一般取 $D/d=1.5\sim2$（式中：D 为焊盘直径，d 为焊盘内孔直径，一般焊盘的内孔直径不小于 0.6 mm）。

双面板的焊盘最小直径为 1.5 mm。单面板的焊盘最小直径为 2～2.5 mm。焊盘的形状可为圆形或方形。大型元器件（变压器、直径 15 mm 的电解电容、钮子开关、大电流插座等）的焊盘应该加大面积，至少是原焊盘面积的一倍。

任务实施

一、向导法规划电路板

1. 打开脉冲抖动去除电路的 PCB 项目文件，如图 2—2—3 所示。

2. 启动 PCB 向导

单击如图 2—2—3 所示左下角的“Files”工作面板，选择“根据模板新建”选项组中的“PCB Board Wizard”项，启动 PCB 向导，如图 2—2—4 所示。

3. 选择电路板单位

单击图 2—2—4 中的 下一步(N)> 按钮，进入“选择电路板单位”页面，如图 2—2—5 所示。系统提供两种单位：英制（mil）、公制（mm）。

图 2—2—3　脉冲抖动去除电路的项目文件

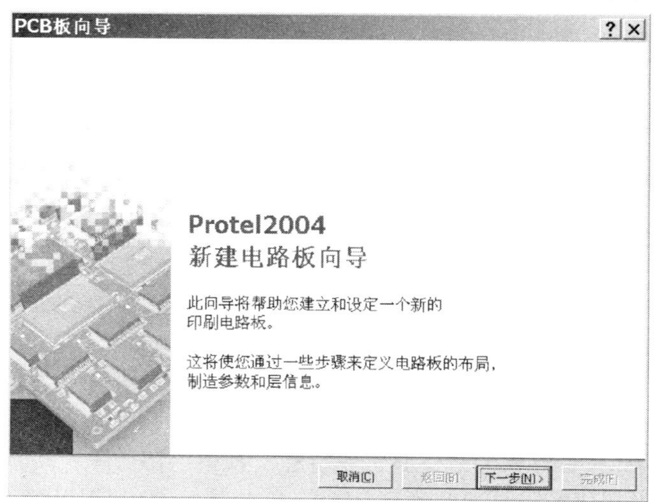

图 2—2—4　启动 PCB 设计向导

4. 选择电路板配置文件

单击图2—2—5中的 下一步(N)> 按钮，进入“选择电路板配置文件”页面，如图2—2—6所示。Protel DXP 2004提供多种工业制板的规格供用户选择，选择“Custom”自定义电路板的配置文件。

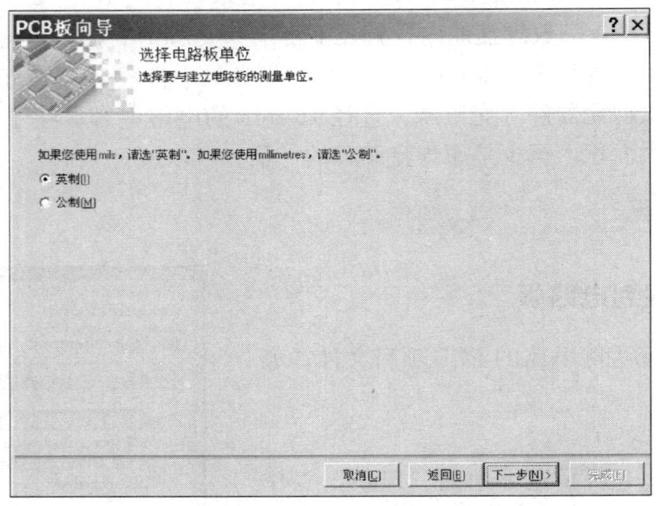

图2—2—5 “选择电路板单位”页面

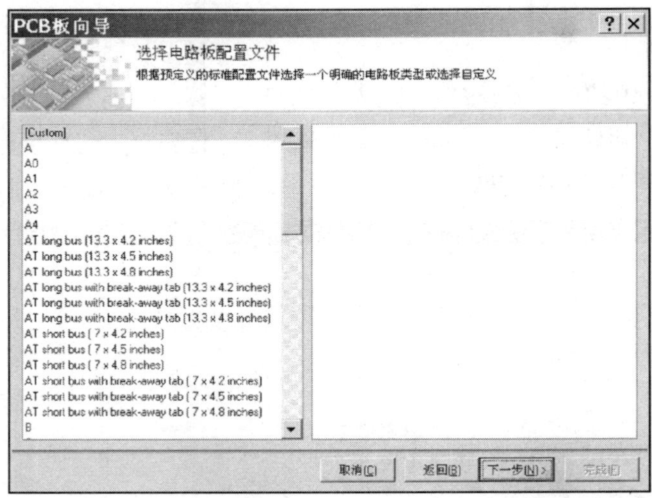

图2—2—6 “选择电路板配置文件”页面

5. 选择电路板详情

单击图2—2—6中的 下一步(N)> 按钮，进入“选择电路板详情”页面，如图2—2—7所示设置，根据任务要求输入电路板尺寸、形状等信息。其中“角切除”复选框确定是否需切除电路板的四个角；“内部切除”复选框确定是否需在电路板的内部切除一部分。根据任务要求本印制电路板不需进行四个角切除或内部切除。

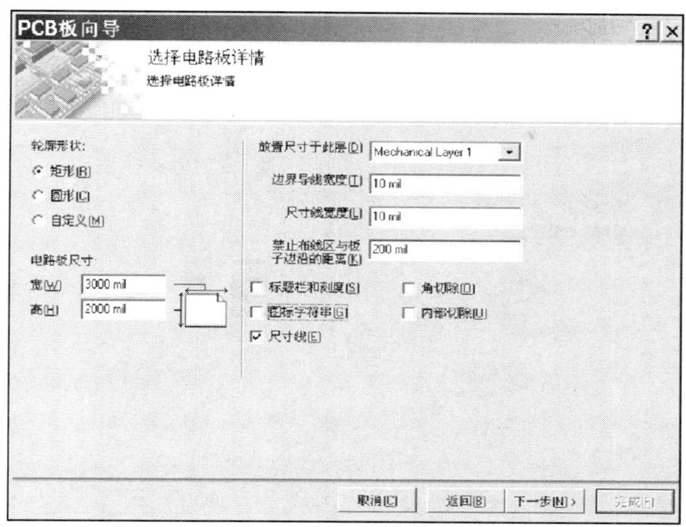

图 2—2—7　“选择电路板详情”页面

6. 选择电路板层

单击图 2—2—7 中的 下一步[N]> 按钮，进入“选择电路板层”页面，根据任务要求设置信号层为 2 层，内部电源层为 0，如图 2—2—8 所示设置。

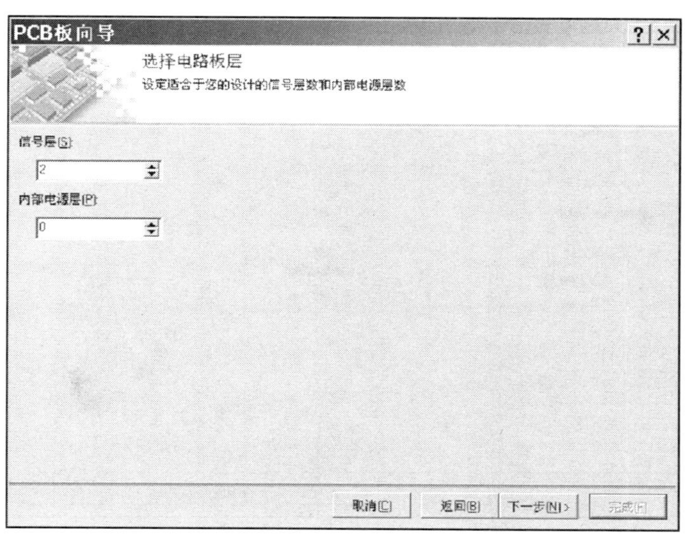

图 2—2—8　“选择电路板层”页面

7. 选择过孔风格

单击图 2—2—8 中的 下一步[N]> 按钮，进入“选择过孔风格”页面，按照图 2—2—9 所示设置通孔，而盲孔或埋过孔只可能在多层板中存在。

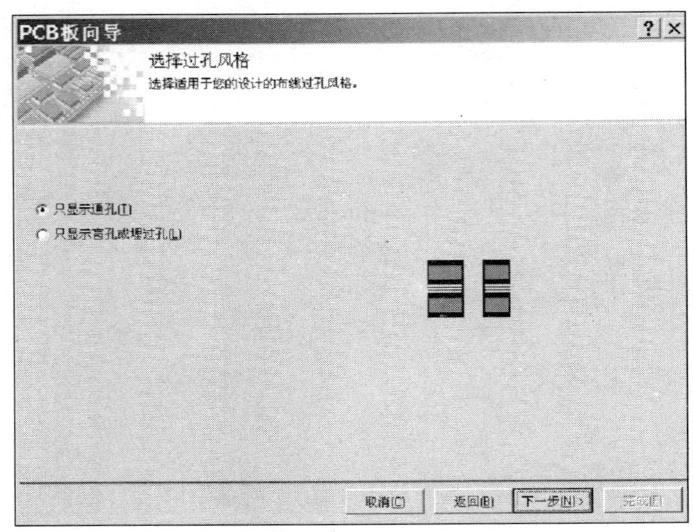

图 2—2—9 “选择过孔风格”页面

8. 选择元件和布线逻辑

单击图 2—2—9 中的 下一步(N)> 按钮，进入“选择元件和布线逻辑”页面，如图 2—2—10 所示设置，根据实际布线密度设置相邻焊盘间的导线数目。

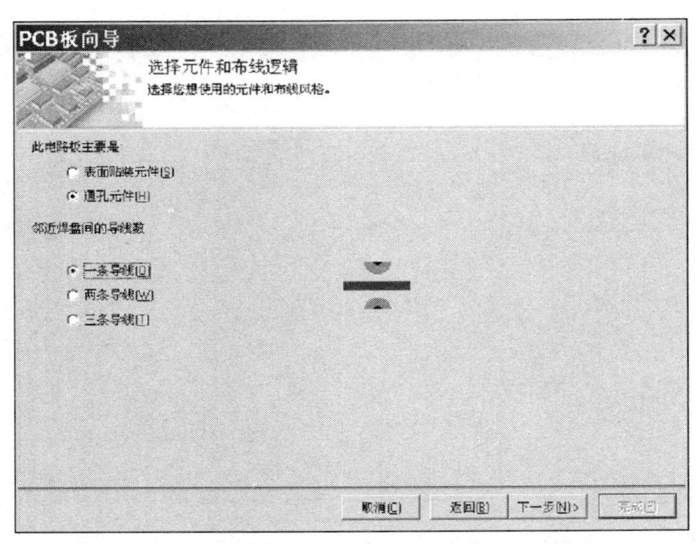

图 2—2—10 “选择元件和布线逻辑”页面

9. 选择默认导线和过孔尺寸

单击图 2—2—10 中的 下一步(N)> 按钮，进入“选择默认导线和过孔尺寸”页面，如图 2—2—11 所示设置，修改最小导线尺寸为 20 mil、最小间隔为 15 mil。

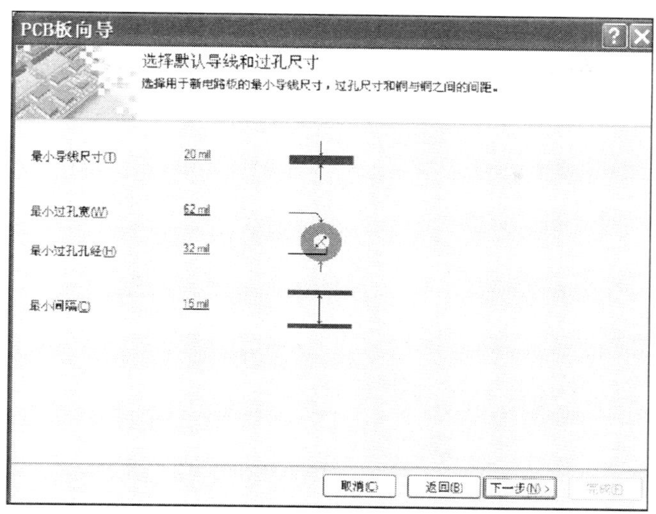

图 2—2—11 “选择默认导线和过孔尺寸”页面

10. 完成 PCB 的创建

单击图 2—2—11 中的 下一步(N)> 按钮，电路板向导完成提示，单击“完成”按钮，新建的 PCB 文件如图 2—2—12 所示。

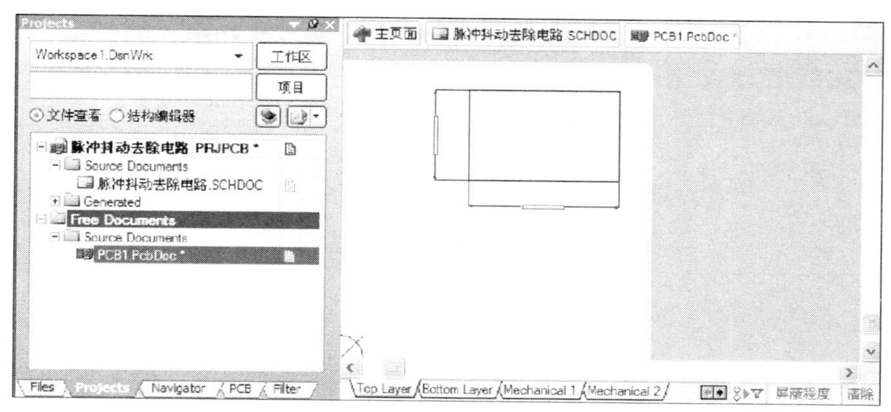

图 2—2—12 新建的 PCB 文件

11. 保存新建的 PCB 文件

单击工具栏中的按钮，或执行菜单命令【文件】/【保存】，将“脉冲抖动去除电路.PcbDoc”文件保存在上述设计工作区所在文件夹中，此时为临时文件，如图 2—2—13 所示。

12. 将新建的 PCB 文件追加到项目中

右键单击项目文件名“脉冲抖动去除电路.PrjPCB”，弹出如图 2—2—14 所示快捷菜单，执行【追加已有文件到项目中】命令，将新建的 PCB 图文件加入到项目中，如图 2—2—15 所示。

图 2—2—13　保存的 PCB 文件

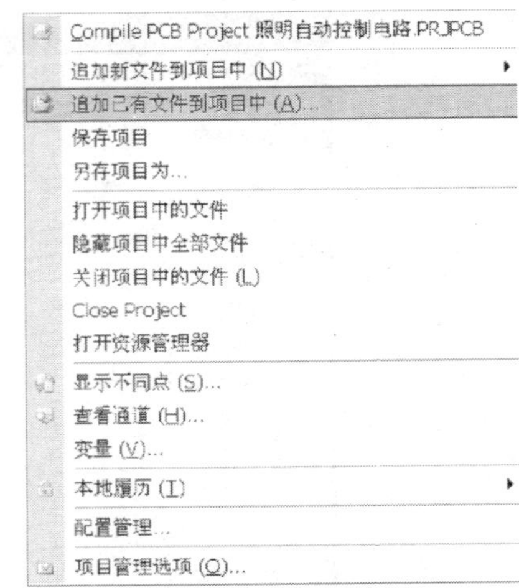

图 2—2—14　快捷菜单

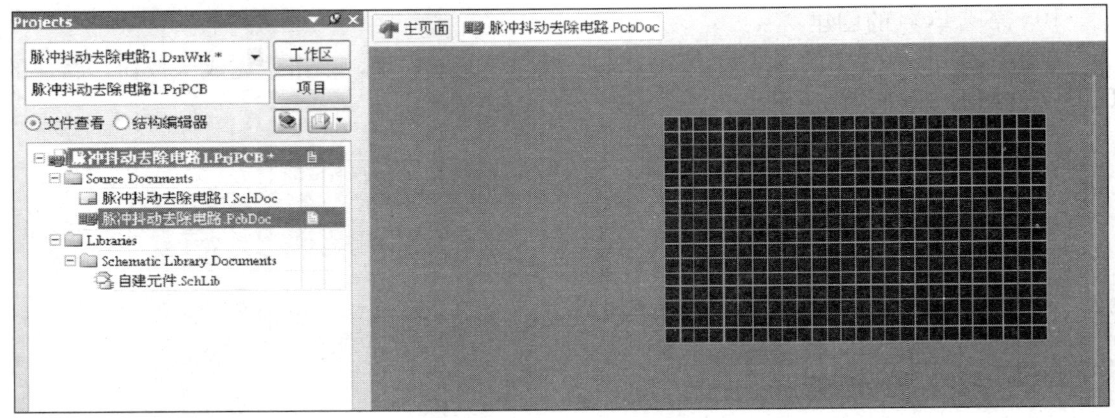

图 2—2—15　追加到项目中的 PCB 文件

二、设置 PCB 环境参数

1. 设置 PCB 板选择项参数

执行菜单命令【设计】/【PCB 板选择项】，如图 2—2—16 所示设置。其中：

（1）“捕获网格”“元件网格”“可视网格”“电气网格”均与原理图编辑器中的含义相同，不同之处在于“可视网格”有网格 1 和网格 2 两种，其度量值分别为 10 mil 和100 mil。

（2）“图纸位置”中，“X”“Y”栏用于设置图样左下角顶点的坐标，“宽”“高”栏用于设置图样的宽度和高度。“显示图纸”复选框用于设置是否显示图纸，“锁定图纸图元”复选框用于设置是否锁定图纸图元。

（3）“标识符显示”用于设置标识符显示类型，一般设置为 Display Physical Designators（显示物理标识符）。

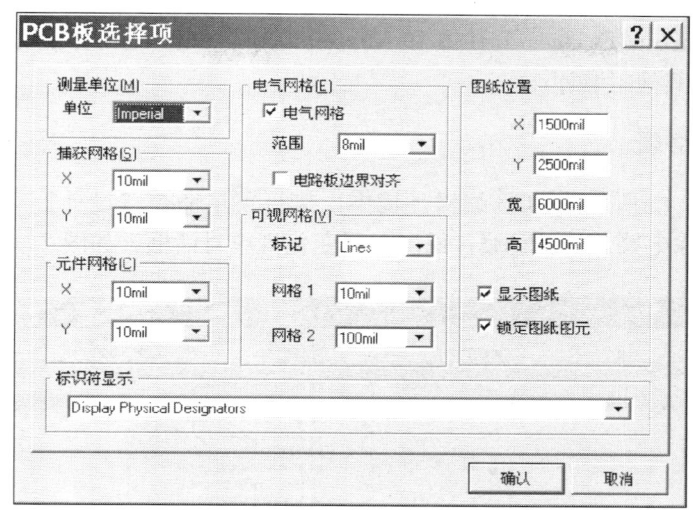

图 2—2—16　“PCB 板选择项”对话框

2. 设置系统参数

执行菜单命令【工具】/【优先设定】，弹出优先设定对话框，PCB 相关参数在“Protel PCB”选项中设置，用户可根据情况决定是否选定“Display”页（见图 2—2—17）的“单层模式”“原点标记”。一般情况下，各选项内容均可采用默认设置。

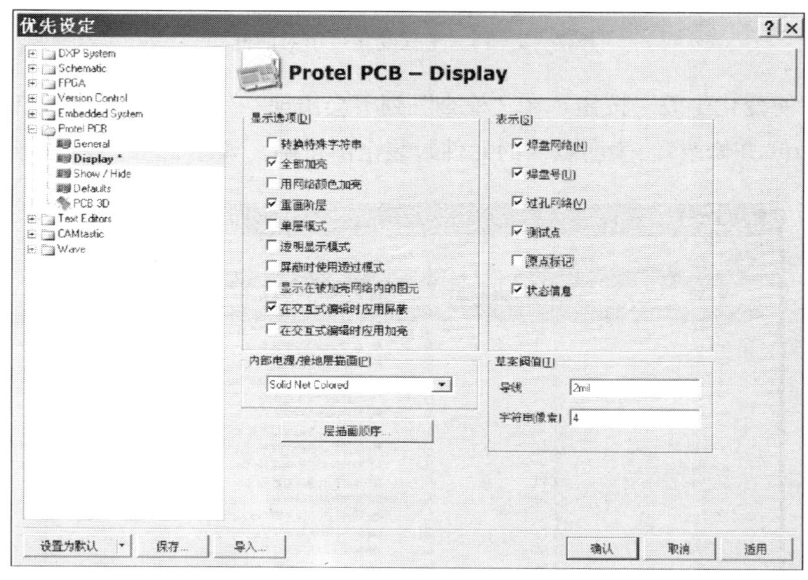

图 2—2—17　“Display”选项

三、加载必要的元件封装库

执行菜单命令【设计】/【追加/删除库文件】，弹出可用元件库对话框，选择“安装”

标签，且单击“安装”按钮，添加所需用的元件封装库。脉冲抖动去除电路中所有元件封装类型均在 Miscellaneous Devices. IntLib 和 Miscellaneous Connectors. IntLib 两个集成库中，所以不需另外添加其他封装库。

四、载入网络表

1. 如图 2—2—15 所示的 PCB 编辑环境中，执行菜单命令【设计】/【Import Changes From 脉冲抖动去除电路 . PRJPCB】，弹出工程变化订单对话框，如图 2—2—18 所示。

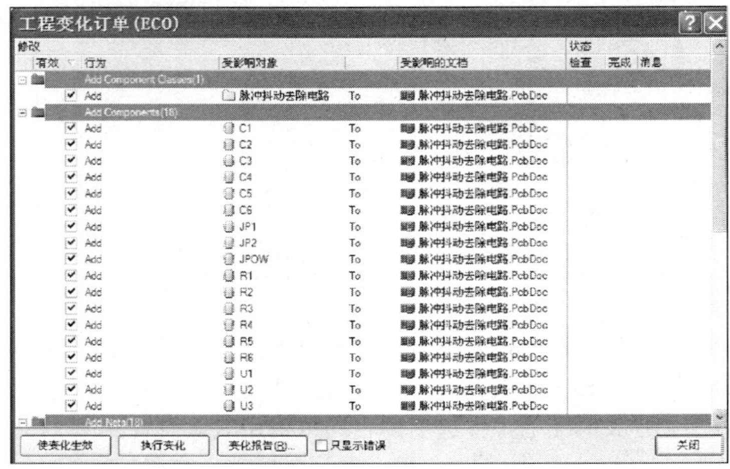

图 2—2—18　工程变化订单对话框

2. 单击“使变化生效”按钮，在“检查”列下会出现一列✓（若有✗，请检查元件封装类型 Footprint 并修改），表明载入的元件封装全部正确，如图 2—2—19 所示。

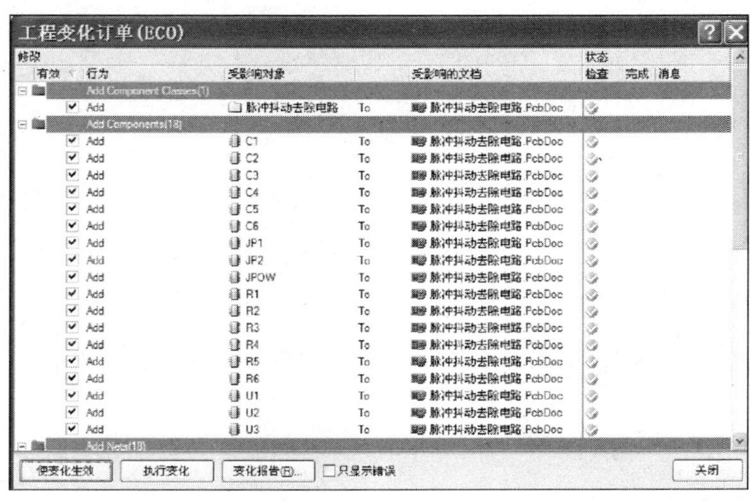

图 2—2—19　载入项全部正确的工程变化订单对话框

3. 选中取消最下端“Add Rooms”项的“Add”复选框，如图 2—2—20 所示。

工程变化订单 (ECO)

修改

有效	行为	受影响对象		受影响的文档	检查	完成	消息
	Add Nets(18)						
✔	Add	A1	To	脉冲抖动去除电路.PcbDoc			
✔	Add	B1	To	脉冲抖动去除电路.PcbDoc			
✔	Add	GND	To	脉冲抖动去除电路.PcbDoc			
✔	Add	NetC1_2	To	脉冲抖动去除电路.PcbDoc			
✔	Add	NetC2_2	To	脉冲抖动去除电路.PcbDoc			
✔	Add	NetC3_2	To	脉冲抖动去除电路.PcbDoc			
✔	Add	NetC4_2	To	脉冲抖动去除电路.PcbDoc			
✔	Add	NetC5_2	To	脉冲抖动去除电路.PcbDoc			
✔	Add	NetC6_2	To	脉冲抖动去除电路.PcbDoc			
✔	Add	NetJP1_1	To	脉冲抖动去除电路.PcbDoc			
✔	Add	NetJP1_2	To	脉冲抖动去除电路.PcbDoc			
✔	Add	NetU2_3	To	脉冲抖动去除电路.PcbDoc			
✔	Add	NetU2_6	To	脉冲抖动去除电路.PcbDoc			
✔	Add	VCC	To	脉冲抖动去除电路.PcbDoc			
✔	Add	VT1	To	脉冲抖动去除电路.PcbDoc			
✔	Add	VT2	To	脉冲抖动去除电路.PcbDoc			
✔	Add	VT3	To	脉冲抖动去除电路.PcbDoc			
✔	Add	VT4	To	脉冲抖动去除电路.PcbDoc			
	Add Rooms(1)						
	Add	Room 脉冲抖动去除电	To	脉冲抖动去除电路.PcbDoc			

使变化生效　执行变化　变化报告(R)...　只显示错误　关闭

图 2—2—20　取消“Add Rooms”的“Add”复选框

4. 单击“执行变化”按钮，系统将脉冲抖动去除电路中的元件封装、网络等信息全部载入到 PCB 文件中，此时工程变化订单对话框的“完成”列下面也会出现一列✔。网络表载入完成后如图 2—2—21 所示。

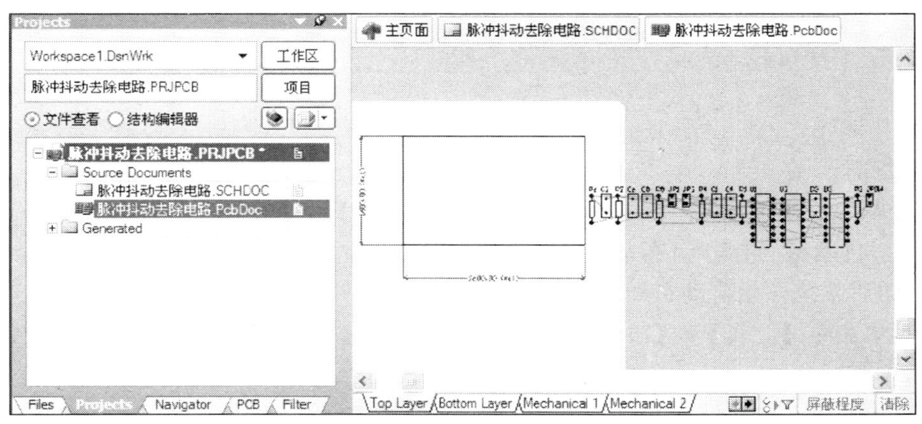

图 2—2—21　载入网络表完成

注意：

（1）如果“检查”列显示有✖，必须分析原因并进行正确处理，确认无误后才可单击 执行变化 按钮载入网络表，否则载入的内容会有缺陷。

（2）如图 2—2—21 所示焊盘之间的绿线被称为“飞线”，表明元器件之间的电气连接关系，但不是实际的铜膜导线。

（3）在原理图“脉冲抖动去除电路 . SchDoc”环境中，执行【设计】/【Update PCB Document 脉冲抖动去除电路 . PcbDoc】菜单命令，同样可以完成网络表的载入工作。

五、布局

1. 设置布局规则

执行菜单命令【设计】/【规则】，进入 PCB 规则和约束编辑器对话框，如图 2—2—22 所示，选择左侧【Placement】/【Component Clearance】/【Component Clearance】选项，设置元器件间距限制规则，可见如图 2—2—22 所示右侧下方“间距”栏已设置元器件之间最小间距为 20 mil，是向导法规划电路板时设置的。其余均采用默认设置。

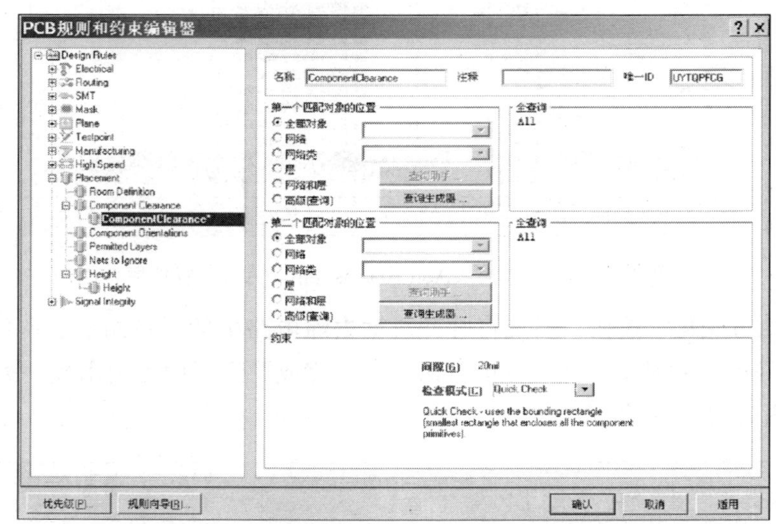

图 2—2—22　PCB 规则和约束编辑器对话框

2. 自动布局

执行菜单命令【工具】/【放置元件】/【自动布局】，弹出自动布局对话框，如图 2—2—23 所示。自动布局有分组布局和统计式布局两种方式，此处选择“分组布局”。单击“确认”按钮后系统开始自动布局，自动布局结果如图 2—2—24 所示。

执行菜单命令【工具】/【放置元件】/【停止自动布局】，可终止自动布局操作。

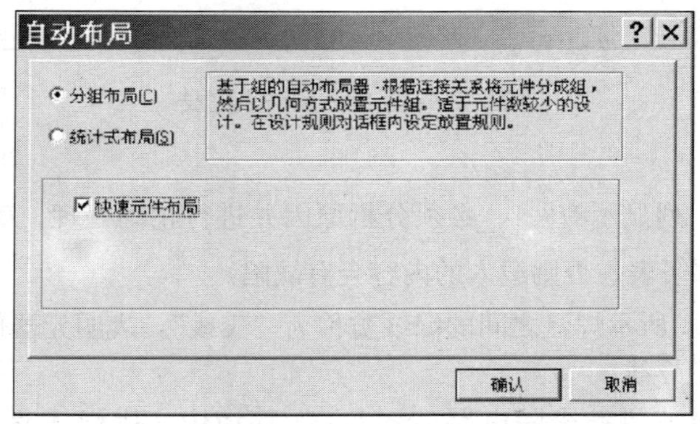

图 2—2—23　自动布局对话框

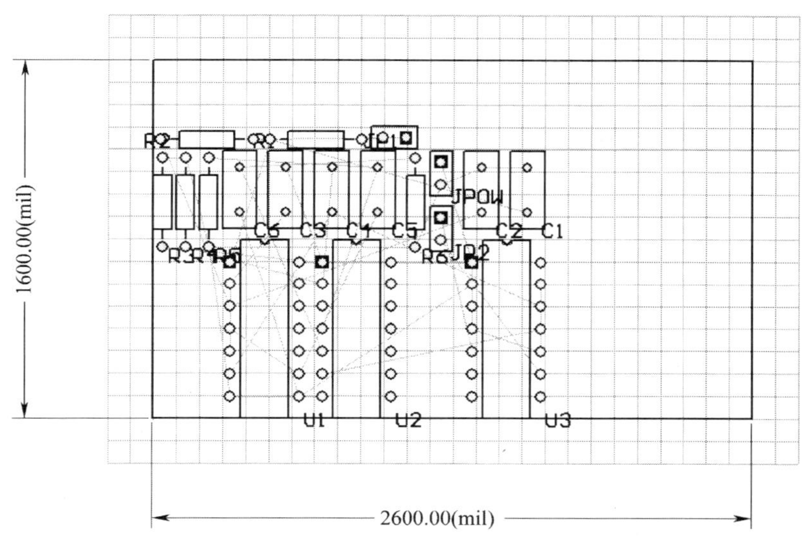

图 2—2—24　自动布局后的 PCB

3. 手工调整布局

自动布局结果通常不理想，还需要手工调整布局以满足后续布线的要求。采用下面两种方法手工调整布局。

（1）自动推开元件。执行菜单命令【工具】/【放置元件】/【设定推挤深度】，如图 2—2—25 所示设定推挤深度，确认后再执行菜单命令【工具】/【放置元件】/【推挤】，利用十字光标单击推挤元件。

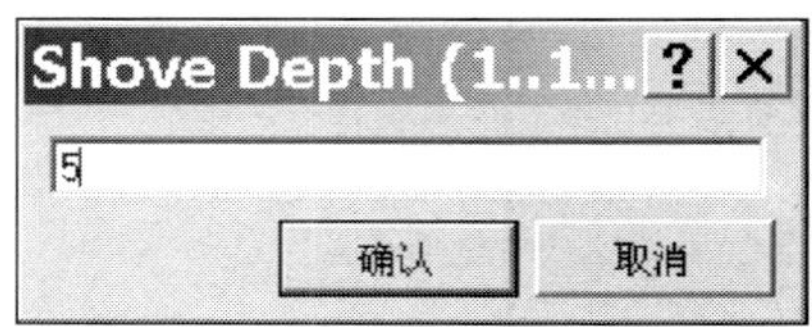

图 2—2—25　【设定推挤深度】

（2）元器件的移动与旋转。通过实用工具栏中的各项调整工具，对元器件进行移动、旋转、对齐等操作，手工调整后较合理的布局如图 2—2—26 所示。

六、布线

1. 设置布线规则

执行菜单命令【设计】/【规则】，弹出 PCB 规则和约束编辑器对话框。

（1）Clearance（安全间距）。用于设置印制板上两个电气对象间的安全间距，若电气对象的间距小于该指定值，系统则认为有可能造成电气对象间不安全问题。单击【Electrical】/【Clearance】/【Clearance】，如图 2—2—27 所示，安全间距设为 15 mil。

（2）Short－Circuit（短路规则）。用于检查两个电气对象间是否存在短路。单击【Electrical】/【Short－Circuit】/【ShortCircuit】，如图 2—2—28 所示。

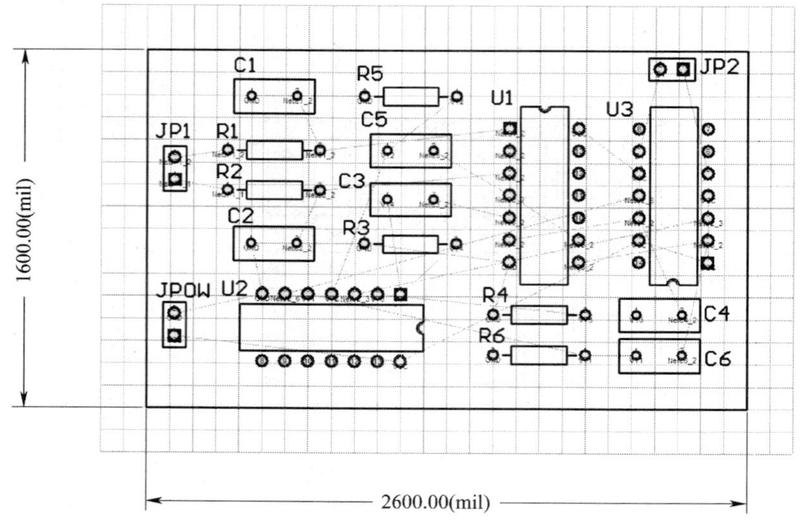

图 2—2—26　手工调整后的 PCB

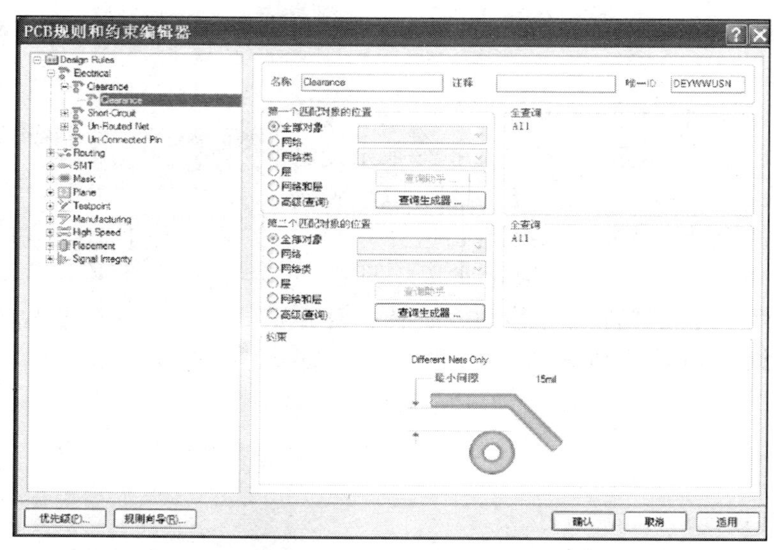

图 2—2—27　“Clearance”规则对话框

（3）Width（线宽规则）。单击【Routing】/【Width】/【Width】，如图 2—2—29 所示进行最小导线尺寸 20 mil 的设置。对左侧规则名称“Width”处右键单击，执行快捷菜单命令【新键规则】，进入图 2—2—30 所示添加新的线宽规则。根据任务要求，需添加两个新线宽规则：即 VCC 和 GND 网络均线宽均设置为 60 mil。

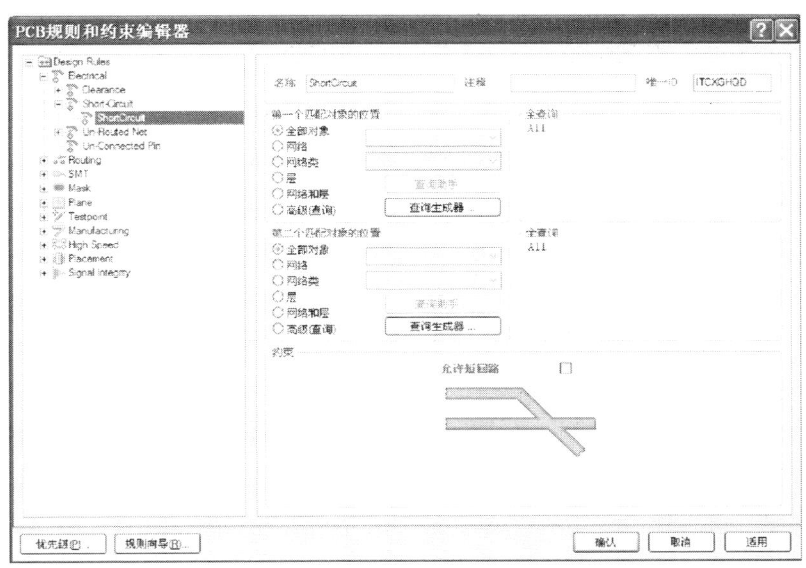

图 2—2—28 “ShortCircuit”规则对话框

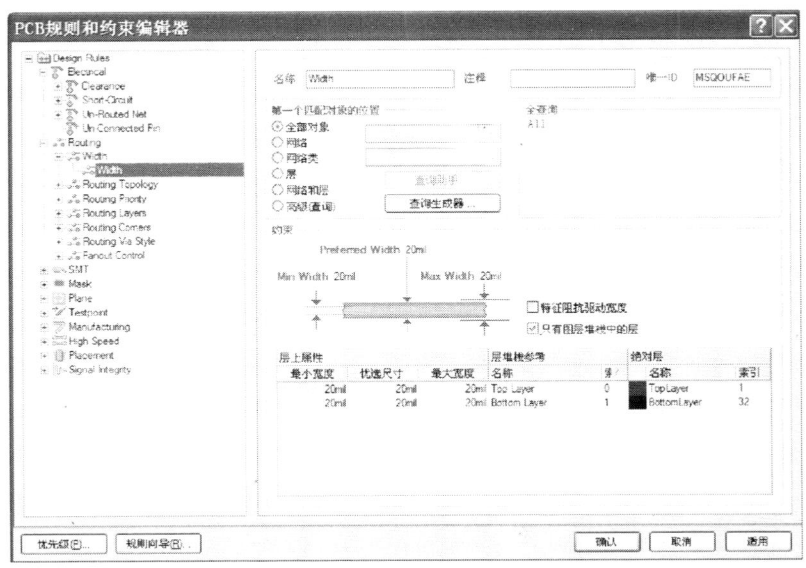

图 2—2—29 设置最小导线宽度

(4) Routing Layers（布线层面）。单击【Routing】/【Routing Layers】/【Routing Layers】，双面板布线层面设置如图 2—2—31 所示。

(5) Routing Corners（布线转角）。单击【Routing】/【RoutingCorners】/【Routing Corners】，如图 2—2—32 所示，满足 45°转角的设计要求。

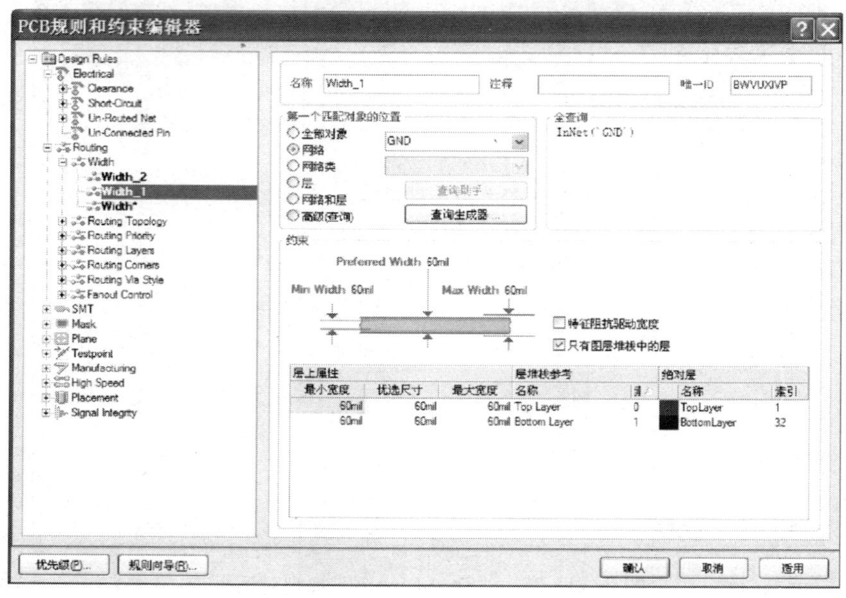

图 2—2—30　添加新的线宽规则

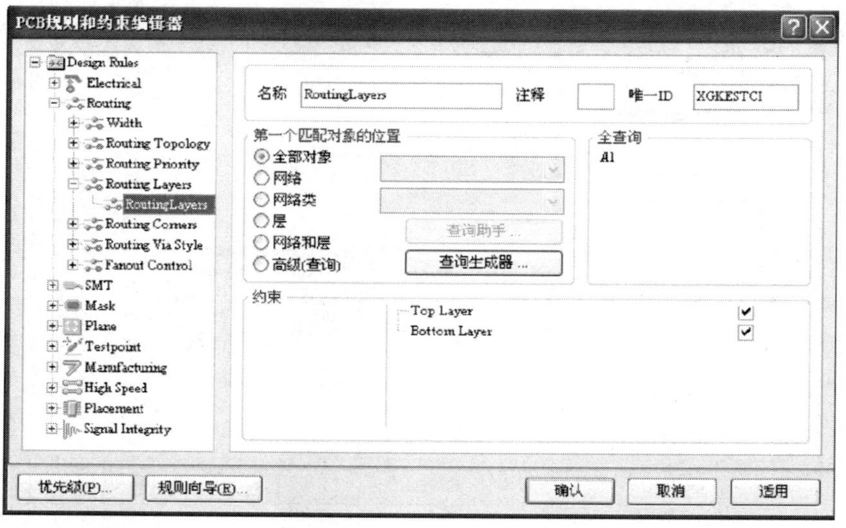

图 2—2—31　“Routing Layers” 规则对话框

2. 自动布线

（1）执行菜单命令【自动布线】/【全部对象】，弹出 Situs 布线策略对话框，如图 2—2—33 所示。单击“编辑层方向”按钮，按照图 2—2—34 所示设置布线方向。

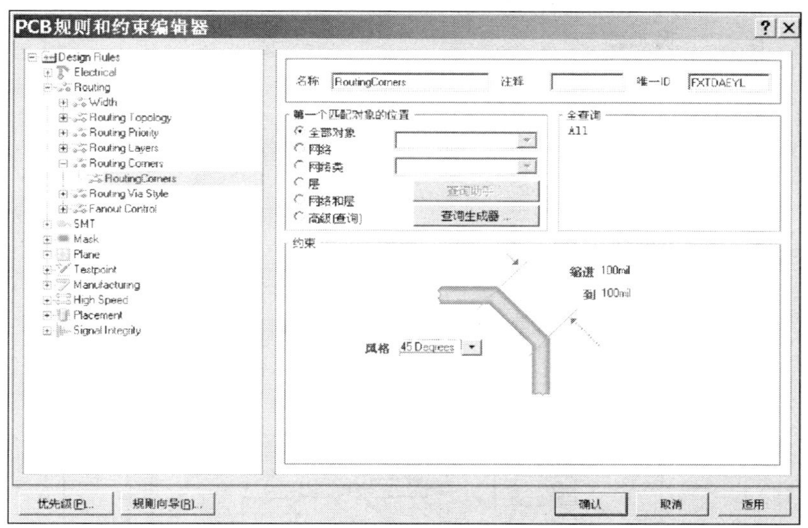

图 2—2—32　“Routing Corners”规则对话框

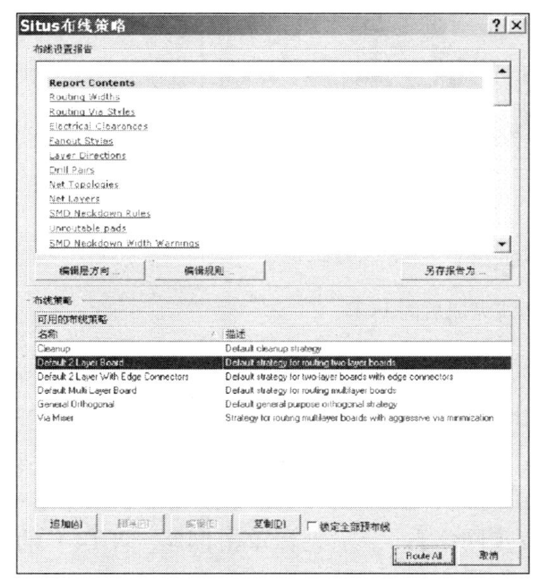

图 2—2—33　Situs 布线策略对话框

图 2—2—34　层方向对话框

(2) 单击图 2—2—33 中的“Route All”按钮，开始对 PCB 上的所有对象进行自动布线，同时系统自动打开一个 Messages 窗口，显示当前自动布线的进展，如图 2—2—35 所示。执行菜单命令【自动布线】/【停止】，可终止自动布线操作。

(3) 自动布线结束，关闭 Messages 窗口。自动布线完成后的 PCB 如图 2—2—36 所示。

Messages

Class	Document	Sour...	Message	Time	Date	No.
Situs Event	脉冲抖动去除电路.PcbDoc	Situs	Routing Started	下午 07:57:34	2012-3-20	1
Routing Status	脉冲抖动去除电路.PcbDoc	Situs	Creating topology map	下午 07:57:35	2012-3-20	2
Situs Event	脉冲抖动去除电路.PcbDoc	Situs	Starting Fan out to Plane	下午 07:57:35	2012-3-20	3
Situs Event	脉冲抖动去除电路.PcbDoc	Situs	Completed Fan out to Plane in 0 Seconds	下午 07:57:35	2012-3-20	4
Situs Event	脉冲抖动去除电路.PcbDoc	Situs	Starting Memory	下午 07:57:35	2012-3-20	5
Situs Event	脉冲抖动去除电路.PcbDoc	Situs	Completed Memory in 0 Seconds	下午 07:57:35	2012-3-20	6
Situs Event	脉冲抖动去除电路.PcbDoc	Situs	Starting Layer Patterns	下午 07:57:35	2012-3-20	7
Routing Status	脉冲抖动去除电路.PcbDoc	Situs	Calculating Board Density	下午 07:57:35	2012-3-20	8
Situs Event	脉冲抖动去除电路.PcbDoc	Situs	Completed Layer Patterns in 0 Seconds	下午 07:57:35	2012-3-20	9
Situs Event	脉冲抖动去除电路.PcbDoc	Situs	Starting Main	下午 07:57:35	2012-3-20	10
Routing Status	脉冲抖动去除电路.PcbDoc	Situs	Calculating Board Density	下午 07:57:35	2012-3-20	11
Situs Event	脉冲抖动去除电路.PcbDoc	Situs	Completed Main in 0 Seconds	下午 07:57:35	2012-3-20	12
Situs Event	脉冲抖动去除电路.PcbDoc	Situs	Starting Completion	下午 07:57:35	2012-3-20	13
Situs Event	脉冲抖动去除电路.PcbDoc	Situs	Completed Completion in 0 Seconds	下午 07:57:35	2012-3-20	14
Situs Event	脉冲抖动去除电路.PcbDoc	Situs	Starting Straighten	下午 07:57:35	2012-3-20	15
Situs Event	脉冲抖动去除电路.PcbDoc	Situs	Completed Straighten in 0 Seconds	下午 07:57:35	2012-3-20	16
Routing Status	脉冲抖动去除电路.PcbDoc	Situs	40 of 40 connections routed (100.00%) in 1 Second	下午 07:57:36	2012-3-20	17
Situs Event	脉冲抖动去除电路.PcbDoc	Situs	Routing finished with 0 contentions(s). Failed to complete 0 connection(s) in 1 Second	下午 07:57:36	2012-3-20	18

图 2—2—35　Messages 窗口

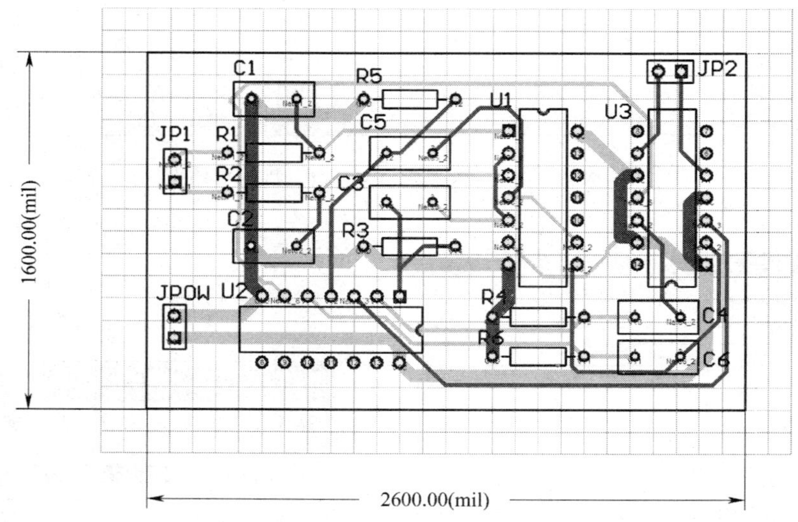

图 2—2—36　自动布线完成后的 PCB

3. 手工调整布线

PCB 布线是个复杂过程，需要考虑多方面因素，包括美观、散热、干扰、是否便于安装和焊接等，而自动布线很难达到最佳效果，这时需借助手工布线加以调整。以网络“VT4”铜膜导线的调整为例介绍手工调整布线的方法，如图 2—2—37 所示。

(1) 执行菜单命令【工具】/【取消布线】/【网络】，十字光标单击网络“VT4”的任意导线或焊盘，被取消布线的连接恢复为飞线，如图 2—2—37b 所示。

(2) 选择布线所在的信号层。这里选择“Top Layer”，如图 2—2—37c 所示。

(3) 执行菜单命令【放置】/【交互式布线】或单击配线工具栏的 工具按钮，将十字光标定位于飞线的一端，单击鼠标左键确定手工布线的起点，按空格键布线转角为 45°方向，依次在布线拐点、终点处单击鼠标左键确定位置，单击鼠标右键完成此铜膜导线的布线工作。手工调整后，网络“NetDS1 _ 2”布线如图 2—2—37d 所示。

注意：放置铜膜导线时可通过“Shift ＋Space”键在各种转角模式间切换。

经过手工调整后脉冲抖动去除电路的 PCB 图如图 2—2—38 所示。

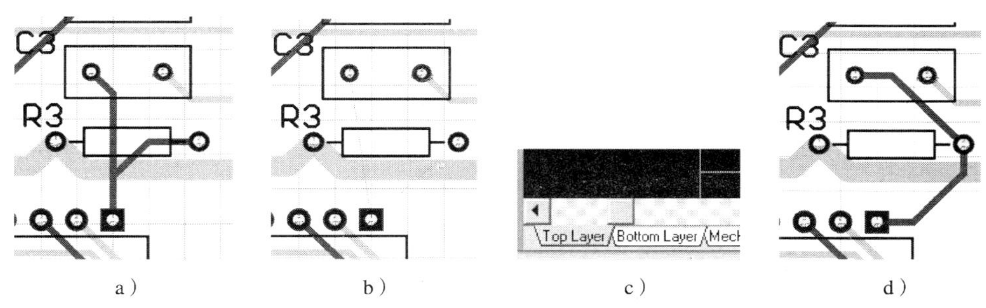

a）　b）　c）　d）

图 2—2—37　手工调整布线
a）自动布线后　b）取消自动布线后　c）切换信号层　d）手工布线后

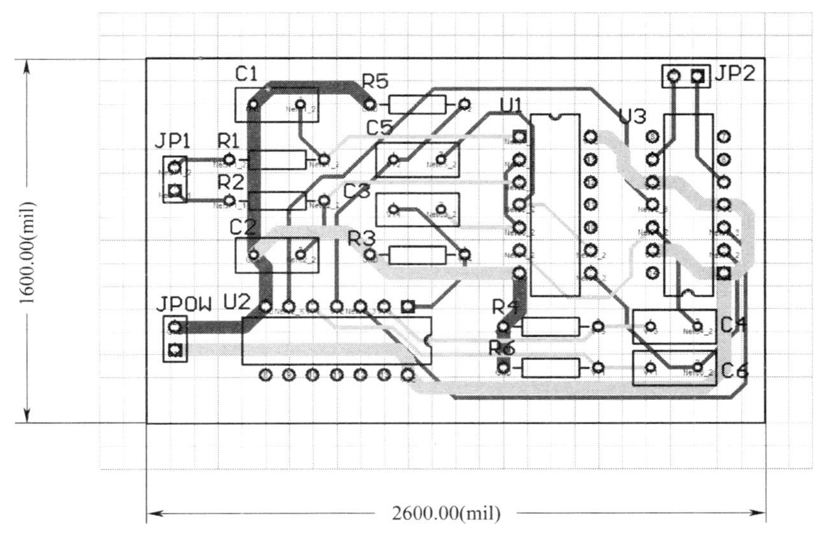

图 2—2—38　手工调整布线后的 PCB

七、设计规则检查

1. 执行菜单命令【工具】/【设计规则检查】，进入图 2—2—39 所示设计规则检查器对话框，本任务采用默认设置。

2. 单击图 2—2—39 中的“Rules To Check”项，在对话框的规则列表中，每条规则后均有“在线”栏和“批处理”栏选项，如图 2—2—40 所示，本任务采用默认设置。

3. 单击【运行设计规则检查(R)...】按钮，启动批处理 DRC 检查，检查结果如图 2—2—41 所示，可见此 PCB 设计没有违规之处，可进行后续操作。

若有违规，会在如图 2—2—41 所示的设计规则检查信息和报告文件中给出违规的类型，同时也会在 PCB 图中以高亮绿色显示违规之处。根据提示信息修改 PCB 图，直至全部正确。

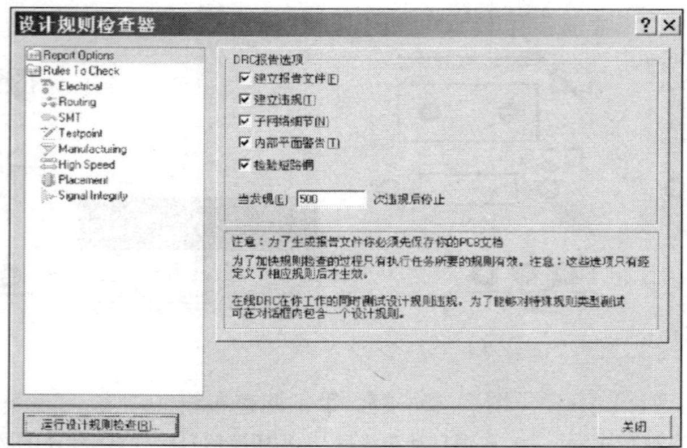

图 2—2—39　设计规则检查器对话框

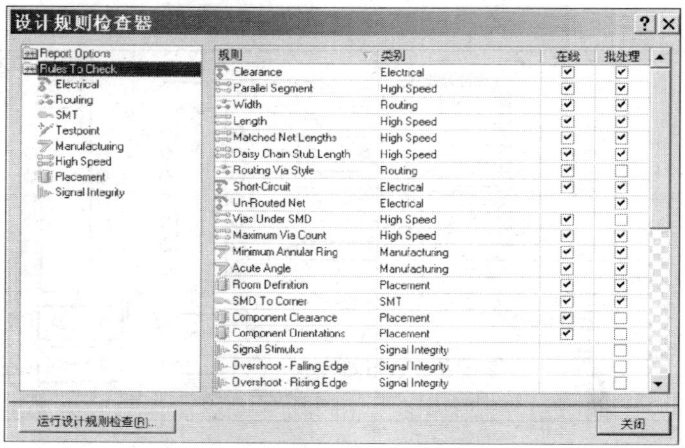

图 2—2—40　“Rules To Check”选项

主页面 | 脉冲抖动去除电路.SCHDOC | 脉冲抖动去除电路.PcbDoc * | 脉冲抖动去除电路.DRC

```
Protel Design System Design Rule Check
PCB File : \脉冲抖动去除电路\脉冲抖动去除电路.PcbDoc
Date     : 2012-3-20
Time     : 下午 02:58:38

Processing Rule : Width Constraint (Min=60mil) (Max=60mil) (Preferred=60mil) (InNet('VCC'))
Rule Violations :0

Processing Rule : Width Constraint (Min=60mil) (Max=60mil) (Preferred=60mil) (InNet('GND'))
Rule Violations :0

Processing Rule : Short-Circuit Constraint (Allowed=No) (All),(All)
Rule Violations :0

Processing Rule : Broken-Net Constraint ( (All) )
Rule Violations :0

Processing Rule : Height Constraint (Min=0mil) (Max=1000mil) (Prefered=500mil) (All)
Rule Violations :0

Processing Rule : Hole Size Constraint (Min=1mil) (Max=100mil) (All)
Rule Violations :0

Processing Rule : Width Constraint (Min=20mil) (Max=20mil) (Preferred=20mil) (All)
Rule Violations :0

Processing Rule : Clearance Constraint (Gap=15mil) (All),(All)
Rule Violations :0


Violations Detected : 0
Time Elapsed        : 00:00:00
```

图 2—2—41　设计规则检查报告

八、放置安装孔

1. 执行菜单命令【放置】/【焊盘】，或单击配线工具栏的 工具按钮，光标变成十字并处于放置焊盘的状态，如图 2—2—42a 所示。

2. 按键盘上的“Tab”键，如图 2—2—42b 所示设置安装孔的大小和形状。

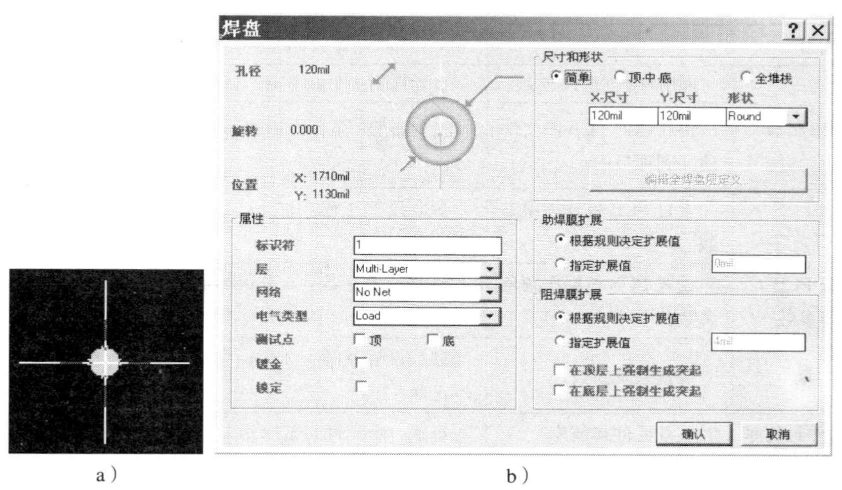

a)　　　　b)

图 2—2—42　安装孔放置过程

a）放置焊盘状态　b）焊盘属性对话框

3. 确认后将焊盘放置于印制板四角作为安装孔，最后完成如图 2—2—43 所示。

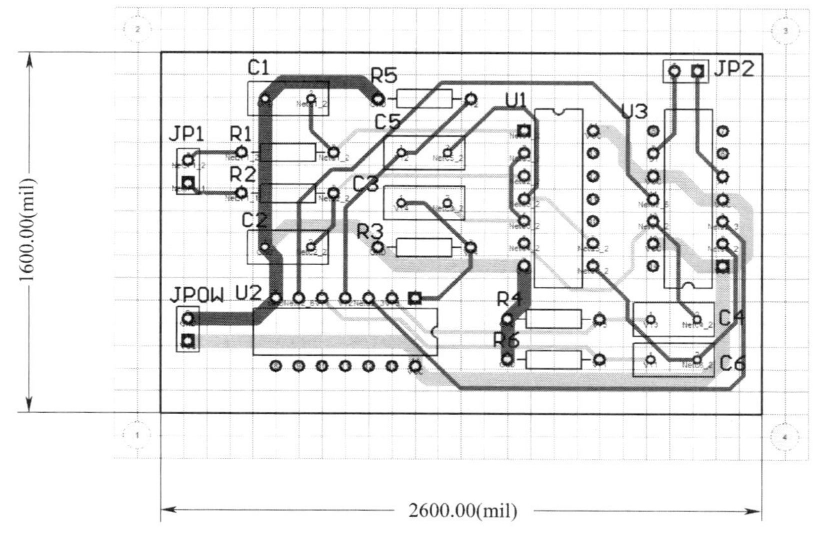

图 2—2—43　安装孔放置完成

注意：

（1）焊盘孔径大小需根据所使用的螺钉直径确定，120 mil 孔径适合安装 Φ3 mm 螺钉。

（2）执行菜单命令【放置】/【过孔】，或单击配线工具栏的 工具按钮，也可用于放置安装孔，需在过孔属性对话框中将“孔径”和“直径”数值均设置为120 mil、“起始层”选择Top Layer、“结束层”选择Bottom Layer即可。

任务评价

表2—2—1　　评分标准

序号	项目	内容	评分标准	配分	得分
1	规划电路板	利用向导创建PCB文件	设置每错一处扣1分	10	
		将新建的PCB图文件追加到项目中	追加正确：3分；追加不正确：0分	3	
2	设置PCB环境参数	设置PCB板选择项参数	参数设置正确：5分；参数设置不正确：0分	5	
		设置PCB板层次颜色参数	参数设置正确：5分；参数设置不正确：0分	5	
		设置系统参数	参数设置正确：2分；参数设置不正确：0分	2	
3	装载元件封装库	装载元件封装库	每缺一个元件封装库扣1分	2	
4	载入网络表	载入网络表	载入每错一处扣1分	15	
5	布局	设置布局规则	布局规则每错一处扣1分	4	
		布局	元件封装重叠每处扣1分	15	
6	布线	设置布线规则	布线规则每错一处扣1分	15	
		布线	布线转角为锐角的每处扣1分；未布通的网络每个扣1分	15	
7	设计规则检查	进行设计规则检查	设计规则检查操作正确：5分；设计规则检查操作不正确：0分	5	
8	放置安装孔	放置安装孔	安装孔放置正确：4分；安装孔放置不正确：0分	4	
总分合计				100	

思考与练习

1. 在模块一图1—6—41所示的照明自动控制电路原理图基础上，运用PCB编辑器自动布局、自动布线方法设计PCB图，技术要求如下：

（1）双面板，电路板尺寸为3 000 mil×2 000 mil，禁止布线区与印制板边沿的距离为200 mil。

（2）采用插针式元件，镀铜过孔。

（3）焊盘之间允许走一条导线，且最小间距为15 mil。

（4）最小铜膜导线宽度为20 mil，VCC和GND网络导线宽度为50 mil，导线拐角为45°。

（5）在印制板四角上放置4个安装孔，孔径为120 mil。

（6）对该 PCB 图进行设计规则检查。

2. 在模块一图 1—3—35 所示的稳压电源电路原理图基础上，运用 PCB 编辑器自动布局、自动布线方法设计 PCB 图，技术要求如下：

（1）双面板，电路板尺寸为 2 600 mil×1 500 mil，禁止布线区与印制板边沿的距离为 200 mil。

（2）采用插针式元件，镀铜过孔。

（3）焊盘之间允许走两条导线，且最小间距为 30 mil。

（4）最小铜膜导线宽度为 50 mil，导线拐角为 45°。

（5）在印制板四角上放置 4 个安装孔，孔径为 120 mil。

（6）对该 PCB 图进行设计规则检查。

3. 在模块一图 1—7—34 所示的高灵敏度无线话筒电路原理图基础上，运用 PCB 编辑器自动布局、自动布线方法设计 PCB 图，技术要求如下：

（1）双面板，电路板尺寸为 3 300 mil×2 000 mil，禁止布线区与印制板边沿的距离为 200 mil。

（2）采用插针式元件，镀铜过孔。

（3）焊盘之间允许走两条导线，且最小间距为 15 mil。

（4）最小铜膜导线宽度为 20 mil，VCC 和 GND 网络导线宽度为 50 mil，导线拐角为 45°。

（5）在印制板四角上放置 4 个安装孔，孔径为 120 mil。

（6）对该 PCB 图进行设计规则检查。

任务 3　简单电路单面 PCB 手动设计

◆ **技能点**

◎ 运用 Protel DXP 2004 的 PCB 编辑器手动设计简单电路单面 PCB

◆ **知识点**

◎ 单面印制电路板手动设计的一般步骤

任务提出

对于简单电路的 PCB 设计，依照电路原理图直接进行手工 PCB 设计是许多设计工程师的首选方法。因完全的手工设计不需要任何投资，且具有很高的机动性和设计者的独创性，被广泛采用。

本次任务是对模块一任务 3 中图 1—3—1 串联负反馈稳压电源电路进行手工方法 PCB 设计，如图 2—3—1 所示，设计具体要求如下：

1. 单面板，手工设计电路板尺寸为 3 000 mil×2 100 mil，禁止布线区与电路板边沿的距离为 200 mil。

2. 手工放置元件封装并合理布局。

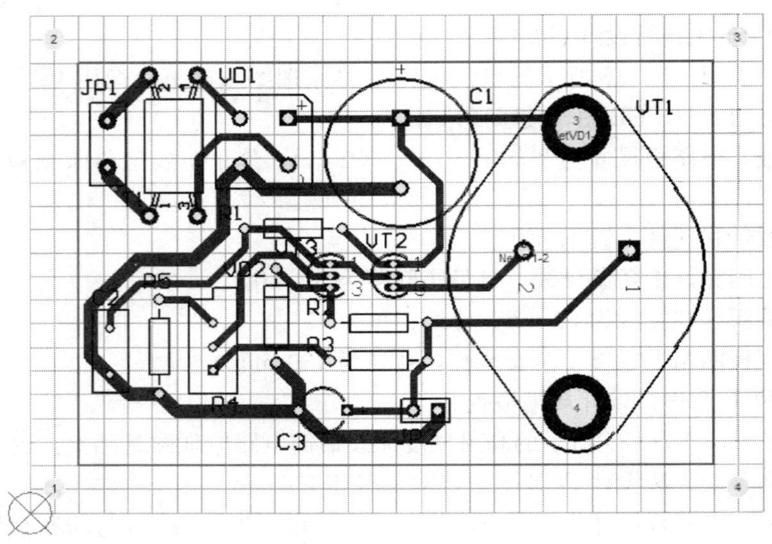

图 2—3—1　串联负反馈稳压电源电路的 PCB 图

3. 手工放置铜膜导线，安全间距为 10 mil，一般铜膜导线尺寸为 30 mil，电源/接地网络导线尺寸为 60 mil，导线拐角为 45°。

4. 在电路板四角放置安装孔，孔径为 90 mil。

5. 对 PCB 进行设计规则检查。

任务分析

本次任务要求全部采用手动方法完成单面 PCB 设计，即对照电路原理图对各元件封装手工布局、手工布线而完成 PCB 设计。手动 PCB 设计步骤如图 2—3—2 所示。

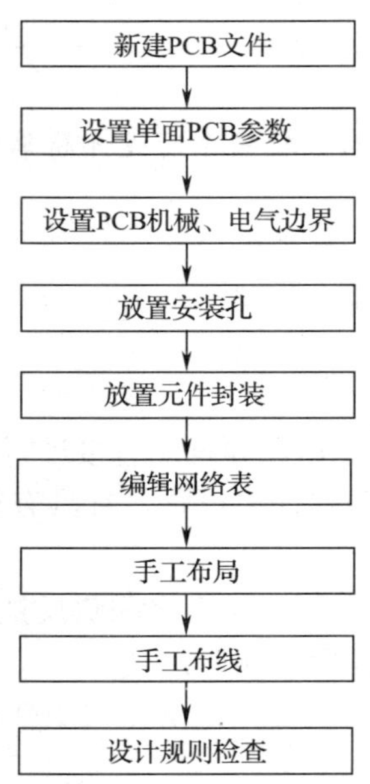

图 2—3—2　单面 PCB 手动设计步骤

任务实施

一、新建、保存空白的 PCB 文件

1. 打开模块一任务 3 中已经建立的串联负反馈稳压电源电路的 PCB 项目文件。

2. 执行菜单命令【文件】/【创建】/【PCB 文件】，新建 PCB 文件。保存新建的 PCB 文件到上述文件夹中，并命名为“串联负反馈稳压电源. PcbDoc”，如图 2—3—3 所示。

图 2—3—3　新建、保存 PCB 文件

二、设置单面 PCB 参数

1. 确定板层数量

(1) 执行菜单命令【设计】/【层堆栈管理器】，弹出图层堆栈管理器对话框，如图 2—3—4所示。

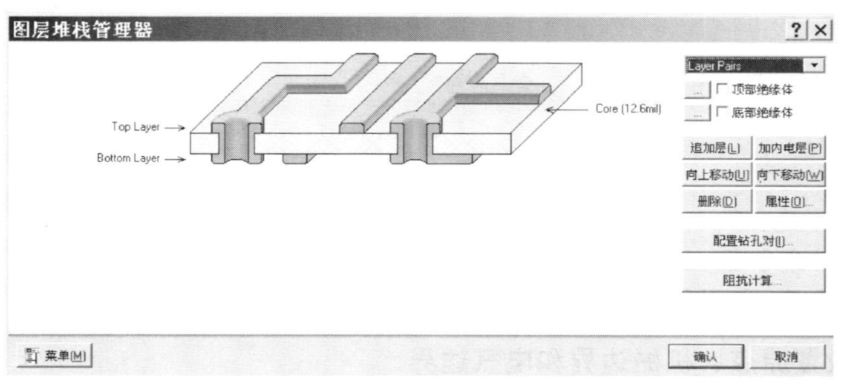

图 2—3—4　图层堆栈管理器对话框

(2) 点击 菜单(M) 按钮，在弹出的菜单中选择【单层（X）】命令，调用的 PCB 图层堆栈范例如图 2—3—5 所示。单击“确认”按钮后完成图层堆栈管理器对话框的设置。

2. 设置工作参数

(1) 设置 PCB 板选择项。详细操作见任务 2。

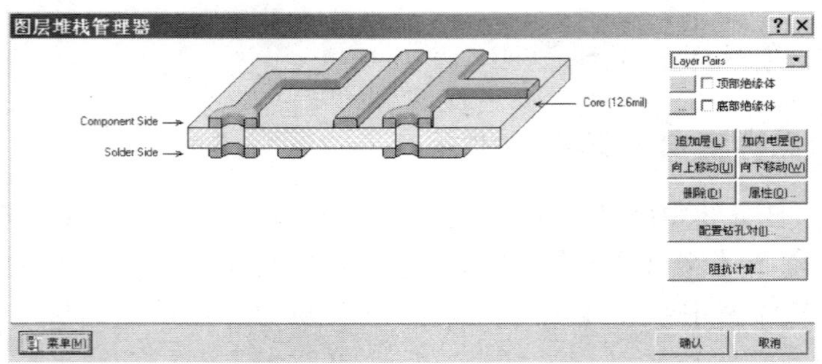

图 2—3—5　调用的 PCB 图层堆栈范例

（2）设置 PCB 板层和颜色。执行菜单命令【设计】/【PCB 板层次颜色】，弹出板层和颜色对话框，如图 2—3—6 所示，可通过每个板层对应的“√”控制该层面的打开或关闭。对“DRC Error Markers”（设计规则检查错误记号）、“Visible Grid 1”（第 1 可视网格）、“Pad Holes”（焊盘孔径）和“Via Holes”（过孔孔径）的“表示”复选框按图中所示设置。

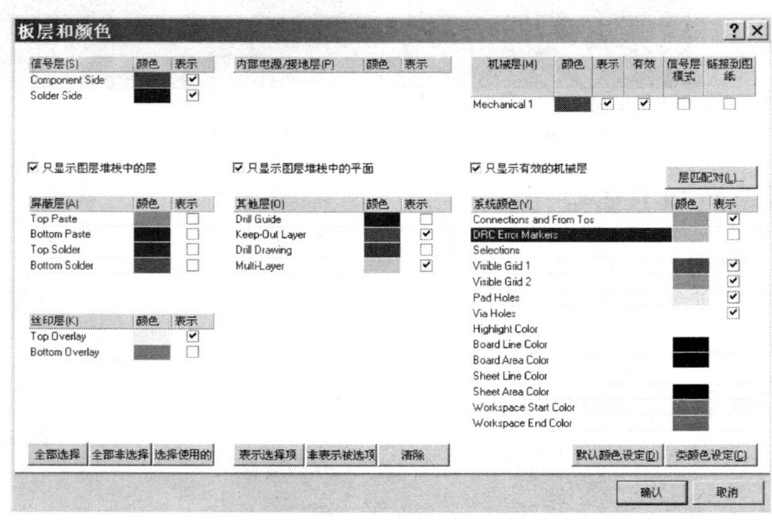

图 2—3—6　板层和颜色对话框

3. 设置系统参数

执行菜单命令【工具】/【优先设定】，弹出优先设定对话框，选择左侧“Display”选项，选定“原点标记”复选框。

三、设置原点、机械边界和电气边界

1. 设置原点

执行菜单命令【编辑】/【原点】/【设定】，将 PCB 左下角顶点设置成为原点（0，0）。

2. 设置机械边界

执行菜单命令【设计】/【PCB 板形状】/【移动 PCB 板顶】，光标变成十字，PCB 背景变成绿色，将十字光标对准板框左上角顶点、单击鼠标左键并拖曳其至目标坐标（0 mil，2 100 mil）处释放，再次单击鼠标左键，则左上角的顶点移动操作结束。依照上述方法继续将板框右上角、右下角分别移至（3 000 mil，2 100 mil）和（3 000 mil，0 mil）处进行顶点移动，单击鼠标右键完成机械边界的设置。

3. 设置电气边界

将工作层面切换到“Keep—Out Layer”。执行菜单命令【放置】/【直线】，或单击实用工具栏的“放置直线”按钮，绘制一个封闭矩形，电气边界四个顶点的坐标分别为（200 mil，200 mil）、（200 mil，1 900 mil）、（2 800 mil，1 900 mil）和（2 800 mil，200 mil），如图 2—3—7 所示，距机械边界 200 mil。

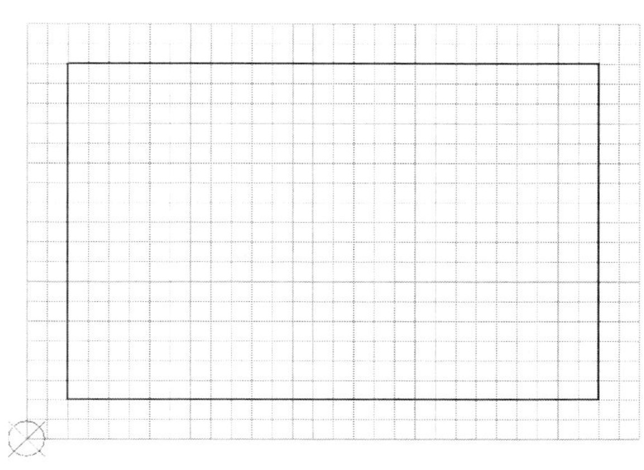

图 2—3—7　设置机械边界、电气边界

四、放置安装孔

详细操作见任务 2。四个安装孔中心的坐标分别为（100 mil，100 mil）、（100 mil，2 000 mil）、（2 900 mil，2 000 mil）和（2 900 mil，100 mil），此处安装孔的孔径、尺寸和形状设置如图 2—3—8 所示。

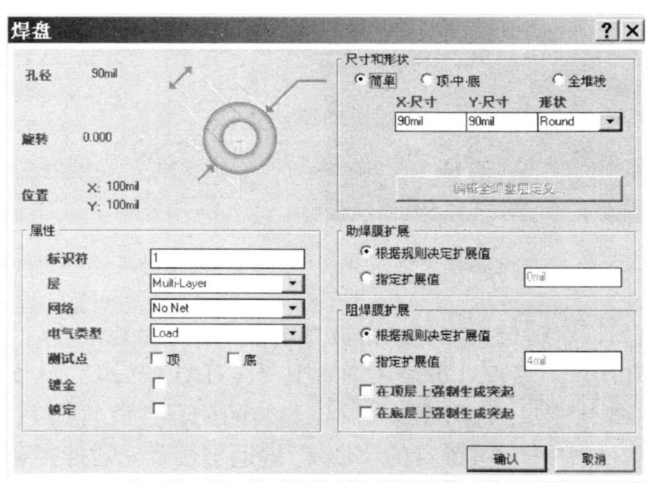

图 2—3—8　安装孔属性对话框

五、放置元件封装

1. 加载元件封装库

单击图 2—3—3 右侧“元件库”面板，已默认安装了元件集成库：Miscellaneous Devices. IntLib 和 Miscellaneous Connectors. IntLib。若需安装其他元件封装库，方法同原理图中元件库的安装。

注意：如果封装在元件库“Miscellaneous Connectors. IntLib”中，则需选择“Miscellaneous Connectors. IntLib（Footprint View）”为当前元件库，方法是点击图 2—3—9 所示的圆圈部分，在出现的对话框中取消“元件”选项，选定“封装”选项。

2. 放置元件封装并编辑属性

（1）执行菜单命令【设计】/【浏览元件】，调出【元件库】面板，选择“Miscellaneous Devices. IntLib（Footprint View）”为当前元件库，如图 2—3—9 所示。

（2）封装列表栏中双击封装名称“AXIAL－0. 4”，弹出放置元件对话框，设置元件封装的属性，填写标识符和注释信息，如图 2—3—10 所示。

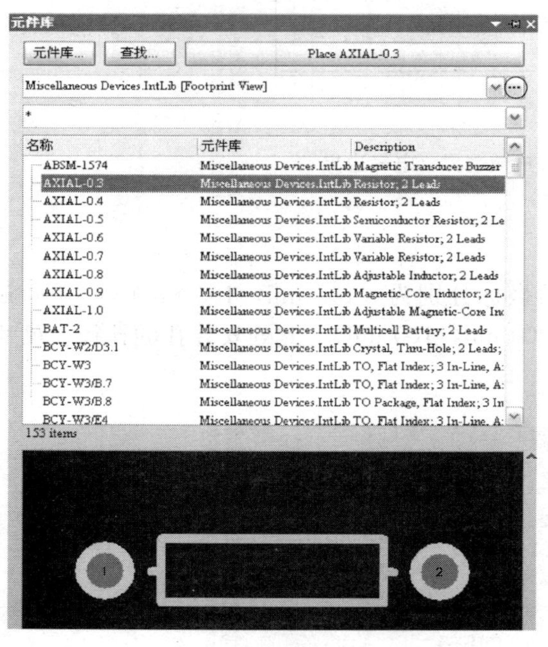

图 2—3—9　元件库面板

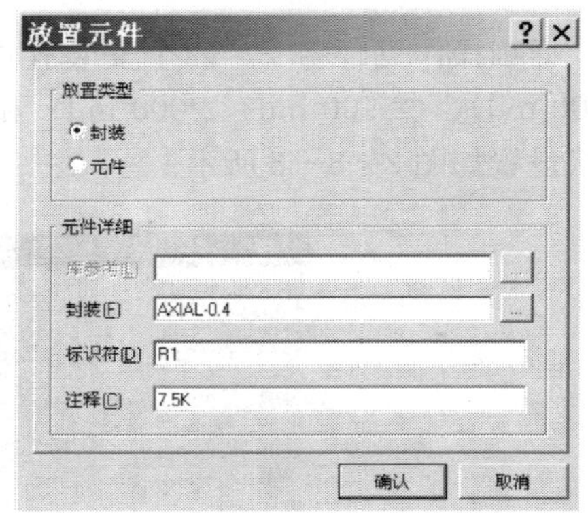

图 2—3—10　放置元件对话框

（3）确认后在编辑区合适位置左键单击放置电阻 R1 的封装，然后单击鼠标右键，将再次出现如图 2—3—10 所示对话框，可输入下一个“AXIAL－0. 4”封装的标号和注释内容。依照相同方法，将电路中所有“AXIAL－0. 4”封装的元器件放置到 PCB 图的布局区域中。放置完成单击“取消”按钮，或按键盘的“Esc”键退出放置元器件封装操作。

（4）依照上述方法，参见表 2—3—1 信息放置电路中其他元件封装。串联负反馈稳压电源电路中所有元件封装放置完成后，如图 2—3—11 所示。

表 2—3—1　　　　　　　　　　串联负反馈稳压电源电路元器件信息表

元器件编号	元器件参考值	元器件封装型号	元器件封装所在封装库
C1	2 200 μF/35 V	CAPPR7.5—16x35	Miscellaneous Devices. IntLib (Footprint View)
C2	0.01 μF/35 V	RAD—0.2	Miscellaneous Devices. IntLib (Footprint View)
C3	470 μF/25 V	CAPPR5—5×5	Miscellaneous Devices. IntLib (Footprint View)
JP1	Header 2	RAD—0.2	Miscellaneous Devices. IntLib (Footprint View)
JP2	Header 2	HDR1X2	Miscellaneous Connectors. IntLib (Footprint View)
R1、R2、R3、R5	7.5 KΩ、390Ω、220 Ω、150 Ω	AXIAL—0.4	Miscellaneous Devices. IntLib (Footprint View)
R4	220 Ω	VR5	Miscellaneous Devices. IntLib (Footprint View)
T1	18/12 VA	TRANS	Miscellaneous Devices. IntLib (Footprint View)
VD1	整流桥	E—BIP—P4/D10	Miscellaneous Devices. IntLib (Footprint View)
VD2	2DW51	DIODE—0.4	Miscellaneous Devices. IntLib (Footprint View)
VT1	3DD155A	1—04	Motorola Discrete BJT. IntLib (Footprint View)
VT2、VT3	3DG6D/9014	BCY—W3/B.7	Miscellaneous Devices. IntLib (Footprint View)

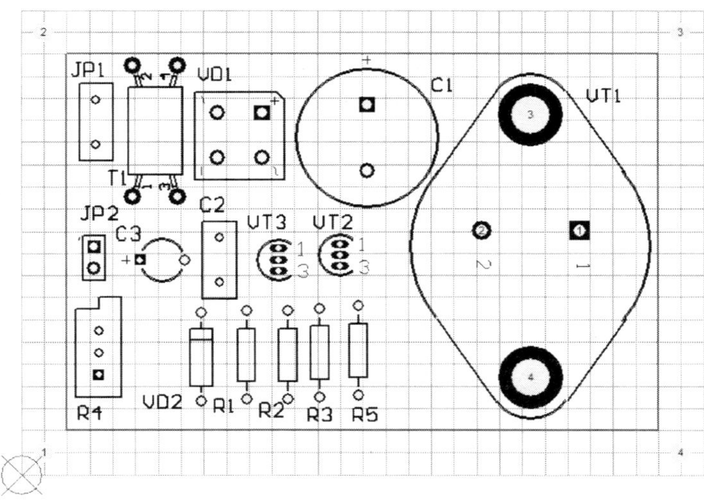

图 2—3—11　放置完成所有元件封装

六、编辑网络表

1. 执行菜单命令【设计】/【网络表】/【编辑网络】，弹出网络表管理器对话框。

2. 单击“类中的网络”项中的 追加 按钮，弹出编辑网络对话框，如图 2—3—12 所示，填写网络名 NetJP1—2，并从“其他网络中的引脚”列表中选择本网络中的两个引脚（即

JP1－2 和 T1－2)，通过 > 右移按钮分别移至“网络中引脚”列表中。确认后完成一个网络的编辑。用相同方法编辑其他网络，完成后如图 2—3—13 所示。

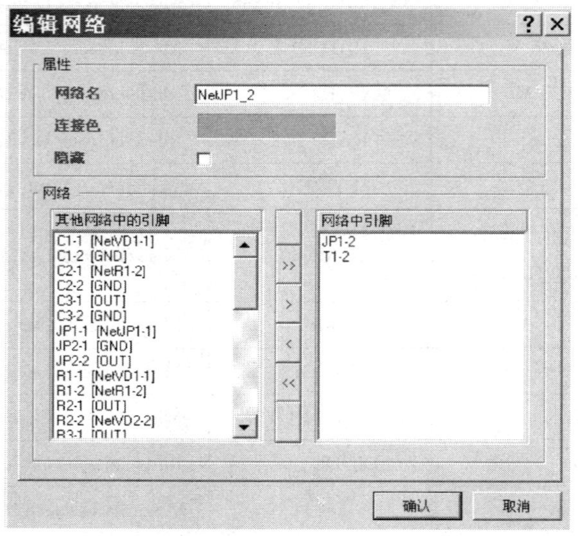

图 2—3—12　编辑网络对话框

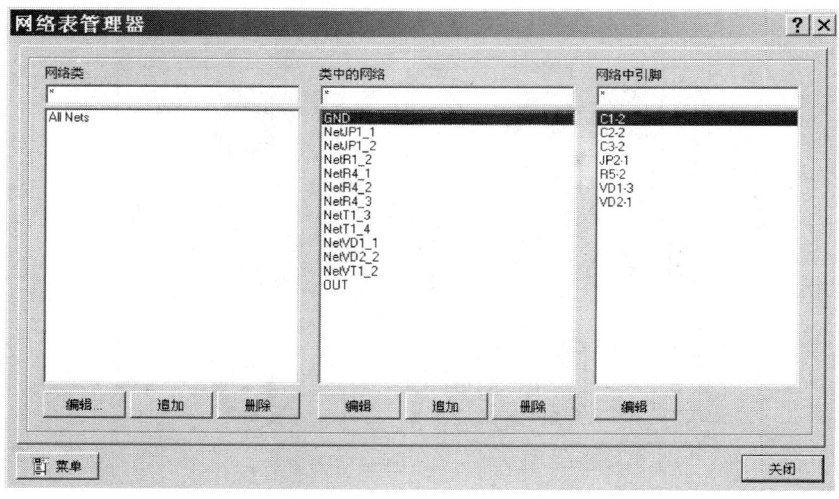

图 2—3—13　网络表管理器对话框

七、手工布局

通过移动、旋转等操作调整元器件及其标识符的位置，具体操作见任务 2 中。调整后的布局效果如图 2—3—14 所示。

注意：手工布局不可能一次成功，在后面的布线过程中还将反复更新布局，以便更方便、更合理地走线。

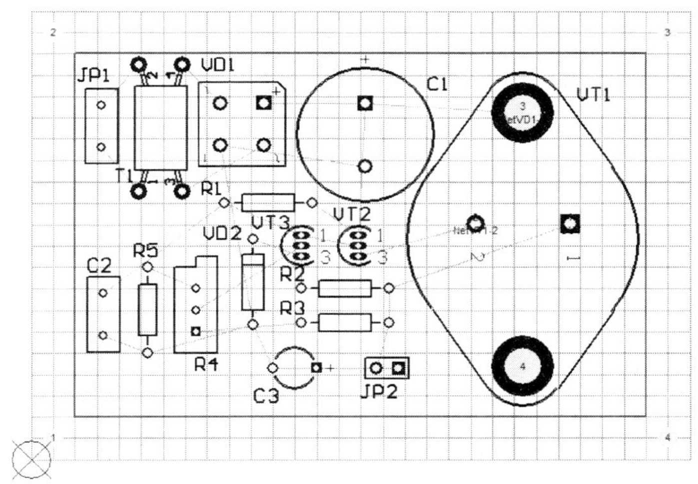

图 2—3—14　手工布局结果

八、手工布线

1. 设置布线规则

执行菜单命令【设计】/【规则】，弹出 PCB 规则和约束编辑器对话框，具体操作见任务 2，根据任务要求设置以下规则。

（1）Clearance（安全间距）。单击左侧规则名称“Clearance”，安全间距设为 10 mil。

（2）Width（线宽规则）。单击左侧规则名称“Width”，其余线宽设置为 30 mil。根据串联负反馈稳压电源电路设计技术要求，需要添加两个新的线宽规则：220 V 市电接入端、GND 网络线宽设置为 60 mil，如图 2—3—15 所示。

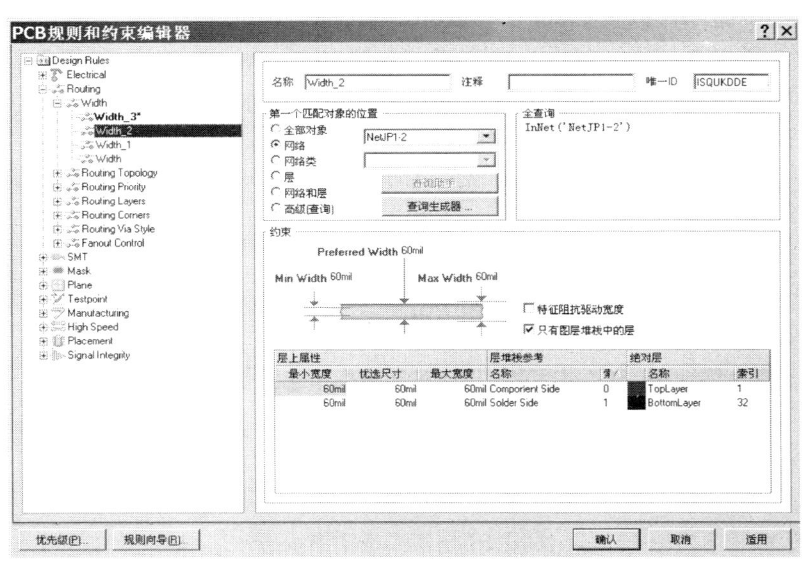

图 2—3—15　“Width _ 2”规则对话框

（3）Routing Layers（布线层面）。单击左侧规则名称“Routing Layers”，单面板布线层面设置如图 2—3—16 所示，只在 Solder Side（焊接面）布线。

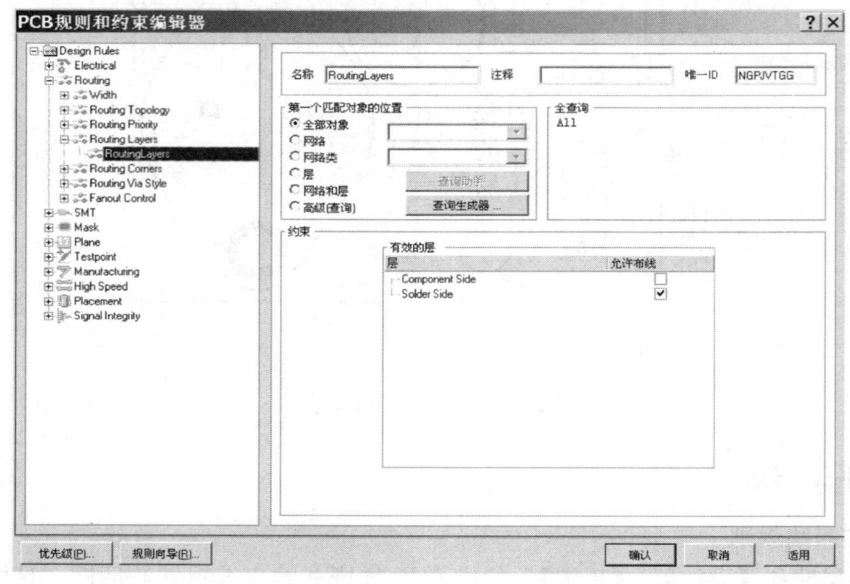

图 2—3—16　“Routing Layers”规则对话框

2. 手工布线

以网络“NetJP1 _ 2”为例介绍手工布线的方法。

（1）选择布线所在的信号层。在编辑区下方切换到 Solder Side，如图 2—3—17a 所示。

（2）执行菜单命令【放置】/【交互式布线】，或单击配线工具栏的 工具按钮，十字光标在 JP1 的 2 号焊盘中心处时单击确定手工布线的起点，依次在布线拐点、终点 T1 的 2 号焊盘处单击确定目标位置，右击完成该网络的铜膜导线布线工作。手工布线完成后，原来的飞线消失，网络“NetJP1 _ 2”的布线如图 2—3—17b 所示。

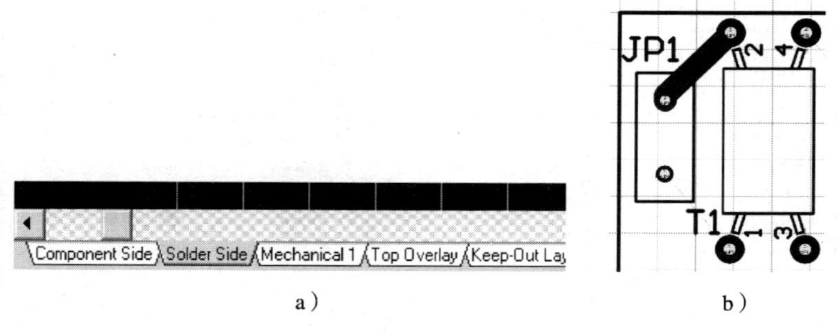

图 2—3—17　手工布线

a）切换信号层　b）手工布线后

注意：在放置铜膜导线时，可通过按键盘“Shift ＋Space”键在各种导线转角模式间切换。

手工布线完成后，串联负反馈稳压电源电路的 PCB 图如前图 2—3—1 所示。

3. 布线后的进一步优化

本电路由 JP1 接入 220 V 市电，故需增大 JP1 的焊盘。双击 JP1 的 1 号焊盘，弹出焊盘对话框，如图 2—3—18 所示，将焊盘的 X 尺寸和 Y 尺寸均设置为 2 mm。相同方法修改 2 号焊盘。修改后的效果如图 2—3—19 所示。

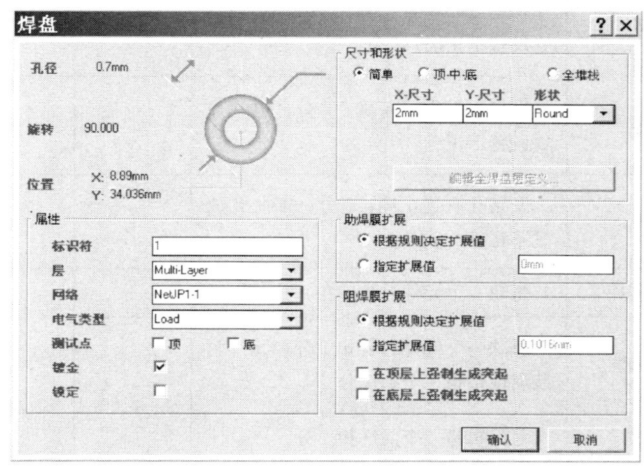

图 2—3—18　焊盘对话框

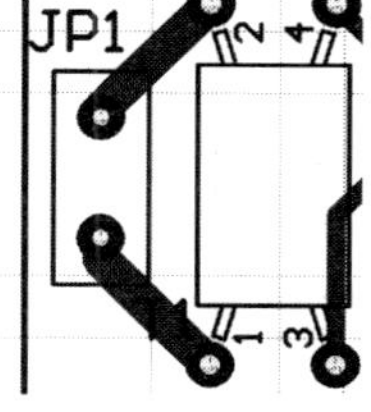

图 2—3—19　焊盘修改后的效果

九、设计规则检查

详见任务 2，执行菜单命令【工具】/【设计规则检查】，在弹出的设计规则检查器对话框中单击「运行设计规则检查(R)...」按钮启动批处理 DRC 检查，检查结果得到此 PCB 设计无违规现象。

任务评价

表 2—3—2　　**评分标准**

序号	项目	内容	评分标准	配分	得分
1	新建、保存 PCB 文件	新建、保存空白的 PCB 文件	正确新建：2 分；不正确新建：0 分	2	
2	确定板层数量	确定板层数量	板层数量正确：5 分；板层数量不正确：0 分	5	
3	设置工作参数	设置 PCB 板选择项参数	参数设置正确：5 分；参数设置不正确：0 分	5	
		设置 PCB 板层次颜色参数	参数设置正确：5 分；参数设置不正确：0 分	5	

续表

序号	项目	内容	评分标准	配分	得分
3	设置工作参数	设置系统参数	参数设置正确：2 分；参数设置不正确：0 分	2	
4	设置原点、物理边界和电气边界	设置原点	原点设置正确：2 分；原点设置不正确：0 分	2	
		设置物理边界	物理边界设置正确：6 分；物理边界设置不正确：0 分	6	
		设置电气边界	电气边界设置正确：5 分；电气边界设置不正确：0 分	5	
5	放置安装孔	放置安装孔	安装孔放置正确：2 分；安装孔放置不正确：0 分	2	
6	放置元件封装	装载元件封装库	每缺一个元件封装库扣 1 分	1	
		放置元件封装	每缺一个元件封装扣 1 分；元件封装属性每错一个扣 1 分	10	
7	编辑网络表	编辑网络表	每编辑错一个网络扣 1 分	10	
8	布局	手工布局	元件封装重叠每处扣 1 分	15	
9	布线	设置布线规则	布线规则每错一项扣 1 分	10	
		手工布线	布线转角为锐角的每处扣 1 分；未布通的网络每个扣 1 分	15	
10	设计规则检查	进行设计规则检查	设计规则检查操作正确：5 分；设计规则检查操作不正确：0 分	5	
总分合计				100	

思考与练习

1. 将模块一图 1—3—34 所示的实用门铃电路原理图按以下要求设计 PCB 图：

（1）单面板，手工设计电路板尺寸为 2 500 mil×1 800 mil，禁止布线区与板边沿的距离为 200 mil。

（2）手工放置元件封装并合理布局。

（3）手工放置铜膜导线，安全间距为 15 mil，一般铜膜导线尺寸为 30 mil，电源/接地网络导线尺寸为 60 mil，导线拐角为 45°。

（4）在四角放置 4 个安装孔，孔径为 90 mil。

（5）对 PCB 进行设计规则检查。

2. 将模块一图 1—2—13 所示的集成功率放大器电路原理图按以下要求设计 PCB 图：

(1) 单面板，手工设计电路板尺寸为 1 500 mil×1 200 mil，禁止布线区与板子边沿的距离为 200 mil。

(2) 手工放置元件封装并合理布局。

(3) 手工放置铜膜导线，安全间距为 15 mil，一般铜膜导线尺寸为 30 mil，电源/接地网络导线尺寸为 50 mil，导线拐角为 45°。

(4) 在四角放置 4 个安装孔，孔径为 90 mil。

(5) 对 PCB 进行设计规则检查。

课题二　复杂电路 PCB 设计

任务 4　制作 PCB 元件封装

◆ **技能点**

◎ 分别运用手工法和向导法编辑、制作新元器件的封装

◎ 创建项目独立元件库和集成元件库

◆ **知识点**

◎ PCB 元件封装库编辑器设计环境

◎ 编辑元件封装库中已有封装的方法

◎ 制作新元器件封装的方法

◎ 创建项目独立元件库和集成元件库的方法

任务提出

随着新元器件的层出不穷、新封装工艺的日新月异和大量非标准元器件的使用等原因，造成 Protel DXP 2004 内置元件封装库难以满足设计需求。这时，需要设计者根据元器件的实际尺寸自行制作封装形式。具体要求如下：

1. 如模块一任务 5 图 1—5—2 所示基于单片机的步进电动机控制系统电路中，编辑、制作 U4 四相步进电动机驱动器（见图 2—4—1）、S1～S16 按键开关（见图 2—4—2）和 JP11 自锁开关（见图 2—4—3）的封装图。其中，如图 2—4—1 所示焊盘外径尺寸为 0.5 mm×3.5 mm，焊盘孔径为 0 mm（表面贴装式元件），焊盘标识符自左至右依次为 1、2、…、22；如图 2—4—2 所示焊盘外径为 70 mil×70 mil，焊盘孔径为 32 mil；如图2—4—3所示焊盘外径为 60 mil×60 mil，焊盘孔径为 32 mil。

2. 在“脉冲抖动去除电路”项目基础上创建项目的独立元件库和集成元件库。

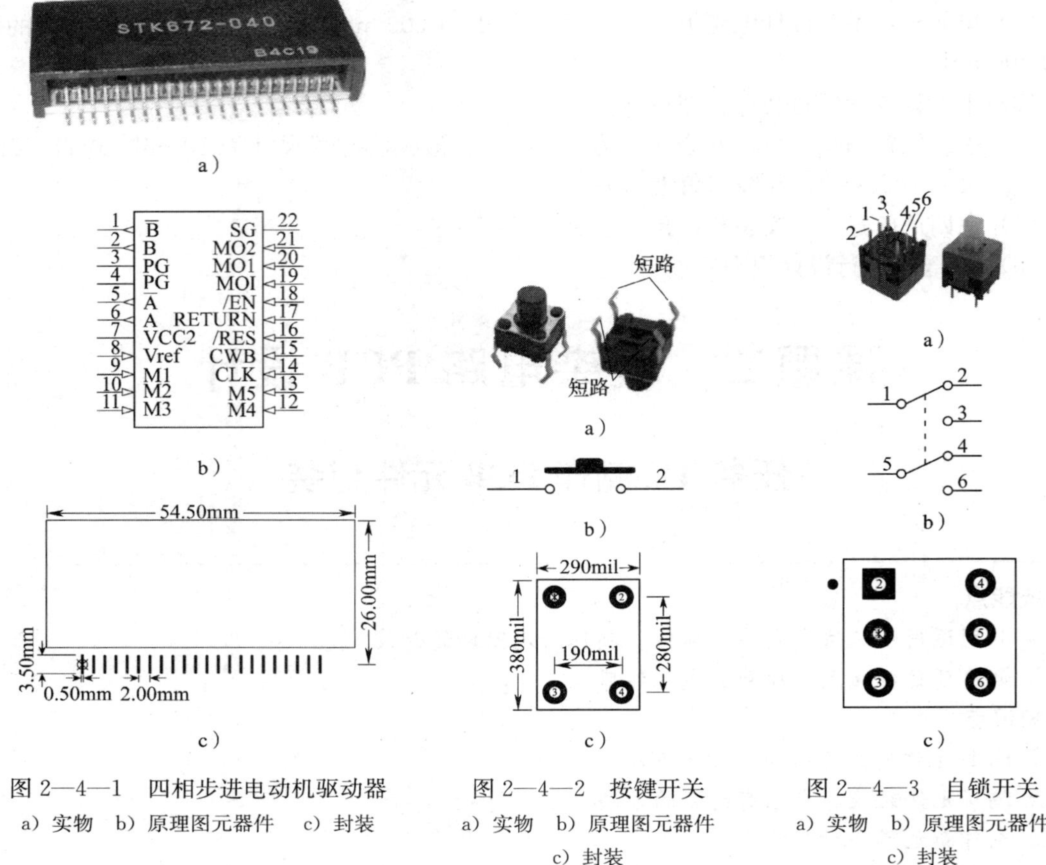

图 2—4—1　四相步进电动机驱动器
a）实物　b）原理图元器件　c）封装

图 2—4—2　按键开关
a）实物　b）原理图元器件
c）封装

图 2—4—3　自锁开关
a）实物　b）原理图元器件
c）封装

任务分析

如图 2—4—1 所示的四相步进电动机驱动器为表面贴装式元件，类似 SOP（小外形）封装形式，故可通过向导法借用 SOP44 的封装制作而成；如图 2—4—2 所示按键开关的封装图较简单，可利用 PCB 封装库中的绘图工具手工制作完成；如图 2—4—3 所示自锁开关的封装图与软件内置封装 DPDT－6 相似，仅有焊盘大小和标识符有所不同，故可对软件内置封装型号 DPDT－6 稍作修改制作而成。

相关知识

一、元件封装图的结构

1. 元件投影轮廓

元件投影轮廓即元器件的实际几何图形，不具备电气性质，只起到标注符号或图案的作用。

2. 焊盘

元器件焊盘是元器件主要的电气部分，对应于电路原理图中元器件的引脚。

二、封装图绘图工具

PCB 封装库编辑器中的绘图可使用菜单或 PCB 库放置工具完成，如图 2—4—4 所示。只需将光标放置在工具栏中的按钮上即可显示其功能提示。

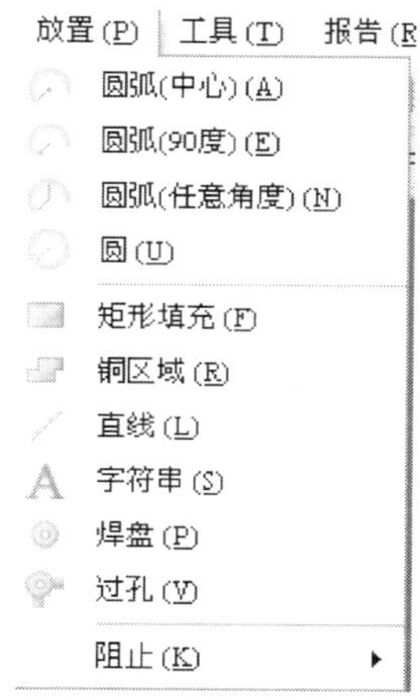

图 2—4—4　PCB 库放置工具

三、元件封装设计准则

1. 插针式元件设计准则

（1）普通焊点的焊盘直径一般不小于 1.5 mm（即 60 mil）。

（2）若接 220 V 市电的接线端子的焊盘直径应大于 3 mm，当电流超过 0.5 A 时焊盘直径不小于 4 mm。

（3）焊盘内孔间距既受实际尺寸制约，又与焊盘直径有关，一般以能走两根最窄的导线为标准。其中 1/4 W 插针式电阻两焊盘内孔中心间距一般在 10 mm 以上，1/2 W 电阻一般为 17 mm 以上，1/2 W 以上的一般要比电阻本身长 2 mm 以上。DIP 封装的焊盘内孔直径一般为 0.8 mm（即 32 mil）。

2. 矩形贴片元件焊盘的设计准则

（1）良好的对称性，能够保证熔融的焊锡表面张力平衡。

（2）间距合理，以确保元器件端头与焊盘适当搭接。

（3）剩余尺寸合理，元器件端头与焊盘搭接后剩余尺寸必须保证焊点能形成弯月面。

（4）宽度合理，焊盘宽度一般要求与元器件端头宽度一致（除特殊散热用的一些元器件外）。

3. SOT 封装焊盘的设计准则

一般应保持焊盘间中心间距与引脚中心间距基本一致，而且每个焊盘要比引脚宽至少 15 mil。

4. SOP 和 **QFP** 封装焊盘的设计准则

焊盘中心间距与引脚中心间距需相等，焊盘宽度一般与引脚宽度相等，但是若引脚间距小于1 mm，为方便焊接，焊盘宽度可比引脚宽度稍大。

5. PLCC封装焊盘的设计准则

此类引脚焊接时以引脚内部作为主焊缝，引脚外部为次焊缝。要求如下：

(1) 引脚中心在焊盘图形内侧1/3和中心之间，以对主次焊缝予以不同的空间区分。

(2) 相对两排焊盘外轮廓之间的距离J=PLCC最大封装尺寸加0.75 mm。

(3) 一般单个焊盘为75 mil×25 mil。

任务实施

一、创建PCB库文件

打开模块一任务5基于单片机的步进电动机控制系统电路的PCB项目文件，执行菜单命令【文件】/【创建】/【库】/【PCB库】，新建一个PCB库文件，单击工具栏的按钮，或执行菜单命令【文件】/【另存为】，将新建PCB封装库文件保存在上述文件夹中，并命名为“步进电动机控制系统封装库.PcbLib”，如图2—4—5所示。单击下方“PCB Library”工作面板，如图2—4—6所示。

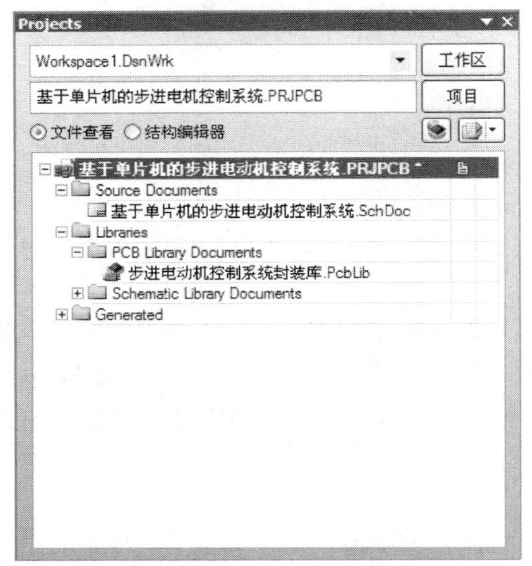

图2—4—5 保存后的PCB封装库文件

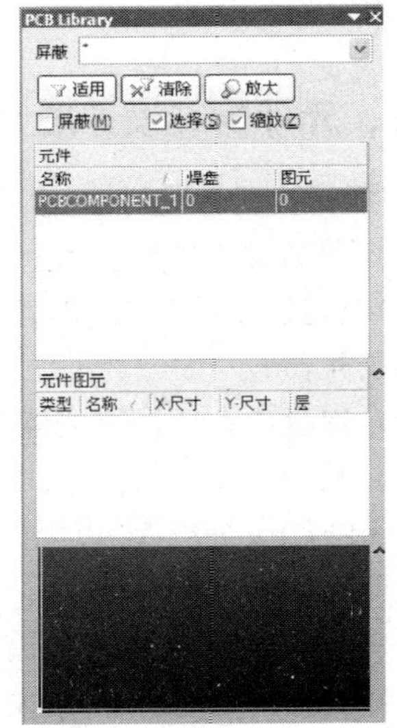

图2—4—6 元件封装编辑器

二、设置元件封装编辑器环境参数

1. 显示原点标记

执行菜单命令【工具】/【优先设定】，弹出优先设定对话框，选中“Display”页的“原点标记”复选框。

2. 设置库选择项参数

执行菜单命令【工具】/【库选择项】，弹出PCB板选择项对话框，与前面PCB设计相同设置内容。

三、用向导法制作四相步进电动机驱动器的封装

1. 启动元件封装向导

执行菜单命令【工具】/【新元件】，弹出元件封装向导对话框，如图 2—4—7 所示。

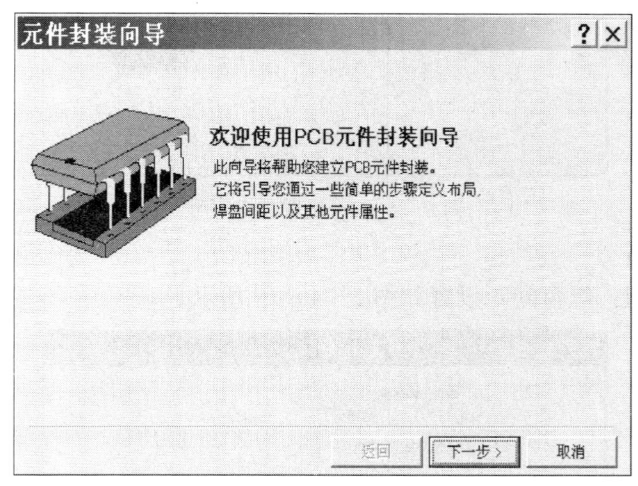

图 2—4—7　元件封装向导对话框

2. 选择元件模式和单位

单击 下一步(N)> 按钮，如图 2—4—8 所示进行元件模式和单位的选择。在“元件模式”列表中选择一个与元器件的封装形式最接近的模式，此处选择 SOP。“选择单位”根据元器件尺寸标注单位进行选择，此处选择公制单位。

图 2—4—8　选择元件模式和单位

3. 设置焊盘尺寸

单击 下一步(N)> 按钮，根据任务要求焊盘尺寸设置如图 2—4—9 所示。

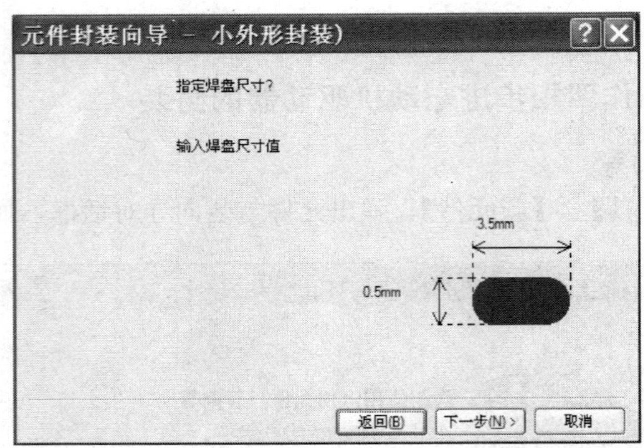

图 2—4—9　设置焊盘尺寸

4. 设置焊盘间距

单击 下一步(N)> 按钮，焊盘间距设置如图 2—4—10 所示。

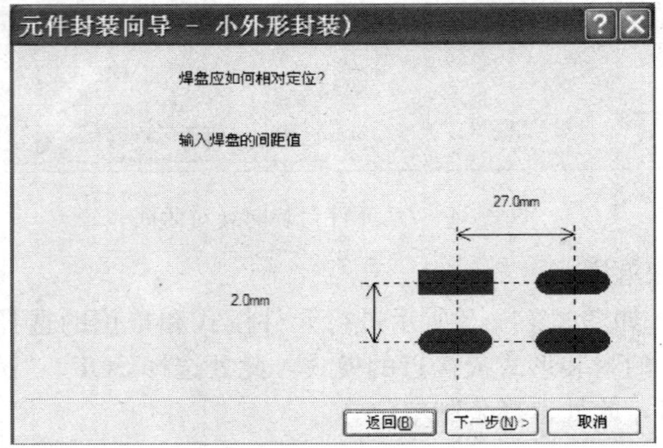

图 2—4—10　设置焊盘间距

5. 指定轮廓宽度

单击 下一步(N)> 按钮，轮廓宽度设置如图 2—4—11 所示。

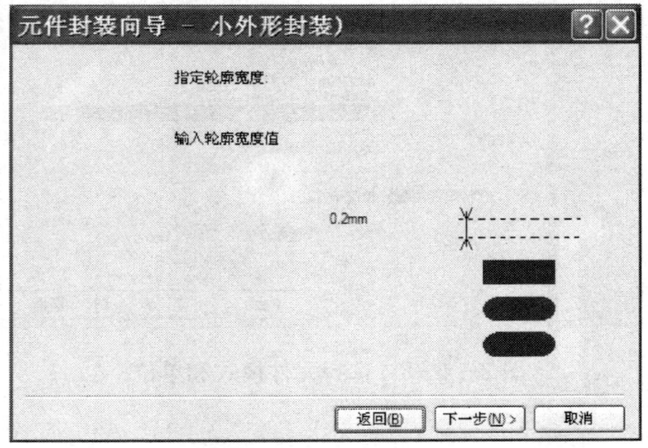

图 2—4—11　指定轮廓宽度

6. 指定焊盘数

单击[下一步(N)>]按钮，焊盘数设置如图 2—4—12 所示。

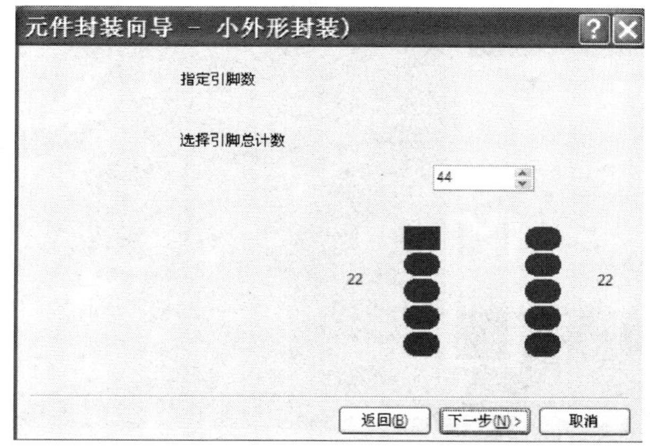

图 2—4—12 指定焊盘数

7. 指定封装名称

单击[下一步(N)>]按钮，元件封装的名称设置如图 2—4—13 所示。

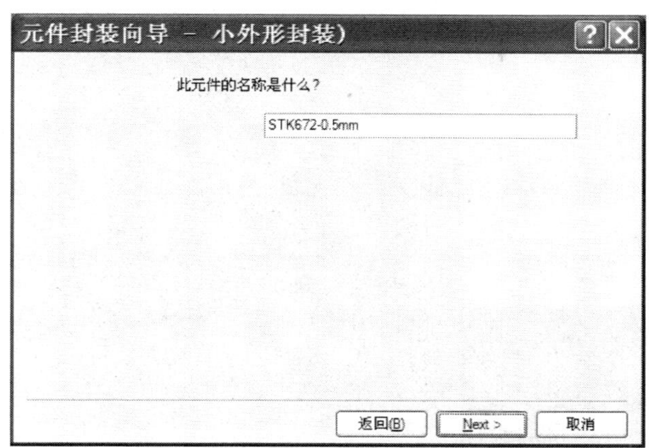

图 2—4—13 指定封装名称

8. 完成元件封装向导

单击[Next >]按钮，弹出元件封装向导完成信息框，单击[Finish]按钮，PCB 库文件中新增名为“STK672—0.5 mm”的封装形式，如图 2—4—14 所示。

9. 旋转封装图形

执行【编辑】/【选择】/【全部对象】菜单命令，选中封装图形的所有元素。将鼠标移到封装图形上，当出现✥形光标时，按住鼠标左键不放，按键盘“Space”键旋转封装图形，如图 2—4—15 所示。

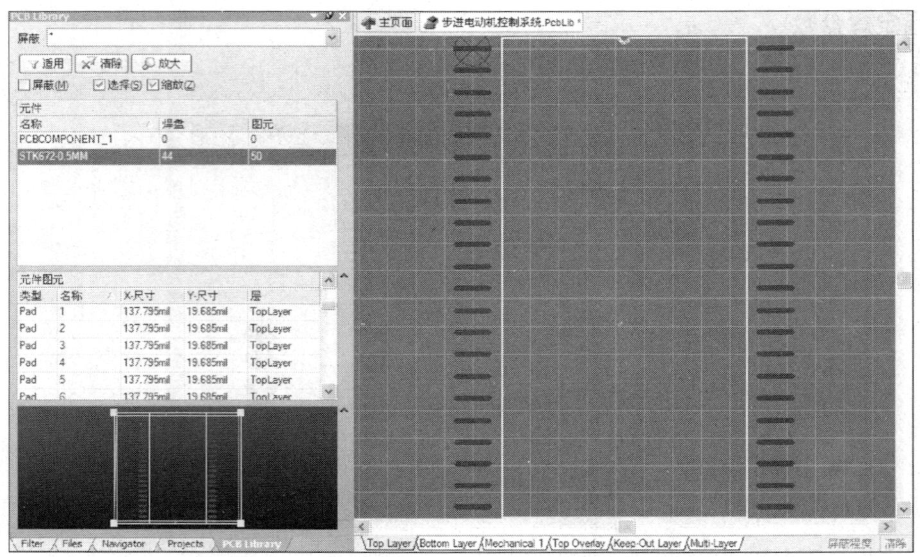

图 2—4—14　利用向导新建的四相步进电动机驱动器元件封装

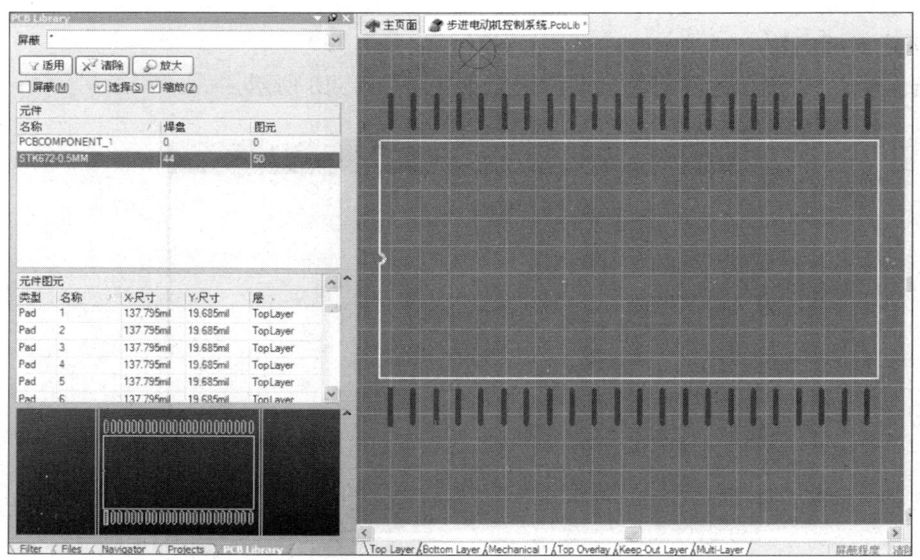

图 2—4—15　旋转之后的封装图形

10. 设置参考点

执行菜单命令【编辑】/【设定参考点】/【引脚 1】，将参考点设定到 1 号焊盘。

11. 修改焊盘数目和外轮廓线

（1）删除标识符为 23～44 的焊盘。

（2）单击要删除的轮廓线，按键盘“Delete”键将轮廓线删除，如图 2—4—16 所示。

（3）分别双击四条外轮廓线，修改轮廓线端点坐标，新轮廓的顶点坐标分别为（−6.25 mm，3 mm）、（−6.25 mm，26 mm）、（48.25 mm，26 mm）和（48.25 mm，3 mm）。自制的四相步进电动机驱动器封装如图 2—4—17 所示。

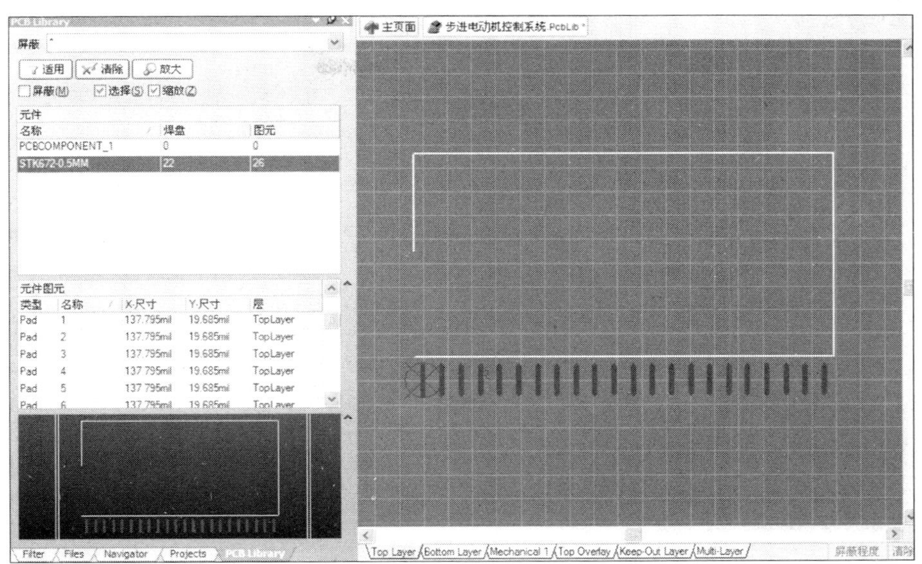

图 2—4—16　删除焊盘和部分轮廓线后

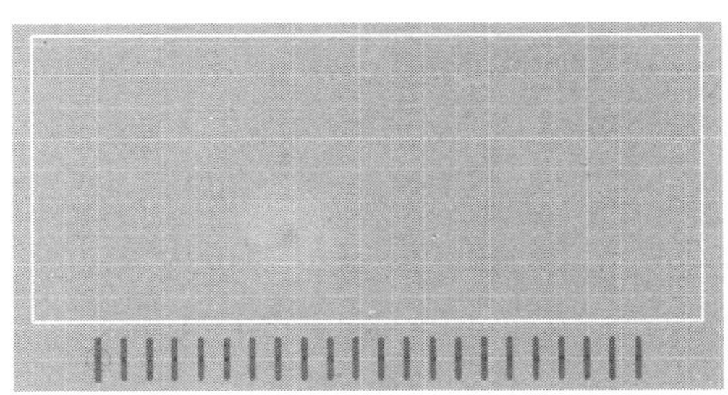

图 2—4—17　四相步进电动机驱动器的封装图形

注意：外轮廓矩形各顶点的位置必须以实际元器件的外形尺寸为依据确定。

12. 保存自制完成的“**STK672－0.5 mm**”封装。

四、用手工法制作按键开关的封装

1. 新建元件封装

在“PCB Library”工作面板的“元件”区域单击鼠标右键，在弹出的快捷菜单中执行【新建空元件】命令，新建一个元件封装。如图 2—4—18 所示。

2. 重命名封装

双击新封装名称，如图 2—4—19 所示，将其封装名改为“**BUTTON**”。

3. 放置焊盘

(1) 执行菜单命令【放置】/【焊盘】，或单击 PCB 库放置工具栏的◎工具按钮，放置焊盘。按“Tab”键，如图 2—4—20 所示，修改焊盘外径为 70 mil×70 mil、孔径为 32 mil。

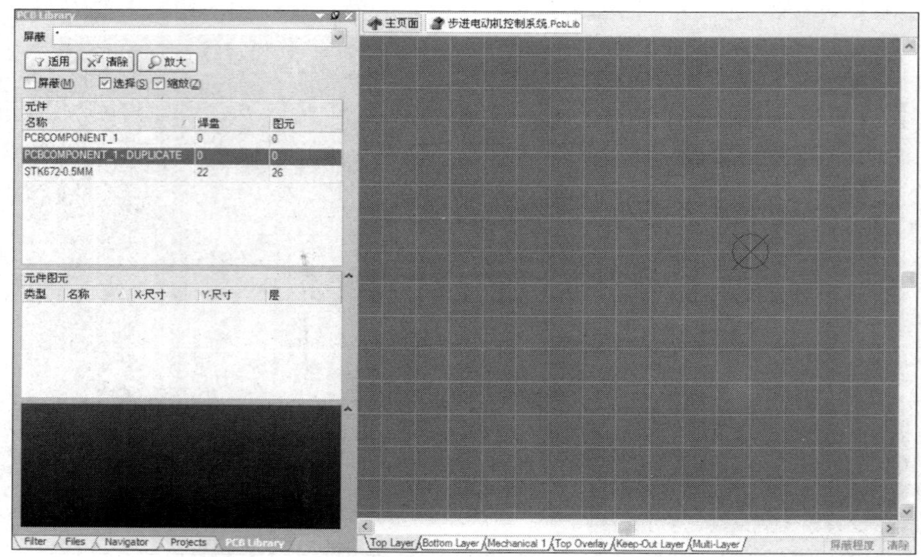

图 2—4—18　新建的元件封装

图 2—4—19　库元件参数对话框

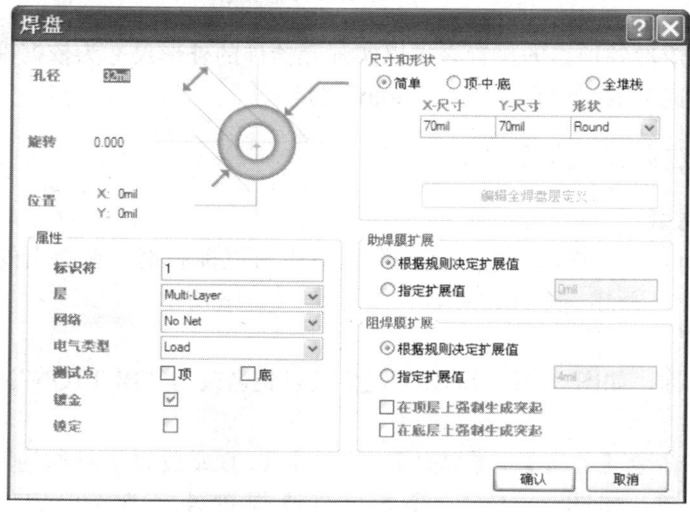

图 2—4—20　焊盘属性对话框

（2）依次放置并修改另外三个焊盘的属性，设置“1”号焊盘为坐标原点，焊盘间距为 190 mil×280 mil，如图 2—4—21 所示。

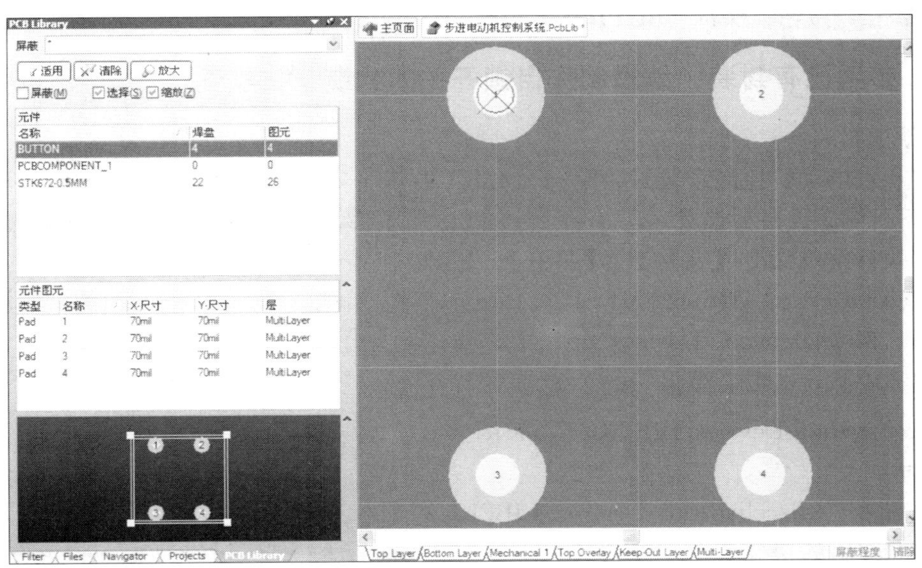

图 2—4—21　焊盘放置完成

4. 绘制轮廓线

按键盘“＋”“－”键将工作层面切换到“Top Overlay”，执行菜单命令【放置】/【直线】，依次绘制四条轮廓线段，轮廓大小为 290 mil×380 mil，外轮廓矩形的四个顶点坐标分别为（－50 mil，50 mil）、（240 mil，50 mil）、（240 mil，－330 mil）和（－50 mil，－330 mil），绘制完成如图 2—4—22 所示。

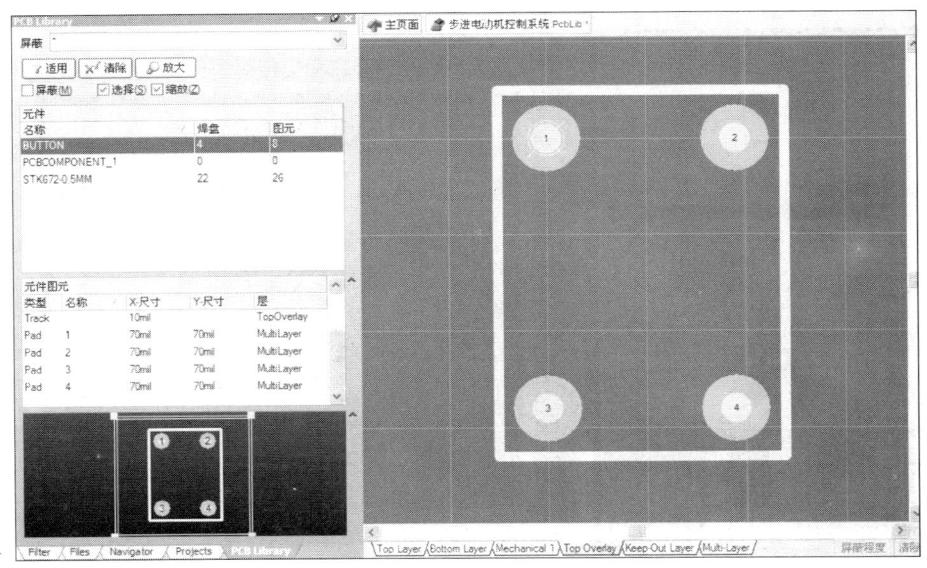

图 2—4—22　按键开关元器件的封装

5. 设置参考点

执行菜单命令【编辑】/【设定参考点】/【引脚 1】，将参考点设定到 1 号焊盘上。

6. 单击按钮，保存“**BUTTON**”封装。

五、参考已有封装、编辑制作自锁开关的封装

1. 新建封装

在“步进电动机控制系统封装库 . PcbLib”中新建名为“SWITCH”的元件封装。

2. 打开内置元件封装库

（1）执行菜单命令【文件】/【打开】，打开“C：\ Program Files \ Altium2004 SP2 \ Library”中集成库“Miscellaneous Devices. IntLib”，弹出抽取源码或安装对话框，单击 抽取源(E) 按钮，打开库“Miscellaneous Devices. LIBPKG”，如图 2—4—23 所示。

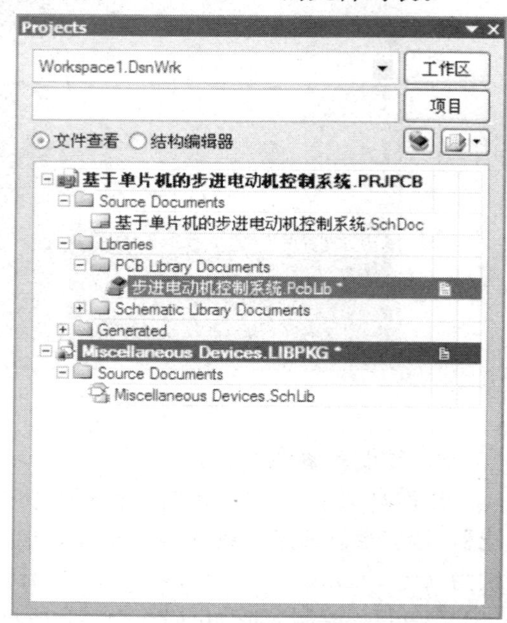

图 2—4—23　打开的集成库项目文件

（2）右击“Miscellaneous Devices. LIBPKG”项目名，在弹出的快捷菜单中执行【追加已有文件到项目中】命令，将路径“C：\ Program Files \ Altium2004 SP2 \ Library \ Miscellaneous Devices”中的“Miscellaneous Devices. PcbLib”追加到项目中。

（3）单击工作面板“PCB Library”，选定元件区中“DPDT－6”封装，如图 2—4—24 所示。

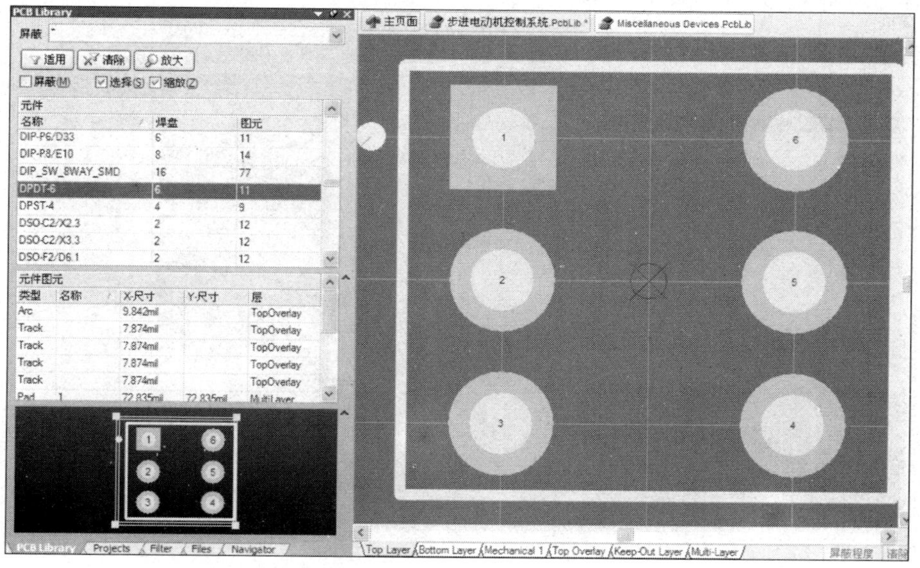

图 2—4—24　找到参考封装

3. 复制粘贴参考封装

（1）选中“DPDT－6”封装的所有元素。执行菜单命令【编辑】/【复制】，或单击按钮，选定一个参考点，单击鼠标左键完成复制。

（2）在“Project”工作面板，打开“步进电动机控制系统封装库.PcbLib”中的“SWITCH”封装，单击按钮，将已复制的“DPDT－6”封装粘贴到封装“SWITCH”的工作区，如图2—4—25所示。

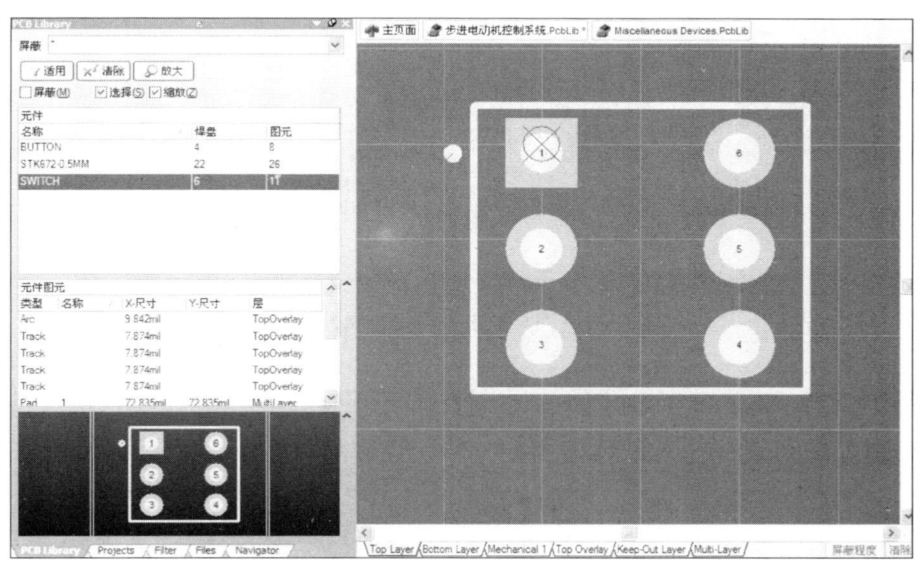

图2—4—25　粘贴复制的参考封装

4. 修改封装相关参数

参照图2—4—3所示，修改如图2—4—25所示焊盘的尺寸、标识符。

（1）双击图2—4—25中的“1”号焊盘，如图2—4—26所示，修改焊盘的内径为32 mil，“X－尺寸”和“Y－尺寸”均设定为60 mil。其余焊盘参数修改同上。

（2）将参考点设定到“1”号焊盘，绘制好的“SWITCH”封装如图2—4—27所示。

5. 保存

单击主工具栏的按钮，保存“SWITCH”封装。此时在“步进电动机控制系统封装库.PcbLib”中完成了三个封装形式：STK672－0.5 mm、BUTTON和SWITCH。

六、创建项目独立的元件库

1. 打开文件

打开脉冲抖动去除电路的PCB项目文件，打开要创建元件库的脉冲抖动去除电路原理图。

2. 创建原理图个性化元件库

详见模块一任务6中操作。

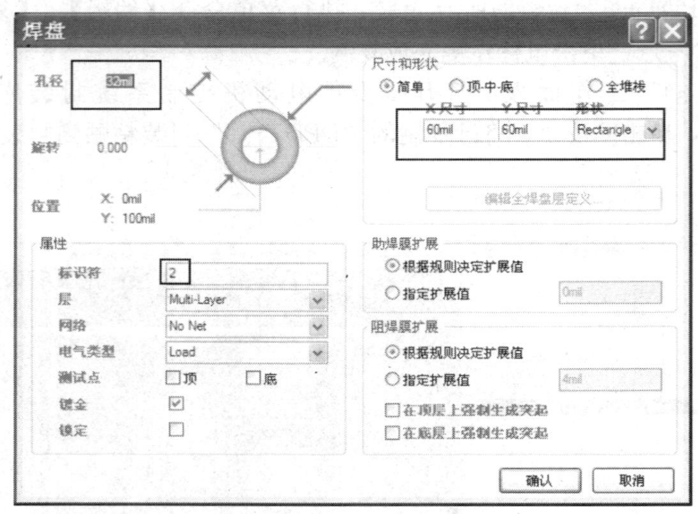

图 2—4—26　原来 1 号焊盘属性修改

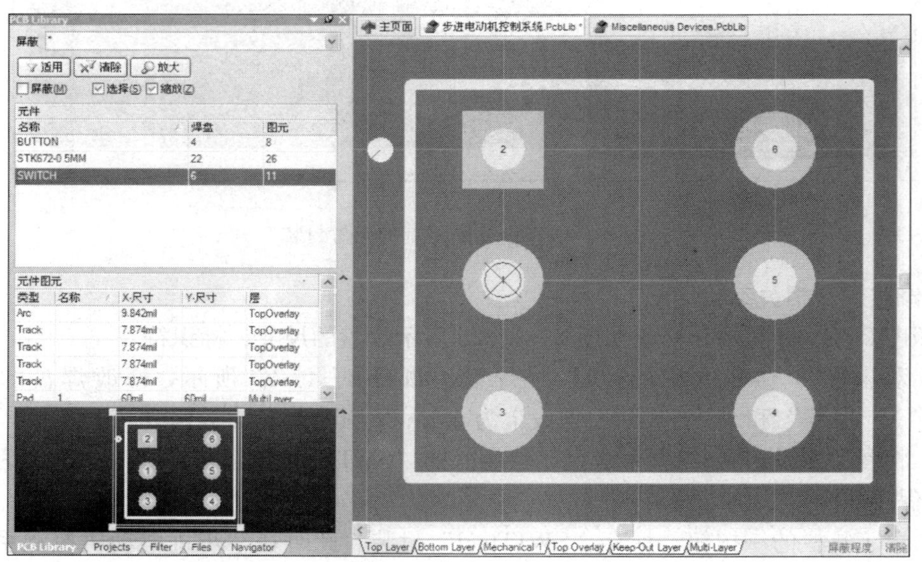

图 2—4—27　SWITCH 的封装

3. 创建 **PCB** 的元件封装库

(1) 打开模块二任务 2 中已设计完成的脉冲抖动去除电路的 PCB 文件，执行菜单命令【设计】/【生成 PCB 库】，创建的元件封装库如图 2—4—28 所示。

(2) 将创建的 PCB 元件封装库追加到项目中，如图 2—4—29 所示。

4. 单击主工具栏的按钮，或执行【文件】/【保存】菜单命令，保存创建的 PCB 图元件封装库。

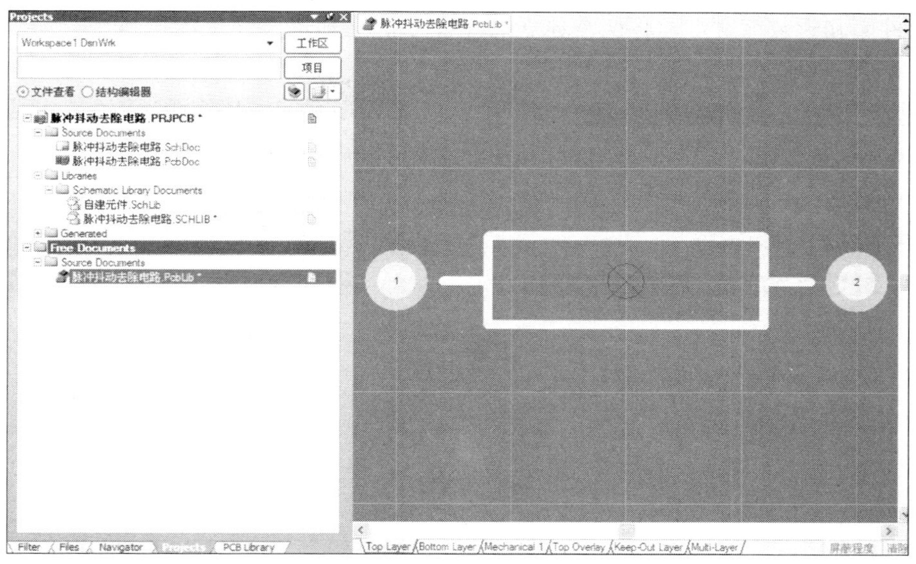

图 2—4—28　创建的 PCB 图元件封装库

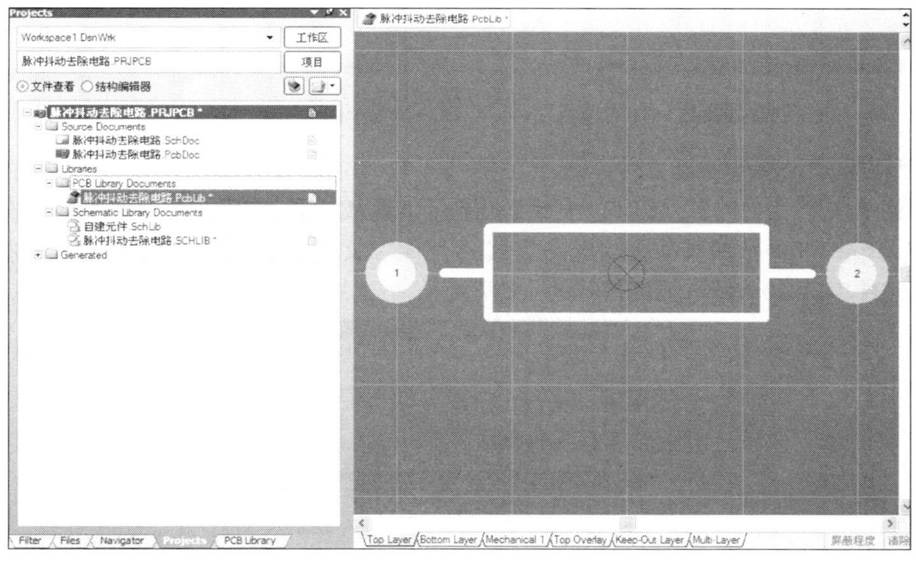

图 2—4—29　将 PCB 图元件封装库追加到项目中

七、创建集成元件库

1. 创建集成元件库项目文件

执行菜单命令【文件】/【创建】/【项目】/【集成元件库】，创建的集成元件库项目文件如图 2—4—30 所示。

2. 添加库文件

执行菜单命令【项目管理】/【追加已有文件到项目中】，分别选择脉冲抖动去除电路的原理图元件库和封装库文件，将两个独立的元件库追加到集成元件库项目中。添加成功后，如图 2—4—31 所示。

图 2—4—30　创建的集成元件库项目文件

图 2—4—31　添加的库文件

3. 保存集成元件库项目文件

执行菜单命令【文件】/【保存项目】，保存该集成元件库项目文件到上述文件夹中的“Project Outputs for 脉冲抖动去除电路集成元件库”文件夹中，并命名为“脉冲抖动去除电路集成元件库. LibPkg”，如图 2—4—32 所示。

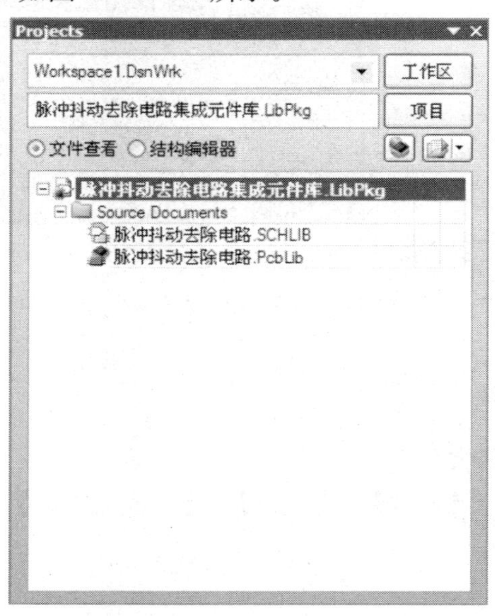

图 2—4—32　保存集成元件库项目文件

4. 编辑集成元件库项目文件

执行菜单命令【项目管理】/【Compile Integrated Library 脉冲抖动去除电路集成元件库.LibPkg】。编辑完成后，弹出如图 2—4—33 所示元件库对话框，该对话框中自动添加并显示集成元件库“脉冲抖动去除电路集成元件库.IntLib”的信息。

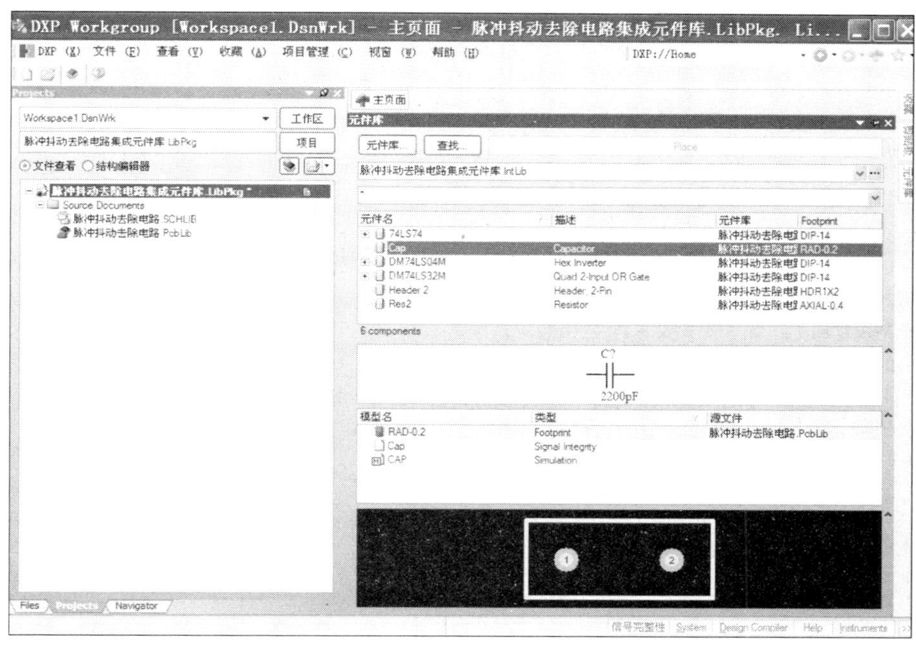

图 2—4—33　编辑集成元件库项目文件

任务评价

表 2—4—1　　　　**评分标准**

序号	项目	内容	评分标准	配分	得分
1	创建 PCB 库文件	创建 PCB 库文件	文件创建正确：5 分；文件创建不正确：0 分	5	
		保存 PCB 库文件	文件保存正确：3 分；文件保存不正确：0 分	3	
2	设置封装编辑器环境参数	显示原点标记	原点标记显示：4 分；原点标记不显示：0 分	4	
		设置库选择项参数	参数设置正确：5 分；参数设置不正确：0 分	5	
		设置层次颜色参数	参数设置正确：3 分；参数设置不正确：0 分	3	

续表

序号	项目	内容	评分标准	配分	得分
3	运用向导制作封装	运用向导新建封装	设置每错一处扣1分	10	
		修改封装图形	修改不正确每处扣1分	10	
4	手工制作按键开关的封装	新建空的封装	新建正确：3分；新建不正确：0分	3	
		封装命名	命名正确：3分；命名不正确：0分	3	
		放置焊盘	每错一处扣1分	7	
		绘制轮廓线	每错一处扣1分	7	
5	以系统元件封装为基础制作自锁开关的封装	打开系统元件封装库	打开正确：7分；打开不正确：0分	7	
		复制粘贴参考封装	复制粘贴正确：5分；复制粘贴不正确：0分	5	
		修改封装相关参数	修改每错一处扣1分	8	
6	创建项目独立的元件库	创建项目独立的元件库	创建正确：10分；创建不正确：0分	10	
7	创建集成元件库	创建集成元件库	创建正确：10分；创建不正确：0分	10	
	总分合计			100	

思考与练习

1. 如图2—4—34所示，利用向导制作七段数码管封装“LED _ DIP10”。其中焊盘外径尺寸为100 mil×60 mil，焊盘孔径为32 mil。

2. 如图2—4—35所示，利用向导制作四位一体七段数码管封装“4IN1 _ DIP12”。其中焊盘外径尺寸为60 mil×60 mil，焊盘孔径为32 mil。

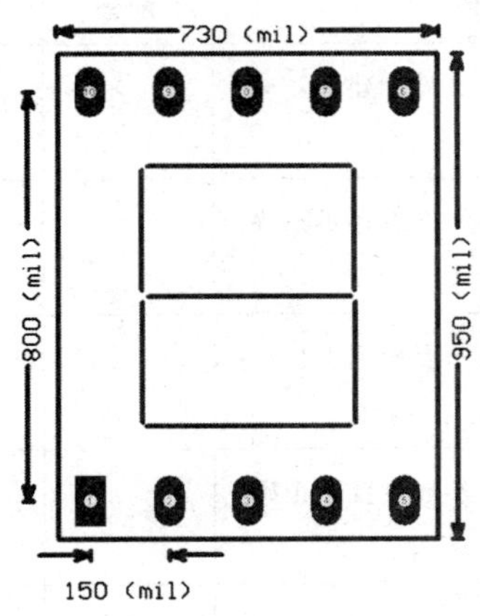

图2—4—34 封装“LED _ DIP10”

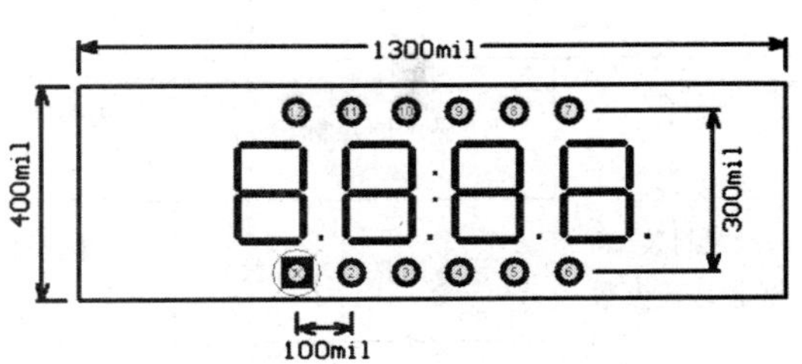

图2—4—35 封装“4IN1 _ DIP12”

3. 手工制作如图 2—4—36 所示的继电器封装“JDQ”。其中焊盘外径尺寸为 80 mil×80 mil，焊盘孔径为 32 mil。

4. 软件封装库中有一个“DSUB1.385－2H9”封装类型，请在它的基础上制作如图 2—4—37 所示的 COM 口公头封装“DB9/M”。

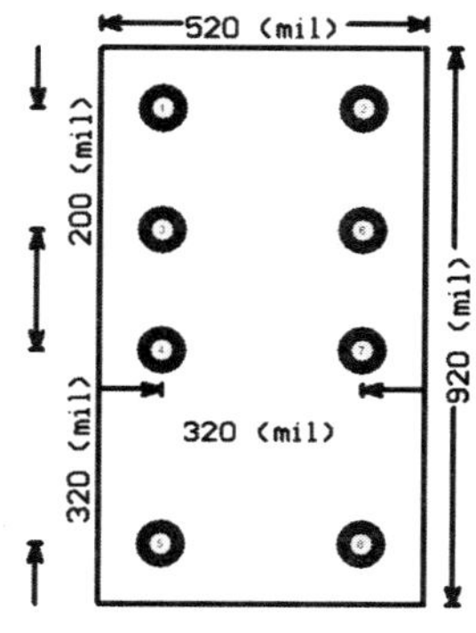

图 2—4—36　封装“JDQ”

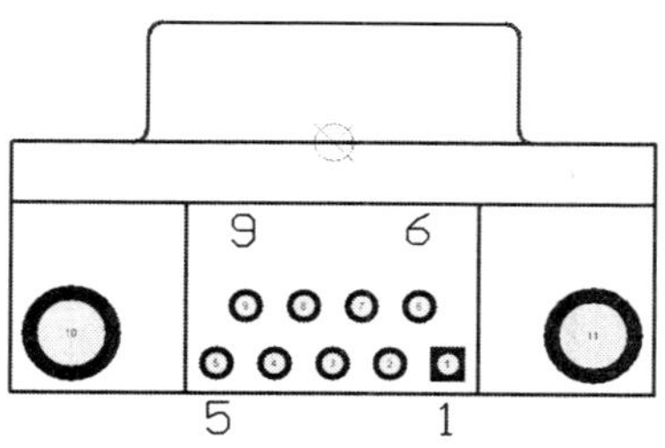

图 2—4—37　封装“DB9/M”

提示：封装“DSUB1.385－2H9”在集成元件库“Miscellaneous Connectors.IntLib”中。

5. 在模块二任务 2 的思考与练习题 3 高灵敏度无线话筒 PCB 图的基础上创建该电路项目的独立元件库以及集成元件库。

任务 5　复杂电路多层 PCB 设计

◆ **技能点**

◎ 运用 PCB 编辑器设计多层印制电路板

◎ 印制电路板设计的后续优化处理

◆ **知识点**

◎ 高速印制板设计的一般原则

◎ 多层印制电路板的设计步骤

任务提出

随着电子产品向高速、低耗、小体积、高抗干扰性方向发展，对印制电路板的设计提出了更高要求。而多层印制电路板以其布线层数多、装配密度高、可靠性高等优势广泛应用于高速电子设备中，因此，多层板的设计是 PCB 设计人员的必备技能之一。本次任务是在图 1—5—2 基于单片机的步进电动机控制系统原理图基础上，设计出如图 2—5—1 所示的四层 PCB，技术要求如下：

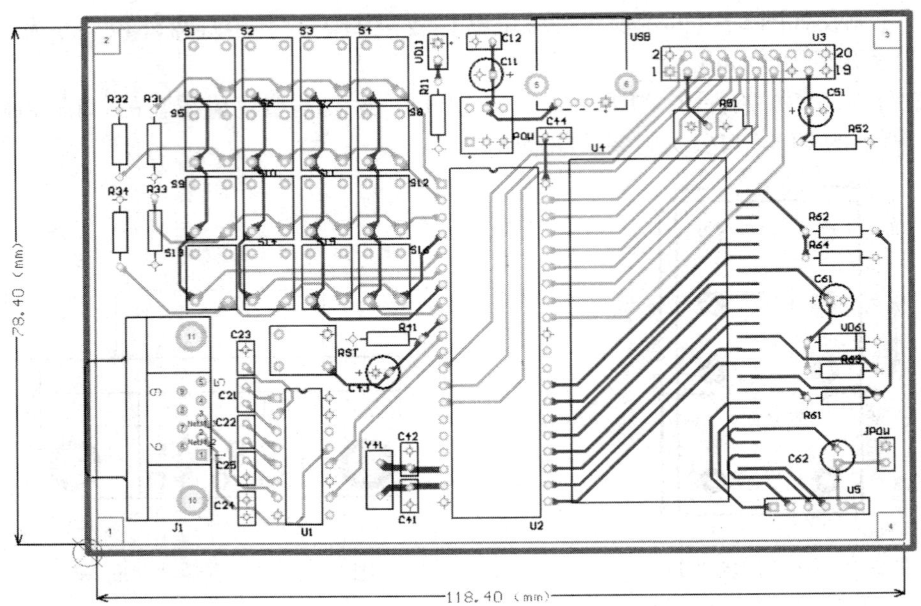

图 2—5—1　基于单片机的步进电动机控制系统电路的 PCB 图

1. 四层板（两个信号层和两个内部电源/接地层），电路板尺寸为 121 mm×81 mm，禁止布线区与板边沿的距离为 1.3 mm。

2. 采用插针式元件，焊盘之间允许走一根铜膜导线。

3. 信号层的安全间距为 0.3 mm，电源/接地层的安全间距为 0.6 mm。

4. 时钟线铜膜导线宽度为 1 mm，其余铜膜导线宽度为 0.4 mm，导线拐角为 45°。

5. 在电路板四角放置 4 个圆形安装孔，孔径为 2 mm。

6. 电源/接地层的连接方式为 Relief Connect，导线宽度和空隙间距为 0.4 mm，扩展距离为 0.6 mm。

7. 所有焊盘及过孔补泪滴。

8. 对所有信号层覆铜。覆铜接入地网络，与地网络的连接方式为 Relief Connect，导线宽度为 0.4 mm。

9. 对 PCB 进行设计规则检查。

任务分析

多层 PCB 的设计可采用模块二任务 2 或任务 3 中的相关设计流程进行，不同的是多层板含有内部电源/接地层或中间信号层，必须熟悉层堆栈管理器和内部电源/接地层或中间信号层相关设计规则的设置方法。

相关知识

一、地线设计

电子产品中的接地设计是控制干扰的重要方法。地线结构大致有系统地、机壳地（屏蔽地）、数字地（逻辑地）和模拟地等。地线设计中应注意以下几点：

1. 正确选择单点接地与多点接地

低频电路中，其布线和元器件间的电感影响较小，而接地电路形成的环流对干扰影响较大，因而应采用一点接地；高频电路中地线阻抗影响大，应尽量降低地线阻抗，采用就近多点接地。

2. 将数字电路与模拟电路分开

电路板上既有高速逻辑电路，又有线性电路，应使它们尽量分开，且两者地线不能混接，应分别与电源端地线相连。

3. 尽量加粗接地线

应将接地线尽量加粗，使它能通过三倍的印制电路板允许电流。如有可能，接地线的宽度应大于 3 mm。

4. 将接地线构成闭环路

因印制电路板上集成电路元器件较多，受接地线粗细的限制，会在地线上产生较大的电位差，引起抗噪声能力下降，但若将接地线构成环路，则会缩小电位差值，提高电子产品的抗噪声能力。

二、电磁兼容性设计

电磁兼容性设计的目的是使电子产品既能抑制各种外来的干扰，使电子产品在特定的电磁环境中能够正常工作，同时又能减少电子产品本身对其他电子产品的电磁干扰。

1. 选择合理的导线宽度

减小印制导线的电感量可以减少瞬变电流在印制导线上所产生的冲击干扰。印制导线的电感量与其长度成正比，与其宽度成反比，因此短而粗的导线对抑制干扰是有利的。分立元件电路的印制导线宽度在 1.5 mm 左右时，即可完全满足要求；集成电路的印制导线宽度可在 0.2～1.0 mm 之间选择。

2. 采用正确的布线策略

采用平行走线可减少导线电感，但导线之间的互感和分布电容会增加。若布局允许，最好在布线层面采用井字形交互式布线结构，在交叉孔处用金属化孔相连。为了抑制印制板导线之间的串扰，在设计布线时应尽量避免长距离的平行走线，尽可能拉开线与线之间的距离，信号线与地线及电源线尽可能不交叉。

为了避免高频信号通过印制导线时产生电磁辐射，应注意以下几点：

（1）尽量减少印制导线的不连续性，如导线宽度不要突变、导线的拐角应大于 90°、应禁止环状走线等。

（2）时钟信号走线时应靠近地线回路。

（3）总线驱动器应紧挨其欲驱动的总线。

（4）数据总线的布线应每两根信号线之间夹一根信号地线。

3. 抑制反射干扰

为了抑制出现在印制导线终端的反射干扰，除了特殊需要之外，应尽可能缩短印制导线的长度和采用慢速电路。必要时可加终端匹配，即在传输线的末端对地和电源端各加接一个相同阻值的匹配电阻。

三、去耦电容配置

在直流电源回路中，负载的变化会引起电源噪声。配置去耦电容可以抑制因负载变化而产生的噪声，是印制电路板可靠性设计的一种常规做法，配置原则如下：

1. 电源输入端跨接一个10～100 μF的电解电容器，若印制电路板的位置允许，采用100 μF以上的电解电容器的抗干扰效果会更好。

2. 为每个集成电路芯片配置一个0.01 μF的陶瓷电容器。若印制电路板空间小，可每4～10个芯片配置一个1～10 μF钽电解电容器。

3. 对于抗噪声能力弱、关断时电流变化大的ROM、RAM等存储型元器件，应在芯片的电源线（Vcc）和地线（GND）间直接接入去耦电容。

4. 去耦电容的引线不宜过长，特别是高频旁路电容不能带引线。

另外，当印制板上的接触器、继电器、按钮等元器件操作时会产生较大火花放电，必须采用RC电路来吸收放电电流。一般R取1～2 kΩ，C取2.2～47 μF。

任务实施

一、用向导规划电路板

详细操作见模块二的任务2，此处列出简明实施步骤。

1. 打开基于单片机的步进电动机控制系统电路的PCB项目文件。

2. 启动PCB向导

打开“Files”工作面板，单击“根据模板新建”选项组中的“PCB Board Wizard”项，启动PCB向导。

3. 选择电路板单位

在选择电路板单位对话框，根据具体任务要求选择“公制”单位。

4. 选择电路板配置文件

在选择电路板配置文件对话框选择“Custom”，自定义电路板的配置文件。

5. 选择电路板详情

在选择电路板详情对话框时，根据任务要求设置电路板尺寸参数，如图2—5—2所示。

6. 选择电路板层

在选择电路板层对话框时，根据任务要求设置信号层为两层，内部电源层为两层，即四层板。

7. 选择过孔风格

在选择过孔风格对话框时，选择“只显示通孔”。

8. 选择元件和布线逻辑

在选择元件和布线逻辑对话框时，根据任务要求选择“通孔元件”，邻近焊盘间的导线数为一条。

9. 选择默认导线和过孔尺寸

在选择默认导线和过孔尺寸对话框时，根据任务要求设置最小导线尺寸为0.4 mm，最小间隔为0.3 mm，如图2—5—3所示。

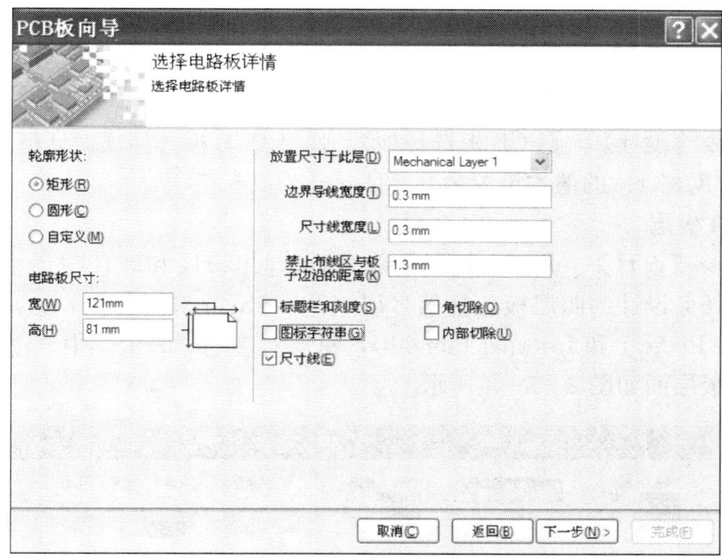

图 2—5—2　选择电路板详情

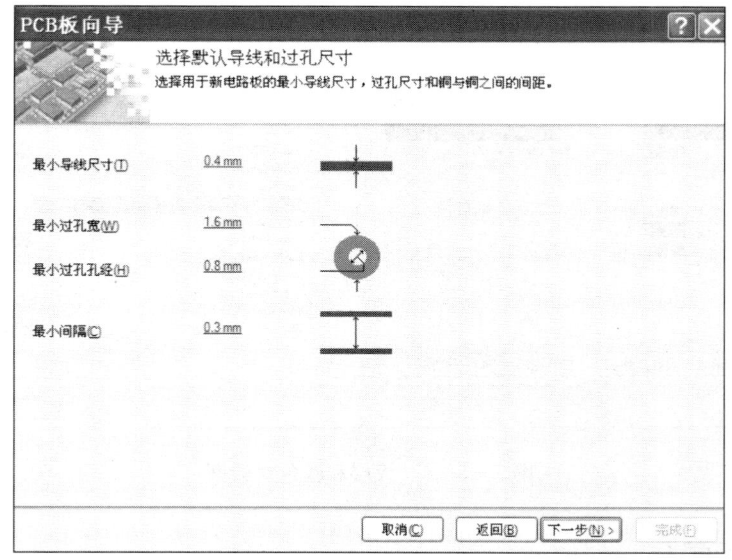

图 2—5—3　选择默认导线和过孔尺寸

10. 完成 **PCB** 的创建

在电路板向导完成对话框。单击完成(F)按钮，创建完成 PCB 文件。

11. 保存新建的 **PCB** 文件

保存新建的 PCB 文件，并命名为“基于单片机的步进电动机控制系统 . PcbDoc”。

12. 将新建的 **PCB** 文件追加到项目中

右击项目文件名“基于单片机的步进电动机控制系统. PRJPCB”，在弹出的快捷菜单中执行【追加已有文件到项目中】命令，将上述新建的 PCB 文件加入到项目中。

二、设置工作参数

1. 设置 PCB 板选择项

执行菜单命令【设计】/【PCB 板选择项】，弹出 PCB 板选择项对话框，将“捕获网格”“元件网格”和“网格 1”的值均设置为 0.254 mm。

2. 查看 PCB 板层

执行菜单命令【设计】/【PCB 板层次颜色】，弹出板层和颜色对话框，如图 2—5—4 所示可看到本次任务设计的四层板包括信号层（Top Layer 和 Bottom Layer）和内部电源/接地层（Internal Plane 1 和 Internal Plane 2），每层对应的“表示”中“√”表明该层被打开，其他被打开板层面如图 2—5—4 所示。

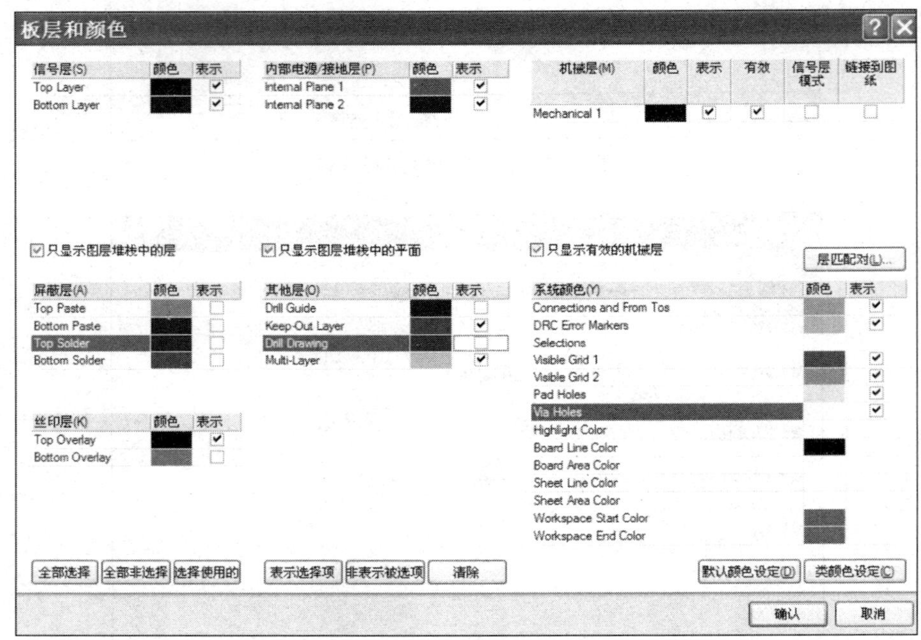

图 2—5—4　板层和颜色对话框

三、放置安装孔

具体操作见模块二的任务 2。四个安装孔中心的坐标分别为（3.3 mm，3.3 mm）、（3.3 mm，77.7 mm）、（117.7 mm，77.7 mm）和（117.7 mm，3.3 mm），根据任务要求孔径、直径均为 2 mm。

四、加载元件封装库

本任务中所用元件封装分布在 Miscellaneous Devices. IntLib、Miscellaneous Connectors. IntLib、AMP Serial Bus USB. IntLib、Philips Microcontroller 8－Bit. IntLib 以及步进电机控制系统封装库 . PcbLib（自制封装库）中，故需加载以上五个库。

五、载入网络表

执行菜单命令【设计】/【Import Changes From 基于单片机的步进电动机控制系统.PRJPCB】，具体操作参见模块二任务 2，完成网络表的装载后如图 2—5—5 所示。

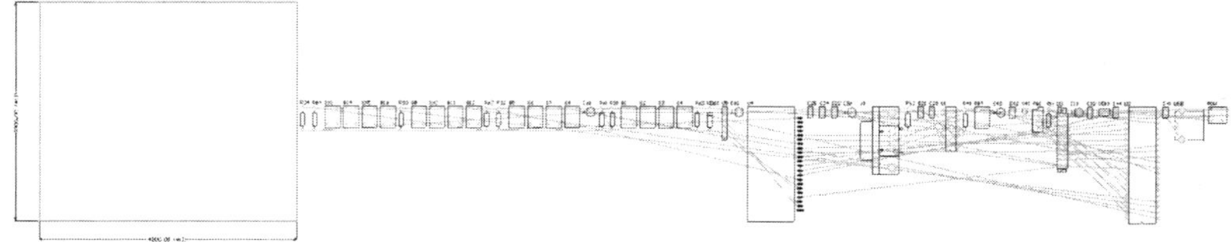

图 2—5—5　完成装载网络表

六、设置图层堆栈管理器

1. 执行菜单命令【设计】/【层堆栈管理器】，弹出图层堆栈管理器对话框，如图 2—5—6所示。双击“Internal Plane 1 (No Net)”，弹出编辑层对话框，在“网络名”下拉列表里选择 GND，如图 2—5—7 所示。

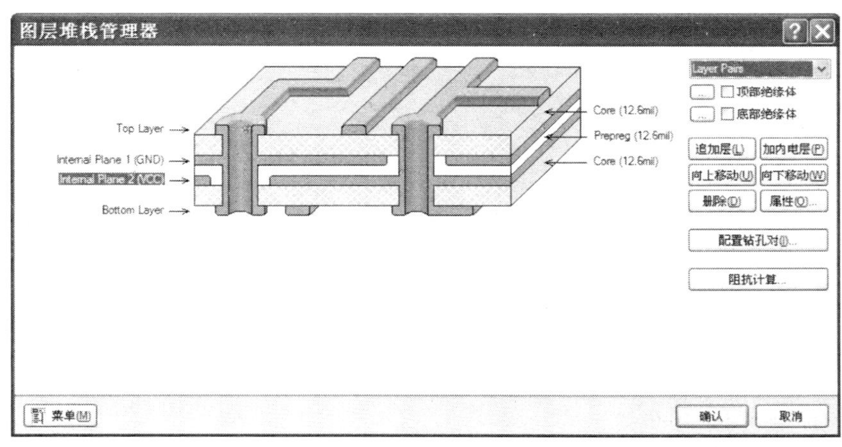

图 2—5—6　图层堆栈管理器对话框

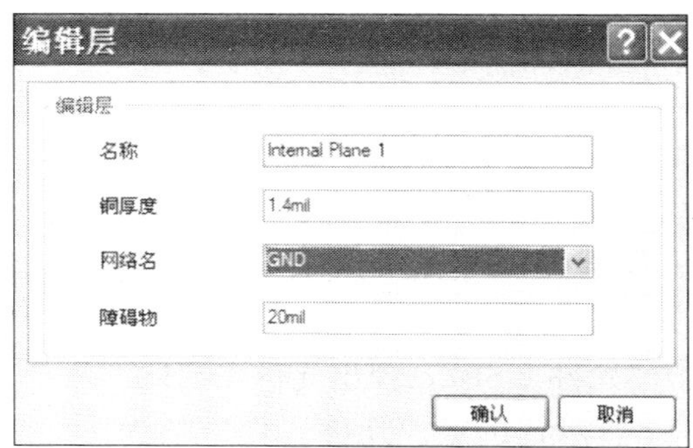

图 2—5—7　编辑层对话框

2. 以同样方法将 Internal Plane 2 的网络名设置为 VCC。

3. 确认后弹出确认阻抗配置更新对话框，单击 OK 按钮，完成图层堆栈管理器设置。

4. 若还需添加多层PCB的信号层或内部电源/接地层，可在如图2—5—6所示图层堆栈管理器对话框中根据需要添加或删除信号层或内部电源/接地层。

七、布局

1. 设置布局规则

具体操作见模块二任务2，主要设置信号层安全间距为0.3 mm，如图2—5—8所示。

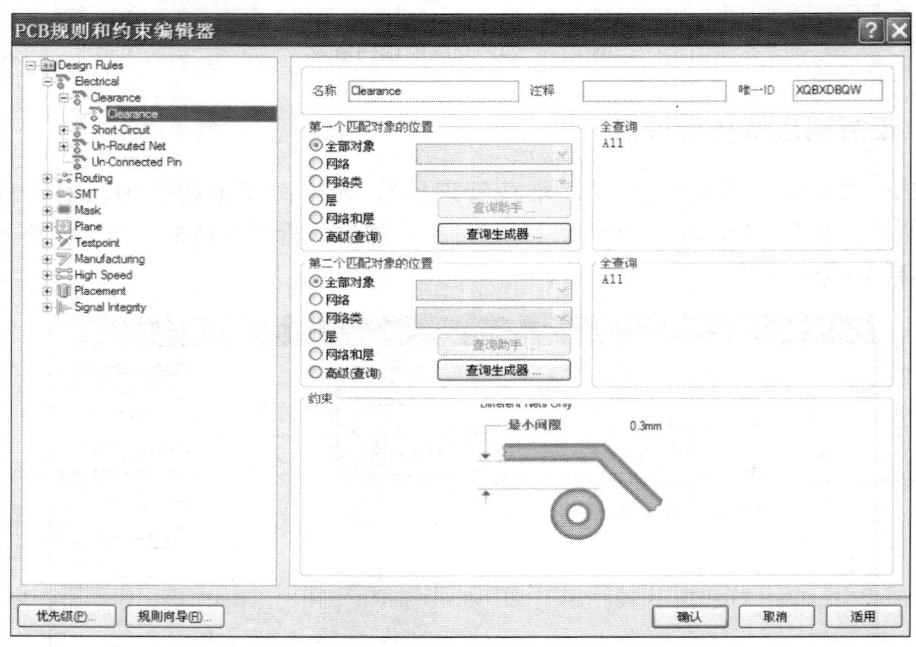

图2—5—8 设置信号层安全间距

2. 特殊元件预布局锁定

基于单片机的步进电动机控制系统电路中USB接口USB、串口接口J21、液晶显示电路接口U3、15 V电源接入口JP12、步进电动机接入口B1都与外界输入、输出端有联系，应布局在板边缘，便于安装连接，故需对上述元器件采用预先布局并将其位置锁定，为自动布局作准备。

(1) 查找元器件。执行菜单命令【编辑】/【跳转到】/【元件】，弹出元件编号对话框，如图2—5—9所示。输入USB后单击 确认 按钮，光标将自动定位于元件USB处。

(2) 元器件布局。将元器件USB拖动到电路板电气边框内部边缘处。

(3) 锁定元器件。双击“元件USB”，弹出元件USB的属性对话框，如图2—5—10所示，选定“元件属性”项内的“锁定”复选框。

图2—5—9 元件编号对话框

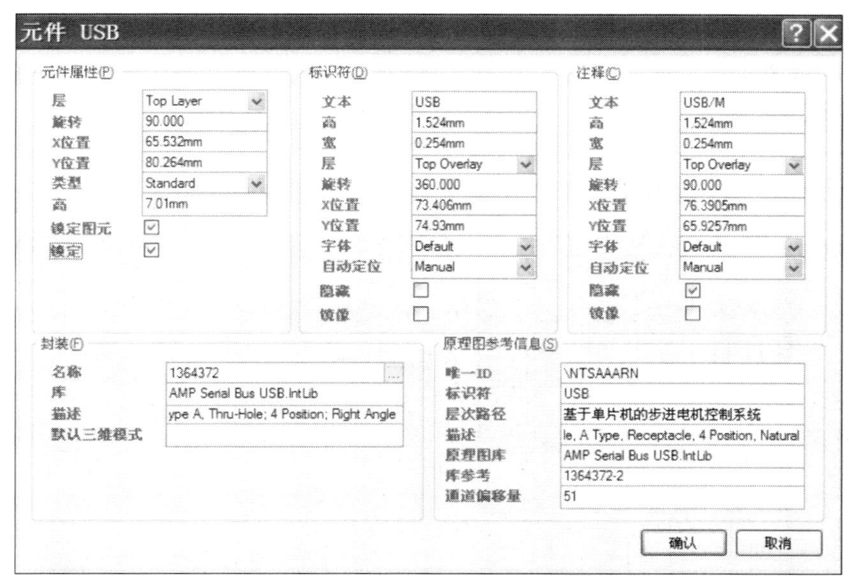

图 2—5—10　锁定元件 USB

（4）用相同方法将元器件 J21、U3、JP12 和 B1 移到相应位置，并逐一锁定。

3. 自动布局

执行菜单命令【工具】/【放置元件】/【自动布局】，因元器件较多，此处选择“统计式布局”。布局完成后如图 2—5—11 所示。

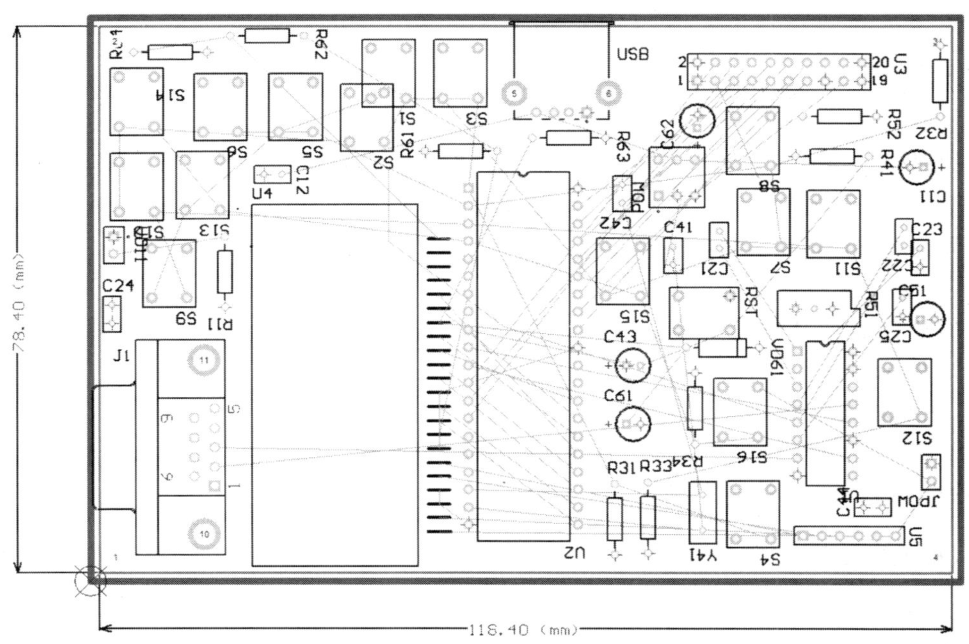

图 2—5—11　自动布局完成

注意：自动布局时，不会对锁定元器件进行再布局。当操作涉及锁定对象时，弹出锁定对象操作确认对话框。若单击 Yes 按钮，则操作可继续进行，否则，操作将被取消。

4. 手工调整布局

对图 2—5—11 中不理想的布局通过移动、旋转和调整工具反复进行手工调整，实现最终的布局，如图 2—5—12 所示。

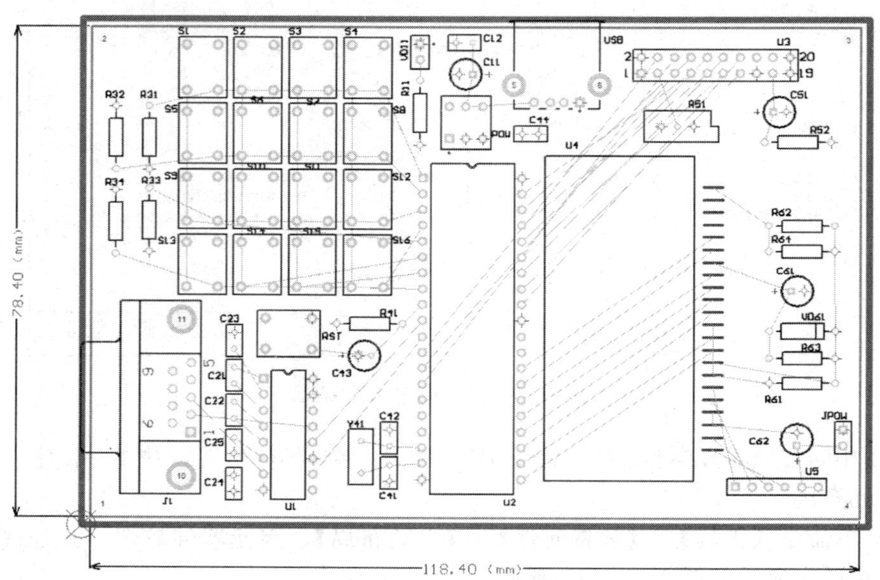

图 2—5—12 PCB元件最终布局

八、布线

1. 设置布线规则

具体操作见模块二任务 2，因在使用向导规划电路板时部分参数已经设置，根据任务要求只需增加时钟线线宽为 1 mm，设置信号层布线层面、电源/接地层连接方式、电源/接地层安全间距和覆铜连接方式，依次按照图 2—5—13 至 2—5—20 所示进行。

2. 自动布线

执行菜单命令【自动布线】/【全部对象】，启动自动布线进程，完成布线后，如图 2—5—21 所示。

3. 手工调整布线

对图 2—5—21 中不理想的布线通过交互式布线进行手工调整，具体操作见模块二任务 2，最终的布线如图 2—5—22 所示。

九、布线后的优化处理

1. 补泪滴

在电路板设计中，为防止机械制板时焊盘与导线断开，常在焊盘和导线之间布置一个过渡区，形状像泪滴，称作泪滴。

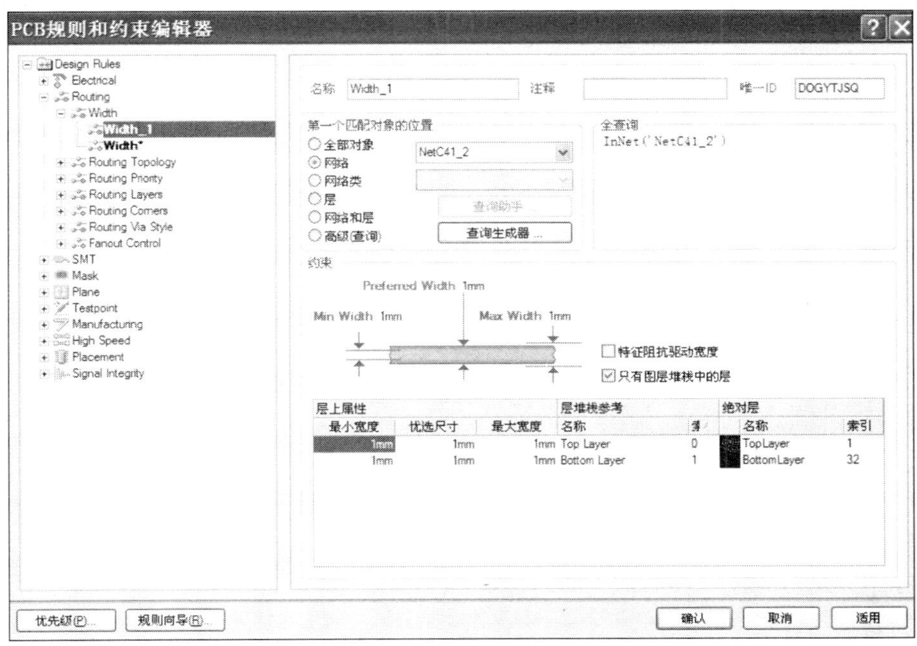

图 2—5—13　设置时钟线线宽为 1 mm（1）

图 2—5—14　设置时钟线线宽为 1 mm（2）

图 2—5—15　设置信号层布线层面

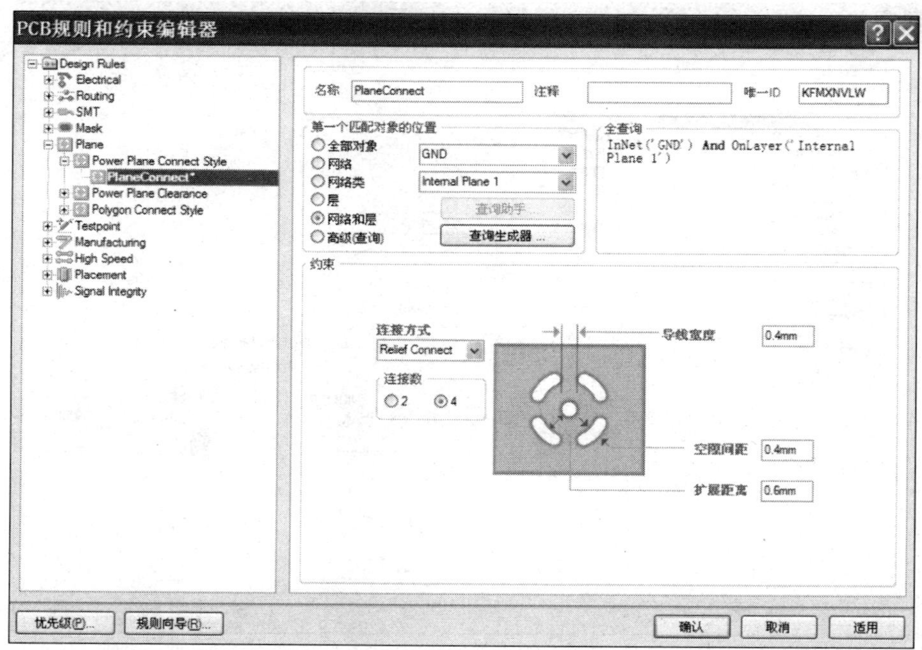

图 2—5—16　设置电源/接地层连接方式（1）

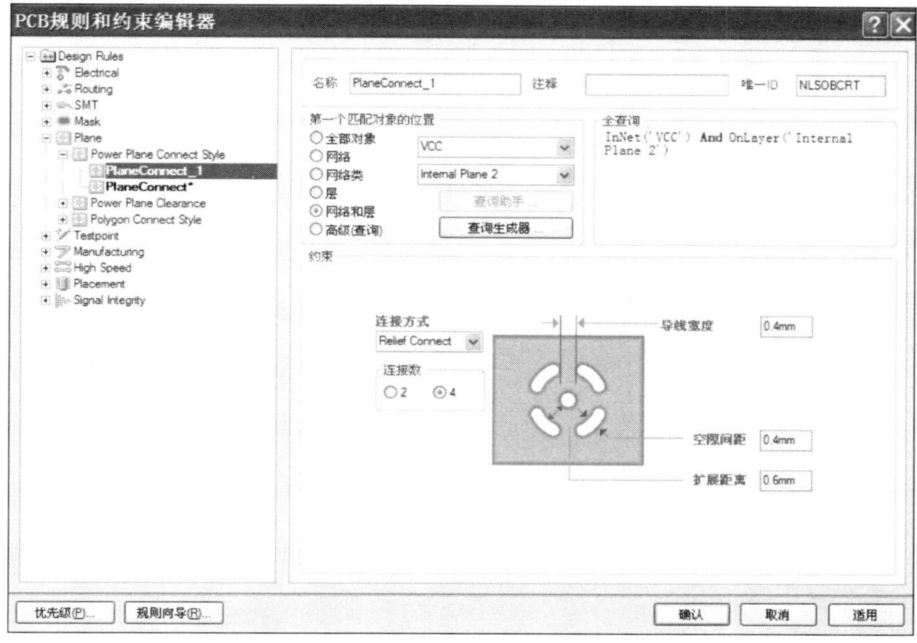

图 2—5—17　设置电源/接地层连接方式（2）

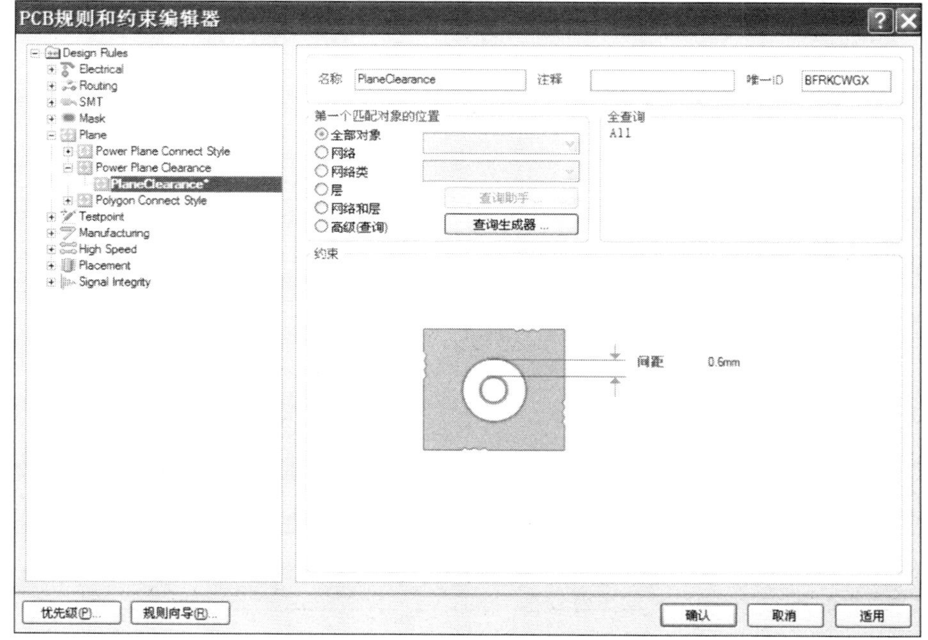

图 2—5—18　设置电源/接地层安全间距

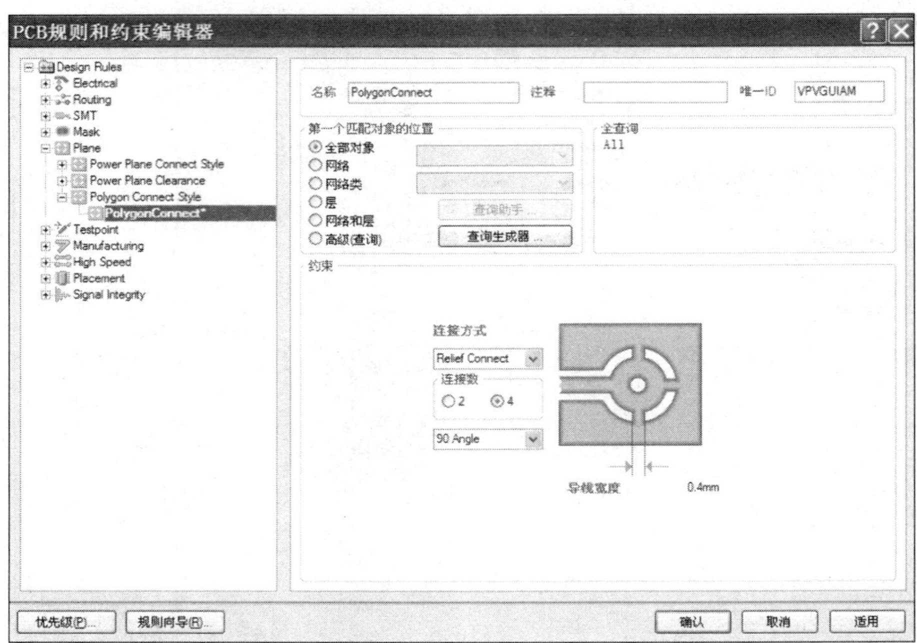

图 2—5—19　设置覆铜连接方式

图 2—5—20　设置孔径尺寸范围

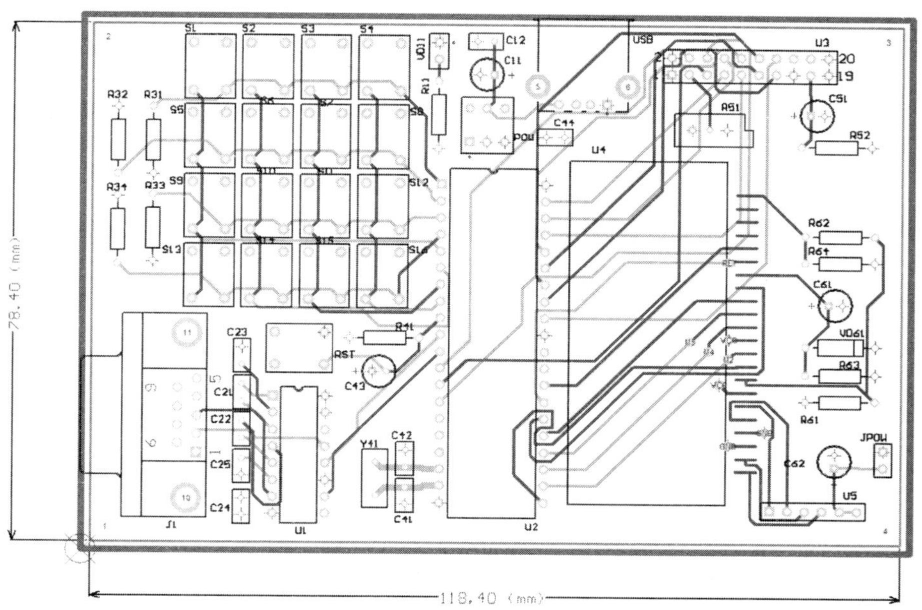

图 2—5—21　自动布线完成后

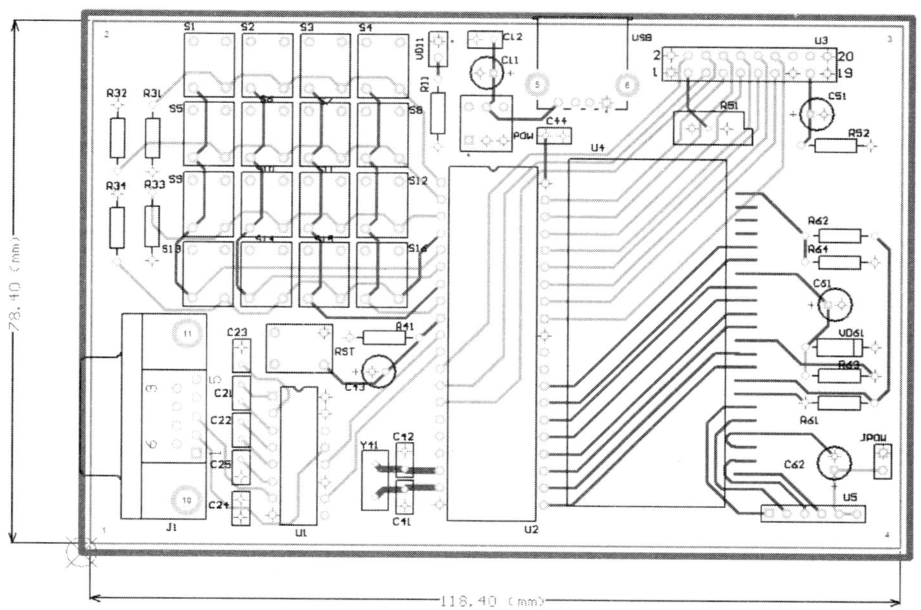

图 2—5—22　手工调整布线后

（1）执行菜单命令【工具】/【泪滴焊盘】，弹出泪滴选项对话框，按照图 2—5—23 进行设置。完成后的效果如图 2—5—24 所示。

（2）若欲取消泪滴，则只需在图 2—5—23 中的“行为”项中选择“删除”即可。

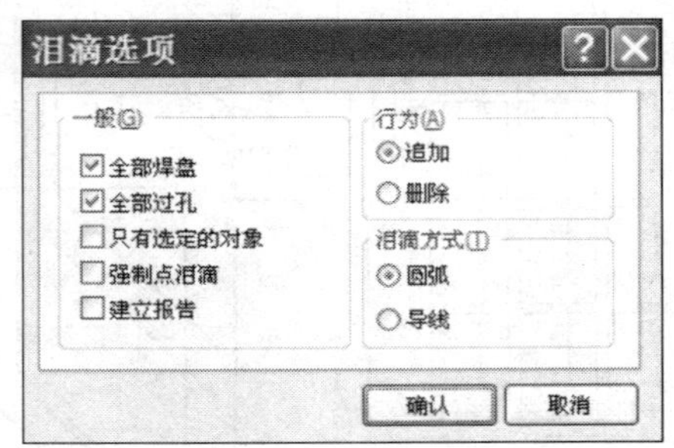

图 2—5—23　泪滴选项对话框

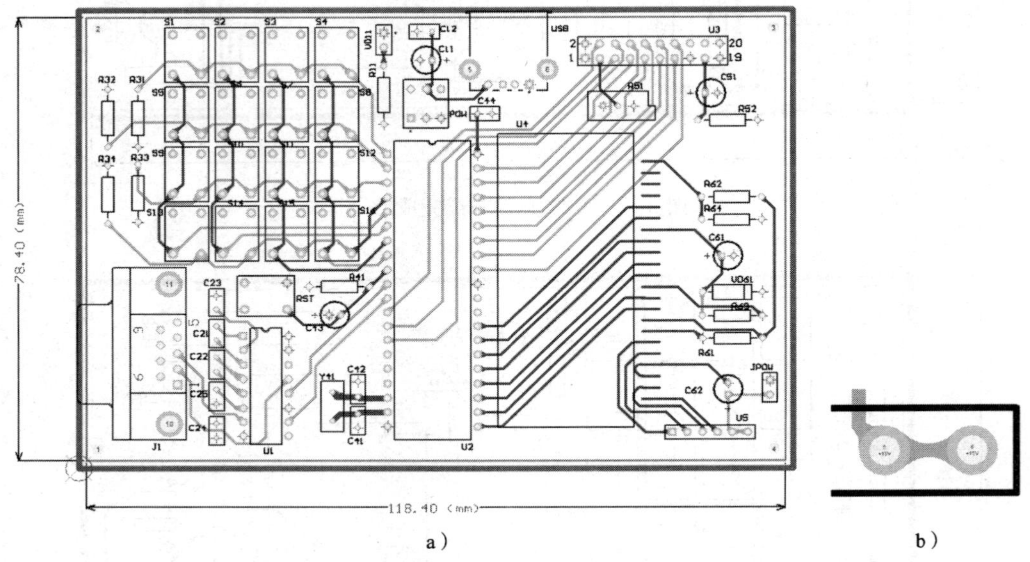

a)　　　　　　b)

图 2—5—24　补泪滴的效果

a）补泪滴后的整体效果　b）补泪滴后的局部效果

2. 覆铜

为了提高高频电路的抗干扰能力，改善大电流电路中的散热条件，完成布线后常需在印制电路的焊锡面、元器件面内将关键的网络或大面积空白区域覆满铜膜，一般将所覆的铜膜接地。

（1）将工作层面切换到“Keep－Out Layer”。执行菜单命令【放置】/【直线】，在四个安装孔的附近设置禁止布线区域。设置完成后，如图 2—5—25 所示。

（2）将工作层面切换到“Top Layer”。执行菜单命令【放置】/【覆铜】，或单击配线工具栏的按钮，弹出覆铜对话框，设置如图 2—5—26 所示。

（3）单击 确认 按钮，光标变成十字，在覆铜范围的各个端点处单击确定其位置，构成封闭的多边形状。最终完成覆铜的效果如图 2—5—27 所示。

（4）依照上述方法也可对 Bottom Layer 进行覆铜。

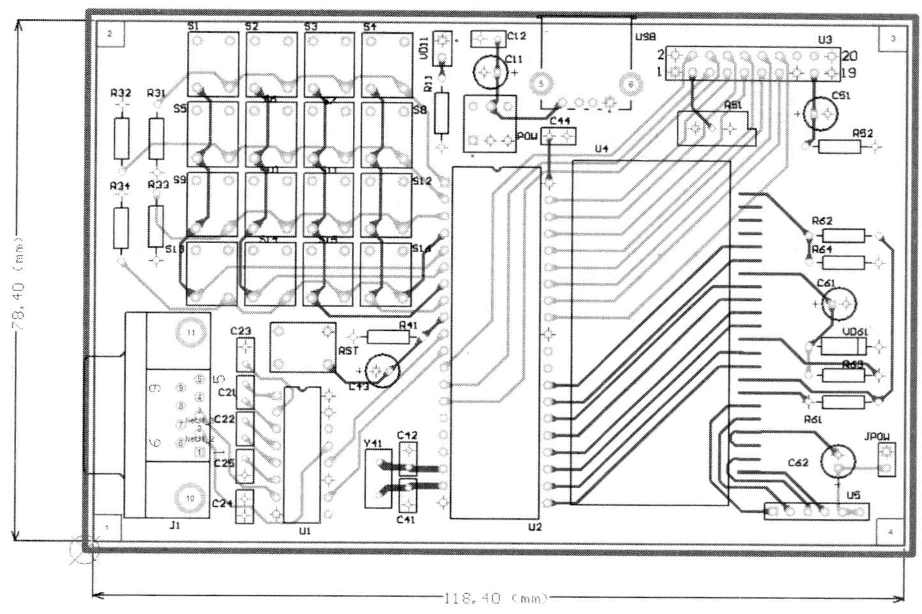

图 2—5—25　安装孔附近设置禁止布线区域

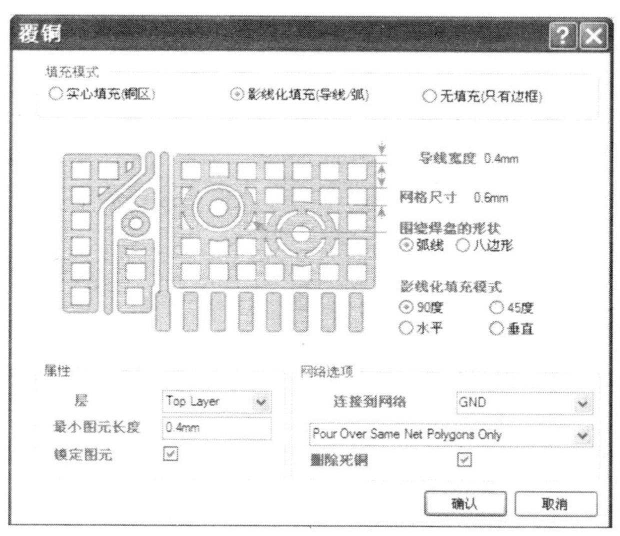

图 2—5—26　覆铜对话框

十、设计规则检查

具体操作见模块二任务 2，分析检查结果未见本 PCB 设计有违规之处。

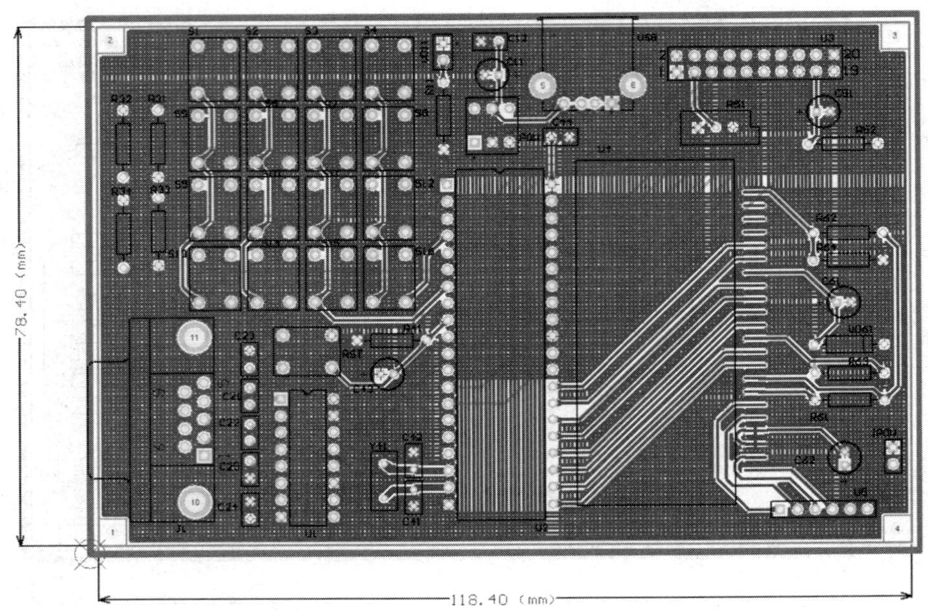

图 2—5—27　Top Layer 顶层覆铜后

十一、PCB 与原理图的关联

1. 由 PCB 更新原理图

即对 PCB 局部修改后再更新原理图。原来的基于单片机的步进电动机控制系统电路设计项目的局部原理图和 PCB，如图 2—5—28 所示。在 PCB 编辑器环境下若将 PCB 中的 R11 修改为 Re，如图 2—5—29 所示。更新原理图的操作步骤如下：

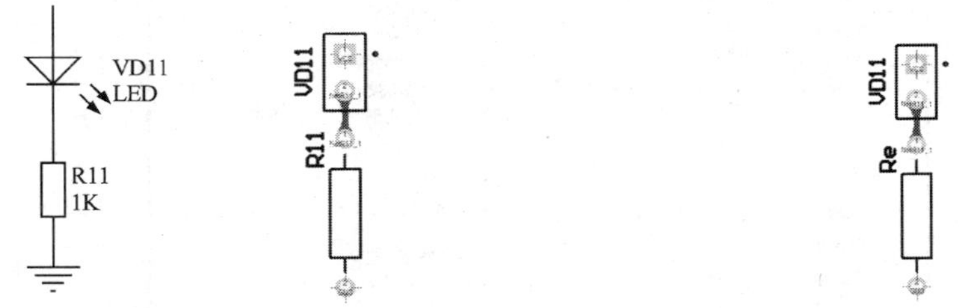

图 2—5—28　修改前的原理图和 PCB　　　　图 2—5—29　修改后的 PCB 图

（1）执行菜单命令【设计】/【Update Schematics in 基于单片机的步进电动机控制系统. PRJPCB】，弹出确认对话框，单击 Yes 按钮，弹出工程变化订单（ECO）对话框，列出所有更改内容，如图 2—5—30 所示。

（2）单击 使变化生效 按钮，检查改变是否有效。若所有改变均有效，则可单击 执行变化 按钮，将有效的修改发送到原理图文档。

图 2—5—30 工程变化订单（ECO）对话框

（3）打开原理图，更新后的原理图如图 2—5—31 所示。

2. 由原理图更新 PCB

即对原理图局部修改后更新 PCB。某一局部原理图和 PCB 如图 2—5—32 所示。在原理图编辑器环境下若将 C41 改为 Ce，如图 2—5—33 所示。更新 PCB 的操作步骤如下：

（1）执行菜单命令【设计】/【Update PCB Document 基于单片机的步进电动机控制系统. PcbDoc】，弹出工程变化订单（ECO）对话框，对话框中列出了所有更改内容。

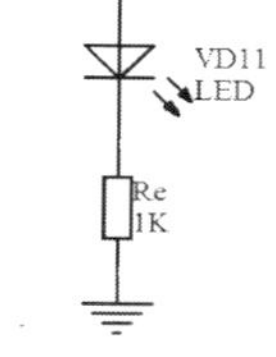

图 2—5—31 更新后的原理图

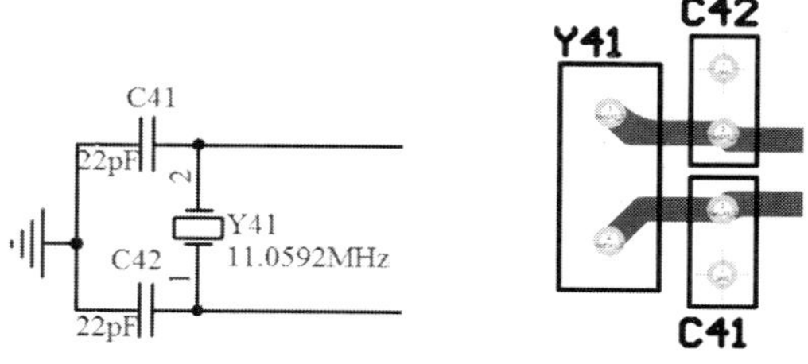

图 2—5—32 修改前的原理图和 PCB

（2）操作同上。打开 PCB，更新后的 PCB 如图 2—5—34 所示。

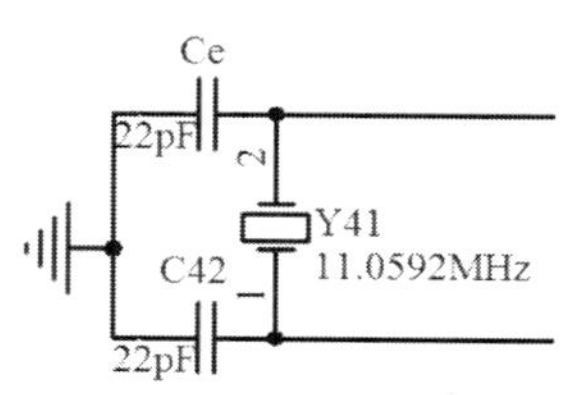

图 2—5—33 修改后的原理图

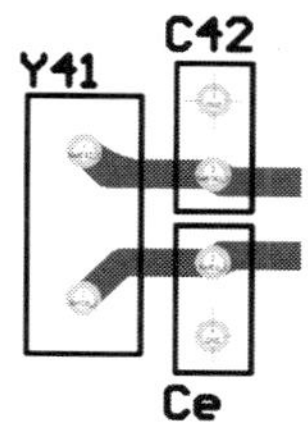

图 2—5—34 更新后的 PCB

任务评价

表 2—5—1 评分标准

序号	项目	内容	评分标准	配分	得分
1	规划电路板	利用向导创建 PCB 文件	设置每错一处扣 1 分	10	
		将新建的 PCB 文件追加到项目中	追加正确：3 分；追加不正确：0 分	3	
2	设置 PCB 环境参数	设置 PCB 板选择项参数	参数设置正确：5 分；参数设置不正确：0 分	5	
		设置 PCB 板层次颜色参数	参数设置正确：5 分；参数设置不正确：0 分	5	
		设置系统参数	参数设置正确：2 分；参数设置不正确：0 分	2	
3	放置安装孔	放置安装孔	安装孔放置正确：4 分；安装孔放置不正确：0 分	4	
4	装载元件封装库	装载元件封装库	每缺一个元件封装库扣 1 分	5	
5	载入网络表	载入网络表	载入每错一处扣 1 分	10	
6	设置图层堆栈管理器	设置图层堆栈管理器	图层设置正确：6 分；图层设置不正确：0 分	6	
7	设置规则	设置布局规则	布局规则每错一处扣 1 分	4	
		设置布线规则	布线规则每错一处扣 1 分	10	
8	布局	布局	元件封装重叠每处扣 1 分	10	
9	布线	布线	布线转角为锐角的每处扣 1 分；未布通的网络每个扣 1 分	12	
10	布线后的优化处理	补泪滴	已补泪滴：3 分；未补泪滴：0 分	3	
		覆铜	覆铜正确：6；覆铜不正确：0 分	6	
11	设计规则检查	进行设计规则检查	设计规则检查操作正确：5 分；设计规则检查操作不正确：0 分	5	
总分合计				100	

思考与练习

在模块一如图 1—7—34 所示的高灵敏度无线话筒电路原理图基础上设计 PCB，要求如下：

（1）四层板，电路板尺寸为 2 500 mil×1 800 mil，禁止布线区与印制版边沿的距离为 200 mil。

（2）信号层的安全间距为 0.3 mm，电源/接地层的安全间距为 0.6 mm。

（3）时钟线铜膜导线宽度为 1 mm，其余铜膜导线宽度为 0.4 mm，导线拐角为 45°。

（4）在电路板四角放置 4 个圆形安装孔，孔径为 2 mm。

（5）电源/接地层的连接方式为 Relief Connect，导线宽度和空隙间距为 0.4 mm，扩展距离为 0.6 mm。

（6）所有焊盘及过孔补泪滴。

（7）对所有信号层覆铜。覆铜接入地网络，与地网络的连接方式为 Relief Connect，导线宽度为 0.4 mm。

课题三　PCB 设计后处理

任务 6　PCB 设计后处理

◆ **技能点**

◎ 运用 Protel DXP 2004 输出印制电路板各类报表文件

◎ 运用 Protel DXP 2004 输出印制电路板的 CAM 文件

◆ **知识点**

◎ 印制电路板的各类报表文件

◎ 印制电路板的 CAM 文件

任务提出

PCB 设计完成之后通常需要生成一些报表文件用于 PCB 的加工制作等。

本任务以模块二任务 2 中设计完成的“脉冲抖动去除电路.PcbDoc”为例，要求输出以下报表文件：

1. 输出 PCB 报表：电路板信息报表、元件清单报表、网络表状态报表、测量相关报表。
2. 输出 PCB 的 3D 效果图。
3. 由 PCB 输出网络报表。
4. 输出 CAM 文件：NC 钻孔文件、光绘文件。

任务分析

Protel DXP 2004 能根据设计完成的 PCB 创建各种报表，以提供相关设计信息。元件清单报表汇总了 PCB 上的所有元器件，用于统计生产所需的原材料。工程师将光绘文件和 NC

钻孔文件提交给 PCB 生产厂商用于 PCB 制作。

相关知识

一、电路板信息报表

电路板信息报表提供了一个电路板的完整信息，包括电路板尺寸、电路板上的焊盘、过孔数量、导线数量、元件数量、每个元器件的标识符、网络数量及每个网络的名称等信息内容。

二、元件清单报表

元件清单报表汇总了 PCB 上的所有元器件，用于统计生产所需的原材料，便于成本预算。

三、PCB 的 3D 效果图

3D 效果图可预观察所设计的 PCB 的实际效果，用于检查封装是否正确，元件布局是否合理等问题。

四、CAM 文件

NC 钻孔文件和光绘文件是用于加工制作 PCB 的 CAM（Computer Aided Manufacture）文件。插针式元件的焊盘和过孔在电路板加工时都需要钻孔，而 NC 钻孔文件则为数控钻孔机床提供了所有的钻孔信息。光绘文件是 Gerber Scientific 公司开发的用于驱动光学绘图仪的底片文件格式，作用在于为印制板生产厂家在加工制作印制板时提供详细的制作资料，使生产出的印制板真正符合设计者的要求。

任务实施

一、输出 PCB 报表

打开任务 2 中设计的“脉冲抖动去除电路. PcbDoc”。

1. 电路板信息报表

(1) 执行菜单命令【报告】/【PCB 板信息】，弹出 PCB 信息对话框，如图 2—6—1 所示。“一般”标签页里显示 PCB 的一般信息，包括各种图元数量、电路板尺寸及其他信息等。“元件”标签页里显示 PCB 中所有元件列表及上下层元件数量信息。“网络”标签页里显示 PCB 板的网络总数和所有网络的列表。

(2) 在上述任意标签页下，单击 报告... 按钮，弹出电路板报告对话框，如图 2—6—2 所示，可选择报告文件中需要包含的项目。生成的电路板信息报表文件，如图 2—6—3 所示。

2. 元件清单报表

(1) 执行菜单命令【报告】/【Bill of Materials】，弹出如图 2—6—4 所示对话框，设置输出报表的文件格式。单击 报告... 按钮，系统弹出报告预览对话框。

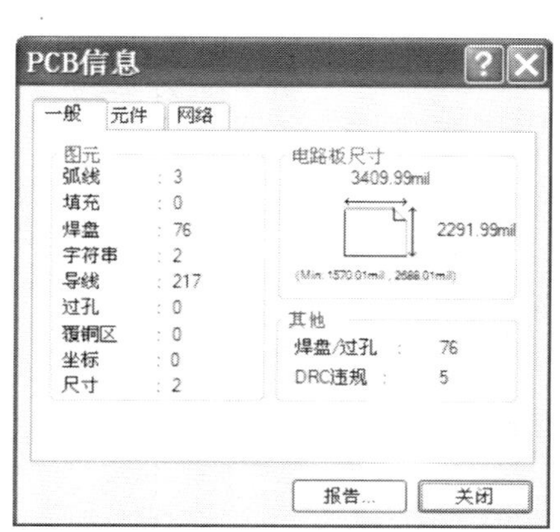

图 2—6—1　PCB 信息对话框

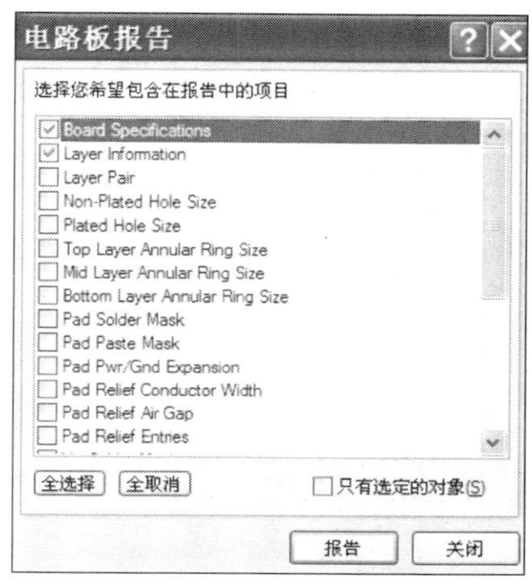

图 2—6—2　电路板报告对话框

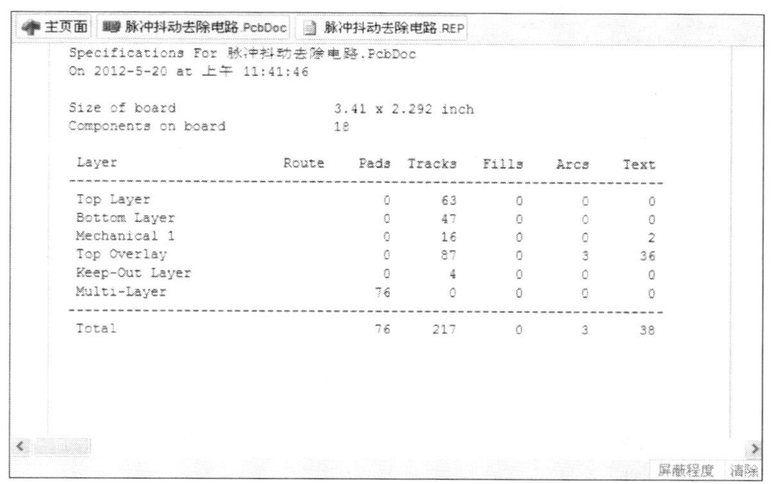

主页面　脉冲抖动去除电路.PcbDoc　脉冲抖动去除电路.REP

```
Specifications For 脉冲抖动去除电路.PcbDoc
On 2012-5-20 at 上午 11:41:46

Size of board                 3.41 x 2.292 inch
Components on board           18

 Layer              Route   Pads  Tracks  Fills   Arcs   Text
-------------------------------------------------------------
 Top Layer                     0      63      0      0      0
 Bottom Layer                  0      47      0      0      0
 Mechanical 1                  0      16      0      0      2
 Top Overlay                   0      87      0      3     36
 Keep-Out Layer                0       4      0      0      0
 Multi-Layer                  76       0      0      0      0
-------------------------------------------------------------
 Total                        76     217      0      3     38
```

图 2—6—3　电路板信息报表

（2）单击【输出(E)...】按钮，系统弹出 Export Report From Project【脉冲抖动去除电路. PcbDoc】对话框，如图 2—6—5 所示。设定输出报表的文件类型、文件存放位置和文件名称。这里均采用默认设置。

（3）也可通过执行菜单命令【报告】/【Simple BOM】生成元件报表，系统自动生成“脉冲抖动去除电路. BOM”和“脉冲抖动去除电路. CSV”文件。

（4）上述是只针对单个 PCB 文件的元件报表，而对于项目的元件报表可通过执行菜单命令【报告】/【项目报告】/【Bill of Materials】或【报告】/【项目报告】/【Simple BOM】生成。

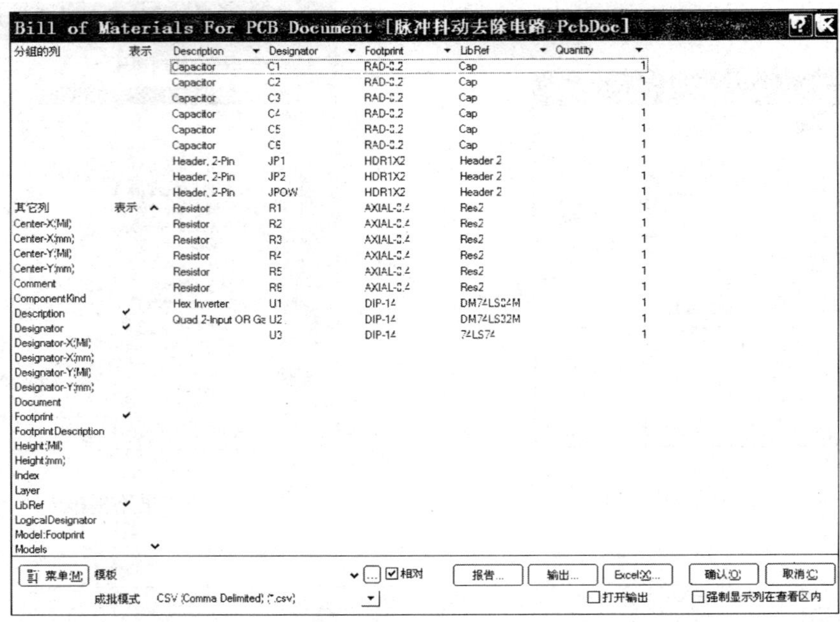

Description	Designator	Footprint	LibRef	Quantity
Capacitor	C1	RAD-0.2	Cap	1
Capacitor	C2	RAD-0.2	Cap	1
Capacitor	C3	RAD-0.2	Cap	1
Capacitor	C4	RAD-0.2	Cap	1
Capacitor	C5	RAD-0.2	Cap	1
Capacitor	C6	RAD-0.2	Cap	1
Header, 2-Pin	JP1	HDR1X2	Header 2	1
Header, 2-Pin	JP2	HDR1X2	Header 2	1
Header, 2-Pin	JPOW	HDR1X2	Header 2	1
Resistor	R1	AXIAL-0.4	Res2	1
Resistor	R2	AXIAL-0.4	Res2	1
Resistor	R3	AXIAL-0.4	Res2	1
Resistor	R4	AXIAL-0.4	Res2	1
Resistor	R5	AXIAL-0.4	Res2	1
Resistor	R6	AXIAL-0.4	Res2	1
Hex Inverter	U1	DIP-14	DM74LS04M	1
Quad 2-Input OR Ga	U2	DIP-14	DM74LS32M	1
	U3	DIP-14	74LS74	1

图 2—6—4　Bill of Materials For PCB Document 对话框

图 2—6—5　Export Report From Project 对话框

3. 网络表状态报表

执行菜单命令【报告】/【网络表状态】，生成电路板的网络表状态报表文件，如图 2—6—6 所示，报告各个网络所在的板层及长度。

4. 测量相关报表

（1）测量距离。用于测量任意两点距离。执行菜单命令【报告】/【测量距离】，十字光标分别定位于初始位置、终点位置，如图 2—6—7 所示。距离信息显示如图 2—6—8 所示。

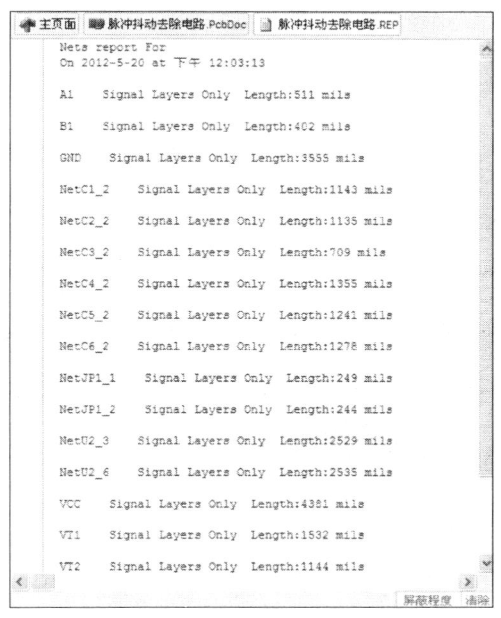

图 2—6—6 网络表状态报表文件

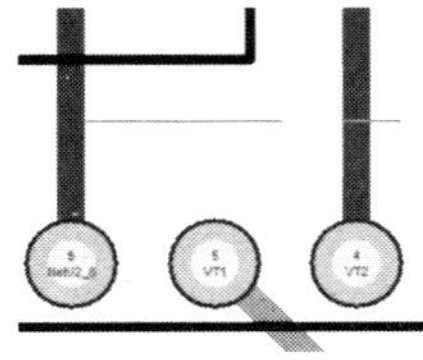

图 2—6—7 测量任意两点距离

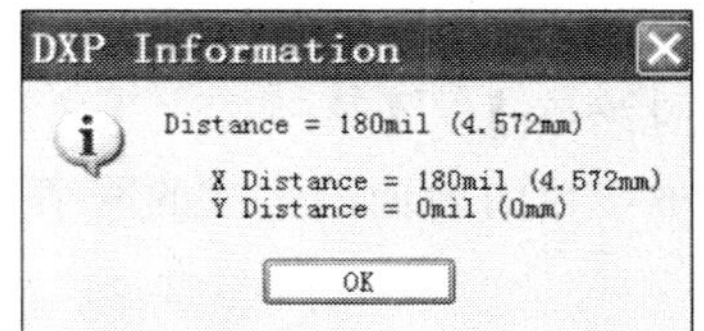

图 2—6—8 距离信息（1）

（2）测量图元。用于测量电路板上的焊盘、连线和过孔之间的距离。执行菜单命令【报告】/【测量图元】，十字光标分别定位于起点焊盘和终点焊盘。距离信息显示如图 2—6—9 所示。

（3）测量选定对象。用于测量电路板上选中的导线长度。首先选中要测量的导线，再执行菜单命令【报告】/【测量选定对象】，距离信息显示如图 2—6—10 所示。

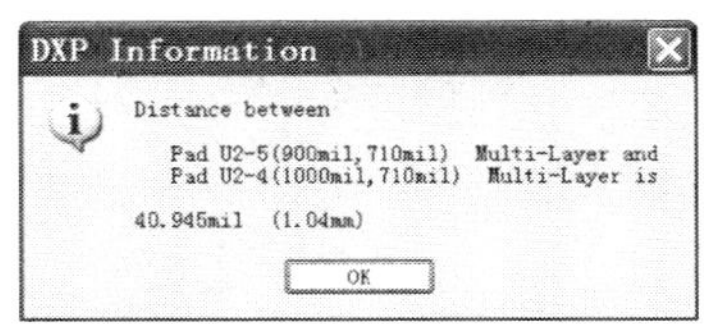

图 2—6—9 距离信息（2）

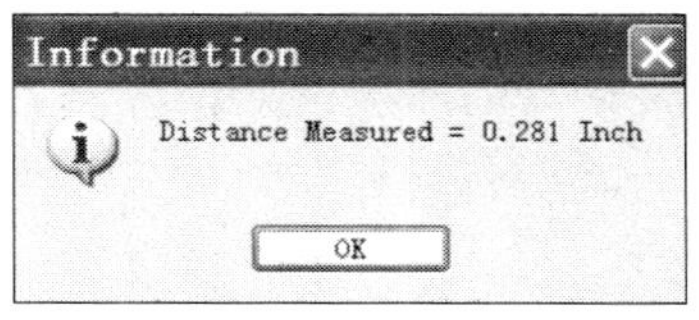

图 2—6—10 距离信息（3）

二、输出PCB的3D效果图

执行菜单命令【查看】/【显示三维PCB板】，系统自动生成PCB的3D效果图，如图2—6—11所示。

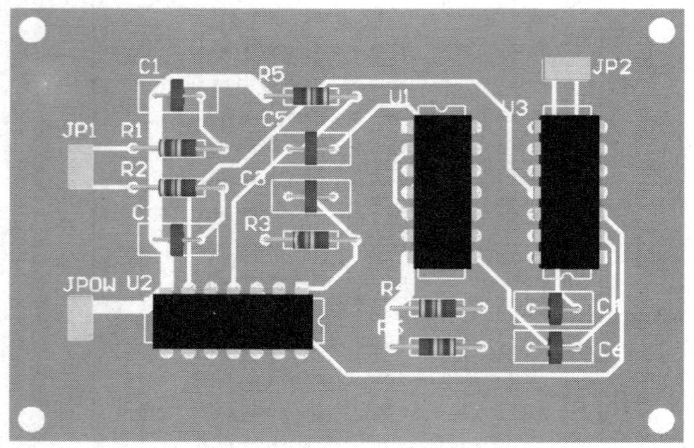

图2—6—11　PCB的3D效果图

三、由PCB输出网络报表

网络报表可由电路原理图生成，也可由PCB生成。在PCB编辑器环境下执行菜单命令【设计】/【网络表】/【从PCB设计输出网络表】，确认后系统生成网络报表，如图2—6—12所示，与由原理图生成的网络表格式相同。

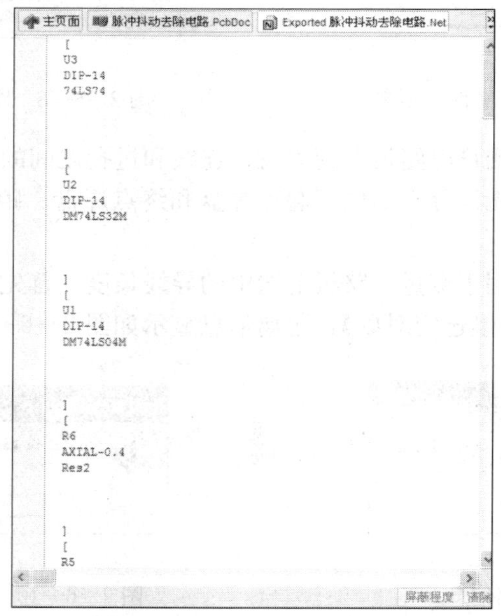


```
[
U3
DIP-14
74LS74



]
[
U2
DIP-14
DM74LS32M



]
[
U1
DIP-14
DM74LS04M



]
[
R6
AXIAL-0.4
Res2



]
[
R5
```

图2—6—12　由PCB图输出网络报表

四、输出 NC 钻孔文件

1. 执行菜单命令【文件】/【输出制造文件】/【NC Drill Files】，弹出 NC 钻孔设定对话框，如图 2—6—13 所示。均采用默认设置，此处的单位和格式设置要与输出光绘文件时的设置保持一致。

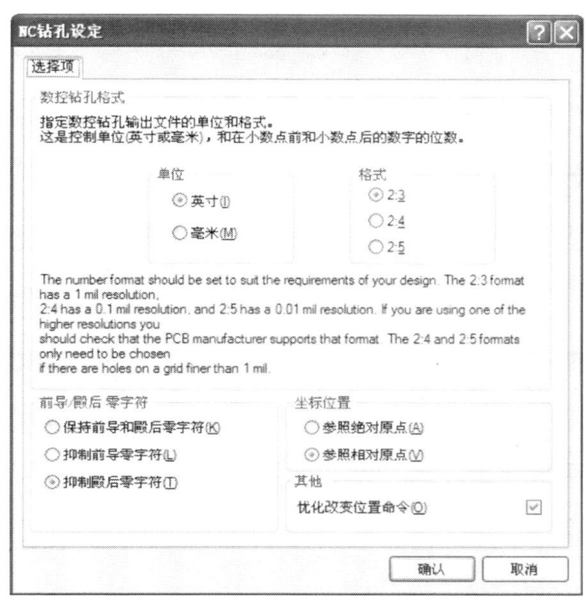

图 2—6—13　NC 钻孔设定对话框

2. 单击“确认”按钮后弹出输入钻孔数据对话框，如图 2—6—14 所示。均采用默认设置。生成的 CAM 文件如图 2—6—15 所示。

图 2—6—14　输入钻孔数据对话框

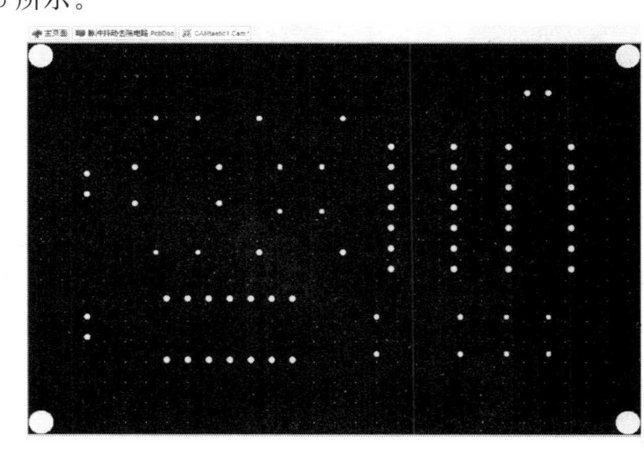

图 2—6—15　CAM 文件

3. 在项目的输出目录下生成了一些钻孔相关文件，包括 DRL（二进制格式的钻孔）文件、DRR（钻孔报告）文件及 TXT（文本格式的钻孔）文件，如图 2—6—16 和图 2—6—17 所示。

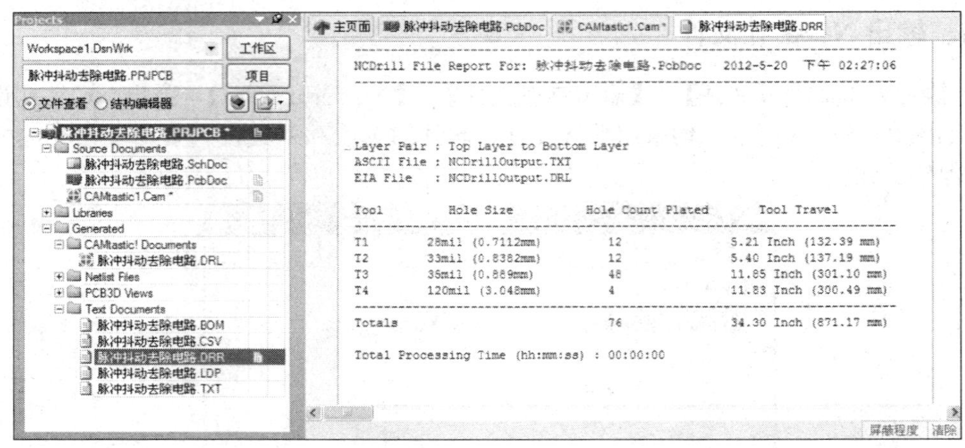

图 2—6—16 DRR 文件

图 2—6—17 TXT 文件

五、输出光绘文件

1. 执行菜单命令【文件】/【输出制造文件】/【Gerber Files】，弹出光绘文件设定对话框，如图 2—6—18 所示。“一般”标签页用于设置光绘文件的单位和格式，采用默认设置。此处的单位和格式设置要与输出 NC 钻孔文件时的设置保持一致。

2. 切换到“层”标签页，设置要绘制的层面，如图 2—6—19 所示设置。

3. 切换到“钻孔制图”标签页，设置钻孔统计图和钻孔导向图，如图 2—6—20 所示设置。

4. 切换到“光圈”标签页，设置光圈参数，如图 2—6—21 所示。这里采用默认设置。

5. 切换到“高级”标签页，设置胶片尺寸、胶片上的位置和绘图器类型等参数。这里采用默认设置。

6. 设置完成后单击“确认”按钮，生成 CAM 文件，如图 2—6—22 所示。

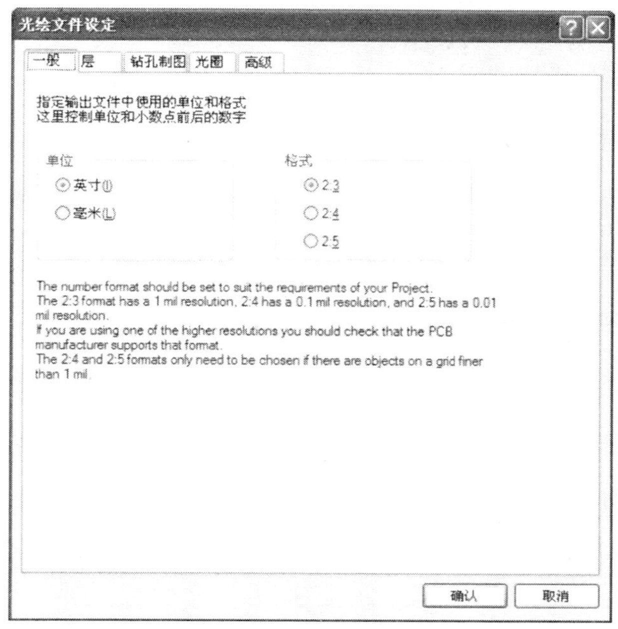

图 2—6—18 光绘文件设定对话框

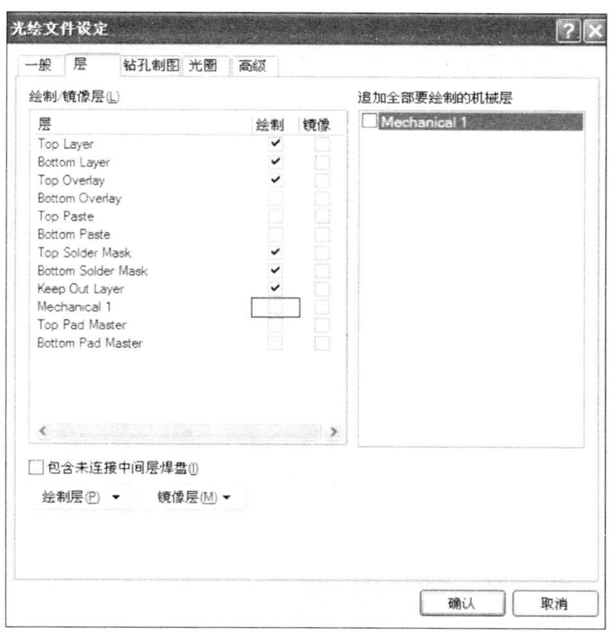

图 2—6—19 “层”标签页

7．在项目的输出目录下生成了一些光绘相关文件，包括 GTL（顶层光绘）文件、GBL（底层光绘）文件、GD1（钻孔统计）文件及 GG1（钻孔向导）文件等。

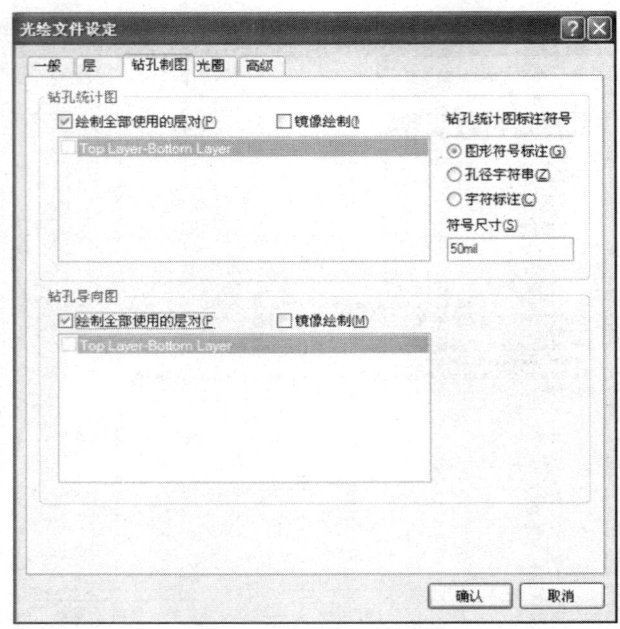

图 2—6—20 “钻孔制图”标签页

图 2—6—21 “光圈”标签页

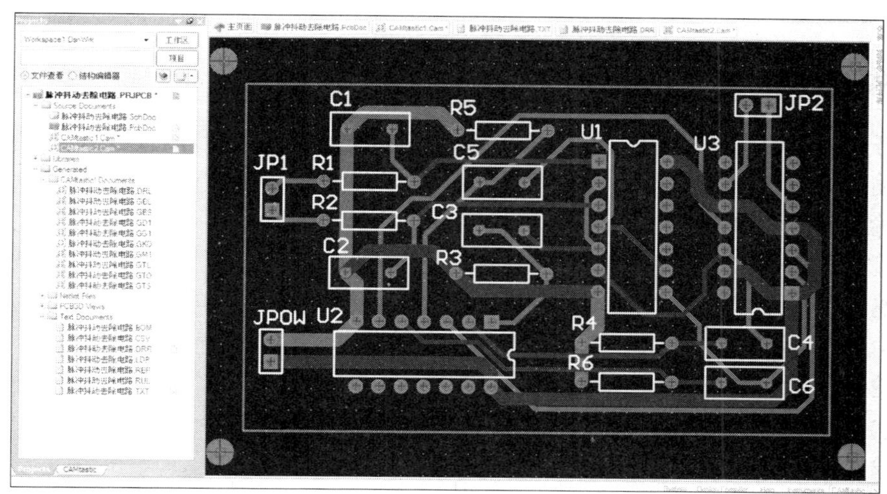

图 2—6—22　CAM 文件

任务评价

表 2—6—1　　　　**评分标准**

序号	项目	内容	评分标准	配分	得分
1	输出电路板信息报表	输出电路板信息报表	输出正确：10 分；输出不正确：0 分	10	
2	输出元件清单报表	输出元件清单报表	输出正确：10 分；输出不正确：0 分	10	
3	输出网络表状态报表	输出网络表状态报表	输出正确：10 分；输出不正确：0 分	10	
4	输出 PCB 的 3D 效果图	输出 PCB 的 3D 效果图	输出正确：10 分；输出不正确：0 分	10	
5	由 PCB 输出网络报表	由 PCB 输出网络报表	输出正确：10 分；输出不正确：0 分	10	
6	输出测量相关报表	测量距离	测量正确：10 分；测量不正确：0 分	10	
		测量图元	测量正确：10 分；测量不正确：0 分	10	
		测量选定对象	测量正确：10 分；测量不正确：0 分	10	
7	输出 NC 钻孔文件	输出 NC 钻孔文件	设置每错一处扣 1 分	10	
8	输出光绘文件	输出光绘文件	设置每错一处扣 1 分	10	
总分合计				100	

思考与练习

将任务2思考与练习题3中设计完成的高灵敏度无线话筒PCB图进行以下处理：

（1）输出电路板信息报表。

（2）输出元件清单报表。

（3）输出网络表状态报表。

（4）输出PCB的3D效果图。

（5）由PCB输出网络报表。

（6）输出测量相关报表。

（7）输出NC钻孔文件。

（8）输出光绘文件。

电气工程图识读与绘制

Pcschematic Elautomation 软件是用于电气和电子类设计的专业电气绘图软件，是基于Windows 环境平台的 CAD 软件。该软件除了一些基本的绘图功能，还有许多特别的功能，特别适用于自动化项目或电气工程的设计绘图。设计绘图首先要设计电气原理图，它是整个设计的灵魂所在，表达了电路设计者的设计思想，同时也是后续设计的基础。

模块三的目标是在识读电气原理图的基础上，利用 Pcschematic Elautomation 软件进行电气原理图绘制，从简单电气原理图绘制入手，到复杂的电气原理图绘制。

课题一　简单电气原理图绘制

任务 1　绘 图 准 备

◆ **技能点**

◎ 安装和启动 Pcschematic Elautomation

◎ 设置 Pcschematic Elautomation 系统参数

◎ 创建设计方案

◆ **知识点**

◎ Pcschematic Elautomation 软件特点

◎ Pcschematic Elautomation 运行环境要求

◎ Pcschematic Elautomation 窗口界面

任务提出

使用 Pcschematic Elautomation 软件绘制电气原理图之前，应做好准备工作，具体要求如下：

1. 安装 Pcschematic Elautomation 软件，并运行程序。

2. 进入电路设计环境，认识操作环境及窗口界面，包括常用菜单、程序工具栏、命令工具栏、符号选取栏、左侧的工具栏和状态栏，了解它们的功能，并对相关系统参数进行设置。

3. 创建一个设计方案，命名为“我的第一个设计方案. Pro”，并保存在规定的路径下。

任务分析

使用 Pcschematic Elautomation 进行电气原理图绘制之前，应首先了解该软件的功能特性，安装与运行 Pcschematic Elautomation 绘图软件。其次进入电路设计环境，熟悉操作环境及窗口界面，对相关系统参数进行设置，创建一个新的设计方案，并对设计方案的数据信息，以及指定图样的页面设置和使用绘图模板等进行设置，为后续设计打下良好基础。

Pcschematic Elautomation 软件安装如同其他应用软件一样，采用向导方式一步一步地按照提示进行。Pcschematic Elautomation 也同其他应用软件一样，有自己特有的设计环境，只有熟悉环境界面的菜单、工具栏等操作后方可灵活使用。本任务的绘图准备流程图如图 3—1—1 所示。

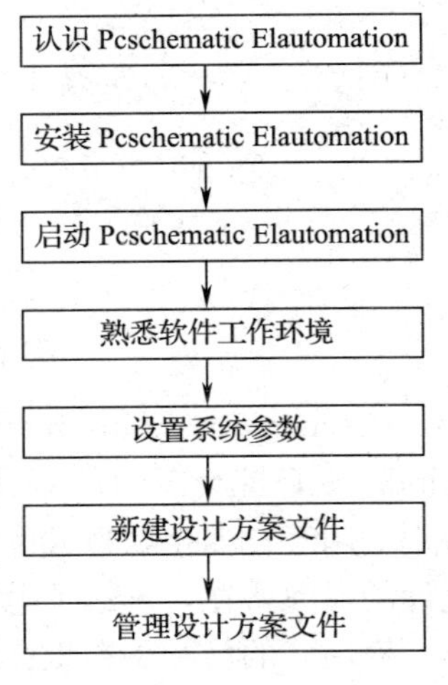

图 3—1—1　绘图准备流程图

相关知识

一、Pcschematic Elautomation 概述

1. Pcschematic Elautomation 软件特点

Pcschematic Elautomation 是一款由丹麦人开发的，以 AutoCAD 为核心的电气和电子设计 CAD 软件，简称为 Pcschematic，其最新的中文版本为 10.0。该软件在我国的工业控制领域应用比较广泛，已经成为我国电气绘图的主要工具之一。

Pcschematic Elautomation 主要有以下几个方面的特点：基于 Windows 环境；基于产品数据库；能自动产生各类清单；能自动产生各类布局图和接线图；具有丰富的数据接口、开放的应用程序和支持多种语言版本。一个项目的所有图样都位于一个文件中，在不同页面之间可根据元器件的属性自动建立交叉参考指示、自动产生元件清单、零部件清单、电缆（线）清单、接线端子清单、PLC 清单、图形化的电缆接线和接线端子连接图，以及自动产生元器件的接线图，不同语言绘制的图样可以自动地进行翻译，完全兼容 AutoCAD 数据格式，可以与 AutoCAD 之间建立双数据传输。

利用 AutoCAD 可以绘制出电气设计图，但它却不是专门为此设计的。因此 AutoCAD 有以下不足：可以创建一些符号，但却不能赋予它们一些智能属性；可以列出订购清单，但这些必须手工完成，不能自动完成；可以加入文本，但却不能使它们自动转换；可以布置继电器线圈和接触器，却没有办法使它们更新；可以绘制出需要的全部图样，但它们之间不是相关联的。

2. Pcschematic Elautomation 运行环境要求

Pcschematic Elautomation 是一个独立开发的电气 CAD 软件，所以不需要任何其他的辅助程序，就能独立运行此软件。这个程序对硬件的最低要求是：CPU 主频 500 MHz、内存为

128 MB以上、SVGA（高级视频图形适配器）显示器、操作系统为 Windows 98 以上版本。

二、Pcschematic Elautomation 的文件

1. 设计方案的结构

一个设计方案的所有图样，都以页面的形式包含在一个文件中。单击相应的标签，就可以轻松地在不同的页面间切换。除了电气原理图外，一个设计方案中还包含了元器件的零部件和元件清单、其他类型的清单等。完成电气原理图后，其他的图样都可以自动创建出来。如图 3—1—2 所示，设计方案“开始 2. pro”中包含了一些已经生成的页面：

(1) 页面 F1 是扉页。

(2) 页面 I1 是目录表。

(3) 页面 1 是画控制和信号回路图页面。

(4) 页面 2 是零部件清单模板。

(5) 页面 3 是元件清单模板。

(6) 页面 4 是接线端子清单模板。

(7) 页面 5 是电缆清单模板。

图 3—1—2　设计方案的结构

2. Pcschematic Elautomation 的文件类型

Pcschematic Elautomation 中的主要文件及其扩展名见表 3—1—1，括号中的字符表明不同类型文件的标准扩展名，如设计方案文件中会有扩展名 . pro。

表 3—1—1　程序文件夹

文件夹	文　件
Pcselcad	系统文件
Database	数据库文件（ *. dbf 和 *. mdb）
List	清单文件
Project	设计方案文件（ *. pro）和部件图形文件（ *. std）
Standard	标准设计方案文件（ *. pro）
Symbol	有不同的子文件夹的符号文件夹（ *. sym）

任务实施

一、Pcschematic Elautomation 安装与运行

1. Pcschematic Elautomation 安装

具体安装步骤如下：

(1) 打开 Pcschematic Elautomation 源文件所在路径，双击“PCschematic ELautomation 8. 03. exe”安装程序，弹出如图 3—1—3 所示的安装界面。

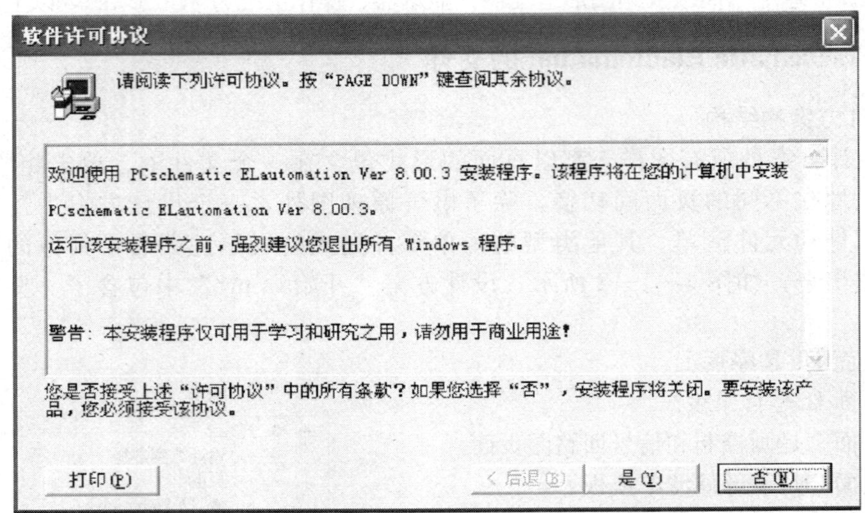

图 3—1—3　接受软件许可协议

（2）单击“是”按钮进入安装向导的下一步。在出现如图 3—1—4 所示的密码对话框中，输入密码“Pcschematic”，然后单击“下一步”按钮进入下一步。

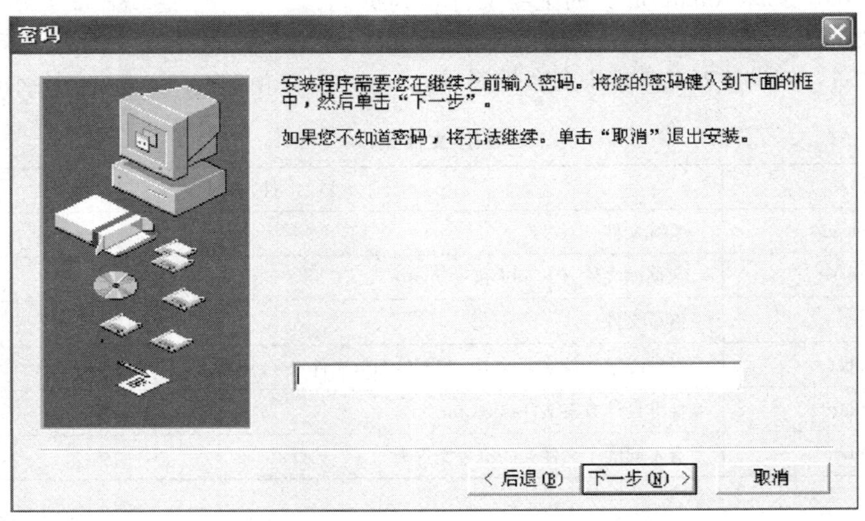

图 3—1—4　密码对话框

（3）随后安装向导会提示选择 Pcschematic Elautomation 软件的安装路径，如图 3—1—5 所示。默认的安装路径是“C：\Program Files\PCSELCAD”。如果需要修改安装路径，则可单击“浏览”按钮，将出现如图 3—1—6 所示的选择安装路径对话框。

（4）选择好安装路径后，单击“下一步”按钮进入下一步的安装。这时安装向导会提示选择安装类型，然后单击“下一步”按钮，安装向导将会显示正在安装的信息，同时提供安装的进度，如图 3—1—7 所示。

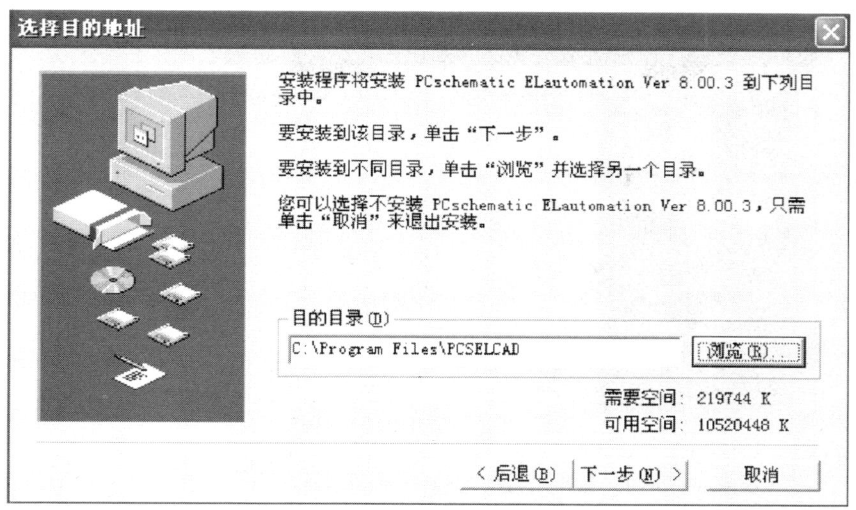

图 3—1—5　软件安装的路径

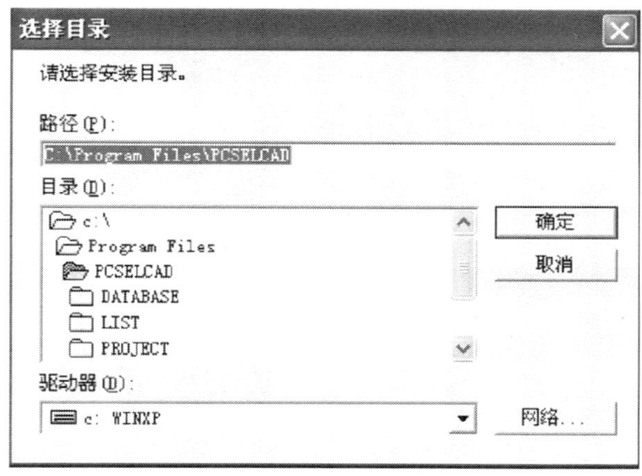

图 3—1—6　选择安装路径对话框

(5) 文件复制完成后，安装向导将显示安装成功的信息提示，如图 3—1—8 所示。然后单击“关闭”按钮，即可完成安装。

2. Pcschematic Elautomation 启动

如图 3—1—9 所示，执行菜单命令【开始】/【程序】/【PCSELCAD】/【Pcschematic Elautomation】，就可以运行程序。

3. 退出 **Pcschematic Elautomation**

打开 Pcschematic Elautomation 窗口的【文件】菜单，执行菜单命令【退出】，即可退出，如图 3—1—10 所示。用鼠标单击图框右上方的“退出”按钮，同样也可以退出。

图 3—1—7　显示安装的信息

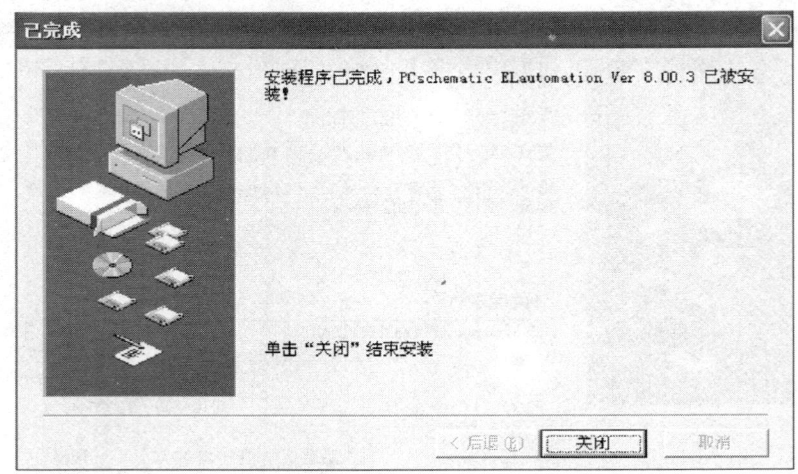

图 3—1—8　安装成功的信息提示

图 3—1—9　Pcschematic Elautomation 的启动窗口

二、熟悉 Pcschematic Elautomation 操作环境

1. Pcschematic Elautomation 窗口界面

在启动程序后，可以选择是新建一个设计方案，还是打开一个已有的设计方案。如果不想打开一个设计方案，就执行菜单命令【文件】/【新建】，或单击“新建文件”按钮。这时会显示设置对话框，如图 3—1—11 所示。在设置对话框的顶端包含“设计方案数据”“页面数据”和“页面设置”三个选项，可以在这里输入此设计方案的数据信息，以及指定图样的页面设置和使用绘图模板等。

打开一个设计方案时，屏幕的显示如图 3—1—12 所示。

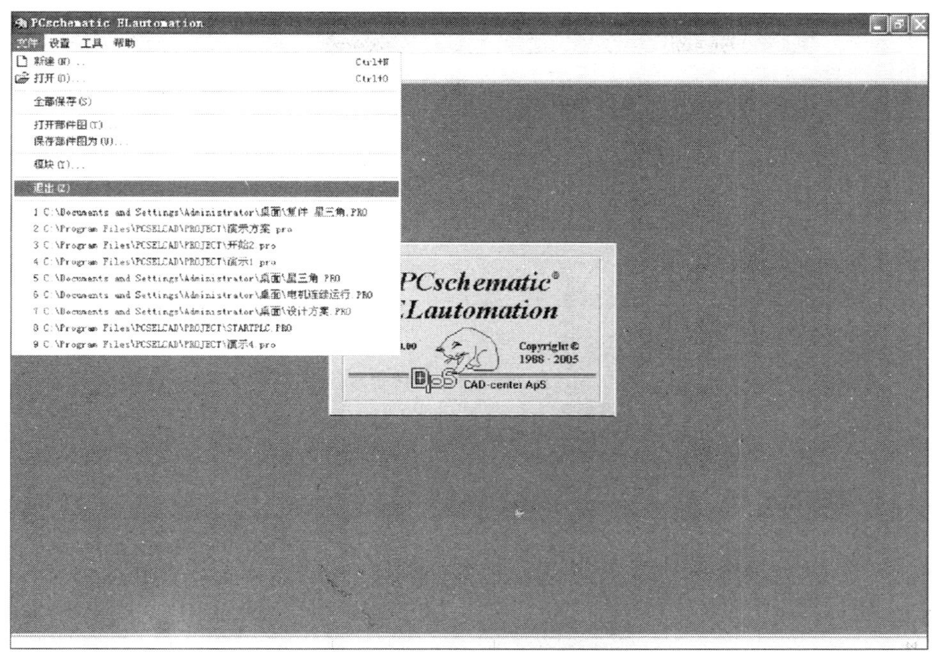

图 3—1—10　退出 Pcschematic Elautomation

图 3—1—11　设置对话框

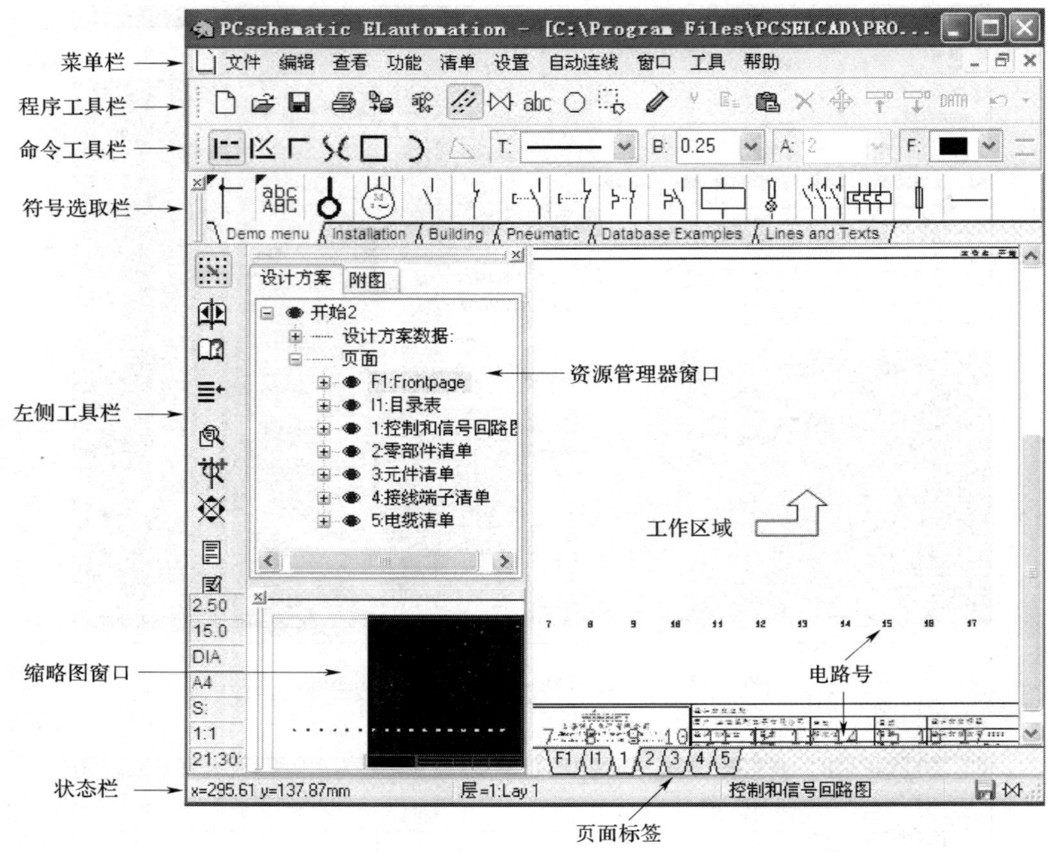

图 3—1—12 应用程序界面

(1) 菜单栏。在菜单栏中，会看到包含程序中所有功能的菜单。这时可以使用鼠标在菜单栏内选中一个主题。

(2) 程序工具栏。程序工具栏中包含程序按钮，可以选择不同的程序功能。这里布置了最常用的文件和打印工具，以及最常用的绘图和编辑工具。像其他工具栏一样，这个工具栏可以移动和固定到另一位置。

(3) 命令工具栏。命令工具栏会根据在程序工具栏中所选的对象类型的不同有不同的显示。它包含针对不同绘图对象（线、符号、文本、圆和区域）的功能和编辑工具。

(4) 符号选取栏。在这里可以布置一些最常用的符号，这样就可以随时使用它们，把它们布置到图样中。单击选取栏左侧的箭头，可以在不同的选取栏间切换。

(5) 帮助框。帮助框显示出了纸张的标准边距。它可以被关闭，也可以激活打印机帮助框（它显示了打印机打印的页面边距）。

(6) 资源管理器窗口。在这里可以显示出设计方案信息，以及设计方案页面的缩略图。单击设计方案页面端的“眼睛”符号●，相应的页面就会显示在屏幕上。所有激活的设计方案都会显示在资源管理器窗口中。

(7) 左边工具栏。左边工具栏中包含一些页面功能和缩放功能，在它的下面还包含页面设置方面的信息。

(8) 工作区域。屏幕的工作区域对应于所选取的图样大小。在设置对话框的“页面设置”中可以指定图样的大小，也可以直接插入一个绘图模板。

(9) 缩略图窗口。缩略图窗口中显示出了整个页面的小缩略图。当前屏幕上显示的页面部分，会以一个黑色的框显示。

1) 移动显示的区域。窗口内的黑框显示了当前图样的哪一部分（放大后）显示在屏幕上。单击黑框，按下并拖动，让它覆盖到要在屏幕上显示的图样部分。当鼠标指针指向黑框时，可以移动这个框。

2) 在缩略图窗口中缩放。可以使用缩略图窗口来缩小或放大。把鼠标指针布置到黑框的边界时，它会变为一个双向箭头，就可以拖动边界来调整窗口的大小。

3) 显示在缩略图窗口中的对象。页面中的对象也可以显示在缩略图窗口中。这样在放大页面的一部分后，仍然可以看到整个页面的情况。可以使用已布置的对象来选择一个新窗口。文本不会显示在缩略图窗口中。

要打开或关闭窗口，执行菜单命令【查看】/【缩略图窗口】，或按键盘快捷键“F12”。

单击“刷新”按钮或显示另一个新的设计方案页面时，缩略图窗口会被更新。

4) 布置缩略图窗口。单击缩略图的窗口菜单栏，按下鼠标左键并拖动到一个新位置，就可以在屏幕上移动缩略图窗口，还可以拖动它的角的位置来放大或缩小它。

(10) 状态栏。在这里可以看到坐标、层的标题，以及不同的提示文本信息。当鼠标指针停留在屏幕的一个按钮上时，就会显示相应的解释文本。

(11) 页面标签。单击“页面标签”，可以在不同的页面间切换，如图 3—1—2 所示。通过单击不同的页面标签（如 F1、l1、1、2、3、4、5），可以切换到不同的页面中。

(12) 电路号。如图 3—1—12 所示，电路号可以用作图中的坐标系统，若想定位单个元器件（如十字线中）的位置时，可以应用它。电路号显示在两个不同的位置：在设计方案中指定的位置以及屏幕的下方。放大图样的一部分时，电路号仍会显示在屏幕的下方。这样，总能知道其在图样中的位置。

2. 屏幕/图像功能

(1) 缩放、滑动、刷新。在 Pcschematic Elautomation 中，可以决定在屏幕上显示页面的哪些部分。

1) 缩放。要放大页面的一部分时，可以单击“缩放”按钮（或按键盘快捷键“Z”），然后用鼠标在屏幕上选取一个区域。其操作如下：

①单击并按下鼠标（不要松开）。

②拖动鼠标，在屏幕上选取需要的区域，再松开鼠标，现在选取的区域会被放大。

执行菜单命令【查看】/【缩放】，或按键盘快捷键“Z”都有同样的结果。如果使用的是带滚轮的鼠标，那么推动中间的滚轮也可以进行缩放。

2) 缩放全部。执行菜单命令【查看】/【缩放全部】，就会显示出工作区域中的所有对象。如果只有很少的几个对象，则这些对象会被放大。如果有一些对象布置到了页面外面，则这些对象会被缩小，所有对象都显示在屏幕上。

3）放大/缩小按钮。单击“放大/缩小”按钮的“－”部分，就会缩小页面，这意味着可以看到图样的更多部分。单击按钮的“＋”部分，就会放大页面，这意味着图样上的一个小区域在屏幕上放大了。也可以执行菜单命令【查看】/【放大】（或按键盘快捷键“Ctrl＋Home”）和执行菜单命令【查看】/【缩小】（或按键盘快捷键“Ctrl＋End”）来执行相应的放大和缩小功能。

4）滑动按钮和滑动条。“滑动”按钮可以使窗口按照箭头的方向移动（窗口内的对象会向相反的方向移动）。

按下“Ctrl”键，也可以使用箭头键移动窗口，比如按键盘快捷键“Ctrl＋→”。

放大一个区域后，也可以通过使用屏幕右边和下边的滑动条来移动窗口。单击滑动条，并把它拖动到另一位置，则显示的窗口就会相应地移动，如图3—1—13所示。

滑动条可以被激活或关闭，执行菜单命令【设置】/【设置】，系统弹出设置对话框，如图3—1—14所示。如果“自动隐藏滚动条”前面的复选框被选中，则在工作区域窗口中不显示滑动按钮和滑动条；反之，显示。

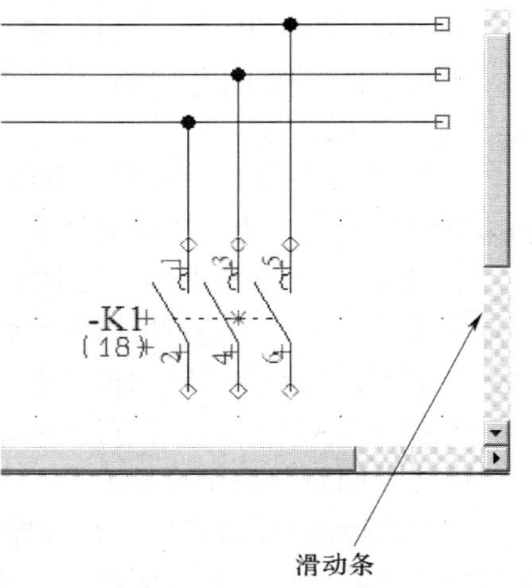

图 3—1—13　滑动按钮和滑动条

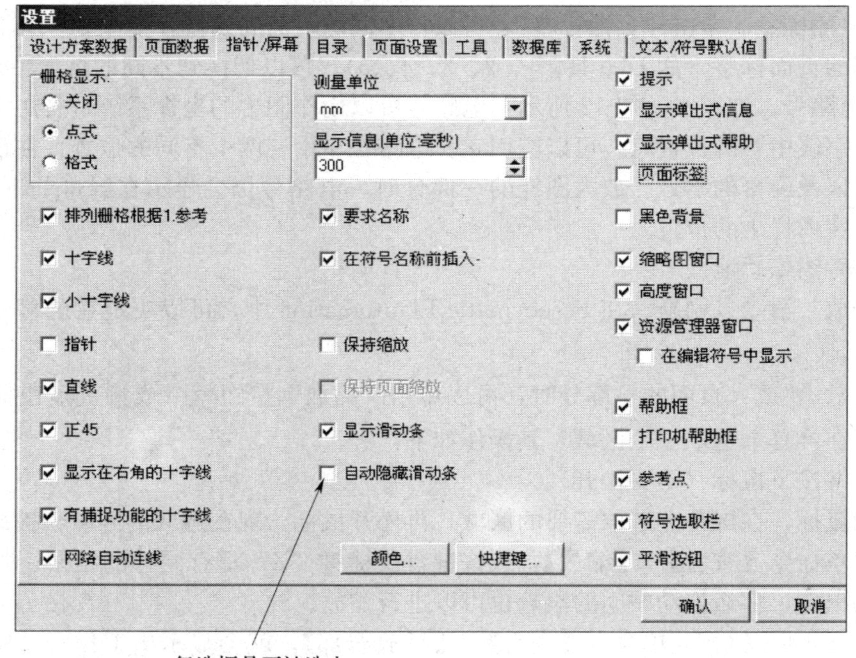

图 3—1—14　滑动条设置对话框

5）使用带滚轮的鼠标来缩放和滑动。如果使用的鼠标带有滚轮，则中间的滚轮也可以用于缩放功能，见表 3—1—2。

表 3—1—2　　缩放功能

推动滚轮	效果
滚轮向前	窗口向上移动
滚轮向后	窗口向下移动
Shift+滚轮向前	窗口向左移动
Shift+滚轮向后	窗口向右移动
Ctrl+滚轮向前	以十字线为中心放大窗口
Ctrl+滚轮向后	以十字线为中心缩小窗口

6）保持页面缩放。执行菜单命令【设置】/【指针/屏幕】，可以决定在设计方案页面间切换时，是否要保持缩放。可以选择或取消“保持缩放”和“保持页面缩放”来激活或关闭此功能。

（2）看完整画面和刷新。单击“缩放到页面”按钮，屏幕上会显示出完整页面。执行菜单命令【查看】/【看完整画面】有同样的效果。相应的快捷键为“Home”或“zz”。

要刷新屏幕上的图像，可以单击“刷新”按钮。也可以执行菜单命令【查看】/【刷新】，或按键盘快捷键“Ctrl＋g”来执行此功能。这样会更新屏幕上的图像以及缩略图窗口。

（3）捕捉。在页面上布置对象时，可以对它精确定位。可以决定对象只布置在固定间隔为 2.50 mm 的点上。比如，要布置一个符号时，在屏幕上每次只可以移动 2.50 mm，这样就可以精确地布置符号了。

如果所能布置符号的点间距离为 2.50 mm，就说捕捉为 2.50 mm。单击左边工具栏中的“捕捉”按钮，可以在普通捕捉（比如 2.50 mm）和精确捕捉（如 0.50 mm）之间切换。

如果使用精确捕捉，则左边工具栏下方的“捕捉”按钮上会有红色的背景。执行菜单命令【设置】/【页面设置】或单击左边工具栏下方的“捕捉”按钮，可以改变捕捉的设置。

如果十字线中有一个要布置的对象，可以按下“Shift”键来使用精确捕捉布置此对象。布置了对象后，程序会自动变为普通捕捉。

注意，2.50 mm 是电气图中标准的默认捕捉尺寸。

（4）栅格。布置在整个图样页面上的点，叫做图样的栅格。栅格主要用于显示，只影响视觉效果，不影响光标的位移量，可帮助绘图人员认定元器件的位置。在设置对话框中，单击“指针/屏幕”选项，可以对栅格进行设置。可以关闭栅格显示功能，或者选择使用方格来代替点。

栅格的尺寸（以 mm 为单位）只和屏幕上显示的内容有关，并不是图样的真实尺寸。这样，把页面缩放比例从 1∶1 改变为 1∶50 时，并不会改变屏幕上的栅格。

（5）十字线。在设计方案图样中，光标的位置以垂直和水平交叉的两条线显示，这叫做十字线。

如图3—1—14所示，在“指针屏幕”选项中，可以看到十字线被设置为“显示在右角的十字线”。画直线时，会显示出一条线，起点为上次单击的地方，并指向十字线。

（6）直接进入菜单和标签。在屏幕的左下方，可以看到不同的信息，如捕捉设置和当前层名称等如图3—1—15所示。单击这些区域直接进入可以改变这些设置的菜单。

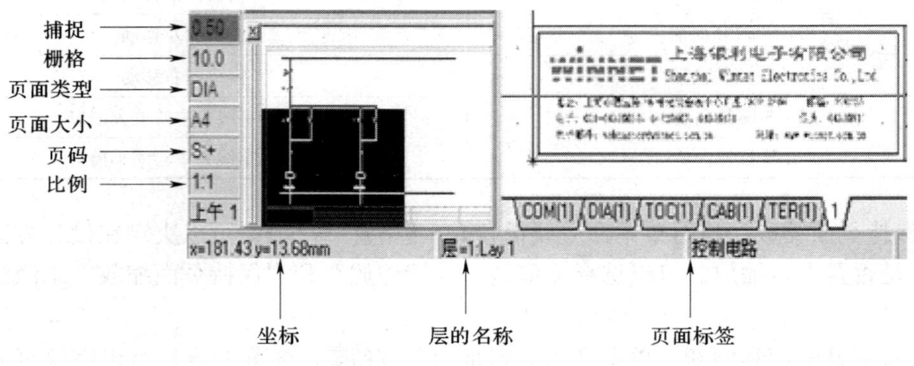

图3—1—15　直接进入菜单和标签

鼠标指针停留在一个区域上时，会出现相应的解释文本。单击“页面标签”，可以在设计方案页面间自由切换；也可以按键盘快捷键“PageUp”和“PageDown”来切换页面。

三、管理设计方案

1. 创建设计方案

（1）在【Pcschematic Elautomation】编辑环境下，执行菜单命令【文件】/【新建】。

（2）在新建的对话框（见图3—1—16）中，单击“设计方案”标签，再单击“空白设计方案”，然后单击“确认”按钮，打开设置对话框，如图3—1—17所示。

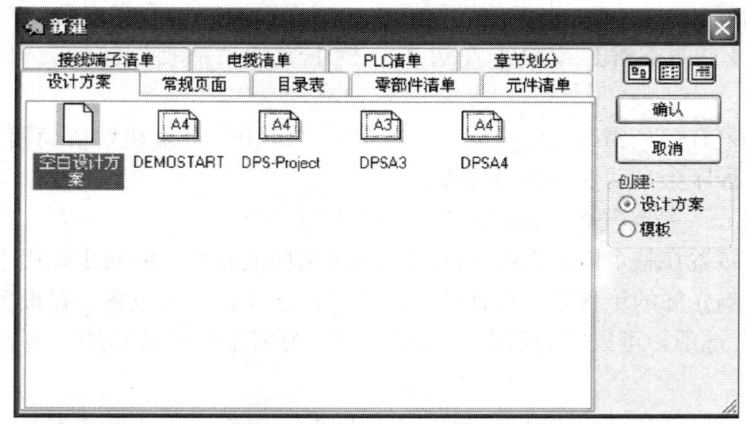

图3—1—16　新建设计方案对话框

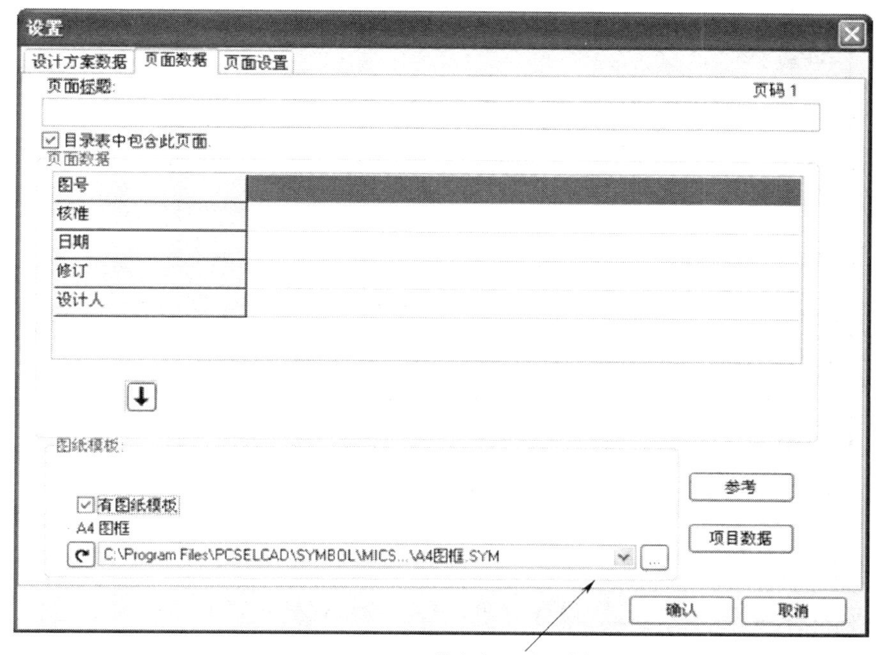

图 3—1—17　设置对话框中的页面数据选项

(3) 单击“设计方案数据”选项，输入设计方案名称，对设计方案数据进行填写，单击“浏览”按钮，可以为图样选择一个标识。

(4) 单击“页面数据”选项，输入页面标题，并选择一个图样模板，如图 3—1—17 所示。

(5) 设置完成后，单击“确认”按钮。如果绘图模板中包含一些当前设计方案中没有创建的数据区域，则会出现如图 3—1—18 所示的信息。单击“是”按钮，在设计方案中创建这些数据区域。现在绘图模板已经布置到页面上了。单击“刷新”按钮，会看到当前设计方案中的信息将插入到绘图模板中。

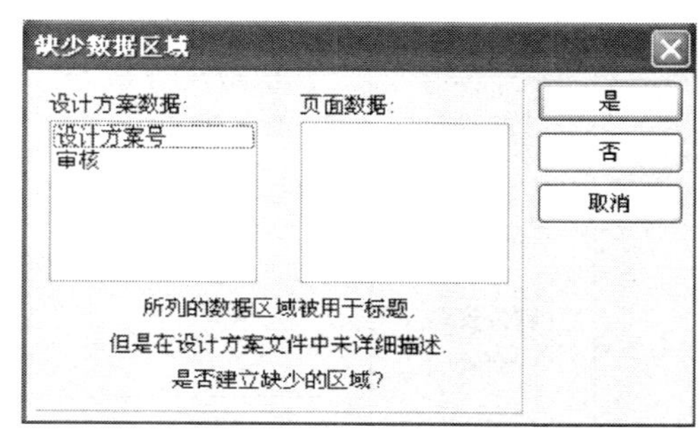

图 3—1—18　缺少数据区域对话框

2. 打开已有的设计方案

启动程序后，执行菜单命令【文件】/【打开】，进入打开设计方案对话框，如图 3—1—19 所示。选择要打开的文件，然后单击“打开”按钮即可。

3. 保存设计方案

执行菜单命令【文件】/【保存】，输入文件名“我的第一个设计方案”，后缀名默认为“. pro”，单击“确定”按钮。

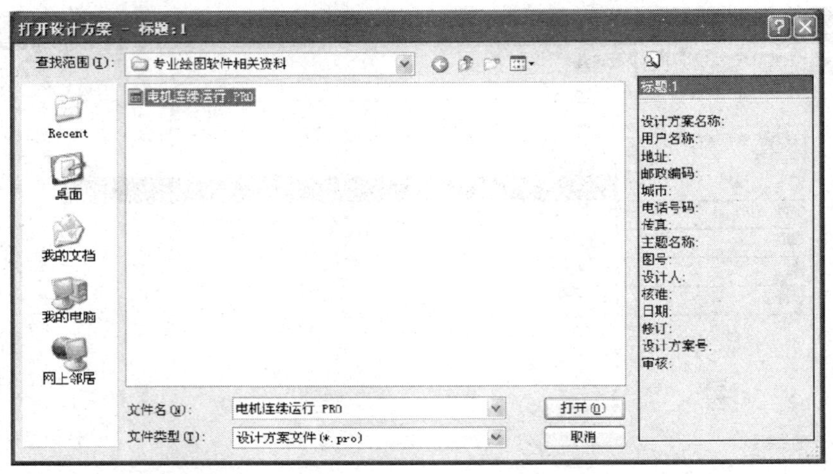

图 3—1—19　打开设计方案对话框

4. 关闭设计方案

在“资源管理器”窗口中选中设计方案，右击弹出快捷菜单并执行菜单命令【关闭】。

任务评价

本任务评价的评分标准见表 3—1—3。

表 3—1—3　　**评分标准**

序号	项目	内容	评分标准	配分	得分
1	上机准备	在指定盘符下新建一个文件夹，取名为：班级＋学号	（1）正确路径和命名：10 分 （2）正确路径、不正确命名：5 分 （3）不正确路径、正确命名：5 分 （4）均不正确：0 分	10	
2	软件安装启动	安装	（1）顺利安装：20 分 （2）不顺利但安装好：10 分 （3）安装失败：0 分	20	
		启动	正常启动：5 分；不正常启动：0 分	5	
3	工作界面	菜单栏、命令工具栏、程序工具栏功能	正确使用功能：20 分；不正确使用功能：0 分	20	
		工作区域	正确设置：15 分；不正确设置：0 分	15	
		页面设置	正确设置：15 分；不正确设置：0 分	15	
4	设计方案文件	创建设计方案	正确创建：10 分；不正确创建：0 分	10	
		保存设计方案	正确保存：5 分；不正确保存：0 分	5	
	合计			100	

思考与练习

1. 简述 Pcschematic Elautomation 软件的主要特点。
2. 在设计方案工作区域中，如何隐藏电路号和栅格。
3. 如何同时显示多个设计方案，如何复制一个设计方案到另一个设计方案中。
4. 创建一个设计方案，设置页面标题为电动机正反转，图样模板为“A4 图框.SYM”。

任务 2 简单电气原理图识读

◆ **技能点**

◎ 识读各元器件符号及其在电路中的作用
◎ 识读电气原理图的基本工作原理
◎ 识读图区栏和标题栏

◆ **知识点**

◎ 电气图的基本知识
◎ 电气图的组成
◎ 看电气控制图的方法

任务提出

本任务以图 3—2—1 所示某台式钻床的控制线路为例，主要介绍电气原理图识图的相关知识，具体要求如下：

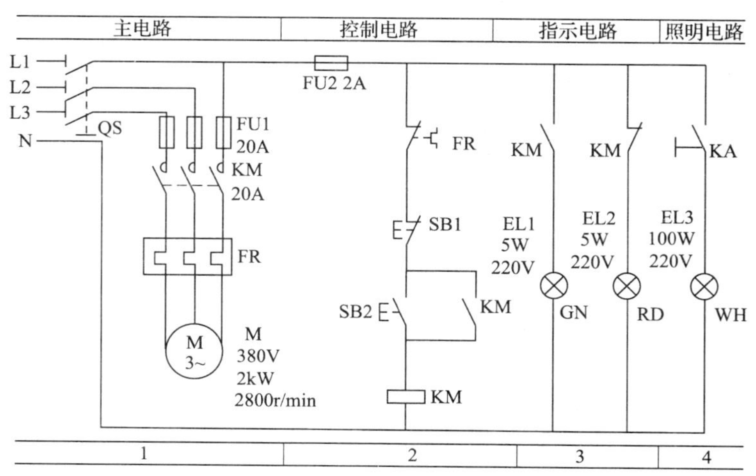

图 3—2—1 某台式钻床控制线路的电气原理图

GN—绿 RD—红 WH—白

1. 识读电气原理图中各元器件符号的含义及在电路中的作用。
2. 识读电气原理图中元器件技术数据、图区栏和标题栏。
3. 根据电气原理图，识读该电路的工作原理。

任务分析

电气原理图是根据控制线路图的工作原理绘制，具有结构简单、层次分明的特点。主要用于研究和分析电路工作原理。要想看电气电路图，就要先清楚其中的电气原理及其符号所表示的含义。看原理图先看主电路，再看控制电路。对于控制电路要熟悉典型控制电路。控制电路一般是由开关、按钮、信号指示、接触器、继电器的线圈和各种辅助触点构成，无论简单或复杂的控制电路，一般均是由各种典型电路（如延时电路、联锁电路、顺控电路等）组合而成，用以控制主电路中受控设备的“启动”“运行”“停止”，使主电路中的设备按设计工艺的要求正常工作。对于复杂的控制电路，可分割成若干个局部控制电路，然后与典型电路相对照，逐步分析。全面了解上述问题后，便可综合在一起看电路图了。

相关知识

一、电气原理图概述

1. 概念

电气原理图是用来表明设备的工作原理及各电气元件间的作用，一般由主电路、控制执行电路、检测与保护电路、配电电路等几大部分组成。电气原理图由于直接体现了电子电路与电气结构及其相互间的逻辑关系，所以一般用在设计、分析电路中。分析电路时，通过识别图样上所示各种电路元器件的图形符号，以及它们之间的连接方式，就可以了解电路的实际工作情况。

电气系统图中电气原理图应用最多，为便于阅读与分析控制线路，根据简单、清晰的原则，电气元件采用展开的形式绘制而成。它包括所有电气元器件的导电部件和接线端点，但并不按电气元器件的实际位置来画，也不反映电气元器件的形状、大小和安装方式。

由于电气原理图具有结构简单、层次分明，适用研究、分析电路的工作原理等优点，所以无论在设计部门还是生产现场均得到广泛应用。

2. 电气原理图标注

常见电气元器件的项目代号（即文字符号）标注有：QS 刀开关、FU 熔断器、KM 接触器、KA 中间继电器、KT 时间继电器、KS 速度继电器、KH 热继电器、SB 按钮、SQ 行程开关。

3. 电气原理图中元器件技术数据

（1）电气元件明细表。它内容包括元器件名称、符号、功能、型号、数量等。

（2）电气元器件的数据和型号用小号字体标注在其电气原理图中的图形符号旁边。图 3—2—2 所示就是三相异步电动机的额定电压、功率以及每分钟转速的标注。

4．图面区域的划分

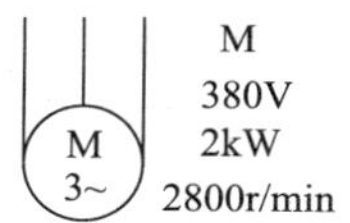

图 3—2—2 元器件技术数据

如图 3—2—1 所示，在电路图下部划分若干图区，并从左到右依次用阿拉伯数字编号标注在图区栏中。它是为了便于检索电气线路，方便阅读分析，避免遗漏而设置的，可以放置在电路图的下部或上部。

图区编号上方的“主电路”等字样，表明对应区域下方元器件或电路的功能，使读者能清楚知道某个元器件或部分电路的功能，以利于理解全电路的工作原理。

5．电气原理图中控制线路常用术语

（1）失电压、欠电压保护。由接触器本身的电磁机构来实现，当电源电压严重过低或失压时，接触器的衔铁自行释放，电动机失电而停机。

（2）点动与长动。点动按钮两端没有并接接触器的常开触头；长动按钮两端并接接触器的常开触头。

（3）联锁控制。在控制线路中一条支路通电时，保证另一条支路断电。

（4）双重互锁。双重互锁为从一种运行状态到另一种运行状态可以直接切换，对电动机即“正—反—停”。

（5）直接启动。它是把电源电压直接加到电动机的接线端，这种控制线路结构简单，成本低，仅适合于实现电动机不频繁启动的情况，不可实现远距离的自动控制。

（6）减压启动。它是指利用启动设备将电压适当降低后加到电动机的定子绕组上进行启动，待电动机启动运转后，再使其电压恢复到额定值正常运行。

二、电气图的组成

电气图是用各种电气图形符号、带注释的围框、简化的外形来表示系统、设备、装置、元器件等之间的相互关系和连接关系的一种简图。电气图一般由电路图、技术说明和标题栏三部分组成。

（1）电路图。用导线将电源和负载以及相关的控制元器件按一定要求连接起来构成闭合回路，以实现电气设备的预定功能，这种电气回路称电路。

1）主电路。它也称一次回路，是电源向负载输送电能的电路，通常包括发电机、变压器、开关、熔断器、接触器、负载等。

2）辅助回路。它也称二次回路，是对主电路进行控制、保护、监测、指示的电路，通常分控制电路、指示电路和照明电路等，包括继电器、指示灯、控制开关，控制仪表、控制器等。

（2）技术说明。电气图中的文字说明和元件明细表等总称为技术说明。

（3）标题栏。标题栏一般画在电路图的右下角，其中注明工程名称、图名、图号、设计人、制图人、审核人、批准人的签名和日期等。

三、电气原理图阅读分析方法与步骤

电气原理图阅读分析的一般方法是先看主电路，再看辅助电路，并用辅助电路的回路去研究主电路的控制程序。

1. 看主电路的步骤

(1) 第一步。看清主电路中的用电设备。用电设备是指消耗电能的用电器具或电气设备，看图首先要看清楚有几个用电设备，它们的类别、用途、接线方式及一些不同要求等。

(2) 第二步。要弄清楚用电设备是用什么电气元器件控制的。控制电气设备的方法很多，有的直接用开关控制，有的用各种启动器控制，有的用接触器控制。

(3) 第三步。了解主电路中所用的控制电气元器件及保护电器。前者是指除常规接触器以外的其他控制元器件，如电源开关（转换开关及低压断路器）、万能转换开关；后者是指短路保护器及过载保护器，如低压断路器中电磁脱扣器及热过载脱扣器的规格，熔断器、热继电器及过电流继电器等元器件的用途及规格。一般来说，对主电路作如上内容的分析以后，即可分析辅助电路。

(4) 第四步。要了解电源电压等级，是380 V还是220 V，是从母线汇流排供电还是配电屏供电，或是从发电机组接出来的。

2. 看辅助电路的步骤

辅助电路包含控制电路、信号电路和照明电路。分析控制电路时，根据主电路中各电动机和执行电器的控制要求，逐一找出控制电路中的其他控制环节，将控制线路“化整为零”，按功能不同划分成若干个局部控制线路来进行分析。如果控制线路较复杂，则可先排除照明、信号显示等与控制关系不密切的电路，以便集中精力进行分析。

(1) 第一步。看电源。首先看清电源的种类，是交流还是直流；其次，要看清辅助电路的电源是从什么地方接来的，及其电压等级。电源一般是从主电路的两条相线上接来的，其电压为380 V；也有从主电路的一条相线和一条中性线上接来的，电压为单相220 V。此外，也可以从专用隔离电源变压器上接来，电压有140 V、127 V、36 V、6.3 V等。辅助电路为直流时，直流电源可从整流器、发电机组或放大器上接来，其电压一般为24 V、12 V、6 V、4.5 V、3 V等。辅助电路中的一切电气元器件的线圈额定电压必须与辅助电路电源电压一致。否则，电压低时电路元器件不动作；电压高时，则会把电气元器件线圈烧坏。

(2) 第二步。了解控制电路中所采用的各种继电器、接触器的用途，如采用了一些特殊结构的继电器，还应了解它们的动作原理。

(3) 第三步。根据辅助电路来研究主电路的动作情况。

分析了上述内容再结合主电路中的要求，就可以分析辅助电路的动作过程。

控制电路总是按动作顺序画在两条水平电源线或两条垂直电源线之间，因此也就可以从左到右或从上到下来进行分析。对于复杂的辅助电路，整个辅助电路在电路中构成一条大回路，在这条大回路中又分成几条独立的小回路，每条小回路控制一个用电设备或一个动作。当某条小回路形成闭合回路有电流流过时，在回路中的电气元器件（接触器或继电器）则动作，把用电设备接入或切断电源。在辅助电路中，一般是靠按钮或转换开关把电路接通的。对于控制电路的分析必须随时结合主电路的动作要求来进行，只有全面了解主电路对控制电路的要求以后，才能真正掌握控制电路的动作原理，不可孤立地看待各部分的动作原理，而应注意各个动作之间是否有互相制约的关系，如电动机正、反转之间应设有联锁等。

(4) 第四步。研究电气元器件之间的相互关系。电路中的一切电气元器件都不是孤立存在的，而是相互联系、相互制约的。这种互相控制的关系有时表现在一条回路中，有时表现在几条回路中。

（5）第五步。研究其他电气设备和电气元器件，如整流设备、照明灯等。

任务实施

识读如图3—2—1所示的台式钻床电气原理图，可以从以下几个方面进行识读分析。

一、识读主电路

识读主电路如图3—2—3所示。

1. 各元器件在主电路中的作用

（1）M：电动机，整个电路的执行元件。

（2）FR：热继电器，对主电路电动机实现过载保护，当电流超过规定值一定时间后，热元件变形并分断接入控制电路中的动断触点，切断接触器主触头，电动机停止运转。

（3）KM：交流接触器主触头，分断或闭合主电路。

（4）FU1：熔断器，对主电路进行短路保护。

（5）QS：隔离开关，决定整个电路的通断，便于电路的安装与维修。

（6）L1、L2、L3：三相电源，动力供电线。

2. 主电路分析

主电路中只有一台电动机M，采用QS作电路开关，接触器KM的主触点来控制电动机M的启动和停止。

二、识读控制电路

识读控制电路如图3—2—4所示。

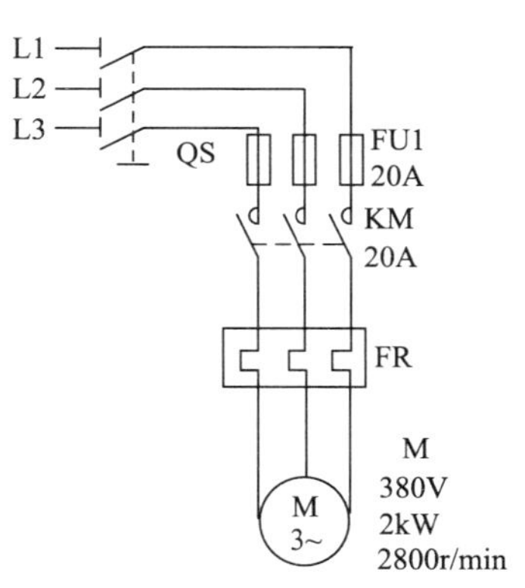

图3—2—3　主电路

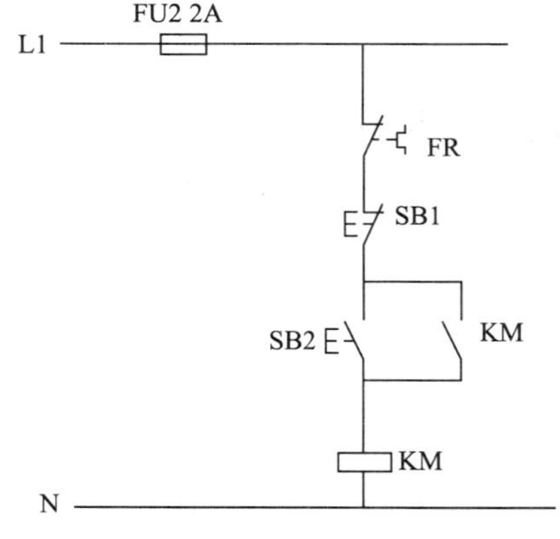

图3—2—4　控制电路

1. 各元器件在控制电路中的作用

（1）FU2：熔断器，控制电路与辅助电路的短路保护元件。

（2）KH：热继电器的动断触点。当电动机长时间过流时，在热元件作用下断开，使

KM 线圈断电，从而分断 KM 主触头，断开主电路。

（3）SB1：停止按钮，动断后使 KM 线圈失电，断开主电路。

（4）SB2：启动按钮，动合后使 KM 线圈通电，吸合后使 KM 辅助触头闭合自锁。

（5）KM 交流接触器

1）KM 交流接触器辅助常开触头：起自锁作用。

2）KM 线圈：KM 电磁线圈，通电后接触器主触头吸合。

2. 控制电路分析

控制电路采用 220 V 交流电源供电，只要按下启动按钮 SB_2，KM 线圈便得电，其自锁触点闭合自锁，它的主触点闭合，此时 M 单向连续运转。按下停止按钮 SB_1，KM 主触头断开，电动机停止单向运行。

三、识读指示电路

识读指示电路如图 3—2—5 所示。

1. 各元器件在指示电路中的作用

（1）KM 常开辅助触点：KM 吸合后 EL1 亮，指示电路处于工作状态。

（2）EL1：工作指示灯。

（3）KM 常闭辅助触点：KM 释放后 EL2 灯亮，指示电路处于停止状态。

（4）EL2：停止指示灯。

2. 指示电路分析

（1）按下启动按钮 SB2，KM 线圈得电，指示电路 KM 常开触头闭合，EL1 指示灯亮，指示工作。按下 SB1，KM 线圈失电，指示电路 KM 常开触点闭合断开，EL1 指示灯熄灭，指示停止工作。

（2）按下启动按钮 SB_2，KM 线圈得电，指示电路 KM 常闭触头断开，实现联锁，EL2 指示灯熄灭，指示停止工作。按下 SB_1，KM 线圈失电，指示电路 KM 常闭触头恢复常闭，EL2 指示灯亮，指示工作。

四、识读照明电路

识读照明电路如图 3—2—6 所示。

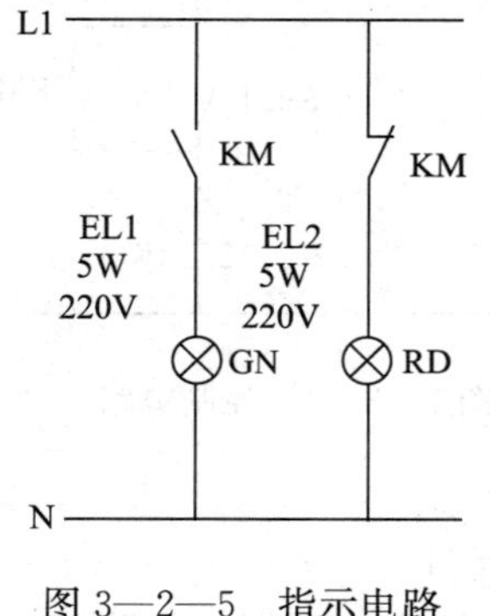

图 3—2—5　指示电路

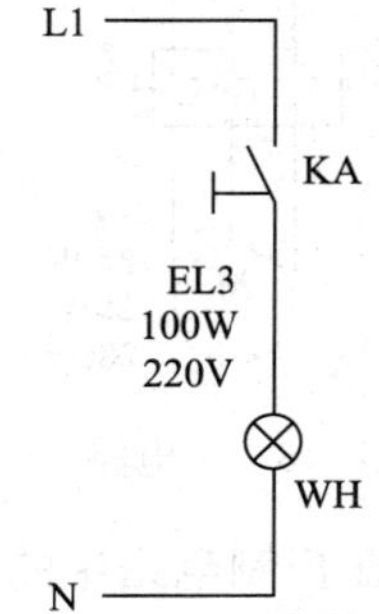

图 3—2—6　照明电路

1. 各元器件在照明电路中的作用

（1）KA：照明旋转开关，闭合时 EL3 亮。

（2）EL3：照明灯。

2. 照明电路分析

旋转 SA，闭合 EL3 照明灯亮。

五、识读保护环节

熔断器 FU1 和 FU2 分别对电动机 M 和控制电路进行短路保护。热继电器 FR 对电动机 M 进行过载保护，其触点串联在 KM 线圈回路中，只要电动机发生过载，热继电器的常闭触点断开，KM 线圈都将失电而使电动机停止工作。

六、识读图区栏和功能栏

如图 3—2—7 所示，数字 1、2、3、4 是图区编号，通常是一条回路或一条支路划为一个图区，该电路图共划分了四个图区。

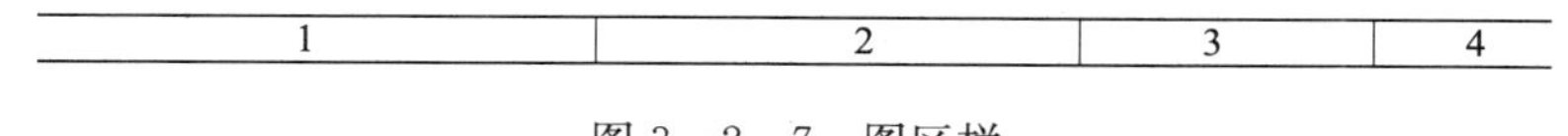

图 3—2—7　图区栏

电路图按电路功能分成若干个单元，并用文字将其功能标注在电路图上部的栏内。如图 3—2—8 所示，电路图按功能分为主电路、控制电路、指示电路及照明电路四个单元。

主电路	控制电路	指示电路	照明电路

图 3—2—8　功能栏

任务评价

本任务评价的评分标准见表 3—2—1。

表 3—2—1　　**评分标准**

序号	项目	内容	评分标准	配分	得分
1	简单电气图识读	各元器件图形符号	正确识读：10 分；不正确识读：0 分	10	
		各元器件在电路图中作用	正确识读：15 分；不正确识读：0 分	15	
		元器件技术数据	正确识读：10 分；不正确识读：0 分	10	
		主电路	正确识读：15 分；不正确识读：0 分	15	
		控制电路	正确识读：15 分；不正确识读：0 分	15	
		辅助电路	正确识读：15 分；不正确识读：0 分	15	
		图区栏	正确识读：10 分；不正确识读：0 分	10	
		标题栏	正确识读：10 分；不正确识读：0 分	10	
	合计			100	

思考与练习

1. 如图 3—2—9 所示为三相异步电动机双重联锁的正、反转控制线路电气原理图，现要求如下：

（1）识读控制线路的组成、保护功能。

（2）根据列出的元件明细表（见表 3—2—2），识读图中各个元器件的图形符号含义，明确各个元器件在电路中的作用。

（3）认真分析如图 3—2—9 所示控制线路的工作原理。

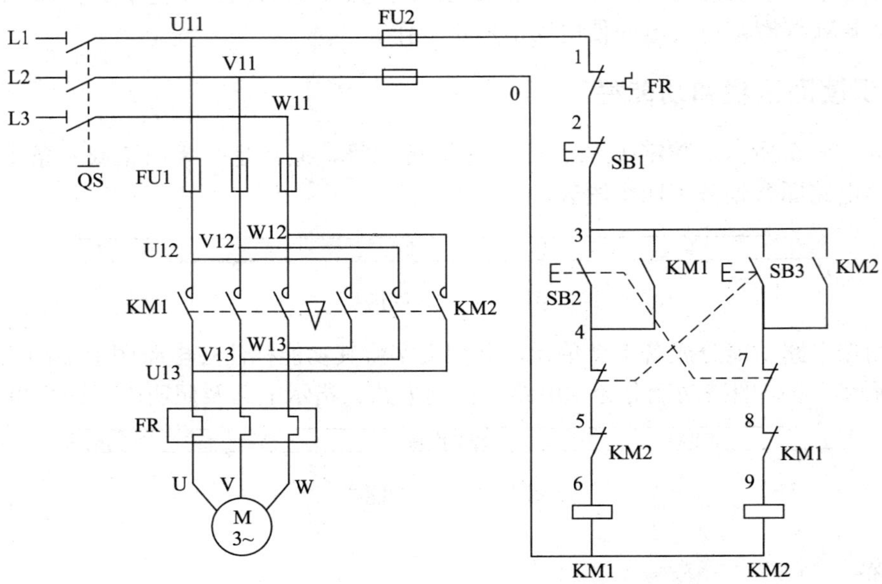

图 3—2—9 三相异步电动机双重联锁的正、反转控制电路图

表 3—2—2 **元件明细表**

代号	名称	型号	规格	数量
M	三相异步电动机	Y－112M－4	4 kW、380 V、三角形 接法、8.8 A、1 440 r/min	1
QS	组合开关	HZ10－25/3	三极、25 A	1
FU1	熔断器	RL1－60/25	500 V、60 A、配熔体 25 A	3
FU2	熔断器	RL1－15/2	500 V、15 A、配熔体 2 A	2
KM	交流接触器	CJ10－20	20 A、线圈电压 380 V	2
FR	热继电器	JR16－20/3	三极、20 A、额定电流 8.8 A	1
SB	按钮	LA4－3H	保护式、500 V、5 A、按钮数 3	3
XT	端子板	JX2－1015	500 V、10 A、15 节	1

2. 如图 3—2—10 所示为 C620—1 型普通车床的电气控制原理图，现要求如下：

(1) 识读电气控制原理图的构成及作用。

(2) 识读图中各个元器件的图形符号含义及其在电路中的作用。

(3) 分析电气控制线路的工作原理。

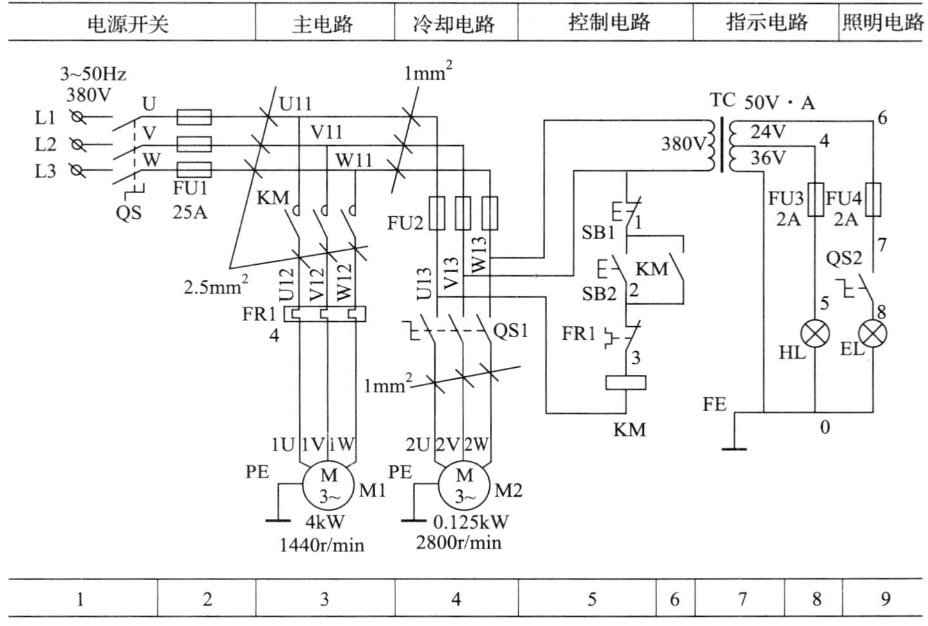

图 3—2—10　C620—1 型普通车床的电气控制电路图

任务 3　简单电气原理图绘制

◆ **技能点**

◎ 创建新的页面

◎ 符号、文本、线、圆及区域命令的使用

◆ **知识点**

◎ 基本绘图功能

◎ 导线自动编号

任务提出

绘制如图 3—2—1 所示某台式钻床控制线路电气原理图，要求如下：

1. 首先创建设计方案和页面；其次设置页面标题、图样大小、参数、栅格、添加图样模板等。

2. 根据列出的元件明细表（见表 3—3—1）和应用基本的绘图功能绘制出台式钻床控制线路原理图。

3. 在页面中布置自由文本、功能文本等。

4. 自动为导线编号。

表 3—3—1　　元件明细表

名称	条目号	描述
EL1	3389110611212	信号灯：绿色：220 V，5 W/带电阻
EL2	3389110611212	信号灯：红色：220 V，5 W/带电阻
EL3	3389110611212	信号灯：白色：220 V，100 W/带电阻
FR	4022903085584	热过载继电器：20～32 A
FU1	6417019032221	熔断器 3 极 250 A IP20：OFAX 1S3
FU2	6417019032221	熔断器 2 极 250 A IP20：OFAX 1S3
KA	3389110610000	旋转：开关：黑色
KM	4022903075387	接触器：15 kW：LS15K11：230 V，AC
M1	1723410403	三相异步电动机 5 kW
QS	5703302004619	组合开关，FUGA 墙上用电源插头＋接地
SB1	3389110610048	按钮：1 常闭：红色
SB2	3389110610024	按钮：1 常开：绿色

任务分析

台式钻床控制线路是机电专业的常见基本电路，种类繁多，在日常生活中应用极为广泛。图 3—2—1 已在任务 2 中被详细识读，利用 Pcschematic Elautomation 软件绘制该电路原理图之前，首先要新建一个空白的设计方案，进入页面编辑器环境，接着熟悉页面工作窗口，设置图样参数，最后利用工具栏、菜单栏、元件列表及基本的绘图功能绘制出该控制线路图。

相关知识

一、基本的绘图功能

1. 绘图对象

（1）按钮。绘制的任何图形对象都属于以下五种类型的绘图对象中的一种：符号、文本、线、圆及区域，如图 3—3—1 所示，在菜单栏和程序工具栏，有不同的操作选项，这取决于所选的对象类型。

图中［×］是对应的功能快捷键，下面是其对应的按钮。

图 3—3—1 五种类型的绘图对象

（2）对选取的对象进行操作。可以有两种工作模式，这取决于“铅笔”按钮的状态：绘制/布置新对象（激活/单击“铅笔”按钮）；对已布置的对象进行操作（不激活铅笔按钮）。

1）新对象。绘制/布置新对象时，按以下步骤：

①选择要操作的对象类型。

②激活“铅笔”按钮。

③绘制/布置对象。

例如，要画一条线，可以先单击“线”按钮，然后单击“铅笔”按钮，开始画线。注意，有时程序会自动激活“铅笔”按钮，如在文本框区域输入文本时，或者选中一个符号要布置时。

2）已布置的对象。如果要对已有的对象执行操作，按下列步骤：

①选择要操作的对象类型。

②关闭“铅笔”按钮（按“Esc”键）。

③选中要操作的对象。

④执行操作。

例如，要复制一个符号，首先单击“符号”按钮，按“Esc”键关闭“铅笔”按钮，单击选中要操作的符号，单击“复制”按钮执行复制操作。复制的符号呈现在被布置到图中。

3）显示相对坐标。当移动或复制对象时，对象坐标会在屏幕底部的状态栏中显示出来。

（3）选取对象。要对已有的对象执行操作时，首先必须选中对象，可以按照下列办法：

单击要执行操作对象类型的相应按钮（如“文本”或“符号”按钮），关闭“铅笔”按钮（单击它或按“Esc”键），然后单击要操作的对象。每一个选中对象的周围都会有一个彩色区域来标明。当执行符号操作时，应注意选中的是整个符号还是它的一个连接点。如果选中文本，文本工具栏将会指示出所选取的是哪一种类型的文本。

1）所选线的标记。第一次单击“线”按钮时，它的所有段都会被选中。如果在线上再单击一次，那么只有单击到的段被选中。

2）通过右击选择。在一个对象上右击，会选中此对象，同时会出现一个快捷菜单。在这个菜单中可以选择【移动】【复制】或【删除】等命令。

3）在窗口中选择同一类型的多个对象。例如，如果想选择区域中的所有文本，单击“文本”按钮，用鼠标选中相应区域——在区域的一个角单击，按住并拖动鼠标到区域的另一个对角。这时会出现一个虚线组成的矩形，这就是选中的区域。当希望选取的对象都包括在矩形中时，松开鼠标键。如果想取消选择窗口中的一个或多个对象，按下“Ctrl”键，同时单击对象。

4）用鼠标选取同一类型的多个对象。选择要执行操作的对象类型，如符号。按“Ctrl”

键，同时单击对象。如果选中了一个符号后，又想取消选择，可以再次单击符号（仍然按下“Ctrl”键）。

5）选取页面上的所有对象。可以执行菜单命令【编辑】/【全选】/【当前页面上所有对象】（或按快捷键“Ctrl+a”）。如果“区域”按钮被激活，则当前页面上所有对象都被选中；如果“符号”按钮被激活，则页面上的所有符号被选中。依此类推。

（4）复制、移动、删除或旋转对象。若要复制、移动、删除或旋转对象，可以按以下步骤：选择相应的对象类型；选取要操作的对象；复制/移动/删除/旋转对象。

如果没有特别说明，下面的功能适用于【符号】【文本】【线】【圆】和【区域】命令。

1）移动选取的对象。对要移动选取的对象，可以有三种选择：

①单击“移动”按钮，这时选取的对象已经在十字线中，单击要布置的地方。

②应用单击和拖动：单击所选对象并按住，拖动对象到要布置的地方，再松开鼠标。

③在窗口中右击，出现一个菜单，执行菜单命令【移动】。这时对象位于十字线中，移动到要布置的地方，再单击。

2）复制选取的对象。要复制一个或多个选取对象时，有两种方法：

①单击“复制”按钮，复制的对象已经位于十字线中，可以通过单击来复制一个或多个对象。

②在选取的一个对象上右击，出现一个菜单，执行菜单命令【复制】。现在同样在十字线中有一个复制对象，可以通过单击来复制一个或多个对象。

3）删除选取对象。要删除对象，有两种方法：

①单击“删除”按钮，或按“Del”键，对象就会从屏幕上消失。

②在选中的一个对象上右击，在出现的菜单里执行菜单命令【删除】，对象就会从屏幕上消失。

单击“撤销”按钮可以撤销刚才的操作。如果删除的对象还在屏幕上，单击“刷新”按钮，刷新页面。

如果删除了一个连接导线的符号，线会变为临时线。

4）旋转选取对象。这个功能对符号、文本和圆对象有效，但对线对象无效。这个功能也适用于区域，同时在选取区域内的线也会旋转，且所有对象都是逆时针旋转。有四种方法旋转对象：

①按空格键，对象会逆时针旋转90°。

②在选取的对象上右击，执行菜单命令【旋转】。

③单击工具栏中的“旋转”按钮。

④在角度区域内单击：输入旋转角度，按“Enter”键即可。角度可以精确到0.1°；也可以单击区域内的下拉箭头，选择一个角度，并按“Enter”键。

关于旋转符号的说明：一个两端连接导线的符号，将会旋转180°，两个管脚会对调。如果只想旋转90°，可以按“Ctrl”键，同时单击旋转。相应地，线也会保持原来的连接。

5）撤销。操作对象时，有一个很重要的功能，那就是撤销功能。

当单击“撤销”按钮一次，会撤销程序执行的最后一个操作。

注意：有些功能是不能撤销的，比如自动编排线号，或者布置页面标题。对此可以在刚开始分配线号之前保存设计方案，最后去掉绘图标题。

2. 符号

在 Pcschematic Elautomation 软件中可以在图中用一个符号代表电气元器件。比如，要布置一个继电器线圈，可以查找继电器线圈的符号，把它布置到图中。对符号进行操作时，先单击“符号”按钮，或按快捷键“S”。铅笔按钮的通用快捷键为“Ins”，也可以在对符号执行操作时按“S”键。按“Ins”或“S”键激活/关闭铅笔按钮。

(1) 取出符号。单击“符号”按钮⋈，或按快捷键“S”，可进入符号模式，对所有符号进行操作。除了复制一个已有的符号外，还有以下其他几种方法可以取出符号。

1) 从符号选取栏中取出符号。在屏幕的上方，可以看到符号选取栏，如图 3—3—2 所示，在这里可以布置一些最常用的符号。

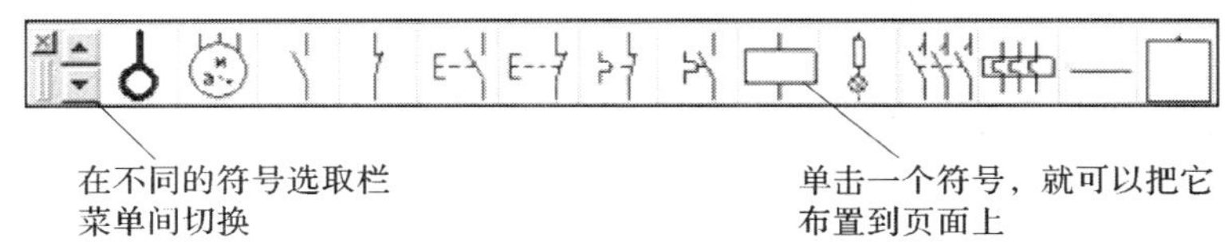

图 3—3—2　符号选取栏

单击符号选取栏中的一个符号，它就会位于十字线中，可以把它布置到设计方案页面中的任何地方。这时会自动激活“铅笔”按钮✎和“符号”按钮。

如果看不到符号选取栏，执行菜单命令【设置】/【指针/屏幕】，选中符号选取栏。使用符号选取栏时，有如下一些选项：

①使用符号选取栏进入数据库。如果单击符号选取栏中的符号时按下“Ctrl”键，进入数据库。在数据库的符号区域，可以看到包含相应电气符号的元器件。也可以在符号选取栏中的符号上右击，执行菜单命令【数据库】。进入数据库后，选取需要的元器件符号，点击“确认”按钮。

②可选择的电气符号。如果通过数据库取出了一个元器件，可以为元器件的功能选择不同的电气符号，如元器件有一个继电器线圈和三个触点（主触点，常开、常闭的辅助触点）。元器件的符号选取栏如图 3—3—3 所示，当选取了其中一个符号时，其他可选择的符号就会消失。

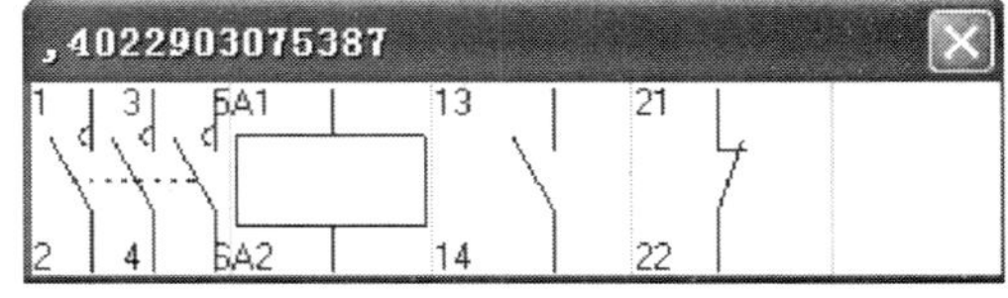

图 3—3—3　可选择的电气符号

2) 使用符号菜单取出符号。单击“符号”按钮，再单击“符号菜单”按钮器或按快捷键“F8”，在“符号菜单”中选取符号如图 3—3—4 所示。在符号上单击选中符号，此时符号被高亮显示。如果想搜索符号标题/描述，可在该图左侧下面的标题中，输入部分符号标题。此时，系统会自动列出符合条件的符号。

3) 从数据库中取出符号。如果已经确定要使用哪些元器件，可以直接从数据库中取出相应的符号。

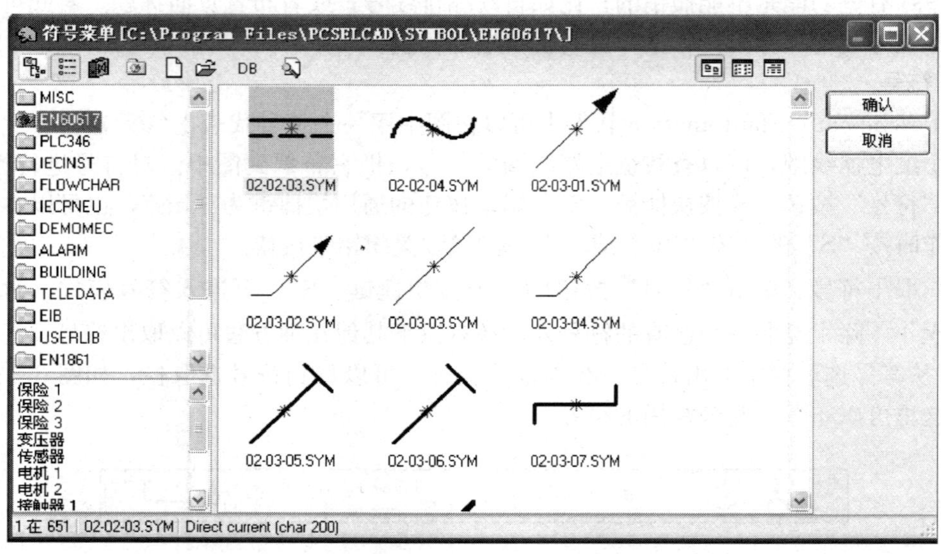

图 3—3—4　符号菜单对话框

①进入数据库。单击“符号”按钮，按下“Ctrl”键，同时单击“符号菜单”按钮，会直接进入数据库；也可以按快捷键“d”，进入数据库。数据库对话框如图 3—3—5 所示。

图 3—3—5　数据库对话框

②在数据库中选取符号。单击一个文件夹，如“自动开关/连接材料”，在对话框中的右上角选择“生产商”，选中一个元器件且单击。比如，选择 EAN 号为**4022903085584**的元器件，如图 3—3—6 所示，单击“确认”按钮即可。

③从数据库中布置选中的符号。此时屏幕上会出现这个元器件包含的所有电气符号选取栏。如果元器件只包含一个符号，那么它会自动位于十字线中；如果有多个符号，就可以一个一个地选取，逐一布置到页面中。当单击一个符号时，选取栏会自动消失。要让选取栏重新显示，可执行菜单命令【功能】/【再次显示可用的符号】或按快捷键“Ctrl+F9”。

4）直接输入符号文件名。按快捷键“K”，这时会打开一个如图 3—3—7 所示的对话框。输入需要的符号文件名，并按“Enter”键。这时会自动搜索上次使用的文件夹内容。如果不能自动找到相匹配的符号，会进入符号菜单。如果符号菜单中有一个以输入的文本开始的名字的符号，就会显示出来。

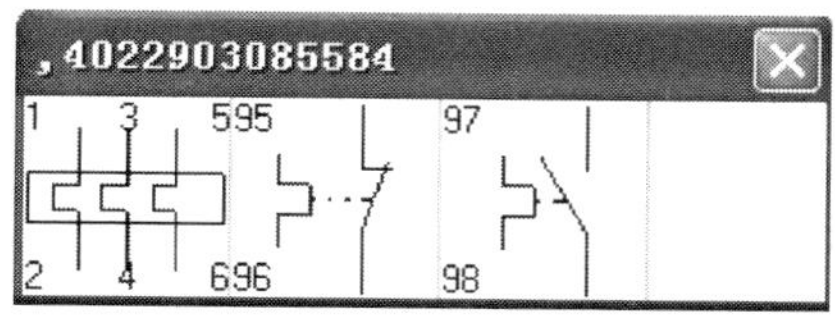

图 3—3—6 4022903085584 元器件可选择的电气符号

图 3—3—7 输入符号文件名

5）直接输入项目号。激活“符号”按钮，执行菜单命令【功能】/【数据库】/【按项目查找】，或按快捷键“v”，进入布置符号对话框。在这里输入相应的项目号（只有一部分也可以），单击“确认”按钮。进入数据库，其中会显示出所有和输入的项目号相匹配的元器件。如果输入 40，则数据库如图 3—3—8 所示。选择需要的元器件，单击“确认”按钮。这时该元器件的符号会位于十字线中，或者出现一个包含元器件所有符号的选取栏。

EAN号	类型	描述
4001869040813	5TE4702	按钮(带指示灯), 1常闭
4008190100032	WDU 6	螺旋夹紧接线端子, 蓝色
4008190163440	WDU 6	螺旋夹紧接线端子
4008190297749	WDU 2,5	螺旋夹紧接线端子, 黑色
4008190297756	WDU 2,5	螺旋夹紧接线端子, 白色
4008190455149	WDU 2,5	螺旋夹紧接线端子, 灰色
4008190455248	WDU 4	螺旋夹紧接线端子, 棕色
4008190455293	WDU 4	螺旋夹紧接线端子, 灰色
4011209317055	3RA1210-0BA15-0AP0	LOAD FEEDER FUSELESS REVERSING DUTY
4015080297437	RL-GN/FR	信号灯 2,4W/130V, 220-240V
4022903075387	LS15K11	接触器,15KW, LS15K11, 230V AC
4022903085584	B77S	热过载继电器, 20-32A

图 3—3—8 符号项目号以 40 开头的所有元器件

6）直接输入符号的类型。激活“符号”按钮，执行菜单命令【功能】/【数据库】/【按类型查找】，或按快捷键“b”，进入布置符号的对话框。在这里输入相应的符号类型文本，单击“确认”按钮。进入数据库，会显示出所有相匹配的符号。

（2）布置和命名符号。当符号位于十字线时，可以通过单击的方式把它布置到图中。布置符号时，会自动进入元件数据对话框，要求填写相关的信息。在元件数据对话框中，输入符号名及其他信息。如果通过数据库选取符号，则除了符号名外，其他信息均被自动填写。完成设置后，单击“确认”按钮即可。如果不想改变其中的内容，单击“取消”按钮或按“ESC”键从十字线中去掉符号。

（3）符号工具栏。选中一个符号时，在符号工具栏内会显示出相关的信息，如图3—3—9所示。图中有关文字及图标说明如下：

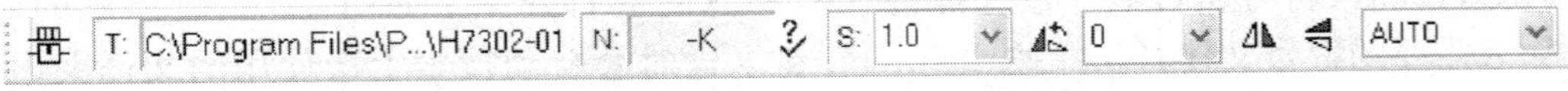

T: C:\Program Files\P...\H7302-01　N: -K　S: 1.0　0　AUTO

图 3—3—9　符号的相关信息

T：最近一次位于十字线中的符号文件名。

N：当前选中符号的名称。

S：符号的比例。

：旋转符号。

：水平镜像符号。

：垂直镜像符号。

（4）改变区域中的符号名。要想同时改变多个符号名，可以用鼠标拖出一个窗口，选中这些符号。然后在选中的区域内右击，执行菜单命令【元件数据】，如图 3—3—10 所示。

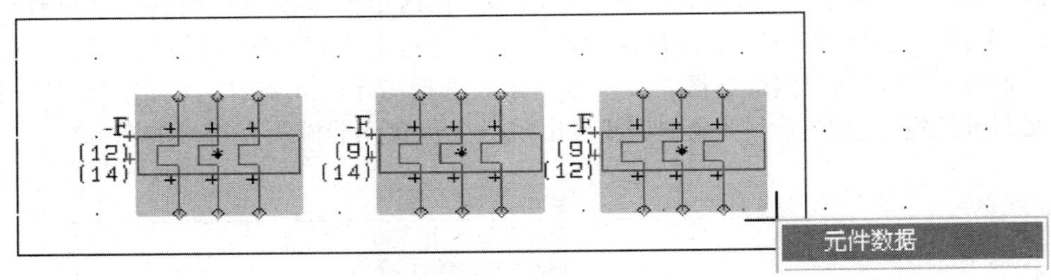

图 3—3—10　执行菜单命令元件数据

现在进入元件数据对话框，如图 3—3—11 所示。在对话框中，输入第一个符号的名称后，就可以应用自动计数功能，按“Ctrl”键同时单击“?”按钮，再单击“确认”按钮即可。

现在已经改变了符号名，如图 3—3—12 所示。在选择的区域外单击则取消选择。

符号的命名顺序：如果在屏幕的左边单击，然后拖动鼠标到右边，选中一个窗口，则符号的命名顺序也是从左到右。如果选中窗口时，鼠标的操作是从右到左，则符号的命名顺序也是从右到左。如果按下“Ctrl”键，同时选择多个符号，则符号的命名依选择的顺序而定。

3. 线

要对线执行操作时，先单击“线”按钮，或按快捷键“l”。如果要画线，单击“铅笔”按钮。

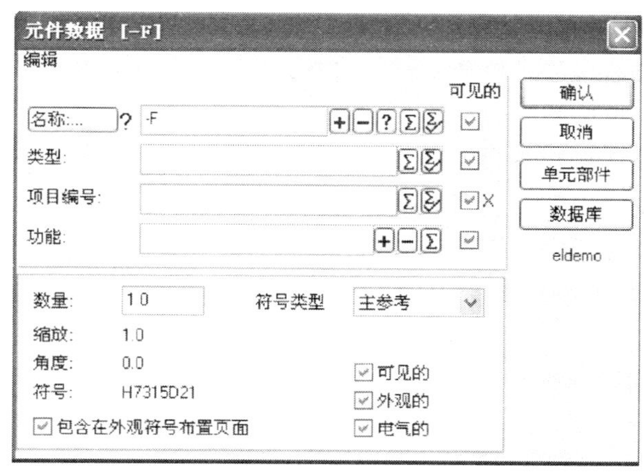

图 3—3—11　元件数据对话框

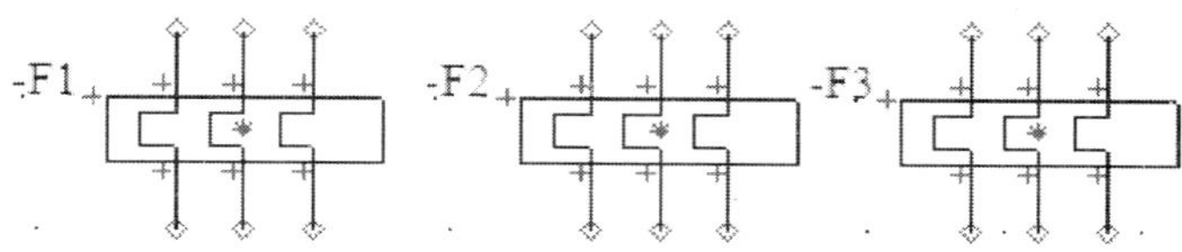

图 3—3—12　排序好的符号名

“铅笔”按钮的快捷键是“Ins”。不过，在激活“线”按钮的情况下，也可以使用“l”键代替。按“Ins”或“l”键激活或关闭“铅笔”按钮。

（1）线的两种类型。它包括导线（电气线）和非导线/自由线。如果“导线”按钮被激活，绘出的线只能被用于电气连接。如果没有激活“导线”按钮，则线可以作为自由线（非导线），被用于设计方案中的任何地方。当单击“线”按钮时，“导线”按钮会自动激活。

单击“线”按钮，激活“铅笔”按钮，单击要布置的地方，进入图 3—3—13 所示的信号对话框。

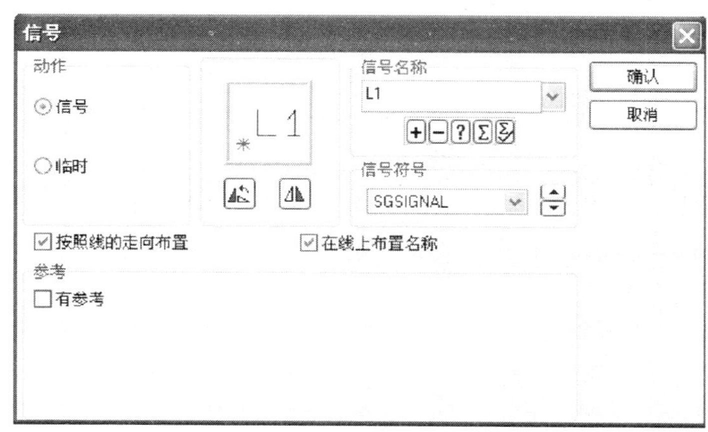

图 3—3—13　信号对话框

1）临时线。如果还没有决定导线要连接到哪里，可以选择“临时”选项，再单击“确认”按钮，将会得到没有电气连接的导线。但是，这只是一个临时解决办法，在一个完整的设计方案中，不应该有这些临时线。

如果把一条非导线连接到符号，会出现警告对话框，如图 3—3—14 所示。如果坚持这样做也是可以的，但是画出的线没有电气连接点。

2）导线。直接单击“信号”选项。在“信号名称”区域，可以输入名称，也可以从下面的选项中选取：

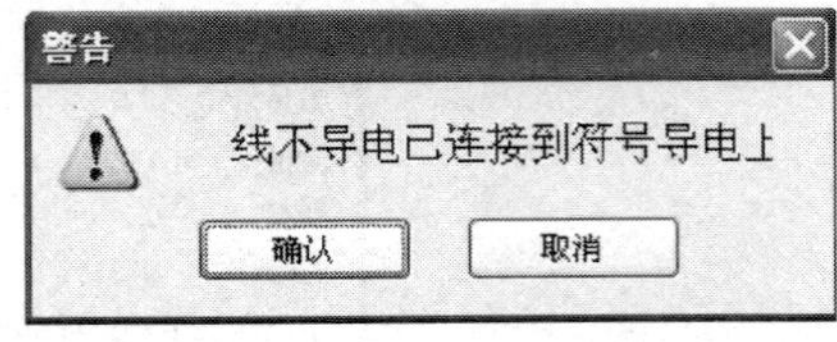

图 3—3—14　警告对话框

①“+”功能：每次命名信号名时加一。

②“−”功能：每次命名信号名时减一。

③“?”功能：为所选类型的符号分配下一个可用的信号名。

④“Σ”功能：给出一个列表，可以在其中选择已使用的信号名。

此外，也可以单击“信号名称”区域的下拉箭头，则会出现一些预定义的信号名供选择。单击对话框右边“信号符号”区域中的上/下箭头按钮，可以滚动显示系统中已有的信号符号。单击滚动显示框右边的按钮☑，选中的符号也会显示在对话框中。

在符号下方，可以单击按钮“垂直镜像”或“旋转”，使符号镜像或旋转。

（2）线的命令工具栏。线的命令工具栏如图 3—3—15 所示。在这里可以选择画直线、斜线、直角线、曲线、矩形和圆弧/圆形线，可以指定是否填充（只对非导线有效）；还可以指定线型、线宽、线的颜色、是否导线等。

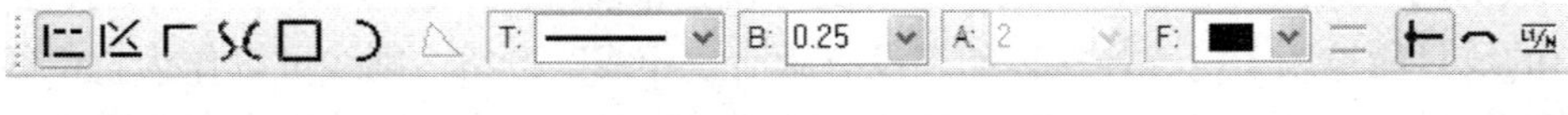

图 3—3—15　线的命令工具栏

1）直线。画直线时，会自动地画出直角线或折线，如图 3—3—16 所示。关闭“导线”按钮（如果它被激活），激活“直线”按钮，在线的起始位置单击，在每次要改变线的方向时单击一下。双击停止画线或单击一下且按“Esc”键，也可停止画线。

如果关闭“铅笔”按钮（按“Esc”键），可以单击按下并拖动线的顶点或线的端点，改变线的形状。从一个连接点拖动线来移动线时，会在线上插入一个端点。

如果要插入一个线的端点，可以在线上右击，选择插入线的端点。

2）斜线。画斜线时，可以自己决定线的角度。单击“斜线”按钮，画出如图3—3—17 所示的一条斜线。画出的线还和设定的捕捉有关系。

如果关闭“铅笔”按钮（按“Esc”键），可以单击按下并拖动线的顶点，改变线的形状。斜线的端点和直线中描述的一样。

3）直角线。单击“直角线”按钮。画直角线时，只需指出线的起点和终点。程序会自动创建一条直角连接线。要让线反向弯折，按“空格”键。这些在安装模式下绘图时，会自动连接。这个功能可以被用于正确的装配图模式中元器件之间的连接，如图 3—3—18 所示。

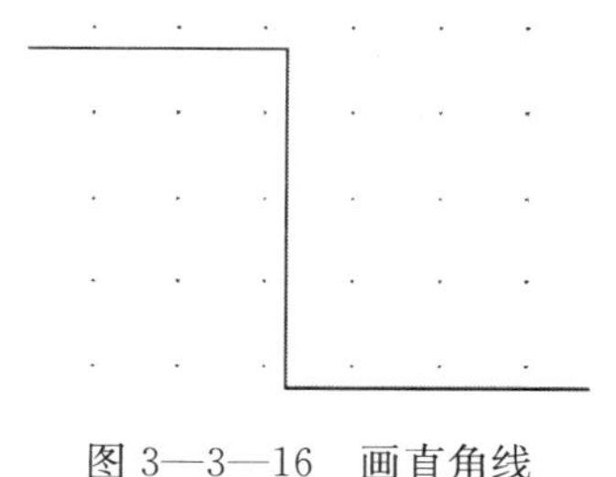

图 3—3—16 画直角线

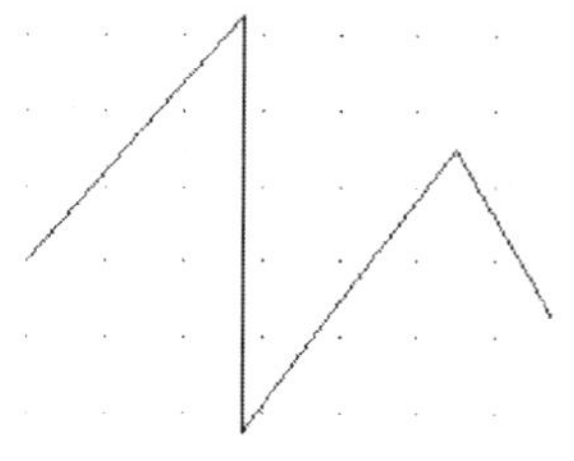

图 3—3—17 绘制斜线

4）曲线。单击“曲线”按钮。这个命令可以画出曲线，如图 3—3—19 所示。在曲线转折的地方单击。注意：完成后，曲线上显示的＋标记。如果关闭“铅笔”按钮（按“Esc”键），可以单击按下并拖动＋标记，改变曲线的形状。曲线只能被用于画实线。

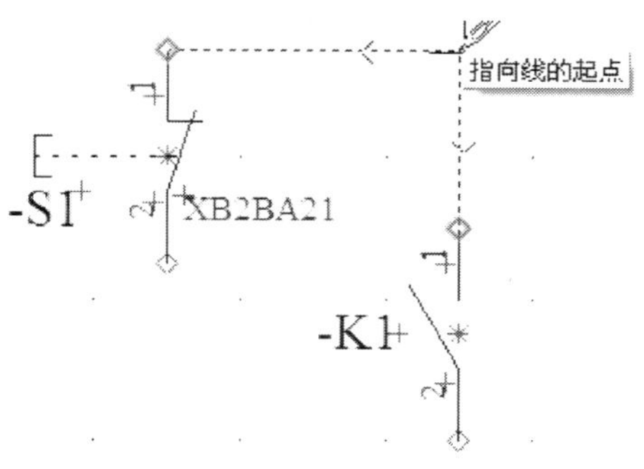

图 3—3—18 画直角线

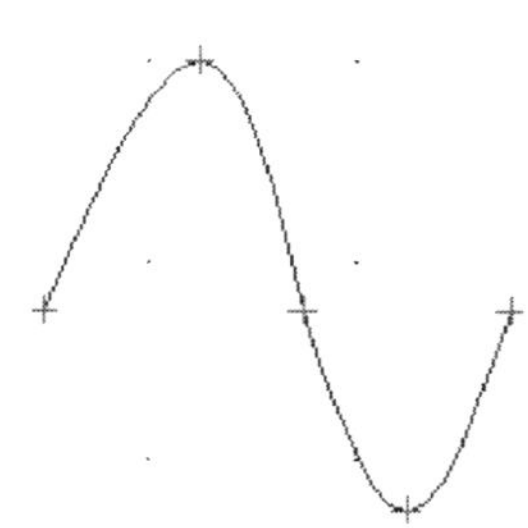

图 3—3—19 画曲线

5）半圆线。单击“半圆线”按钮。这个命令可以绘制出连贯的半圆线，以用于一些特殊的图形，如图 3—3—20 所示。半圆线是半个圆，逆时针方向画出。“半圆线”按钮只可以用于绘制实线。与曲线一样，可以单击按下并拖动＋标志改变半圆线。

6）矩形。单击“矩形”按钮。单击矩形的一个角，按下并拖动鼠标，直到出现想要的矩形时，放开鼠标再单击一下就画出了矩形。

7）填充区域。如果绘图前已经激活“填充区域”按钮，那么可以在画出的矩形、圆和椭圆中填充颜色。如果不能选择填充区域，此按钮会是暗色的。

8）线型 T。在指定线的类型的区域单击，选择要在绘图时使用的线型，如图 3—3—21 所示。

9）线宽 B。在这里可以决定画线时使用的线宽。如果线的类型是阴影线，线宽就是线的两个边界之间的宽度。

10）线距 A。对有些线的类型，如阴影线，必须指定两条线之间的距离，这称作线距。它的计算是从一条线的中心到另一条线的中心的距离。

11）线的颜色 F。选择线的颜色时，可以选择 14 种不同的颜色。颜色 NP（不打印）可以在屏幕上显示，但不会被打印出来。

（3）精确绘图。有时可能会需要一些精确绘图。在屏幕底部的状态栏，可以看到屏幕上鼠标位置的 X－Y 坐标。单击状态栏中的 X－Y 坐标区域，如图 3—3—22 所示。按快捷键“Ctrl＋i”，会出现一个输入坐标对话框，如图 3—3—23 所示；也可以执行菜单命令【功能】/【坐标】进入这个对话框，单位为 mm。

图 3—3—20　画半圆线

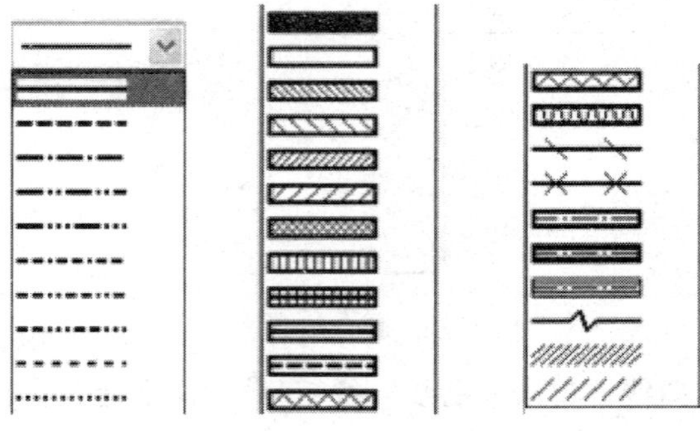

图 3—3—21　各种线型

x=93.35 y=87.42mm

图 3—3—22　状态栏中的 X—Y 坐标区域

图 3—3—23　坐标对话框

若想精确绘图，有三种选择：

①绝对坐标：其中的数值是相对于页面的起点计算出的，起点位于页面的左下角。

②相对坐标：其中的数值是相对于上次在页面中所选的点计算出的。

③极坐标：使用这种坐标，可以决定线的长度，以及线和水平线之间的角度。

现在可以用绝对坐标和相对坐标这两种不同的方法画一个 100 mm×50 mm 的矩形。单击“线”按钮，选择线的类型，关闭“导线”按钮，激活“铅笔”按钮。

1）使用绝对坐标。单击 X—Y 坐标区域（或按快捷键“Ctrl+i”）选择“绝对坐标”单选按钮。

输入 X 和 Y 坐标的数值，这表明线从相对于页面原点多少的位置开始。如开始于点（50，100），就在 X 区域输入 50，在 Y 区域输入 100。这不需要注明计算单位，系统的默认单位为 mm。单击“确认”按钮即可。这种设置可以在菜单命令【设置】/【屏幕/指针】中改变。

单击 X—Y 坐标区域：设定 X 为 150，Y 为 100。单击“确认”按钮。

单击 X—Y 坐标区域：设定 X 为 150，Y 为 150。单击“确认”按钮。

单击 X—Y 坐标区域：设定 X 为 50，Y 为 150。单击“确认”按钮。

单击 X—Y 坐标区域：设定 X 为 50，Y 为 100。单击“确认”按钮。按“Esc”键，画出矩形。

2）使用相对坐标。在屏幕上任一处单击开始画线。单击 X—Y 坐标区域（或按快捷键“Ctrl+i”）选择“相对坐标”单选按钮。

按快捷键“Ctrl+i”：设定 X 为 100，Y 为 0。单击“确认”按钮。

按快捷键“Ctrl+i”：设定 X 为 0，Y 为 50。单击“确认”按钮。

按快捷键“Ctrl+i”：设定 X 为－100，Y 为 0。单击“确认”按钮。

按快捷键“Ctrl+i”：设定 X 为 0，Y 为－50。单击“确认”按钮。按“Esc”键，画出矩形。

3）应用带相对坐标的矩形命令。单击“线”、“矩形”和“铅笔”按钮。单击矩形的一个开始对角。单击X－Y坐标区域（或按“Ctrl＋i”键）选择“相对坐标”单选按钮。指定矩形的另一个对角：设定 X 为 100，Y 为 50。单击“确认”按钮，完成矩形。

（4）自动连线。在设计方案中布置符号时，可以自动画出符号的连接。画线时，也可以自动画出一些线。要使自动连线功能更加方便，可以为最常使用的一些连线功能创建自己熟悉的快捷键。

1）布置符号时的自动连线。要在布置符号时使用“自动连线”，首先执行菜单命令【自动连线】/【激活】，可以在激活的前面加一个检查标记。

要关闭“自动连线”，再次执行菜单命令【自动连线】/【激活】，则检查标记会消失。在【自动连线】菜单命令中有以下选项，如图 3—3—24 所示，各选项对应的功能见表 3—3—2。

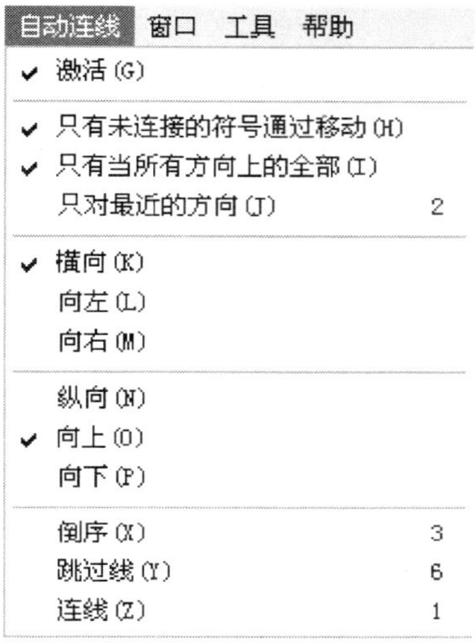

图 3—3—24　【自动连线】菜单命令中各选项

表 3—3—2　　布置符号时【自动连线】菜单命令中各选项对应的功能

自动连线	功　能
激活	开始和停止自动连线
只有未连接的符号通过移动	当一个未连接的符号移动时，自动连线被激活
只对最近的方向	只连接离符号最近的线或连接点
横向	只会横向布线
向左	只会向左布线
向右	只会向右布线
纵向	只会纵向布线
向上	只会向上布线
向下	只会向下布线
倒序	当布置多条线时，改变布线的顺序
跳过线	布线时跳过一条线，连接到另一条线
连线	如果选中一个已布置的符号，则符号可以被布线

2）画线时的自动连线。要在画线时使用“自动连线”，执行菜单命令【自动连线】/【激活】，可以在激活的前面加一个检查标记。

要关闭“自动连线”，再次执行菜单命令【自动连线】/【激活】，则检查标记会消失。画线时的【自动连线】菜单命令中的选项见表3—3—3。

表3—3—3　　画线时【自动连线】菜单命令中各选项对应的功能

自动连线	功　能
激活	开始和停止自动连线
折线	在直线和折线之间切换
水平线	只在画水平线时使用
垂直线	只在画垂直线时使用
左上	画折线时左上布线
左下	画折线时左下布线
右下	画折线时右下布线
右上	画折线时右上布线
跳过线	布线时跳过一条线而布置到下一条线

4. 文本

要执行文本的操作，必须先单击“文本”按钮abc或按快捷键“t”，再单击“铅笔”按钮。“铅笔”按钮的通用快捷键是“Ins”。不过，在激活“文本”按钮的情况下，也可以使用“t”键作为它的快捷键。按“Ins”或“t”键激活/关闭“铅笔”按钮。不同的文本类型，见表3—3—4。

表3—3—4　　文本类型的种类

文本类型	描　述
自由文本	可以被用于设计方案中任何地方的文本
符号文本	每一个符号自身的文本，包含了符号所代表的元器件信息
连接点文本	每一个符号连接点自身的文本
数据区域	自动填充的文本区域

（1）自由文本。自由文本可以被应用到图样中、符号定义中或绘图模板中的任何地方。自由文本不能被传送到设计方案清单，这不同于其他类型的文本。如果自由文本是符号定义的一部分，那么它不能在图中改变。

1）输入和布置自由文本。单击“文本”按钮和“铅笔”按钮，或者在文本工具栏中的文本区域单击，输入如图3—3—25所示文本，按“Enter”键。注意，工具栏会显示正在执行自由文本的操作。现在文本位于十字线中，单击要布置文本的位置，这时已经在设计方案页面中布置了一个自由文本。

另外，可以按快捷键“k”，进入布置文本对话框，如图3—3—26所示，在其中输入文本，然后布置到页面中。

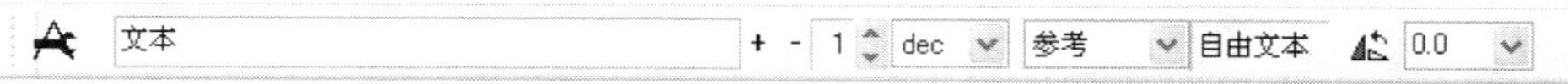

图 3—3—25 文本工具栏

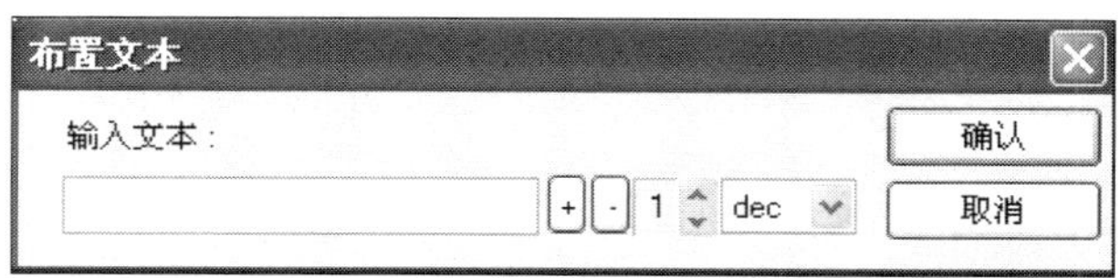

图 3—3—26 布置文本对话框

2）编辑文本。在设计方案中编辑文本时，按以下步骤：

①关闭“铅笔”按钮（按“Esc”键）。

②单击“文本”按键，按快捷键“k”。

③修改文本，按“Enter”键。

（2）符号文本。见表 3—3—5。

表 3—3—5 符号文本包含符号所代表的元器件信息

文本类型	描 述
符号名	符号/元器件名
符号类型	描述了元器件类型——可以使用数据库填写
符号的项目号	文本确切地描述了符号所代表的元器件。这可以是 EAN 号或者库存号。可以使用数据库填写
符号功能	该文本用于描述符号的功能——可以使用数据库填写

1）填写符号文本。当布置符号时，自动进入元件数据对话框。可以现在输入符号的不同信息，也可以单击“确认”按钮，以后再填写这些信息。

如果不能自动进入元件数据对话框，可以执行菜单命令【设置】/【指针/屏幕】，选择“要求名称”，激活这个功能。

如果后来要输入符号文本，必须先单击“符号”按钮，或按快捷键“s”。然后在符号上右击，在出现的菜单中选择元器件数据。

另一种方法，可以单击选中符号，然后单击程序工具栏中的“对象数据”按钮DATA。现在进入元件数据对话框，例如可以如图 3—3—27 所示填写。

填写符号文本时，决定哪些符号文本跟随符号在设计方案中显示，也可以输入连接点名。填写完成后，单击“确认”按钮。

2）直接改变页面中的符号文本。一个符号可以显示出来四个文本：“类型”“功能”“名称”和“项目编号”。

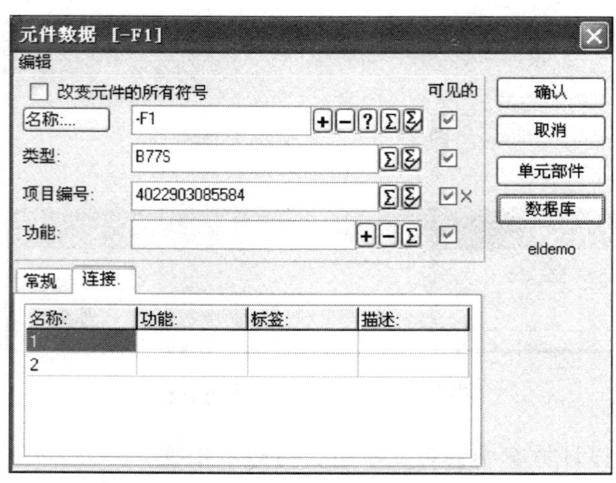

图 3—3—27　元件数据对话框

可以直接改变页面中显示出来的符号文本内容：先单击“文本”按钮，然后关闭“铅笔”按钮（按“Esc”键），单击要改变的文本的参考点。在文本工具栏中会看到所选中的符号文本类型。从符号的参考点到符号文本之间会显示出一条线，这表明了符号文本属于哪一个符号。单击工具栏中的“文本区域”，编辑文本，按“Enter”键，出现已经改变了符号文本。

3）在页面中移动符号文本。要移动符号文本，先激活“文本”按钮，然后就可以按照前面介绍的方法移动文本，如用鼠标拖动。

（3）连接点文本。这些文本和符号的连接点（符号和导线连接的点）联系在一起，包含了关于这方面的信息，见表 3—3—6。

表 3—3—6　　连接点文本的几种类型

连接点文本	内　容
连接名称	连接点的连接
连接功能	连接点的功能
连接标志	简单描述（如 PLC 图）
连接描述	详细描述（如 PLC 图）

5. 对齐和间隔功能

（1）对齐功能。它可以在图中对齐对象，该功能对符号、文本或圆等都有效。例如，对如图 3—3—28 所示的三个符号执行对齐功能，使它们都处于和最左边的符号相同的高度。

激活“符号”按钮，再单击最右边的符号。按“Ctrl”键，单击中间的符号（也可以拖出一个窗口选中这两个符号）。现在选中了这两个符号后进行如下操作：

执行菜单命令【编辑】/【对齐】，或者在窗口中右击，再执行菜单命令【对齐】。现在出现一条线：起点在中间的符号，终点在十字线的中心。单击左边的符号，则选中的符号将会和它对齐，如图 3—3—29 所示。

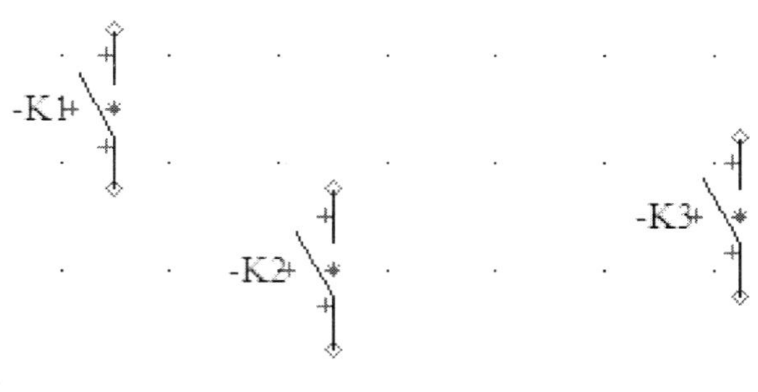

图 3—3—28 页面中的三个符号

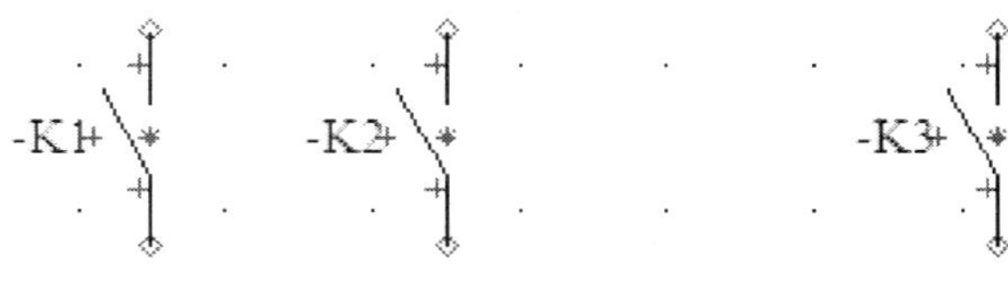

图 3—3—29 符号对齐

如果符号几乎是竖向排列，则它们会竖向对齐。应注意，作为参照的符号也可以是所选中的符号之一。

(2) 间隔功能。布置符号时，这个功能可以使符号之间有相同的间隔。与对齐功能不同，使用间隔功能时会重新定位所有的符号。

首先，激活“符号”按钮，布置如图 3—3—28 所示的一些符号。

然后，在符号周围拖出一个窗口，选中符号，再执行菜单命令【编辑】/【间隔】，或单击鼠标右键，执行菜单命令【间隔】。请注意屏幕右下角的引导文本。

现在出现一条线，起点是中间的符号，终点是十字线的中心。单击要布置第一个符号的位置，出现一个间隔对话框，如图 3—3—30 所示。输入间隔（如 10）后，单击“确认”按钮即可。符号现在会对齐排列，间隔为 10 mm，按照名称排序。

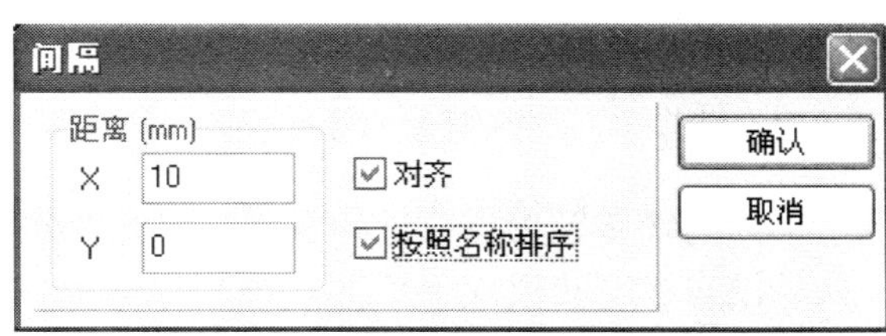

图 3—3—30 间隔对话框

如果把 X 和 Y 的间隔设置为 0，则要求指出布置第一个和最后一个符号的位置。

二、导线编号

导线编号方式可以自动为图中的导线编号，也可以手动编号，或者两种方法都用。

如果要在图中自动插入线号，执行菜单命令【功能】/【导线编号】，进入导线编号对话框，其中有不同的标签项。在这里可以决定如何执行导线编号。

自动分配导线编号前，应该知道这个功能不可以撤销，因此激活自动导线编号前应保存设计方案。

当设置好后，单击“所有页面”或“当前页面”，则会按照设置的那样，执行自动导线编号。单击“所有页面”，导线编号应用于设计方案中的所有页面。单击“当前页面”，导线编号只会应用于当前页面。如果要保留这个设置，但是现在不执行导线编号，就单击“关闭”按钮；如果不想保留这个设置，就单击“取消”按钮。

在这里设置的导线编号内容，会自动存储在设计方案文件中，这样可以在不同的设计方案中自动执行不同的导线编号。

要对一个新设计方案执行导线编号时，程序会默认采用上一个设计方案中所应用的设置。

在导线编号对话框中的“功能”标签项，可以决定自动导线编号的规律。如图 3—3—31 所示。如果要为设计方案的每一条线都指定一个线号，就选择对话框左上方的“导线编号方式”选项。

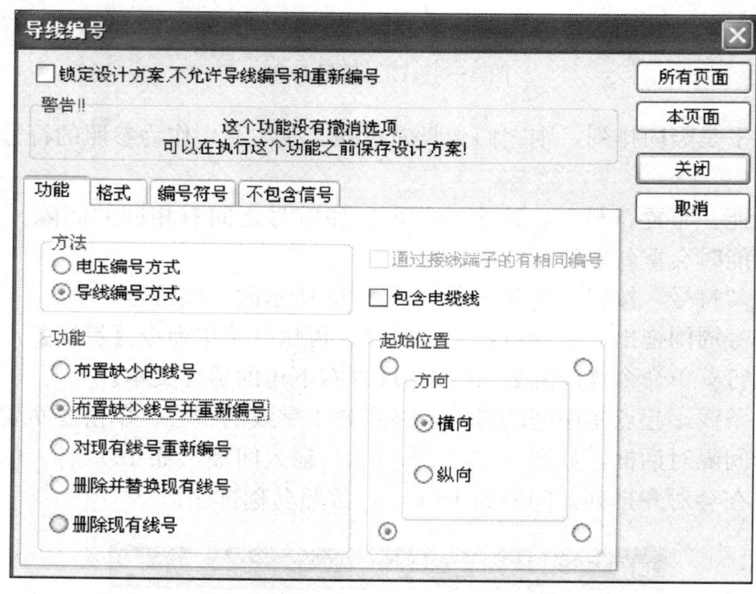

图 3—3—31　导线编号对话框

导编编号程序会为每个单独的线布置相应数量的线号，因此在导线编号文件中会有正确的导线编号数量。但是，如果没有在安装模式下绘图，该程序不保证编号都在正确的线上。因此，如果要进行自动导线编号功能，会出现如图 3—3—32 所示的警告。

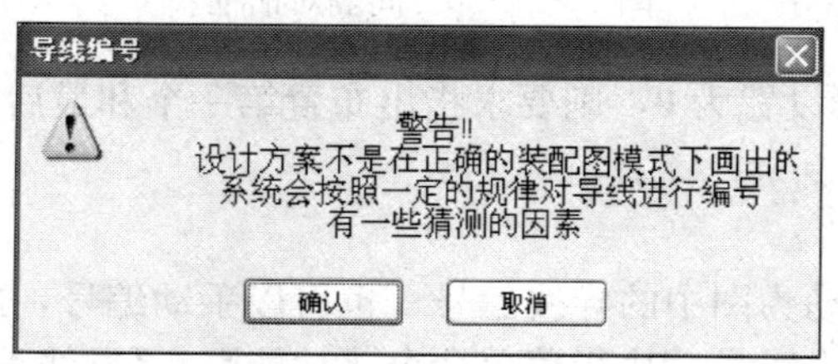

图 3—3—32　导线编号的警告对话框

1 命名顺序。要指定在页面的哪一个角开始命名（编号），可以在四个选项中选一个，如图 3—3—31 所示。也可以指定计数方向是“横向”或是“纵向”。

2 功能。在标签的左下角，可以决定如何分配线号，以及布置线号的位置，见表 3—3—7。

表 3—3—7　　导线编号对话框中的功能选项

功能	动　作
布置缺少的线号	对没有编号的导线分配编号。不改变已经布置的导线编号
布置缺少线号并重新编号	对没有编号的导线布置新编号，允许已经布置的导线编号保持原来的位置，但是所有的导线编号都重新命名
对现有线号重新编号	当布置完所有导线编号，不想布置更多编号时，可以使用此功能。因此只需记住已经布置的导线编号，不用检查是否还缺少其他线号
删除并替换现有线号	所有现有导线编号都被删除，并布置新的导线编号。不再定位于原来的线号位置
删除现有线号	删除所有设计方案中的导线编号

任务实施

在 Pcschematic Elautomation 编辑器环境下绘制如图 3—2—1 所示的台式钻床电气原理图，主要步骤如下：

一、画控制电路图

1. 创建一个设计方案

执行菜单命令【文件】/【新建】，单击“空白设计方案”按钮，然后单击“确认”按钮，打开设置对话框。单击“设计方案数据”选项，输入设计方案名称，对设计方案数据进行填写，单击“浏览”按钮，可以为图样选择一个标识，如图 3—3—33 所示。

单击“页面数据”选项，输入页面标题为控制回路，并选择一个图样模板为 A4 图框. SYM。设置完成后，单击“确认”按钮。

2. 画 **L1** 相线

在程序工具栏中，单击“线”按钮，注意“导线”按钮是否被选中，若没有选中，单击选中它。单击“绘图”按钮（像一支铅笔的形状），按下“Ins”键（插入键），将会激活或关闭按钮。

在页面左上方单击“铅笔”按钮，会出现信号对话框，如图 3—3—13 所示。

（1）在“信号名称”下拉框中选择信号名为 L1。

（2）单击选择信号符号为“SGSIGNAL”。

（3）在“参考文本”区域内单击，输入页面然后按空格键。

（4）单击“确认”按钮。

（5）单击页面右边空白处。

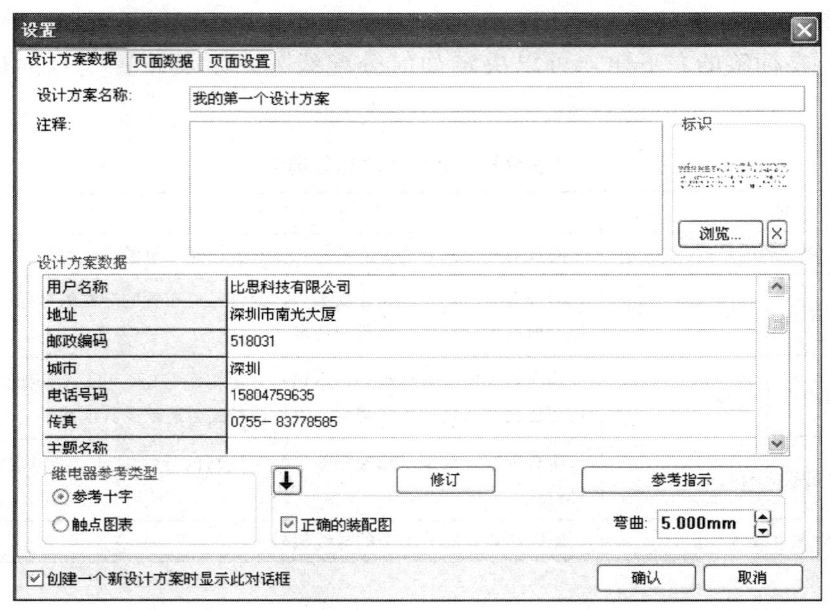

图 3—3—33　设置对话框中的“设计方案数据”选项

（6）按“Esc”键结束画线。

（7）出现信号对话框，单击“纵向镜像”符号按钮，以便恰当地布置信号名。

（8）单击“确认”按钮。

3. 画 N 相线

在页面的较低处画另一条相似的线。用相同的信号符号，把信号名称变为 N。这时应单击“纵向镜像”符号按钮。

4. 在页面中布置继电器线圈 KM

（1）从“符号选取栏”中取出继电器线圈符号，把它布置在页面较低位置。

（2）出现元件数据对话框，如图 3—3—11 所示。单击“?”按钮，会出现第一个可用元件名称 K1，修改元器件的名称为 KM。其余三项：类型、项目编号、功能可以自己填写，也可以单击“数据库”按钮，从数据库中得到信息。

（3）程序现在将会列出在数据库中的第一个符号和在十字线中符号相同的所有元器件。

（4）取 EAN 号为 4022903075387 的元器件，如图 3—3—34 所示。当元器件太多时，可以上下移动对话框右边的滑动条，也可以按键盘上的上、下箭头键。

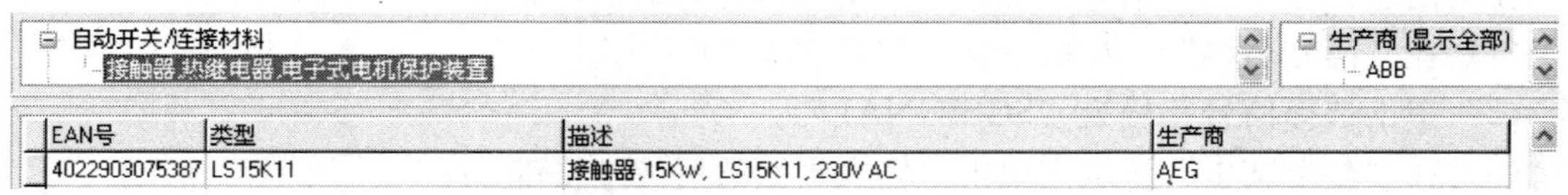

图 3—3—34　KM 所在的数据库

（5）单击“确认”按钮。

（6）现在返回元件数据对话框，会发现类型和项目号已经填好了。单击“确认”按钮。

（7）按“Esc”键，从十字线中去掉符号。

现在已经把符号和数据库中的元器件联系起来了。这样数据库中的元器件信息会被自动地传送到方案清单中。

5. 在已有的线上布置热继电器触头 FR

按下面的步骤，把符号 FR 布置到一条已有的线上：

（1）在“符号选取栏”中单击符号，单击控制电路中最左边导线的上半部分，布置符号。

（2）进入元件数据对话框，输入符号名（FR），再单击“数据库”按钮。

（3）进入数据库菜单，选择 EAN 号为 4022903085584 的元器件，如图 3—3—35 所示，单击“确认”按钮。

（4）现在返回元件数据对话框，单击“确认”按钮。符号自动与导线连接起来。

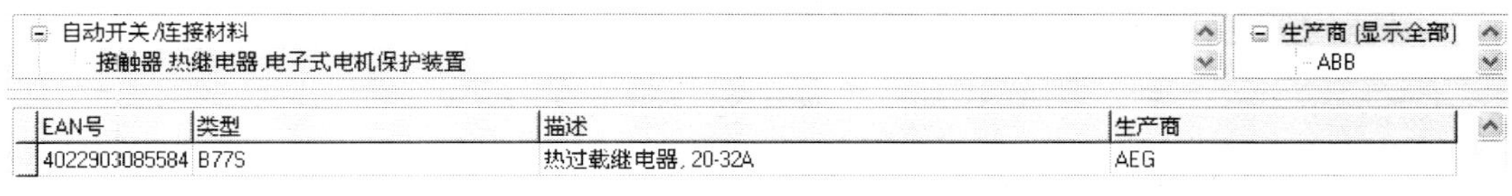

EAN号	类型	描述	生产商
4022903085584	B77S	热过载继电器, 20-32A	AEG

图 3—3—35　FR 所在的数据库

6. 在已有的线上布置按钮开关 SB1

（1）在“符号选取栏”中单击符号，单击电路中最左边导线的上半部分，布置符号。

（2）进入元件数据对话框：单击“?”按钮，得到下一个可用符号名（S1），修改符号名为 SB1，再单击数据库。

（3）选择 EAN 号为 3389110610048 的元器件，如图 3—3—36 所示，单击“确认”按钮。

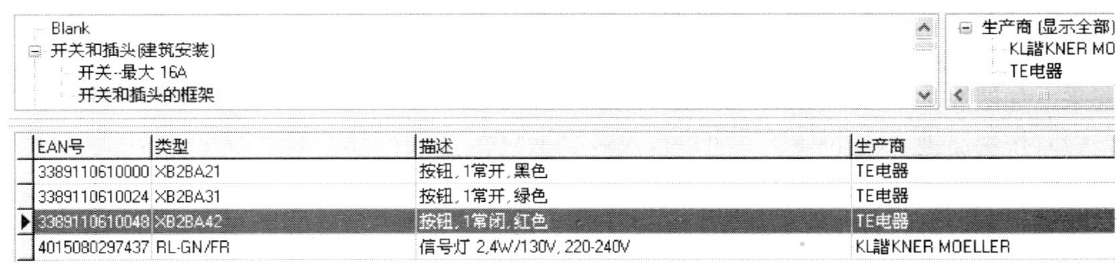

EAN号	类型	描述	生产商
3389110610000	XB2BA21	按钮, 1常开, 黑色	TE电器
3389110610024	XB2BA31	按钮, 1常开, 绿色	TE电器
3389110610048	XB2BA42	按钮, 1常闭, 红色	TE电器
4015080297437	RL-GN/FR	信号灯 2,4W/130V, 220-240V	KL諧KNER MOELLER

图 3—3—36　符号 SB1 所在的数据库

（4）现在返回元件数据对话框，如图 3—3—37 所示。单击“确认”按钮。符号自动与导线连接起来。

重复上面的步骤，将按钮开关 SB2 布置到相应的位置，将 SB2 的 EAN 号设定为 3389110610024，如图 3—3—38 所示。

7. 使用数据库布置继电器 KM 的更多符号

要布置 KM 的更多符号，按如下步骤：

（1）单击“符号”按钮（如果未被激活），按“Esc”键关闭“铅笔”。

图 3—3—37　SB1 元件数据对话框

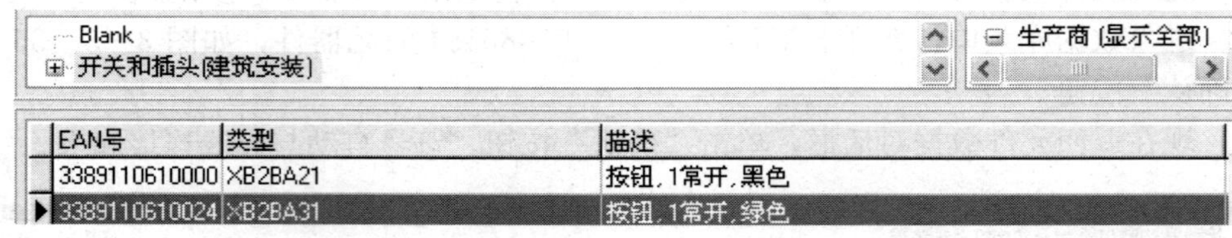

图 3—3—38　符号 SB2 所在的数据库

(2) 在元器件 KM 线圈上右击，并执行菜单命令【显示可用窗口】，则出现一个选取栏，其中包括元器件 KM 的其他符号，如图 3—3—39 所示。

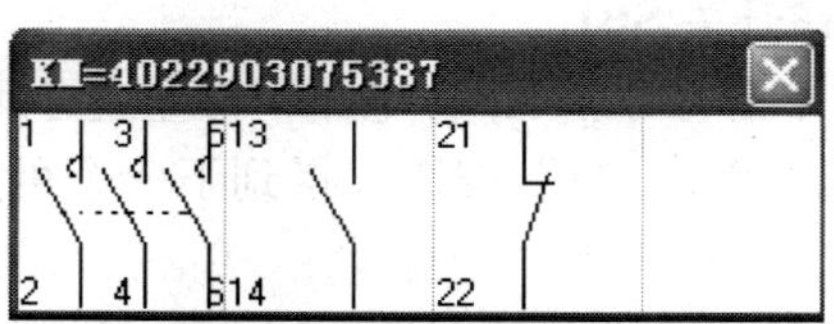

图 3—3—39　继电器 KM 的其他符号

(3) 从显示可用窗口中选择常开触点，将它布置到页面中相应位置，符号自动与导线连接起来，如图 3—3—40 所示。

(4) 按快捷键“Ctrl＋F9”，可以再次看到 KM 的选取栏。在电路中继续布置 KM 接触器的常闭触点，放置到页面中适当位置。

在布置触点时，程序自动在参考十字中加入电路号参考。参考也会被加入到已布置好的触点中。

8. 布置指示灯符号

(1) 单击“符号菜单”按钮，进入符号菜单对话框，如图 3—3—41 所示。单击文件夹 EN60617，选择列表中的支线设备，在右边的符号列表区中找到指示灯符号，单击“确认”按钮。

(2) 现在返回到元件数据对话框中，输入元器件的名称为 EL1，然后单击“数据库”按钮，选择 EAN 号为3389110611212的元器件，如图 3—3—42 所示，单击“确认”按钮。

(3) 现在返回元件数据对话框，单击“确认”按钮。符号自动与导线连接起来。

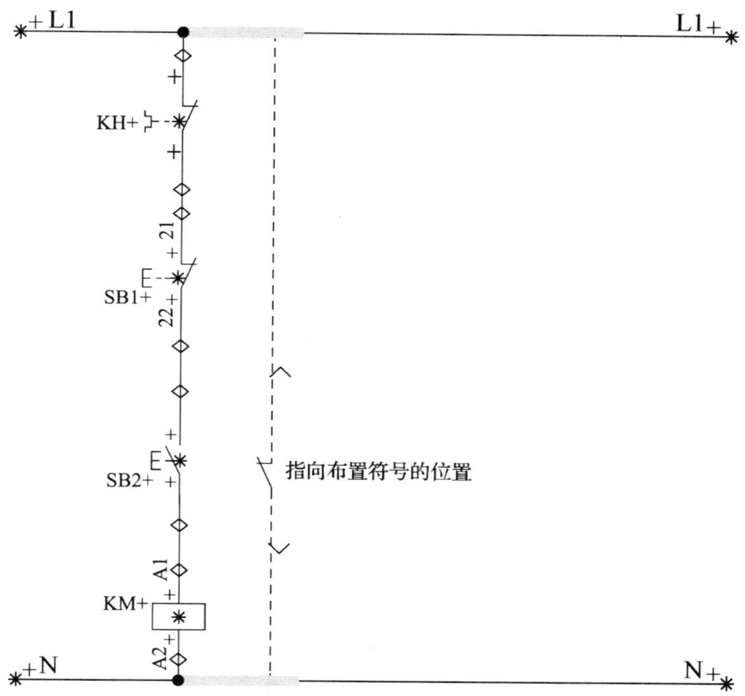

图 3—3—40　布置 KM 的常开触点

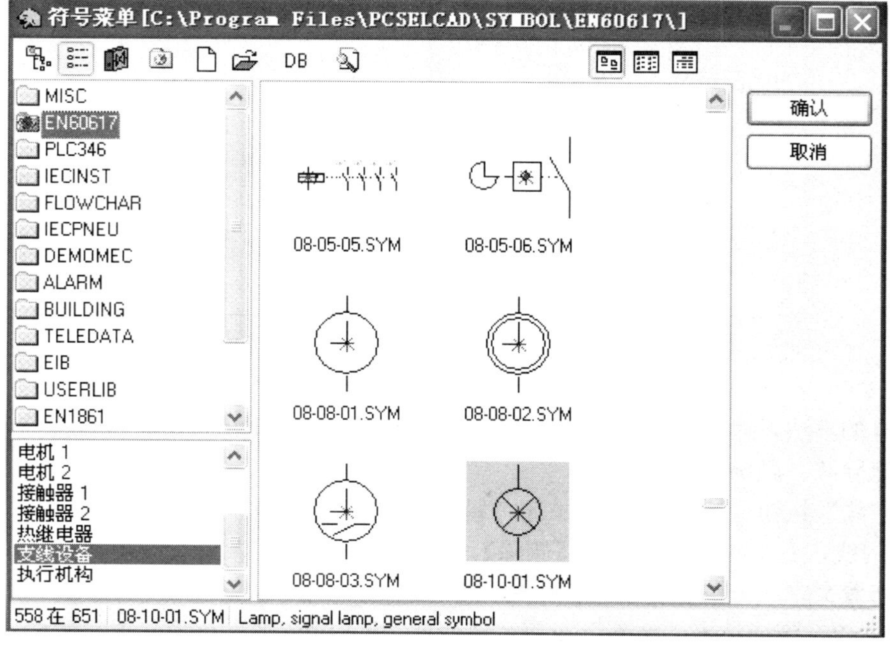

图 3—3—41　符号指示灯 EL1 所在符号文件夹

有灯丝的灯
有灯丝的灯--其他种类
生产商（显示全部）
TE电器

EAN号	类型	描述
3389110611212	XB2BV73	信号灯，绿色，220V w/带电阻

图 3—3—42　符号指示灯 EL1 所在的数据库

9. 通过复制来布置符号

(1) 单击“符号”按钮，激活它，再按“Esc”键，以确定“铅笔”未被激活。

(2) 单击选中符号 EL1，再单击“复制”按钮（或者右击，执行菜单命令【复制】），布置符号 EL2 和 EL3。

用同样的方法，选中符号 KM 的常开触点，单击“复制”按钮，复制出相同的 KM 常开触点，并布置到指示灯 EL1 的上方位置。

10. 对齐符号

(1) 单击“符号”按钮，按“Esc”键关闭“铅笔”功能。

(2) 单击图中的某一位置，在相关符号周围拖出一个窗口，这样就选中了窗口中的符号，如图 3—3—43 所示。

(3) 执行菜单命令【编辑】/【对齐】。

(4) 单击选中符号要对齐的参照符号 SB2，选中的符号就会和它对齐，如图 3—3—43 所示。

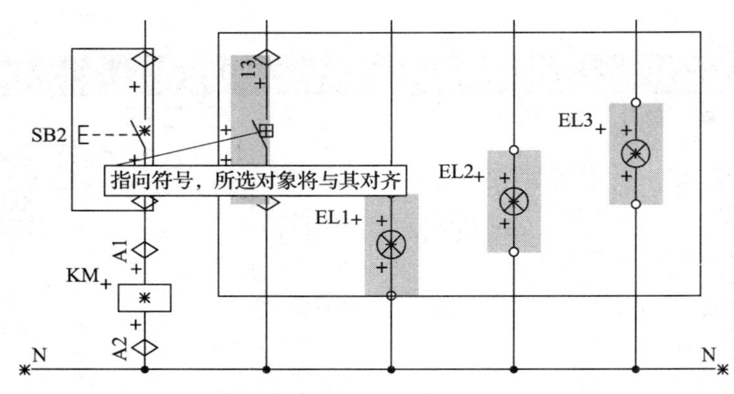

图 3—3—43　对齐符号

用同样的方法，对齐其他的符号，最终对齐后的电气原理图如图 3—3—44 所示。

11. 删除线，画出其余的线

单击“线”按钮，按“Esc”键关闭“铅笔”功能，选中符号 KM 常开触点分别与线 L1 和 N 中间的线，右击执行菜单命令【删除】，画出其余线。

12. 布置文本

(1) 按“t”键或单击“文本”按钮，然后按“k”键，进入布置文本对话框，如图 3—3—45 所示。

(2) 输入文本“5W~220V~GN”，“~”的意思为换行，单击“确认”按钮。

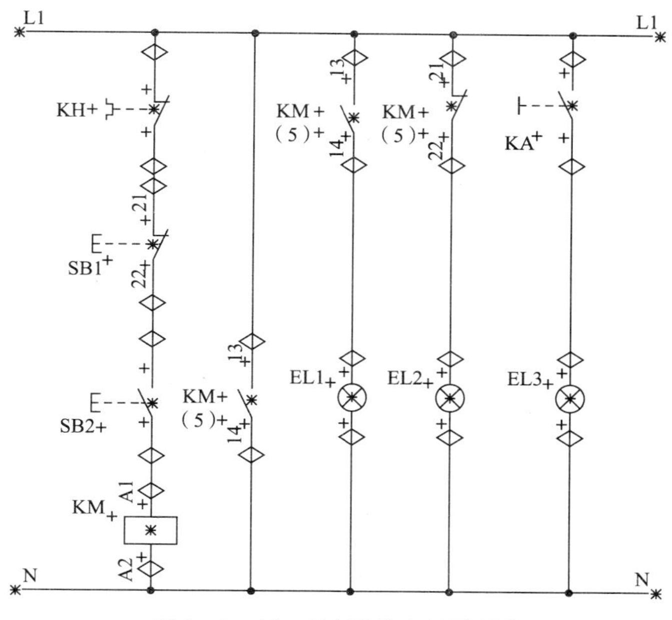

图 3—3—44　对齐后的电气原理图

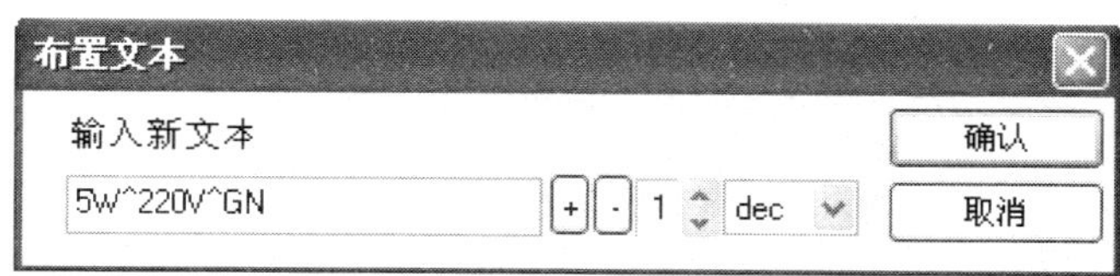

图 3—3—45　输入文本

（3）现在文本位于十字线内，通过单击的方法把文本布置到符号 EL1 指示灯的下方。

用同样的方法，在文本工具栏的“文本区域”内单击，输入文本“5W^220V^RD”，按回车键，把文本布置到符号 EL2 的下方。

13. 布置功能文本

（1）单击“符号”按钮，按“Esc”键关闭“铅笔”功能。

（2）在符号 SB1 的常闭触点上右击，执行菜单命令【元件数据】。

（3）进入元件数据对话框，如图 3—3—46 所示。在功能一项输入“停止按钮”，激活“可见的”功能。

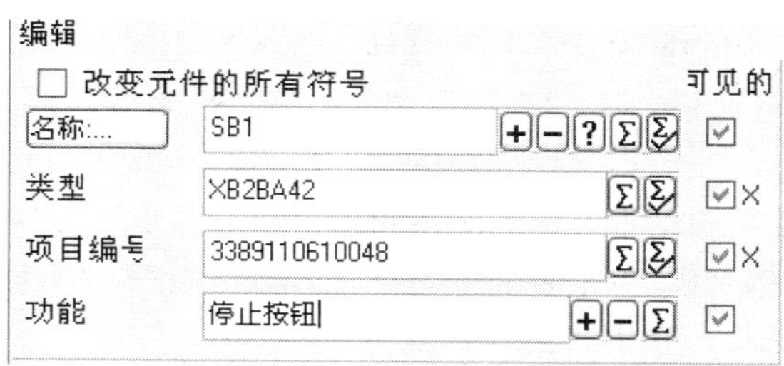

图 3—3—46　布置功能文本

(4) 单击“确认”按钮。

按上面的步骤，为符号SB2布置功能文本为“启动按钮”。

14. 文字修饰

为了使设计方案页面更清晰明了，可以设定文本以何种方式显示在页面中，以及以适当的方式布置显示的文本，可以用两种方式决定哪些文本在页面中显示出来：

(1) 对于全局设定，可以指定一种特定类型的文本不在页面中显示。

1) 执行菜单命令【设置】/【文本符号默认值】。

2) 单击对话框左边的“连接”，然后单击“名称”，不选择“在设计方案中显示”，如图3—3—47所示。

3) 单击“确认”按钮，现在就指定了所有连接都不在设计方案的页面显示名称，这项设定只对正在设计的方案有效，并被保存为方案设定的一部分。

4) 单击“刷新”按钮，可以看到改动后的效果。用同样的方法，可以去掉“符号类型”“符号项目”和“符号参考”在设计方案中显示。

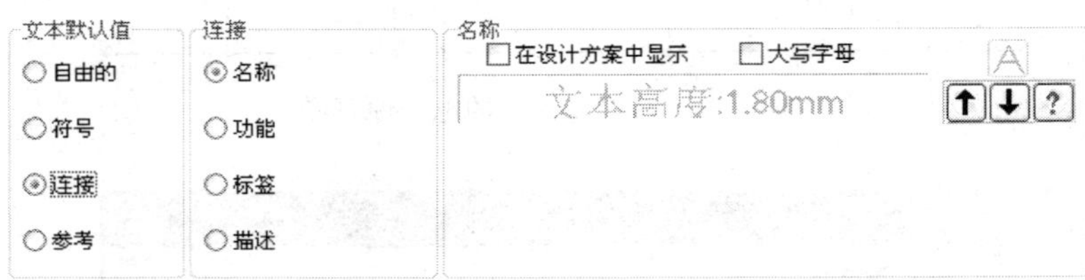

图3—3—47　在设计方案中隐藏连接名称

(2) 也可以一个一个地设定哪些文本符号不显示。

到此为止，已经完成了控制电路图的绘制，如图3—3—48所示。保存设计方案，新方案名会出现在屏幕上方。

二、画出主电路图

在图3—3—48所示设计方案中插入一个新页面，单击左边工具栏中的“页面菜单”按钮，进入如图3—3—49所示的对话框。注意，单击“页面菜单”按钮时，当前页面（见图3—3—48）会在页面菜单对话框的页面预览图样中显示出来。

1. 主回路页面

插入一个新页面，在其中画主回路，步骤如下：

(1) 单击页面DIA：控制回路图，执行【插入新的】菜单命令。

(2) 出现页面功能对话框：选“常规”，进入新建对话框，新建一个空白页面，单击“确认”按钮。

(3) 现在进入页面菜单对话框，在右下角单击“页面数据”按钮。

(4) 进入页面数据对话框，单击页面标题区域，输入文字“主回路图”，在有“绘图模板”下方区域单击下拉箭头，在出现的下拉菜单中，单击“A4图框. SYM”，选中“有绘图模板”（在前面的框中单击）。

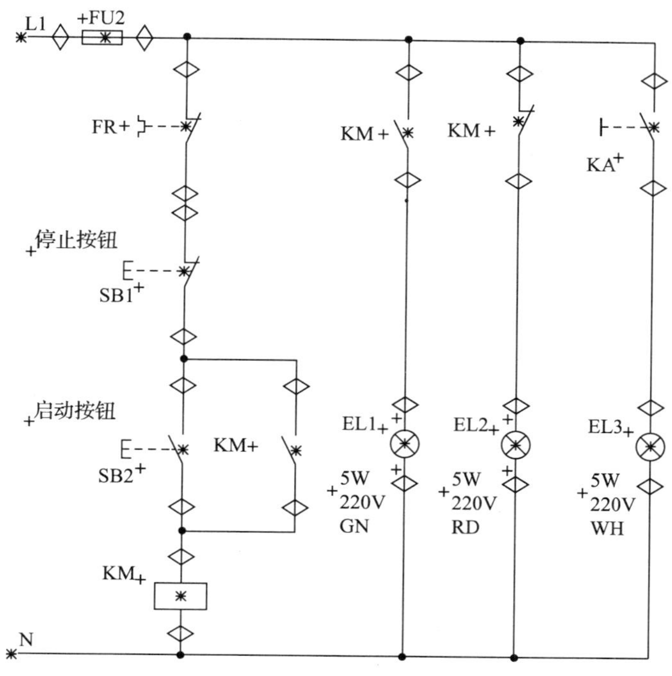

图 3—3—48　某台式钻床的控制电路图

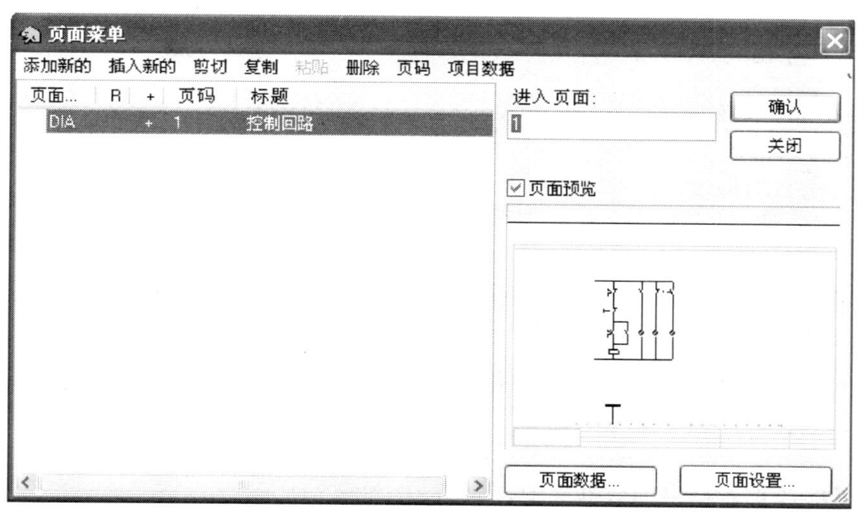

图 3—3—49　页面菜单对话框

(5) 单击“确认”按钮。

2. 在主回路中画相线 **L1**、**L2**、**L3**

单击“线”按钮，“直线”按钮，激活“铅笔”按钮和“导线”按钮，画出相线 L1、L2、L3。

3. 布置电动机 M

（1）按“d”键进入数据库。

（2）单击文件夹“电动机泵稳压器和监视器”。

（3）数据库中的所有电动机和泵都显示出来，选择 EAN 号为 1723410403，单击“确认”按钮。

（4）电动机位于十字线内，同时显示出布置电动机符号时，它和其他的线之间将会如何连接，如图 3—3—50 所示。如果有必要时，按下快捷键“3”，用相反的顺序画出倒线的连接。

如果想使电动机符号与别的线连接，可以在单击布置电动机符号之前，执行【自动连线】菜单中的【跳过线】命令。

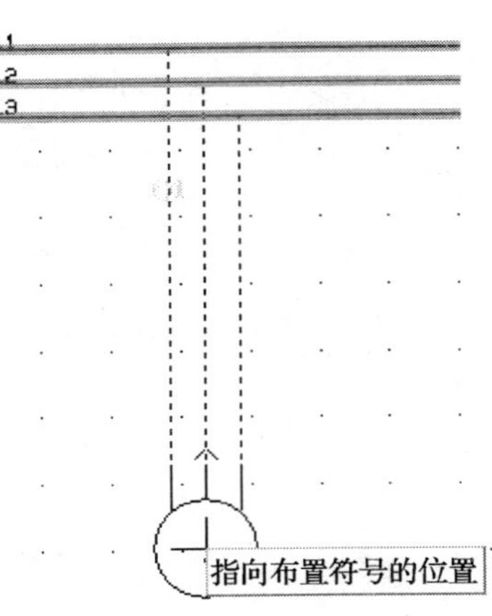

图 3—3—50　布置电动机

4. 布置电源开关 QS

在页面的空白处右击，执行菜单命令【符号菜单】，进入符号菜单对话框，如图 3—3—51 所示。在左边的列表区中选择 EN60617 文件夹，在右边列出的元件中选择电源开关，并将元器件布置到页面中，按空格键调整符号的方向。

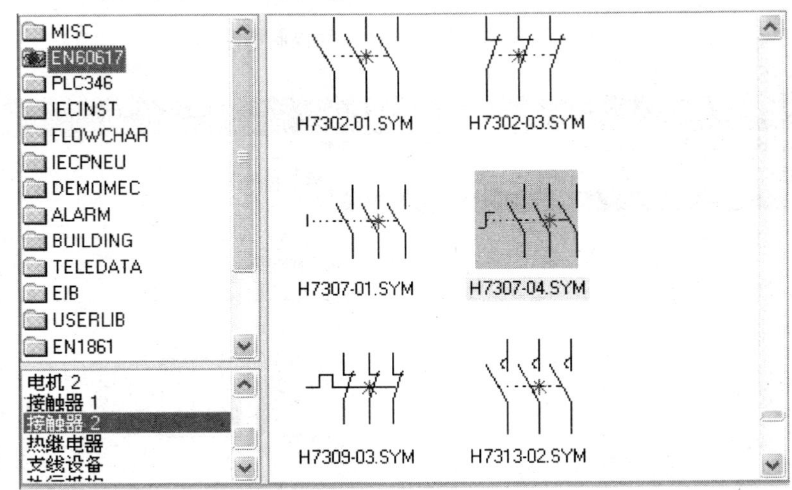

图 3—3—51　QS 所在的符号文件夹

将符号 QS 添加到指定的数据库中，如图 3—3—52 所示。

EAN号	类型	描述
5703302004497	fuga	FUGA 带开关的插头，1 极
5703302004619	fuga	FUGA 墙上用电源插头 + 接地

图 3—3—52　符号 QS 所在的数据库

5. 布置熔断器 FU1

单击“符号菜单”按钮，进入符号菜单对话框，选择熔断器符号，单击“确定”按钮，如图 3—3—53 所示。

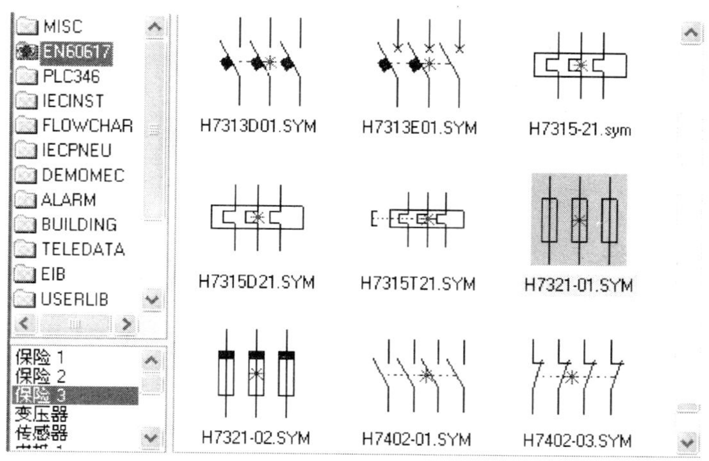

图 3—3—53　FU1 所在的符号文件夹

将符号 FU1 放置到控制回路页面中，出现元件数据对话框，单击“数据库”按钮，选择符号所在的数据库，如图 3—3—54 所示。

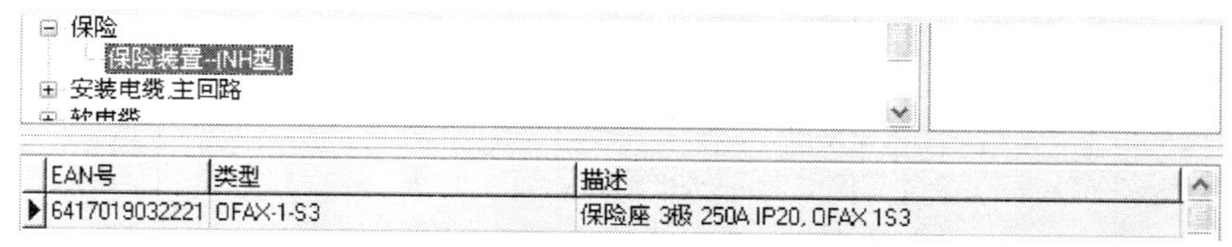

图 3—3—54　符号 FU1 所在的数据库

6. 应用“显示可用的”功能

（1）单击“符号”按钮，右击执行菜单命令【显示可用窗口】（或按快捷键“F9”），显示可用窗口如图 3—3—55 所示。

（2）在显示可用的窗口中找出可用的符号名，如选择 FR，双击即可打开符号选取栏，如图 3—3—56 所示。

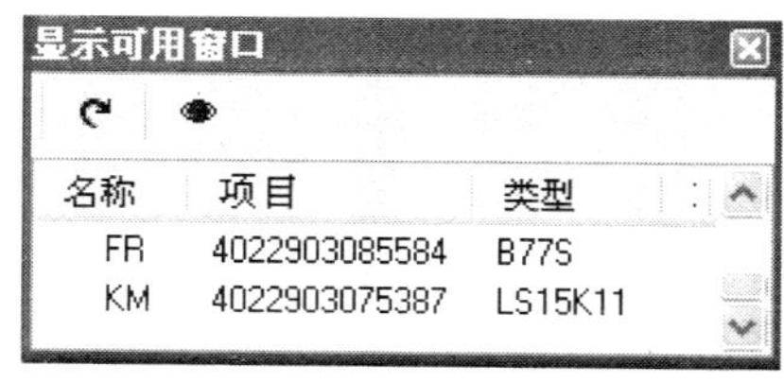

图 3—3—55　显示可用的窗口

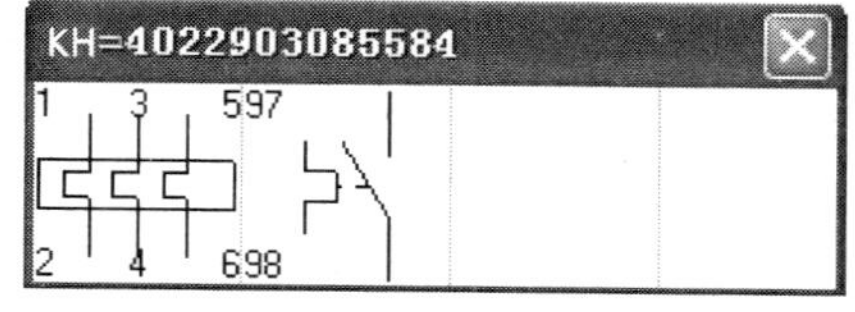

图 3—3—56　符号 FR 的选取栏

（3）从符号选取栏中选取第一个符号，单击并布置到页面中。

单击“符号菜单”按钮显示可用的窗口（按快捷键“F9”），用同样的方法布置KM继电器线圈的接触头功能符号。注意，符号M、KM、FU1、QS可自动地和L1、L2、L3连接起来。

7. 布置文本

单击“文本”按钮abc，在文本区域内输入380V^2KW^2 800 r/min，然后激活“铅笔”按钮，为电动机布置文本。

到此为止，已经完成了主电路图的绘制，如图3—3—57所示。保存设计方案，新方案名会出现在屏幕上方。

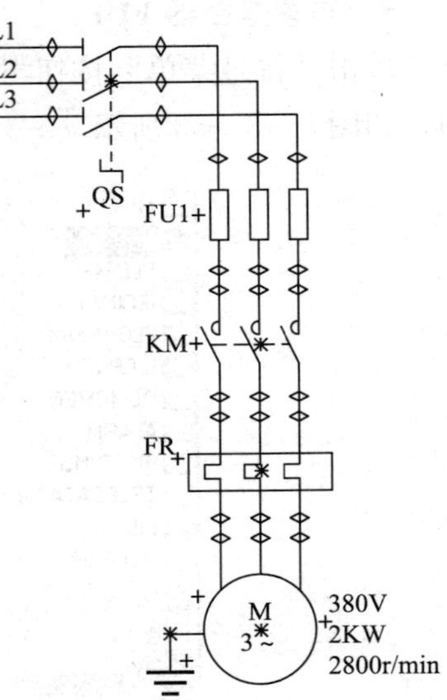

图3—3—57 某台式钻床控制线路的主电路图

三、导线自动编号

执行菜单命令【功能】/【导线编号】，进入导线编号对话框，如图3—3—31所示。选择“导线编号方式”和“布置缺少的线号并重新编号”两个选项。现在已经把设计方案中所有的线都分配了一个线号，如图3—3—58所示。注意，可以用“删除现有的线号”选项去掉设计方案中所有页面或当前页面中的线号。

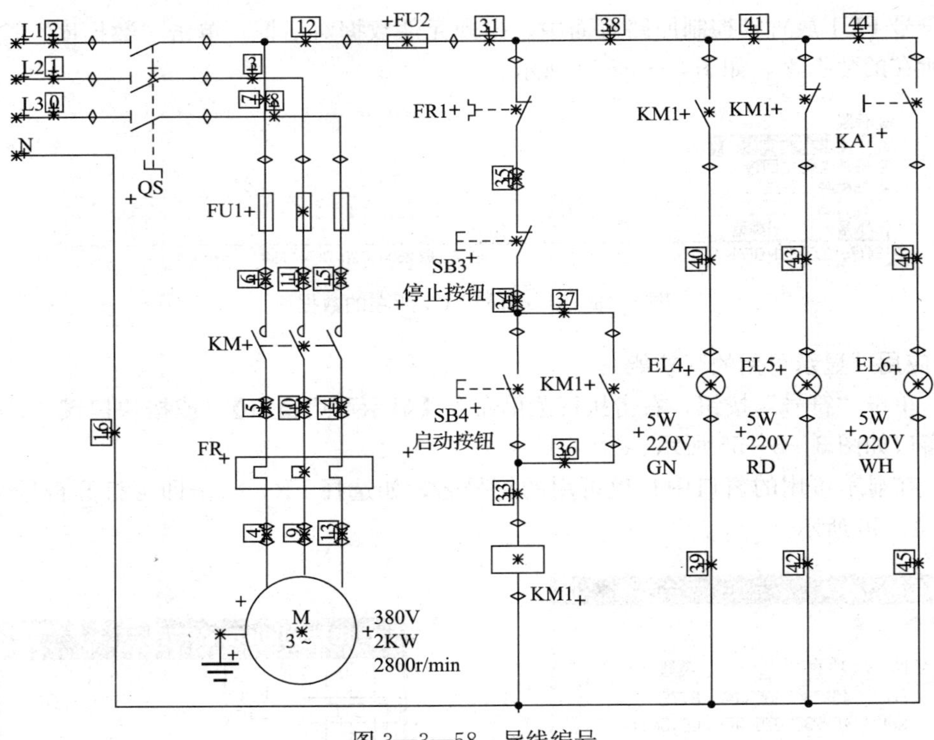

图3—3—58 导线编号

任务评价

本任务评价的评分标准见表3—3—8。

表 3—3—8　　评分标准

序号	项目	内　　容	评分标准	配分	得分
1	创建设计方案	创建空白设计方案	正确创建：5 分；不正确创建：0 分	5	
		创建页面	正确创建：10 分；不正确创建：0 分	10	
2	设置参数	图样大小	正确设置：5 分；不正确设置：0 分	5	
		图样模板	正确设置：5 分；不正确设置：0 分	5	
		栅格	正确设置：5 分；不正确设置：0 分	5	
		X、Y 坐标	正确设置：10 分；不正确设置：0 分	10	
		电路号	正确设置：5 分；不正确设置：0 分	5	
		其他参数	正确设置：10 分；不正确设置：0 分	10	
3	元器件库	浏览元器件库	正确使用功能：5 分；不正确使用功能：0 分	5	
4	放置对象	放置符号	正确操作：10 分；不正确操作：0 分	10	
		放置导线	正确操作：10 分；不正确操作：0 分	10	
		放置自由文本	正确操作：5 分；不正确操作：0 分	5	
		放置功能文本	正确操作：5 分；不正确操作：0 分	5	
5	导线编号	自动编号	正确使用功能：5 分；不正确使用功能：0 分	5	
		删除编号	正确使用功能：5 分；不正确使用功能：0 分	5	
合计				100	

思考与练习

根据列出的元器件明细表（见表 3—3—9）绘制出某三台传送带运输机的控制线路电气原理图，如图 3—3—59 所示。在电气原理图的基础上设计，要求如下：

表 3—3—9　　元器件明细表

名称	条目号	描　　述
FU1	6417019032221	保险座 3 极 250 A IP20，OFAX IS3
FU2	6417019032221	保险座 3 极 250 A IP20，OFAX IS3
FU3	6417019032221	保险座 3 极 250 A IP20，OFAX IS3
FU4	6417019032221	保险座 2 极 250 A IP20，OFAX IS3
KA	4022903075387	接触器，15 kW，LS15K11，230 V AC
KH1	4022903085584	热过载继电器，20－32 A
KH2	4022903085584	热过载继电器，20－32 A
KH3	4022903085584	热过载继电器，20－32 A
KM1	4022903075387	接触器，15 kW，LS15K11，230 V AC
KM2	4022903075387	接触器，15 kW，LS15K11，230 V AC
KM3	4022903075387	接触器，15 kW，LS15K11，230 V AC
M1	1723410403	电动机 5 kW
M2	1723410403	电动机 5 kW
M3	1723410403	电动机 5 kW
QF	5703302004619	FUGA 墙上用电源插头＋接地
SB11	3389110610024	按钮，1 常开，绿色
SB12	3389110610048	按钮，1 常闭，红色
SB21	3389110610024	按钮，1 常开，绿色
SB22	3389110610048	按钮，1 常闭，红色
SB31	3389110610024	按钮，1 常开，绿色
SB32	3389110610048	按钮，1 常闭，红色

（1）创建空白的设计方案，并设置页面的相关参数。

（2）应用基本的绘图功能，画出主电路和控制电路。

（3）在电路中放置功能文本和自由文本。

（4）自动为导线编号。

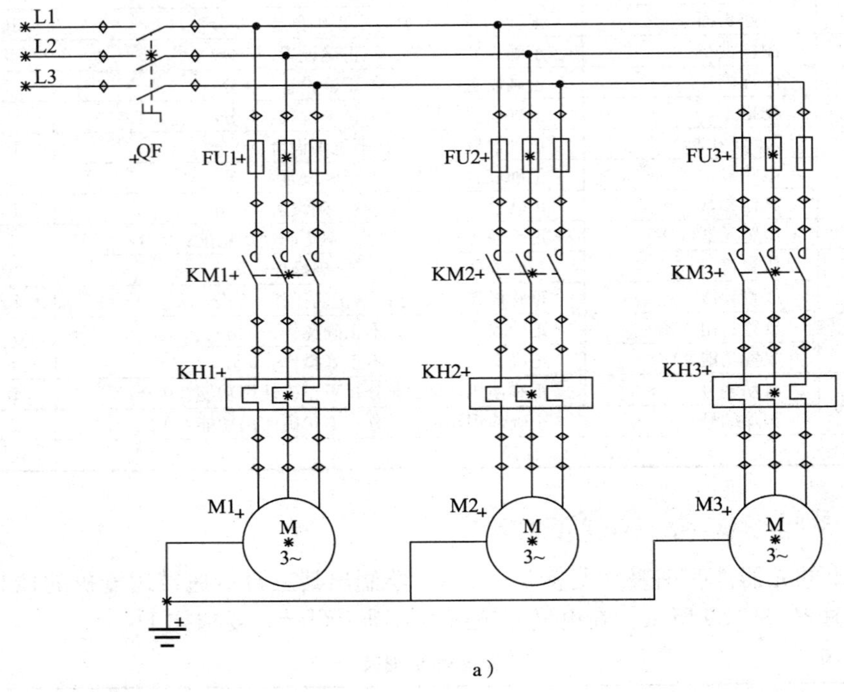

a）

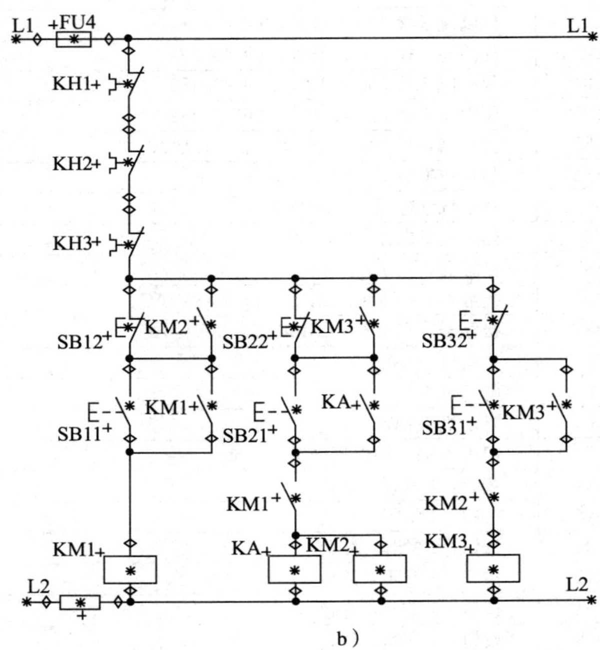

b）

图 3—3—59　三台传送带运输机电气原理图

a）主电路　b）控制电路

课题二　复杂电气原理图绘制

任务 4　复杂电气原理图识读

◆ **技能点**

◎ 识别复杂电气原理图中各元器件的符号及作用

◎ 识读复杂电气原理图的基本工作原理

◎ 识读控制线路的组成部分

◆ **知识点**

◎ 电气控制电路图及电气控制电路的定义

◎ 电气元器件布置图

◎ 电气安装接线图

◎ 读图的基本方法和步骤

任务提出

识读如图 3—4—1 所示能耗制动控制电路图，要求如下：

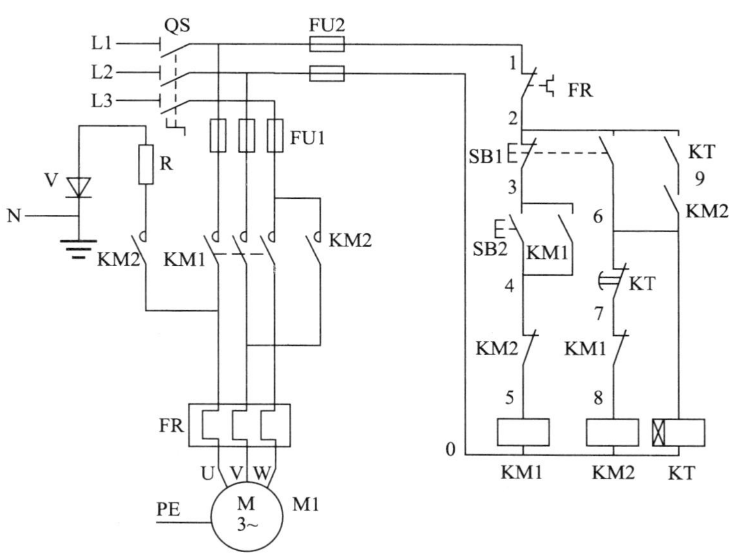

图 3—4—1　能耗制动控制电路图

1. 识读控制电路的组成及保护功能。
2. 识读图中各元器件的图形符号及含义，明确各个元器件在电路中的作用，掌握该电路的工作原理。

3. 能根据电路图画出电气元器件布置图，如图 3—4—2 所示。

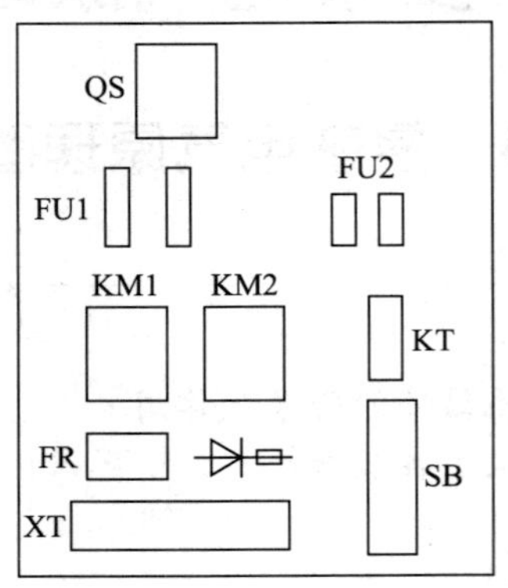

图 3—4—2　电气元器件布置图

4. 识读电气安装接线图时，需和电路图配合使用，如图 3—4—3 所示。

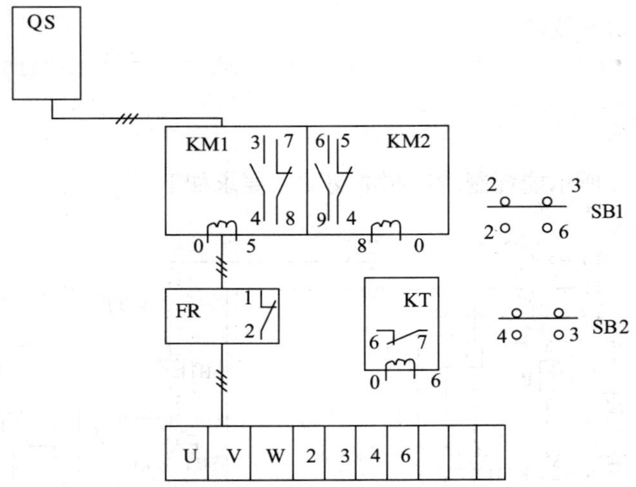

图 3—4—3　能耗制动控制电路的安装图

任务分析

各种电气原理图都是由各种不同的电路，如主电路、辅助电路以及各种电气设备图形符号和文字组成的。图中的每个图形符号、文字符号都有着不同的含义，必须在看图前加以了解和掌握。一般来说，主电路是供给某些电气设备电源的，它受辅助电路的控制。而辅助电路是供给控制电器电源用的，也是控制主电路动作的电路。图中每个图形符号都标志着各种电气设备、元器件的名称和作用，掌握了图中的设备和元器件的名称及作用后，便可看图了。

相关知识

电气系统图除了电路图以外，还有电气布置图、电气安装接线图。在图上用不同的图形符号表示各种电气元器件，用不同的文字符号表示电气元器件的名称、序号和电气设备、线路的功能、状况和特征，还要标上导线的线号与接点编号等，各种图样有其不同的用途及规定的画法。

一、电气元件布置图

电气元件布置图主要是用来表明电气设备上所有电气设备的实际位置，为生产机械电气控制设备的制造、安装和维修提供必要的资料。以机床电气布置图为例，它主要由机床电气设备布置图、操作台及悬挂操纵箱电气设备布置图等组成。电气布置图可按电气控制系统的复杂程度集中绘制或单独绘制，但在绘制这类图形时，机床轮廓线用细实线或点画线表示，所有能见到的及需标示清楚的电气设备，均用粗实线绘制出简单的外形轮廓。

电气元件布置图的设计应遵循以下原则：

1. 必须遵循相关国家标准设计和绘制电气元件布置图。

2. 相同类型的电气元件布置时，应把体积较大和较重的安装在控制柜或面板的下方。

3. 发热的元器件应该安装在控制柜或面板的上方或后方，但热继电器一般安装在接触器的下面，以方便与电动机和接触器的连接。

4. 需要经常维护、整定和检修的电气元件、操作开关、监视仪器仪表等，其安装位置应高低适宜，以便工作人员操作。

5. 强电、弱电应该分开走线，注意屏蔽层的连接，防止电磁干扰的窜入。

6. 电气元器件的布置应考虑安装间隙，并尽可能做到整齐、美观。

二、电气安装接线图

电气控制线路安装接线图是为了安装电气设备和电气元件进行配线或检修电气故障服务的。在如图 3—4—3 所示的电气设备中，各元器件的空间位置和接线情况，可在安装或检修时对照电路图使用。它是根据电气元器件位置布置以及合理经济等原则安排的，表示机床电气设备各个单元之间的接线关系，并标注出外部接线所需的数据。根据机床电气设备的接线图就可以进行机床电气设备的安装接线。对某些较为复杂的电气设备，电气安装板上元器件较多时，还可画出安装板的接线图；对于简单设备，仅画出接线图即可。

实际工作中，电气安装图常与电气原理图配合起来使用。绘制电气安装图应遵循的主要原则如下：

1. 必须遵循相关国家标准绘制电气安装接线图。

2. 各电气元器件的位置、文字符号必须和电气原理图中的标注一致，同一个电气元件的各零部件（如同一个接触器的触点、线圈等）必须画在一起，各电气元件的位置应与实际安装位置一致。

3. 不在同一安装板或电气柜上的电气元件或信号的电气连接一般应通过端子排连接，

并按照电气原理图中的接线编号连接。

4. 走向相同、功能相同的多根导线可用单线或线束表示。画连接线时，应标明导线的规格、型号、颜色、根数和穿线管的尺寸。

三、继电器—接触器控制电路图的识读

阅读继电器—接触器控制原理图时，要掌握以下几点：

1. 电气原理图主要分主电路和控制电路两部分。电动机的通路为主电路，接触器吸合线圈的通路为控制电路。此外，还有信号电路、照明电路等。

2. 电气原理图中，各电气元件不画实际的外形图，而采用国家或行业规定的图形符号。文字符号也要符合国家或行业标准。

3. 在电气原理图中同一元器件的不同零部件常常不画在一起，而是画在电路的不同地方，同一电器的不同部件都用相同的文字符号标明。例如，接触器的主触头通常画在主电路中，而吸合线圈和辅助触头则画在控制电路中，但它们的文字符号都用 KM 表示。

4. 同一种元器件一般用相同文字符号的字母表示，但在字母的后边加上阿拉伯数字或其他字母以示区别。例如，两个接触器分别用 KM1、KM2 表示，或用 KMF、KMR 表示。

5. 开关、接触器及继电器等的全部触头都按常态给出。对接触器和各种继电器，常态是指未通电时的状态；对按钮、行程开关等，则是指未受外力作用时的状态。

6. 在电气原理图中，无论是主电路还是辅助电路，各电气元件一般按动作顺序从上到下或从左到右依次排列，可水平布置或者垂直布置。

7. 在电气原理图中，对有直接电联系的交叉导线接点，要用黑圆点表示。无直接联系的交叉导线连接点不画黑圆点。

任务实施

一、能耗制动控制线路的组成、保护及各元器件的作用

1. 控制线路的组成：M1 为电动机、KM1 为电动机的控制接触器、KM2 为制动用的接触器、FR 为热继电器、SB1 和 SB2 为控制按钮、KT 为时间继电器、R 为制动电阻。

2. 保护功能：短路保护——QS 低压断路器，FU1、FU2 熔断器；过载保护——FR 热继电器；欠压保护——KM1、KM2 接触器；零电位保护——KM1、KM2 接触器。

3. 各元器件的作用

(1) 电源开关 QS：作为电源隔离开关。

(2) 熔断器 FU1、FU2：分别作为主电路、控制电路的短路保护。

(3) 按钮 SB1：控制接触器 KM1 的线圈失电，KM2、KT 的线圈得电。

(4) 启动按钮 SB2：控制 KM1 的线圈得电。

(5) 接触器 KM1 的主触头：控制电动机 M 启动。

(6) 接触器 KM2 的主触头：控制电动机 M 能耗制动。

(7) 接触器 KM1、KM2，时间继电器 KT 的常开辅助触头：作为自锁触头。

(8) 接触器 KM1、KM2 的常闭辅助触头：作为联锁触头。

(9) KT的常闭触头：作为延时断开能耗制动。
(10) 制动电阻R：限制能耗制动的电流。
(11) 二极管V：整流，给电动机M提供直流电。
(12) 热继电器KH：对电动机M进行过载保护。

二、能耗制动控制线路的工作原理

1. 启动控制

按下SB2 → KM1线圈得电 → KM1自锁触头闭合自锁。
→ KM1主触头闭合 → 电动机启动运行。
→ KM1联锁触头分断对KM2联锁。

2. 能耗制动停止

按下SB1 → SB1常闭触头断开 → KM1线圈失电 → KM1常开触头解除自锁。
→ KM1主触头断开。
→ KM1常闭触头闭合解除KM2联锁。
→ SB1常开触头闭合 → KM2线圈得电 → KM2常闭触头断开对KM1联锁。
→ KM2主触头闭合。
→ KM2常开触头闭合自锁→电动机M接入直流电能耗制动。
→ KT线圈得电→KT常开触头瞬间得电自锁→KT常闭触头延时分断→KM2线圈失电→KM2联锁触头解除联锁。
→ KM2主触头断开→切断直流电源使电动机M停转，能耗制动结束。
→ KM2自锁触头断开→KT线圈失电→KT触头复位。

由上分析，只要调整好时间继电器KT触头动作时间，电动机能耗制动过程就能够准确可靠地完成制动控制停止。

任务评价

本任务评价的评分标准见表3—4—1。

表3—4—1　　评分标准

项目	内容	评分标准	配分	得分
识读复杂电路原理图	图形符号	正确识读：15分；不正确识读：0分	15	
	各元器件的作用	正确识读：15分；不正确识读：0分	15	
	控制线路的组成及保护	正确识读：20分；不正确识读：0分	20	
	工作原理	正确识读：20分；不正确识读：0分	20	
	电气元器件布置图	正确识读：10分；不正确识读：0分	10	
	电气安装接线图	正确识读：20分；不正确识读：0分	20	
合计			100	

思考与练习

如图 3—4—4 所示为单方向反接制动控制线路的电路图，现要求如下：

1. 识读控制线路的组成、保护功能，掌握其工作原理。

2. 根据列出的元器件明细表（见表 3—4—2），识读图中各元器件的图形符号及其在电路中的作用。

3. 识读如图 3—4—5 所示的电气安装接线图。

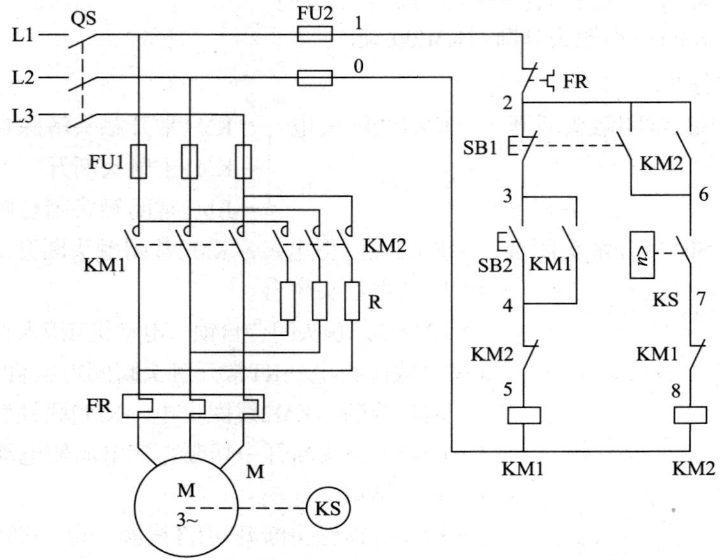

图 3—4—4　单方向反接制动控制线路电路图

表 3—4—2　　**元器件明细表**

代号	名称	型号	规格	数量
M	三相异步电动机	Y－112S－4	4 kW、380 V、三角形接法、15.4 A、1 440 r/min	1
QS	组合开关	HZ10－25/3	三极、35 A	1
FU1	熔断器	RL1－60/25	500 V、60 A、配熔体 25 A	3
FU2	熔断器	RL1－15/4	500 V、15 A、配熔体 4 A	2
KM	交流接触器	CJ10－20	20 A、线圈电压 380 V	2
KS	速度继电器	JY1		1
FR	热继电器	JR16－20/3	三极、20 A、整定电流 8.8 A	1
SB	按钮	LA4－3H	保护式、500 V、5 A、按钮数 3	3
XT	端子板	JD_0－1020	500 V、10 A、20 节	1
	主电路导线	BVR－1.5	1.5 mm^2（7×0.52 mm）	若干
	控制电路导线	BVR－1.0	1 mm^2（7×0.43 mm）	若干

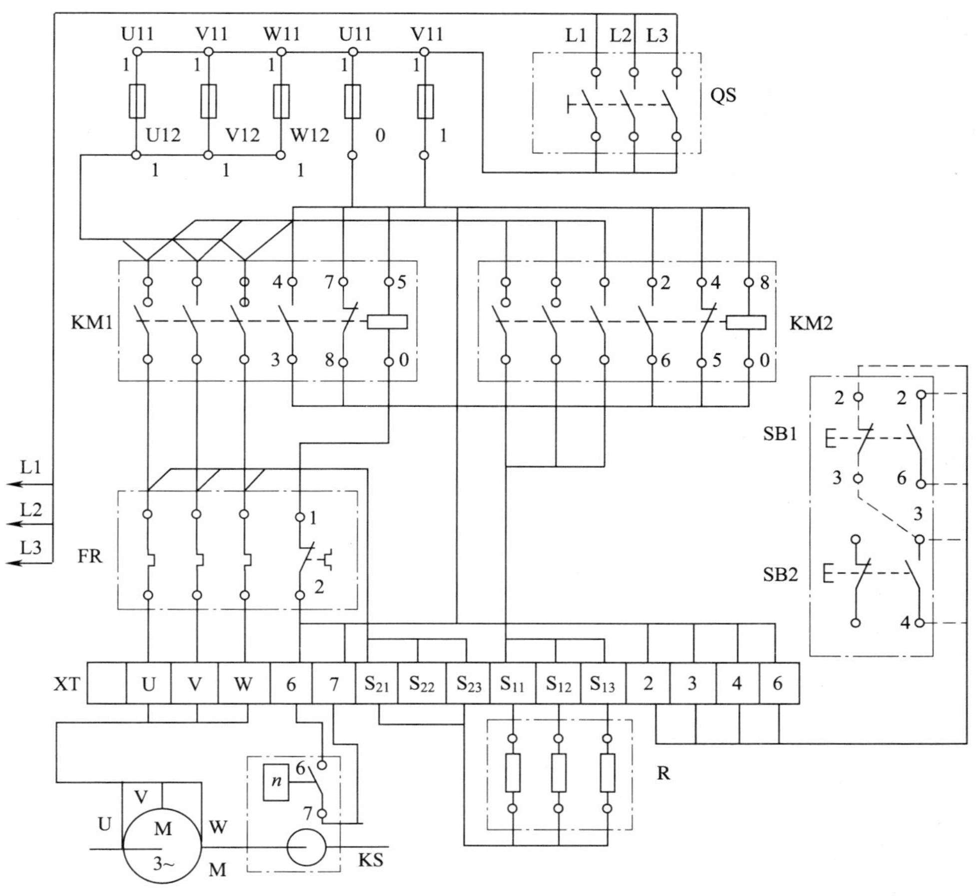

图 3—4—5　反接制动控制电路的电气安装接线图

任务 5　编辑/制作电气原理图元器件

◆ **技能点**

◎ 制作符号的方法

◎ 编辑原有的符号

◆ **知识点**

◎ 符号的组成

◎ 创建新符号

◎ 创建信号符号

任务提出

图 3—4—1 所示是能耗制动控制线路的电路图。尽管 Pcschematic Elautomation 软件中有丰富的符号库，但用户有时候会发现在程序的符号文件夹里没有所需要的符号，或者即使有，但是与自己想要的符号有一定的区别。这时，可根据需要在设计方案中找到类似的符号进行修改或者直接创建自己的符号。现要求制作如图 3—5—1 所示的复合按钮 SB1。

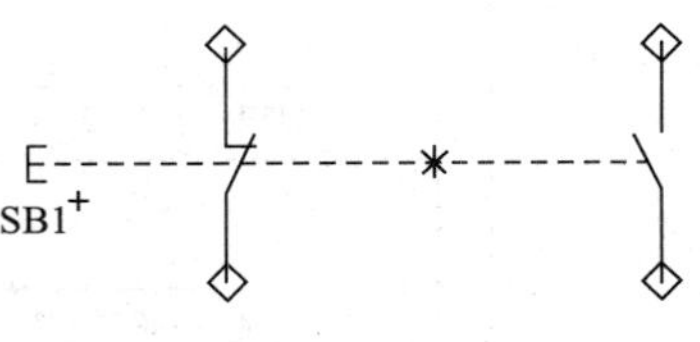

图 3—5—1　SB1 复合按钮

任务分析

创建符号有两种方法：一是利用工具栏制作新符号；二是在符号文件夹里找到类似的符号，进行编辑。

相关知识

一、符号的组成

1. 符号的参考点

如图 3—5—2 所示，其中间的星号 * 是符号的参考点，这个点表明了符号的位置，而且是将来在符号旋转时的中心点，一个符号只能有一个参考点。红色的加号＋是符号文本参考点。

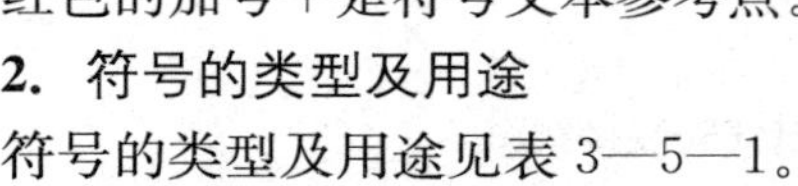

图 3—5—2　符号的组成部分

2. 符号的类型及用途

符号的类型及用途见表 3—5—1。

3. 符号的名称

（1）在编辑符号时改变符号的文本。设计（编辑）符号时，激活符号按钮，屏幕上会出现如图 3—5—3 所示的工具栏。在这里单击不同的区域，输入相关的文本，也可以改变符号文本。

表 3—5—1　符号的类型及用途

符号类型	用　　途
常规	没有特殊状态的符号
继电器	布置在一个页面上时，符号下有一个参考十字
常开	符号表示一个常开触点。作为元器件的一部分，符号的位置会显示在参考十字中。它也被指定为元器件的继电器符号的参考
常闭	符号表示一个常闭触点。作为元器件的一部分，符号的位置会显示在参考十字中。它也被指定为元器件的继电器符号的参考

续表

符号类型	用 途
开关	符号表示一个开关。作为元器件的一部分，符号的位置会显示在参考十字中。它也被指定为元器件的继电器符号的参考
主参考	符号具有所有其他同一个符号名符号的参考
有参考	指向一个有主参考的符号，或者指向同一个元器件的上一个或下一个符号
参考	参考十字符号
信号	符号作为从一个电气点到另一个电气点的信号参考
多信号	用于标记到信号母线的多个符号
接线端子	表示接线端子符号
PLC	PLC 符号
数据	向布置到页面中的元器件添加信息。这些信息会显示在清单中
不导电	符号表示为非导线。比如，表示窗口或门的符号，都可以布置到一条非导线（墙）上
支持	属于特殊元器件的符号
电缆	电缆符号，显示在电缆清单中
导线编号	用于导线编号的符号。比如，手动或自动创建的导线编号，当手工布置线号时，程序会自动给出下一个可用的线号

图 3—5—3 符号数据工具栏

(2) 移动符号名。单击“文本”按钮abc，关闭“铅笔”（按“Esc”键）。单击“符号名”，再单击“移动”按钮，在要布置符号名的地方单击。

二、创建新符号

单击“符号”按钮或者按快捷键“s”，然后单击“符号菜单”按钮，或者直接按快捷键“F8”。进入符号菜单对话框，在菜单栏中单击“创建新符号”按钮或在符号区域中的任意空白处单击鼠标右键，执行菜单命令【创建新符号】。在已经进入编辑符号模式后，在左边工具栏的下方可以看到 SYMB 中有一个闪烁的红色方框，在屏幕的中间会发现如图 3—5—2 所示红色的图形。

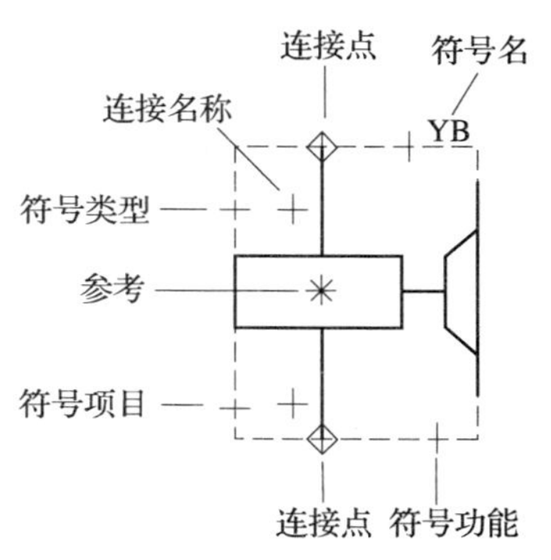

图 3—5—4 电磁抱闸的符号

绘制如图 3—5—4 所示的符号，步骤如下：

在绘制符号之前，首先设置页面的栅格类型，执行菜单命令【设置】/【指针/屏幕】，进入设置对话框。在栅格显示栏中选中“格式”。

1. 移动参考点

为了有更多的地方用来画符号，可以使参考点左移。移动方法是选中参考点，然后单击按住并拖动到希望的位置，再松开。

2. 画矩形框

要在符号中画出矩形框，可以单击“矩形”按钮，并激活“铅笔”。在参考点的左下方处单击，指定矩形的左下对角点。然后在参考点的右上方处单击，指定矩形的右上对角点。现在已经在参考点周围画出了一个矩形。坐标和距离都显示在屏幕的左下角。

3. 符号中的线

为了画线，单击“线”按钮，然后单击“直线”按钮，可以指定在使用符号时，符号中的线和连接到这个符号的导线的宽度和颜色一样。要激活此效果，必须单击“跟随连接”按钮。画线时，捕捉通常被设置为2.5 mm，若要在精确捕捉模式下，可以按下“Shift”键或单击工具栏中的“捕捉”按钮，捕捉变为0.25 mm，这时可以在左下方的工具栏中看到一个红色的框0.50。松开“Shift”键，返回普通捕捉，此时捕捉又变为2.5 mm。

4. 布置连接点

在符号上布置连接点，这样画出的符号具有电气特性，才能连接导电接线。要布置连接点，单击“符号”按钮、“连接点”按钮◇和“铅笔”按钮，十字线中会出现一个连接点。单击布置两个连接点，如图3—5—4所示。

布置连接点时，需要填写它们的连接点数据。在这里，可以对它们命名为1和2。如果要使这些命名在图样中不可见，可以去掉名称区域中可见的检查框中的“√”。

5. 输入符号名

单击“文本”按钮，单击符号名，在文本工具栏中的“文本区域”，输入符号名YB，按回车键。单击“文本属性”按钮，并把文本高度设置为2.5 mm，设置对齐方式为中一中。

6. 保存符号

选择符号保存的路径、文件名及保存类型。

三、创建信号符号

信号符号是一种特殊类型的符号。它们是一条导线，却不以电气点开始，也不以电气点结束。

1. 创建自定义的信号符号

按快捷键“F8”进入符号菜单。单击“创建新符号”按钮，现在已经进入设计符号模式。

2. 设计信号符号

现在设计一个信号符号：一个总长为7.5 mm的向右箭头的角度为45°，高5 mm的符号，如图3—5—5所示。

在名称区域，可以输入信号名。不过不必在此区域内输入任何信息，因为在图中布置信号符号时，会自动填写信号名。

（1）画信号符号。在符号参考点周围作出一个合适的缩放窗口（按“z”键）。单击“参考点”按钮✳和“铅笔”按钮，再单击要布置参考点的位置①。

单击“线”按钮和“跟随连接”按钮。从参考点开始画出一条5 mm的水平线。如果使用的普通捕捉为2.5 mm，那么鼠标向右移动两格单击，再按“Esc”键，表示确定。

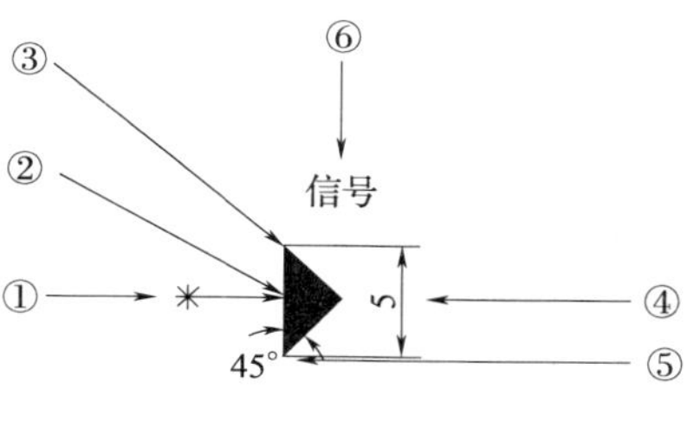

图3—5—5　信号符号

单击“填充区域”按钮，在线的右端点上方2.5 mm处单击③，在水平线的2.5 mm处单击④，然后在水平线的下方2.5 mm处单击⑤，出现一个填充的三角形。注意：在画线的时候会自动选择45°的斜线。

单击“文本”按钮abc，单击文本参考点为“符号名”，单击“移动”按钮，按下“Shift”键，进入精确捕捉布置文本区域。

在屏幕上方文本工具栏的白色文本区域内单击或按“k”键，输入文本信号，再按回车键⑥。

（2）信号符号中的文本区域。要保存一个符号为信号符号，这个符号必须只包含符号文本“符号名”和“符号类型”。单击“符号”按钮，再单击“符号设置”按钮，可以看到它们的设置。单击“符号类型”区域内的下拉箭头，在出现的下拉列表中选择“信号”，单击“确认”按钮。

创建信号符号时不用指定符号名，因为可以在把它布置到设计方案时再决定它的名称。

（3）保存符号。执行菜单命令【文件】/【另存为】，为符号指定一个标题。选择符号类型为“信号”，单击“确认”按钮。所有的信号符号都保存在MISC文件夹中，并都以SG…命名。

3. 频繁使用的信号符号

对经常使用的信号符号，可以添加到信号符号列表中。这样当单击信号对话框中“信号符号”的上下箭头时，就可以拉出看到它们。当画一条以非电气点开始和结束的线时，自动进入信号对话框。

要向这个列表中添加信号符号，执行菜单命令【设置】/【文本/符号默认值】，如图3—5—6所示。在这里单击对话框中的“信号符号”，再单击“新建”按钮。现在进入【符号菜单】，查找并选取需要的信号符号，单击“确认”按钮。信号符号现在被添加到列表中。如果单击“删除”按钮，可以从列表中删除信号符号。

4. 频繁使用的信号符号名

要向预定义的信号名列表中添加一个信号名，执行菜单命令【设置】/【文本/符号默认值】，如图3—5—7所示。在这里单击“信号名称”，单击“新建”按钮。在出现的对话框中，输入新名称PE，单击“确认”按钮，如图3—5—8所示。如果要删除一个信号名，可以单击“信号名称”下面区域中的下拉箭头，单击要删除的信号名，单击“删除”按钮，信号名就会被删除。

图 3—5—6　向列表中添加信号符号

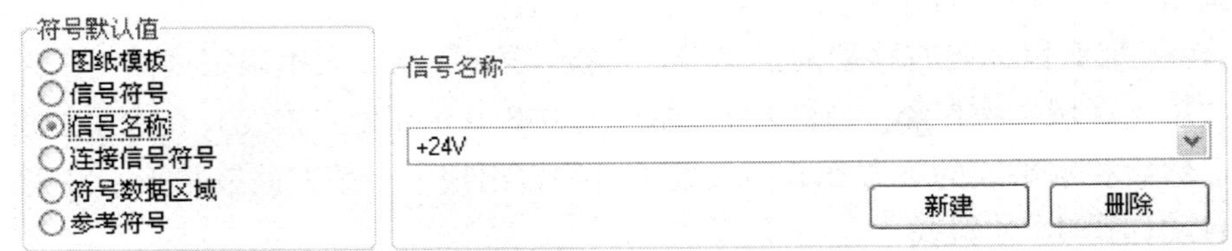

图 3—5—7　向列表中添加信号符号名

图 3—5—8　输入新名称

任务实施

制作如图 3—5—1 所示的复合按钮，可以采用两种方法：一是利用工具栏自己创建符号；二是编辑已有符号。在这里采用第二种方法，具体操作步骤如下。

一、选择已有符号

不同的符号位于不同的文件夹。要取出一个符号时，最好知道符号位于哪一个文件夹。所有的符号文件夹都在路径“C：\ Program Files \ PCSELCAD \ SYMBOL”下，如图 3—5—9 所示。符号文件夹的内容见表 3—5—2。

表 3—5—2　　符号文件夹中的内容

文件夹	内　　容
报警	报警系统符号
建筑	建筑平面图符号：门、窗等
外观	包括元器件的外观图
EIB	智能建筑安装符号
EN1861	符合 EN1861 标准的符号，制冷系统和加热泵

续表

文件夹	内　容
EN60617	符合欧洲 IEC/EN60617 标准的符号文件夹
流程图	流程图（计算机）符号
IECINST	电气安装符号
IECPNEU	气压和液压符号
MISC	绘图模板，部件清单模板，目录表模板，信号符号，电缆符号等
PLC346	符合 EN61346 标准，有参考指示的 PLC 符号
TELEDATA	电信和通信符号
用户	自定义符号

在页面中右键单击，执行菜单命令【符号菜单】，进入符号菜单对话框，如图 3—5—10 所示。在左边的列表区中单击 EN60617 文件夹，在右边列出的符号中选择复合按钮符号。

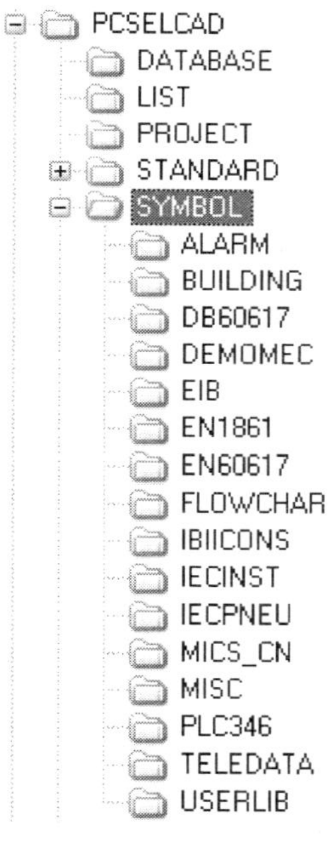

PCSELCAD
DATABASE
LIST
PROJECT
STANDARD
SYMBOL
ALARM
BUILDING
DB60617
DEMOMEC
EIB
EN1861
EN60617
FLOWCHAR
IBIICONS
IECINST
IECPNEU
MICS_CN
MISC
PLC346
TELEDATA
USERLIB

图 3—5—9　符号文件夹的位置列表

二、编辑符号

1. 选择要改变的符号。单击“编辑符号”按钮。或者在符号上右键单击，执行菜单命令【编辑符号】，如图 3—5—11 所示。

2. 执行菜单命令【设置】/【指针/屏幕】，进入设置对话框，在此对话框中将栅格显示改为“格式”。

3. 单击“区域”按钮，选中元件符号的右半部分，然后单击左边工具栏中的“捕捉”按钮，这时捕捉变为 0.25 mm，右击，执行菜单命令【移动】，如图 3—5—12 所示，将右半部分移动到合适的位置。

4. 单击“参考点”按钮，然后将参考点单击按下并拖动到合适的位置，如图 3—5—13 所示。

三、保存符号

符号编辑成功后，应单击“保存”按钮。如果还没有保存符号，可以单击“保存”按钮，出现符号选项对话框，如图 3—5—14 所示。设置符号标题和符号类型，单击“确认”按钮，出现如图 3—5—15 所示的对话框，选择符号保存的路径，并输入文件的名称。现在返回符号菜单，打开保存符号的文件夹，就可以看到刚才设计的符号。如果单击符号，它就会被选中，并可以在对话框的左上角看到它的路径和标题，也可以在对话框的右下角看到放大了的符号。如果要把符号布置到页面中，单击“确认”按钮。然后返回到设计方案，符号位于十字线中，可以把它布置到设计方案中。

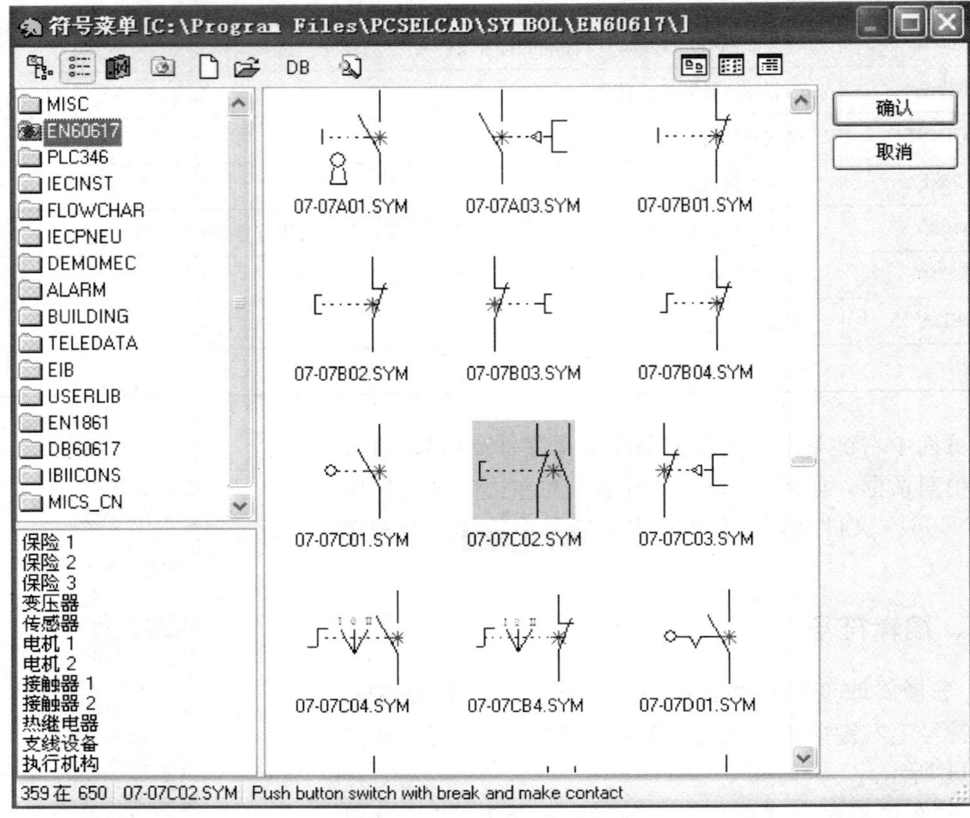

图 3—5—10 复合按钮所在符号文件夹

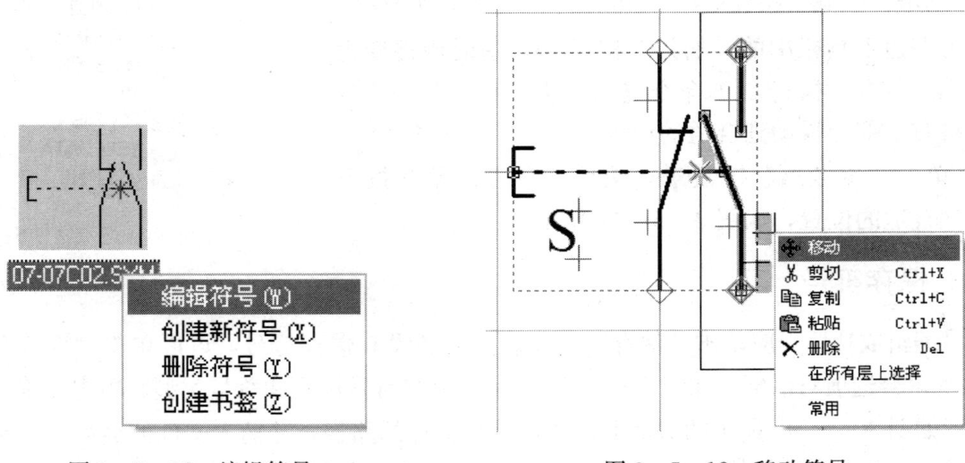

图 3—5—11 编辑符号

图 3—5—12 移动符号

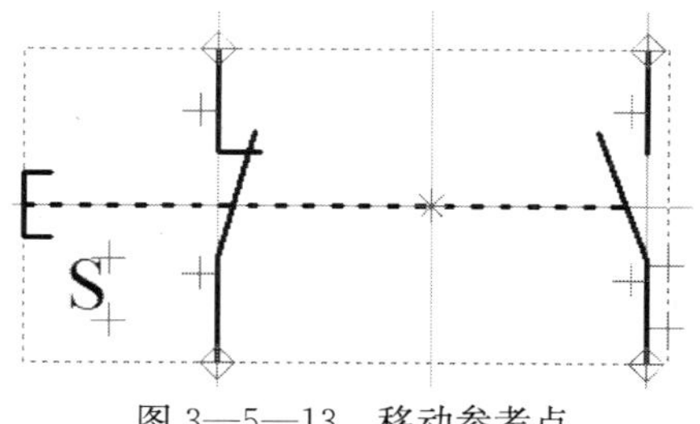

图 3—5—13　移动参考点

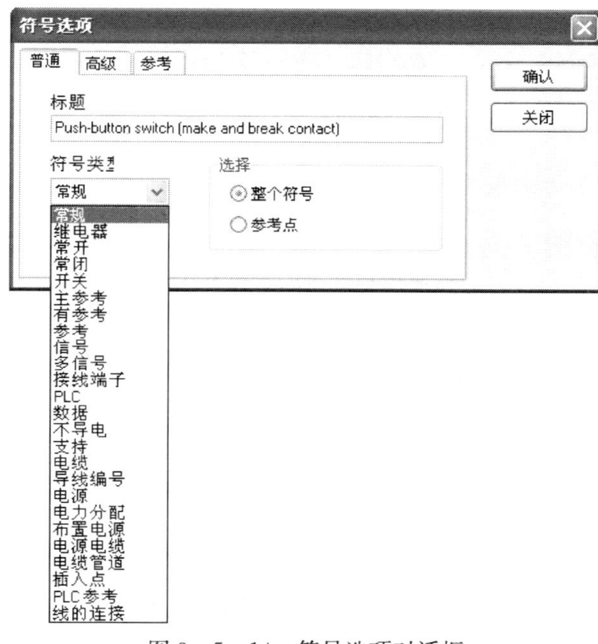

图 3—5—14　符号选项对话框

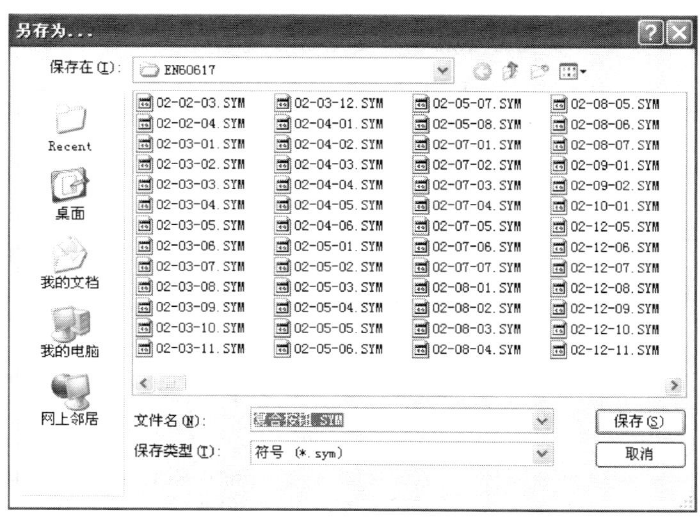

图 3—5—15　符号保存的路径

任务评价

本任务评价的评分标准见表 3—5—3。

表 3—5—3　　评分标准

序号	项目	内容	评分标准	配分	得分
1	创建新符号	启动符号编辑器	正确操作：5 分；不正确操作：0 分	5	
		捕捉设置	正确设置：5 分；不正确设置：0 分	5	
		参考点设置	正确设置：5 分；不正确设置：0 分	5	
		工具栏的使用	正确使用：15 分；不正确使用：0 分	15	
		布置连接点	正确操作：5 分；不正确操作：0 分	5	
		输入符号名	正确操作：5 分；不正确操作：0 分	5	
		符号类型设置	正确设置：5 分；不正确设置：0 分	5	
		保存符号	正确操作：5 分；不正确操作：0 分	5	
2	创建信号符号	设计信号符号	正确操作：15 分；不正确操作：0 分	15	
		保存符号	正确操作：5 分；不正确操作：0 分	5	
3	编辑已有的符号	符号文件夹	正确选择：10 分；不正确选择：0 分	10	
		编辑符号	正确操作：20 分；不正确操作：0 分	20	
合计				100	

思考与练习

在继电器控制线路中，经常会用到这些符号，试制作如图 3—5—16 所示的符号。

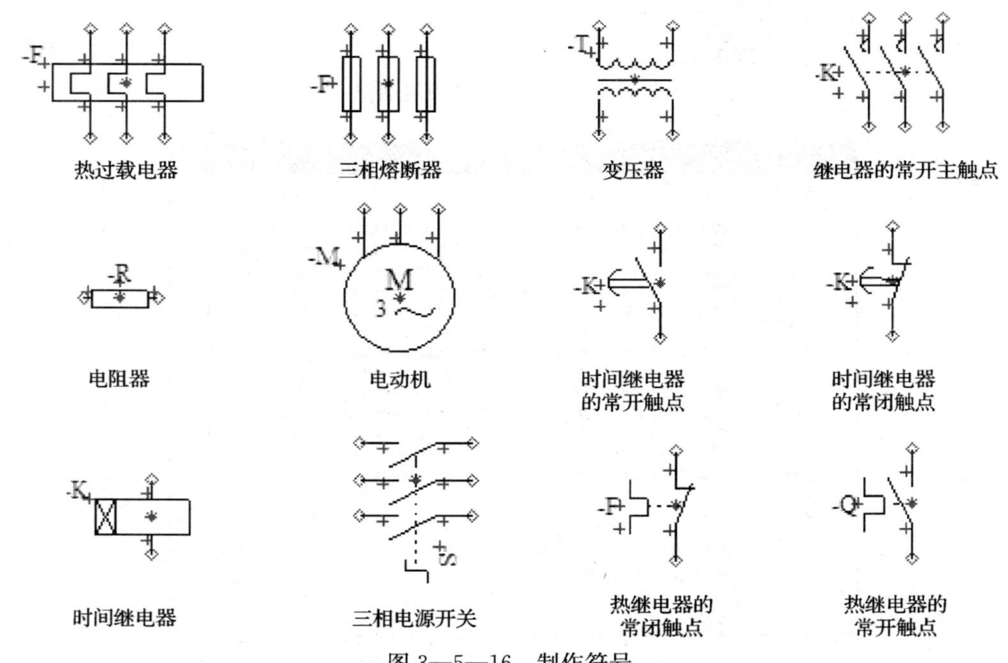

图 3—5—16　制作符号

任务 6　复杂电气原理图绘制

◆ **技能点**
◎ 创建标准的设计方案
◎ 创建自定义符号
◆ **知识点**
◎ 创建页面和章节划分
◎ 生成接线端子布置图
◎ 生成元件、接线端子

任务提出

绘制如图 3—4—1 所示的能耗制动控制线路的电气电路图，要求如下：

1. 创建标准的设计方案，其中包括章节和页面。
2. 从数据库中调入符号，布置元器件进行电气连接。
3. 在电路图中布置接线端子符号。
4. 根据页面中布置的接线端子符号生成接线端子布置图。
5. 生成元器件、接线端子清单。

任务分析

分析能耗制动控制线路电气原理图，可以看出这类较复杂的电气原理图绘制可以分解为几个部分来完成。该设计方案中包括控制回路、主回路、接线端子布置图以及元器件、接线端子清单等几个部分。首先绘制电气原理图，在放置元器件时，若符号文件夹里没有需要的符号，这时需要自定义的符号；其次在电气原理图中放置接线端子；最后根据电气原理图生成图形化的接线端子布置图、元器件清单和接线端子清单等。绘制电气原理图的基本流程如图 3—6—1 所示。

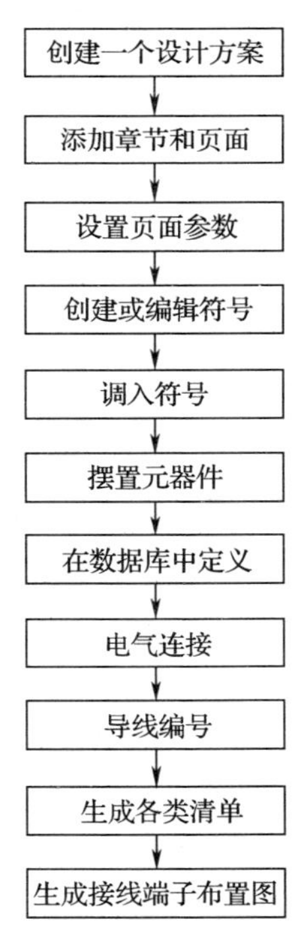

图 3—6—1　绘制电气原理图基本流程

相关知识

一、接线端子符号

1. 布置接线端子符号

(1) 在符号选取栏中单击“接线端子”按钮（选取栏中的第一个符号），把符号布置到 FR 和电动机 M1 之间，如图

3—6—2 所示。

（2）在元件数据对话框中，单击“数据库”按钮。

（3）在数据库对话框中，单击数据库中的类型标签“支线设备/接线端子”，选择 EAN 号为 3389110586435，如图 3—6—3 所示，单击“确认”按钮。

（4）在元件数据对话框中，输入符号名 X1：U，如图 3—6—4 所示。把符号命名为 X1，连接名（接线端子名）设为 U，单击“确认”按钮。

（5）布置其余两个接线端子，分别输入符号名 X1：V 和 X1：W。

（6）按“Esc”键。

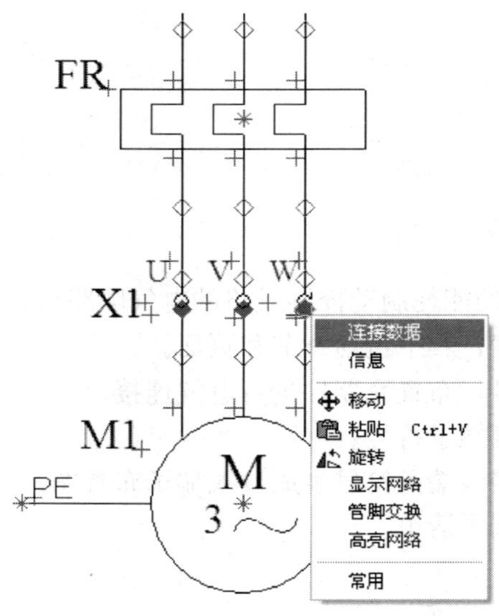

图 3—6—2　接线端子符号

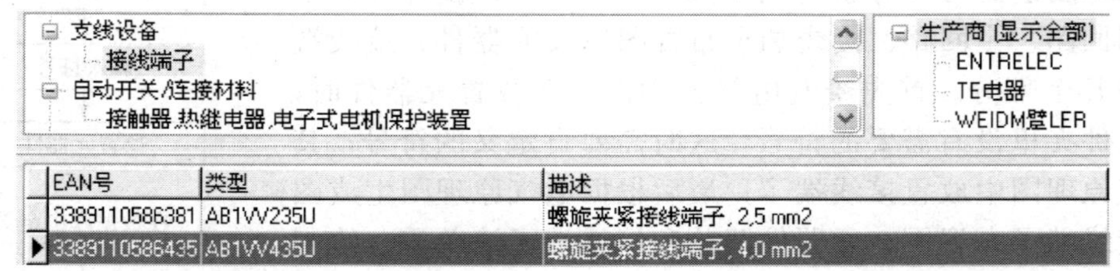

EAN号	类型	描述
3389110586381	AB1VV235U	螺旋夹紧接线端子, 2,5 mm2
3389110586435	AB1VV435U	螺旋夹紧接线端子, 4,0 mm2

图 3—6—3　接线端子所在的数据库

2. 创建接线端子符号

布置接线端子符号时，可以指定哪些连接点是接线端子的输入，哪些是输出。在接线端子符号上，输出连接点是实心红色形状。要改变一个连接点是输入还是输出，可以单击“符号”按钮，在连接点上右击，执行菜单命令“连接数据”，如图 3—6—2 所示。在连接数据对话框中，单击“主要类型”区域中的下拉箭头，可以选择连接点是输入还是输出，如图 3—6—5 所示。

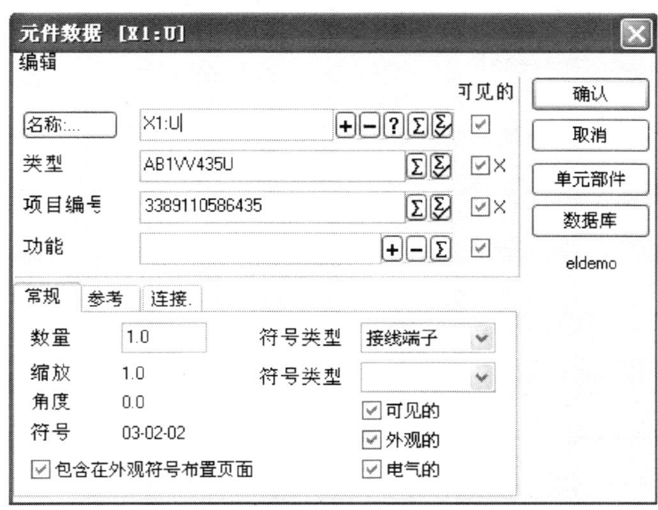

图 3—6—4　元件数据对话框

图 3—6—5　设置连接点的输入/输出类型

接线端子扩展名可以设置为 TERM（接线端子）。如果碰巧选中了整个符号，而不是连接点，那么在连接点上右击重新选取。

3. 创建图形化的接线端子布置图

要为一个设计方案创建图形化的接线端子布置图，可以打开设计方案，再执行菜单命令【工具】/【接线端子布置图】，这时会出现创建新的接线端子连接图对话框，如图 3—6—6 所示。如果已经创建了接线端子布置图，并把它插入到当前的设计方案中，那么会出现更新接线端子连接图对话框。

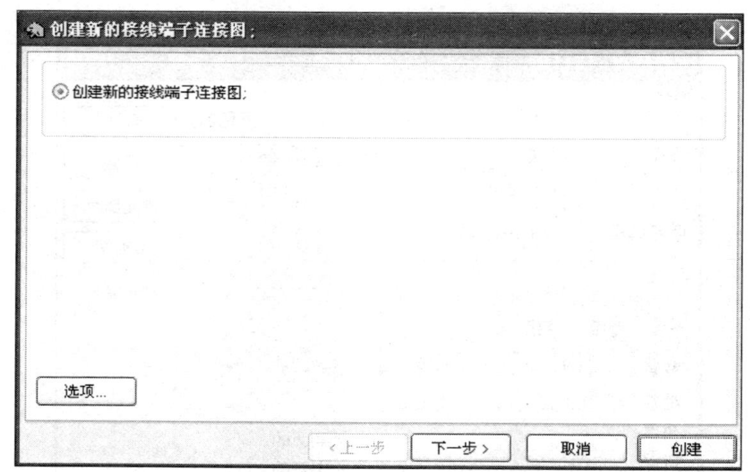

图 3—6—6　创建新的接线端子连接图对话框

创建接线端子布置图时，会提示是否把它插入到当前的设计方案中（如果还没有插入的话），如图 3—6—7 所示。

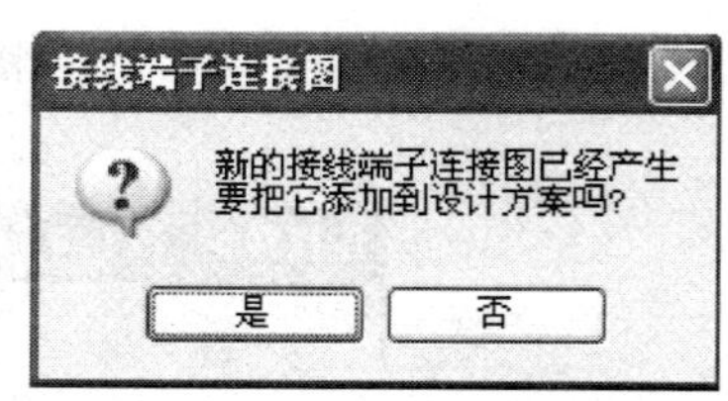

图 3—6—7　接线端子连接图对话框

（1）单击“是”按钮——把接线端子布置图插入到设计方案中。如果单击“是”按钮，则接线端子布置图会作为一个标题为“接线端子连接图”的章节页面，插入到当前的设计方案中。如果在这个接线端子布置图中作出了一些改动，那么在创建新的接线端子连接图时，这些都会包含进去。

接线端子布置图中的页面类型被设置为“接线端子”。它们对设计方案中的电气清单和外形清单没有影响。

在设计方案中编辑图样页面时，接线端子布置图不会自动更新。要更新接线端子布置图，必须再次执行菜单命令【工具】/【接线端子布置图】。

（2）单击“否”按钮——不把接线端子布置图插入到设计方案中。如果单击“否”按钮，则接线端子布置图被创建为一个单独的名称为“接线端子布置图”的设计方案。如果之后对原来的设计方案作出了改动，并希望创建新的接线端子布置图时，将不能通过更新原来的接线端子布置图得到新的接线端子布置图，而必须先把它复制到原来的设计方案中。

二、生成元器件、接线端子清单

清单是特殊的绘图模板，可以布置在设计方案中，包括元件清单、接线端子清单、电缆清单、PLC 清单等类型。如果要插入一个元件清单，页面功能必须为“元件清单”；如果要插入一个接线端子清单，页面功能必须为“接线端子清单”；如果没有为清单选择正确的页面功能，则清单在更新时不会被填写。设置了页面功能后，清单可以布置到页面中。

1. 添加章节划分

(1) 单击“页面菜单”按钮，进入页面菜单对话框，单击菜单中章节要开始的页面，再单击“添加新的”按钮。

(2) 进入页面功能对话框，单击“章节划分”单选按钮，再单击“确认”按钮，如图 3—6—8 所示。

(3) 在新建对话框中，单击需要的页面模板，单击“确认”按钮。

(4) 在章节划分对话框中，输入章节划分的名称，如图 3—6—9 所示。完成输入后，单击“确认”按钮。现在已经插入一个新的章节，如图 3—6—10 所示。

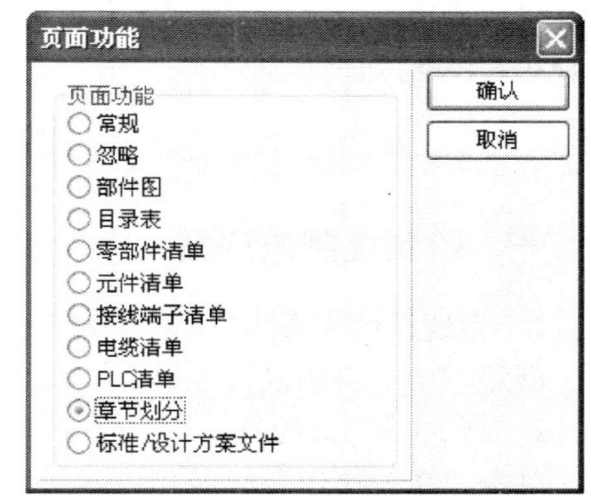

图 3—6—8　页面功能对话框

图 3—6—9　章节划分对话框

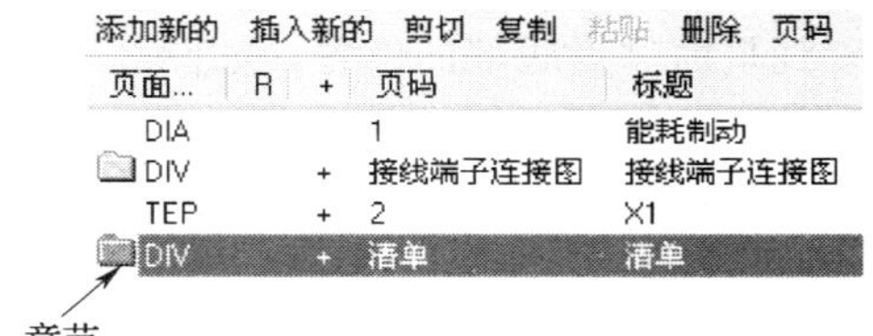

图 3—6—10　添加章节划分

2. 在章节中添加页面

(1) 添加接线端子清单页面。如图 3—6—10 所示，选中清单这一章节，单击“添加新的”按钮，出现页面功能对话框，单击“接线端子清单”单选按钮，如图 3—6—8 所示，单击“确认”按钮。创建一个空白的页面，单击“页面设置”按钮，设置图样的模板为“A4 接线端子清单. SYM”，输入页面标题为“接线端子清单”，单击“确认”按钮。

(2) 添加元件清单页面。选择刚刚创建好的“A4 接线端子清单”页面，单击“添加新的”按钮，出现页面功能对话框，选择“元件清单”单选按钮，单击“确认”按钮。创建一个空白的页面，单击“页面设置”按钮，设置图样的模板为“A4 元件清单. SYM”，输入页面标题为“元件清单”，单击“确认”按钮。如图 3—6—11 所示。

页面...	R	+	页码	标题
DIA			1	能耗制动
DIV		+	接线端子连接图	接线端子连接图
TEP		+	2	X1
DIV		+	清单	清单
TER		+	3	接线端子清单
COM		+	4	元件清单

图 3—6—11　在清单章节下添加两个页面

3. 更新所有的清单

执行菜单命令【清单】/【更新所有的清单】，即可自动更新接线端子和元件清单中的内容。

任务实施

一、绘制控制电路图

1. 创建设计方案

创建一个空白的设计方案。

2. 画 **L1** 和 **L2** 相线

单击“线”按钮、激活“铅笔”和“导线”按钮，在页面中单击，会进入信号对话框。在信号名称的下拉列表中选择“L1”，单击“确认”按钮。单击按下并移动到页面的右边，按“ESC”键结束画 L1 相线。

用同样的方法画出 L2 相线。唯一的区别在于信号名称改成 L2，其余画法相同。将 L2 相布置到页面靠近底部的位置，如图 3—6—12 所示。

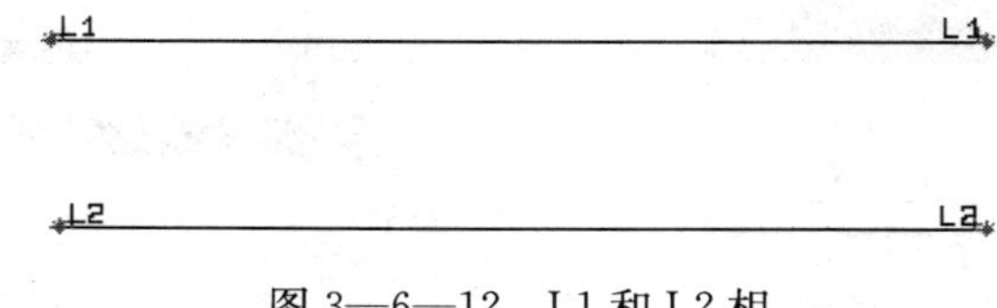

图 3—6—12　L1 和 L2 相

3. 布置 **KM1** 和 **KM2** 继电器线圈

（1）从符号选择栏中单击“线圈”按钮，把它布置到页面中并单击，会进入元件数据对话框。

（2）输入元器件名称为 KM1，单击“数据库”按钮，从数据库对话框中选择 EAN 号为 4022903075387 的元件，单击“确认”按钮。

（3）返回到元件数据对话框，会发现符号已经和数据库的元器件联系起来，单击“确认”按钮，将其布置到页面中。

用相同的方法，在页面中布置继电器线圈 KM2。

4. 布置时间继电器 **KT**

（1）单击“符号”按钮，再单击“符号菜单”按钮，进入符号菜单对话框，如图 3—6—13 所示。在左侧的列表区中选择 EN60617 文件夹，在右侧的列表区中选择时间继电器符号，单击“确认”按钮。

（2）返回到元件数据对话框，单击“数据库”按钮，从数据库对话框中选择 EAN 号为 5702423006175 的元件，如图 3—6—14 所示，单击“确认”按钮。

元件 KM1、KM2 和 KT 布置到页面如图 3—6—15 所示。

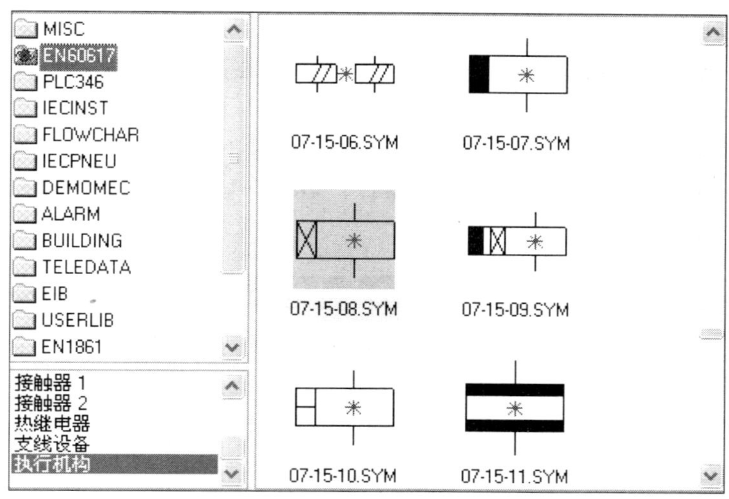

图 3—6—13　时间继电器所在的符号文件夹

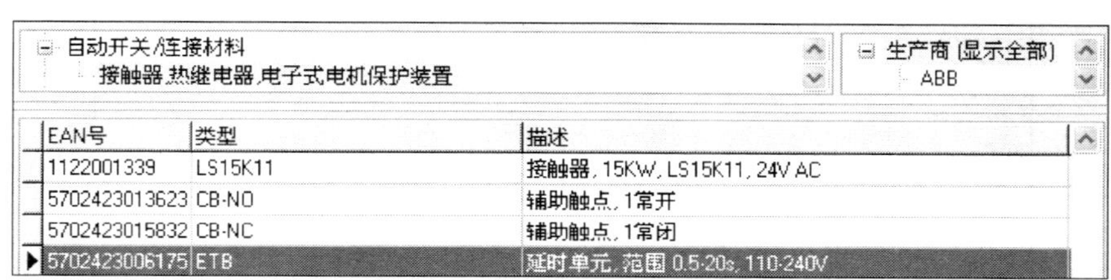

EAN号	类型	描述
1122001339	LS15K11	接触器, 15KW, LS15K11, 24V AC
5702423013623	CB-NO	辅助触点, 1常开
5702423015832	CB-NC	辅助触点, 1常闭
5702423006175	ETB	延时单元, 范围 0.5-20s, 110-240V

图 3—6—14　时间继电器所在的数据库

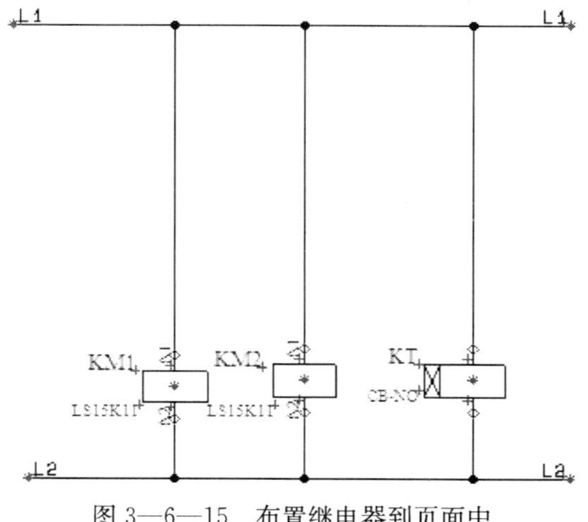

图 3—6—15　布置继电器到页面中

5. 布置符号 FR

(1) 从符号选择栏中选择 FR 符号并单击，会进入元件数据对话框。

(2) 输入元件名称为 FR，单击“数据库”按钮，从数据库对话框中选择 EAN 号为 4022903085584 的元件，单击“确认”按钮，把它布置到页面中。

6. 布置符号 SB1 和 SB2

在本课题任务 5 中已经提及到如何制作符号 SB1，在这里只要将已制作好的元器件从数据库中调入即可。

（1）按“F8”快捷键，进入符号菜单对话框，如图 3—6—16 所示。单击“从文件夹选择库”按钮，找到复合按钮元件所在的路径，单击“确认”按钮，将元件布置到页面中相应的位置。

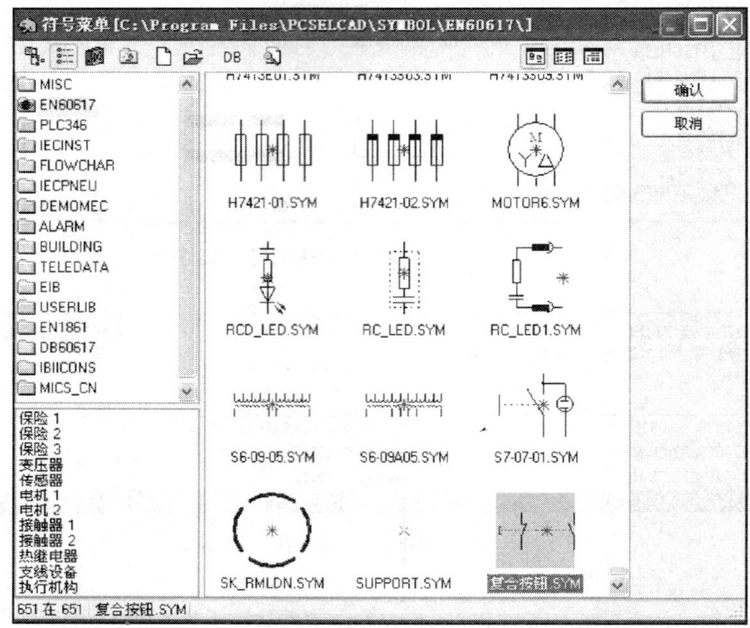

图 3—6—16　从数据库中调入元件 SB1

（2）从符号选取栏中单击符号 SB2，并且将元器件添加到指定的数据库中，最后布置到 KM1 线圈的上方位置。

7. 应用“显示可用的”功能

（1）在页面的空白位置右击，执行菜单命令【显示可用窗口】，出现如图 3—6—17 所示的对话框。

图 3—6—17　显示可用的窗口

（2）在显示可用窗口的对话框中，选择 KM1 双击，打开符号选取栏，从符号选取栏中选取符号单击，并布置到页面中。

用同样的方法布置符号 KM1、KM2 和 KT 的其余功能符号。

（3）按“F8”键，在出现的符号菜单对话框中，单击符号文件夹中 EN60617 文件，在右侧的列表区中找到时间继电器的常闭触点，单击“确认”按钮，将其布置到页面中。

所有的元件布置成功后的电路图如图 3—6—18 所示。

8. 对齐符号

调整各符号的位置，保证电路图清晰、美观。

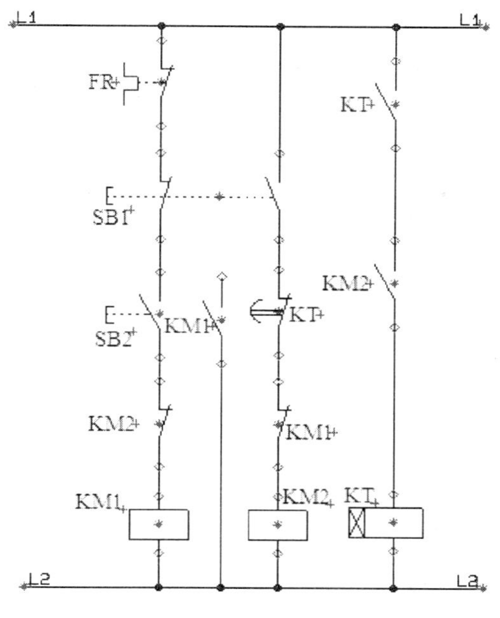

图 3—6—18　元件布置成功后的电路图

9. 调整导线

删除多余的线，并画出其余的线。

至此，已经完成了控制电路的绘制，如图 3—6—19 所示。

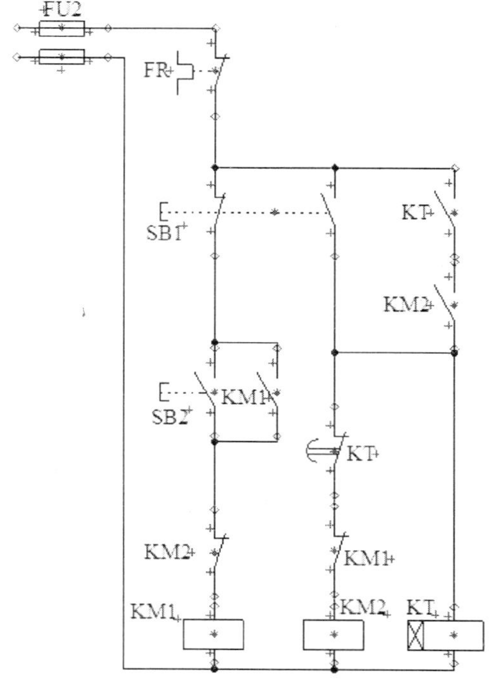

图 3—6—19　控制电路图

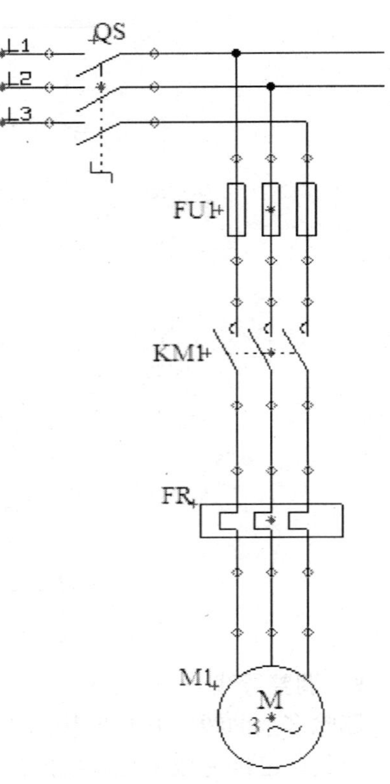

图 3—6—20　主电路中的部分元器件

二、绘制主电路图

1. 画 L1、L2 和 L3 相线

绘制方法同控制电路中画 L1 和 L2 相线。

2. 在页面中布置电动机

从符号选择栏中单击电动机按钮，在页面中单击，在出现的元件数据对话框中，单击“数据库”按钮，将电动机符号与数据库联系起来。

3. 布置符号 QS、FU1

单击“符号菜单”按钮，在对应的符号文件夹中找到相关的符号，并将它们布置到页面中对应的位置。

4. 布置 KM1 的主触头和 FR 热继电器

应用“显示可用窗口”的功能，在窗口中找到对应元器件的其他功能符号，将其布置到页面中，则布置好的元器件如图 3—6—20 所示。

5. 布置其他元器件

单击“符号菜单”按钮，进入符号菜单对话框，在符号文件夹中选择二极管符号 V，如图 3—6—21 所示，单击“确认”按钮，布置到页面中。用同样的方法，从符号文件夹中找到电阻 R 和 KM2 的主触头，也布置到页面中。

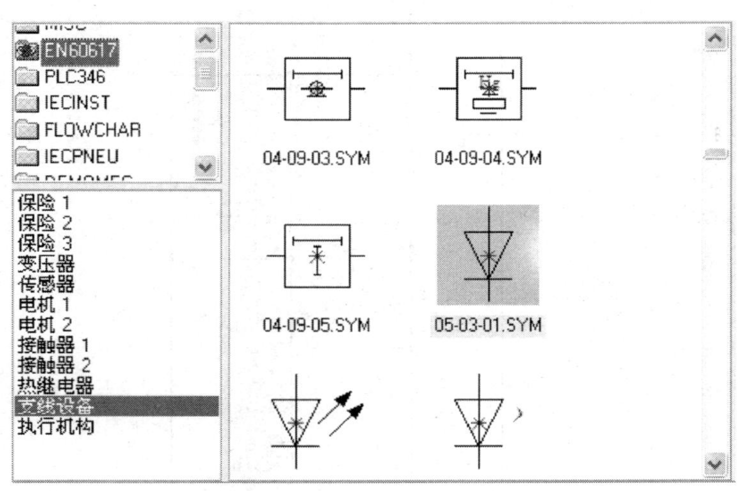

图 3—6—21　符号 V 所在的符号文件夹

6. 画出其余的线

至此已经完成了主电路图部分的绘制，如图 3—6—22 所示。

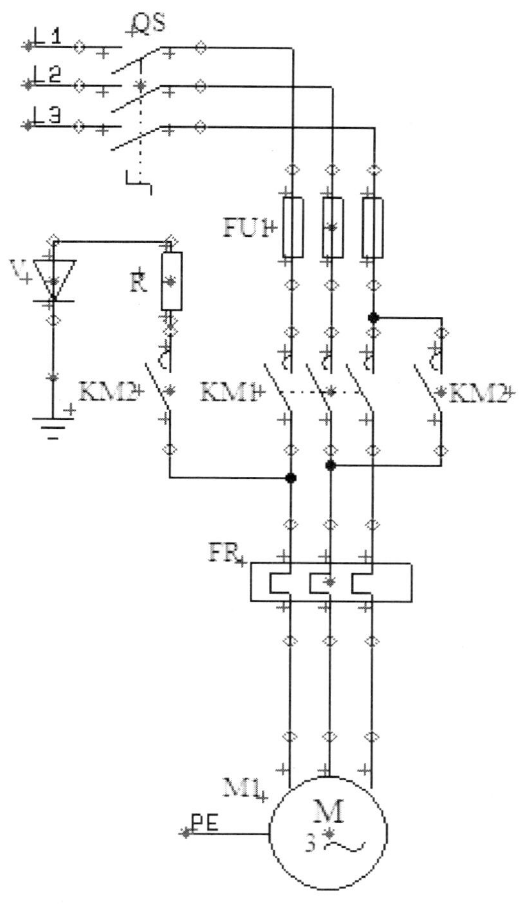

图 3—6—22　主电路图

三、布置接线端子

在主电路中布置三个接线端子。用同样的方法在控制回路中布置其他的四个接线端子，符号名分别为 X1：2、X1：3、X1：4 和 X1：6，如图 3—6—23 所示。七个接线端子的连接点类型全部为输出。

四、生成接线端子布置图

执行菜单命令【工具】/【接线端子布置图】，这时会出现创建新的接线端子连接图对话框，输入后单击“下一步”按钮。然后单击“创建”按钮，即可生成关于 X1 接线端子布置图，如图 3—6—24 所示。

五、更新所有的清单

执行菜单命令【清单】/【更新所有的清单】，即可自动更新接线端子清单（见图 3—6—25）和元件清单（见图 3—6—26）。

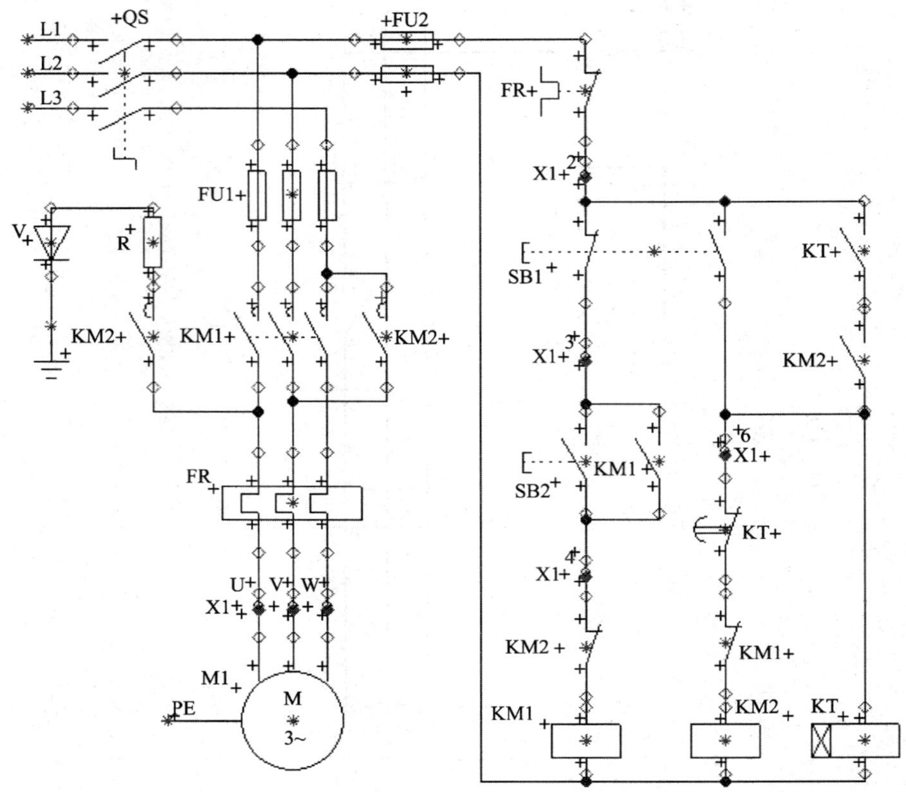

图 3—6—23　布置接线端子后的原理图

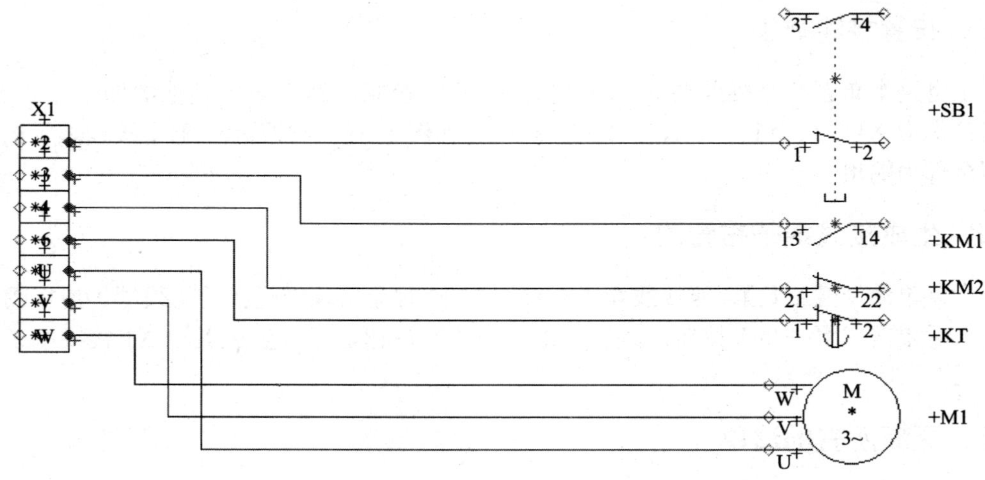

图 3—6—24　接线端子布置图

接线端子清单				文件：半波能耗制动
外部		端子	内部	
电缆	名称		名称	电缆
	SB1：1	X1：2	FR：96	
	KM1：13	X1：3	SB1：2	
	KM2：21	X1：4	KM1：14	
	KT：1	X1：6	KM2：14	
	M1：U	X1：U	FR：2	
	M1：V	X1：V	FR：4	
	M1：W	X1：W	FR：6	

图 3—6—25　接线端子清单

元件清单			文件：半波能耗制动
名称	条目号	描述	价格
KH	4022903085584	热过载继电器，20-32A	417.00
FU1	6417019032221	保险座3极 250A IP20，OFAX 1S3	
FU2	6417019032221	保险座3极 250A IP20，OFAX 1S3	
GND			
KM1	4022903075387	接触器，15KW，LS15K11，230V AC	630.00
KM2	4022903075387	接触器，15KW，LS15K11，230V AC	630.00
KT	5702423013623	时间继电器触点，1常开	14.00
M1	1723410403	电动机 5KW	3 750.00
QS	5703302004497	FUGA 带开关的插头，1极	
R		电阻	
SB1		按钮	
SB2	3389110610024	按钮，1常开，绿色	63.80
V		二极管	
X1	3389110586435	螺旋夹紧接线端子，4.0mm	43.05

图 3—6—26　元件清单

任务评价

本任务评价的评分标准见表 3—6—1。

表 3—6—1　评分标准

序号	项目	内容	评分标准	配分	得分
1	创建文件	创建章节划分	正确创建：10 分；不正确创建：0 分	10	
		创建页面	正确创建：10 分；不正确创建：0 分	10	
		创建自己符号	正确创建：15 分；不正确创建：0 分	15	

续表

序号	项目	内容	评分标准	配分	得分
1	创建文件	创建信号符号	正确创建：10 分；不正确创建：0 分	10	
		编辑已有的符号	正确操作：15 分；不正确操作：0 分	15	
2	生成布置图	接线端子布置图	正确操作：20 分；不正确操作：0 分	20	
3	生成清单	元件清单	正确操作：10 分；不正确操作：0 分	10	
		接线端子清单	正确操作：10 分；不正确操作：0 分	10	
合计				100	

思考与练习

图 3—6—27 所示为星形—三角形降压启动的控制电路图，在其电路图的基础上设计，要求如下：

1. 创建标准的设计方案。
2. 绘制出该电气原理图，并且在电气原理图中布置接线端子符号，然后自动生成接线端子布置图。
3. 根据电气原理图生成元件、接线端子清单。
4. 自动为导线编号。

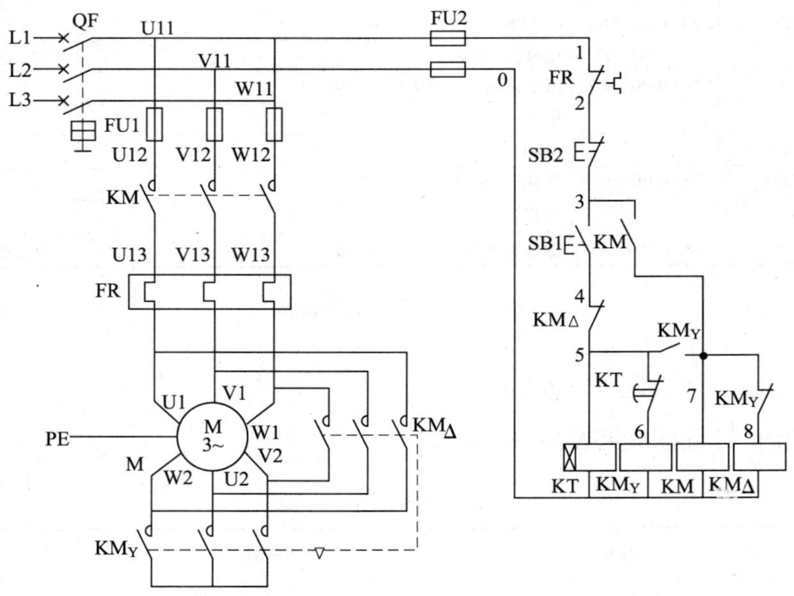

图 3—6—27　星形—三角形降压启动控制电路图

课题三　电气综合控制系统原理图识读与绘制

任务 7　电气综合控制系统原理图识读

◆ **技能点**

◎ 会识别 CA6140 型普通车床电气图中各电气元件符号的名称、功能

◎ 学会分析电气原理图，熟练掌握识读要点、识读步骤

◆ **知识点**

◎ 电气原理图识读要点

◎ 电气原理图工作原理

任务提出

机床电气原理图是用来表明机床电气的工作原理及各电气元件的作用、相互之间关系的一种表示方式。掌握了阅读电气原理图的方法和技巧，对于分析电气线路，排除机床电路故障是十分有益的。机床电气线路电气原理图一般由主电路、控制电路、保护、配电电路等几部分组成。

本任务要求识读如图 3—7—1 所示的 CA6140 型普通车床电气控制系统原理图，并达到如下要求：

1. 掌握电气原理图的读图步骤和读图方法。
2. 根据电气控制原理图，分析控制系统的工作原理。
3. 通过读图练习，深化对电气原理图的识读过程。

任务分析

阅读主电路时，应该了解主电路有哪些电气设备（如电动机、电炉等），以及这些设备的用途和工作特点。并根据工艺过程，了解各用电设备之间的相互联系、采用的保护方式等。在完全了解主电路的这些工作特点后，就可以根据这些特点再去阅读控制电路。

阅读控制电路时，一般先根据主电路接触器主触点的文字符号，到控制电路中去找与之相应的吸引线圈，进一步弄清楚电动机的控制方式。这样可将整个电气原理图划分为若干部分，每一部分控制一台电动机。控制电路按动作的先后顺序，自上而下、从左到右并联排列。因此，读图时也应当自上而下、从左到右，一个环节、一个环节地进行分析。

对于机、电、液配合得比较紧密的生产机械，必须进一步了解有关机械传动和液压传动的情况，有时还要借助于工作循环图和动作顺序表，配合电气设备动作来分析电路中的各种联锁关系，以便掌握其全部控制过程。

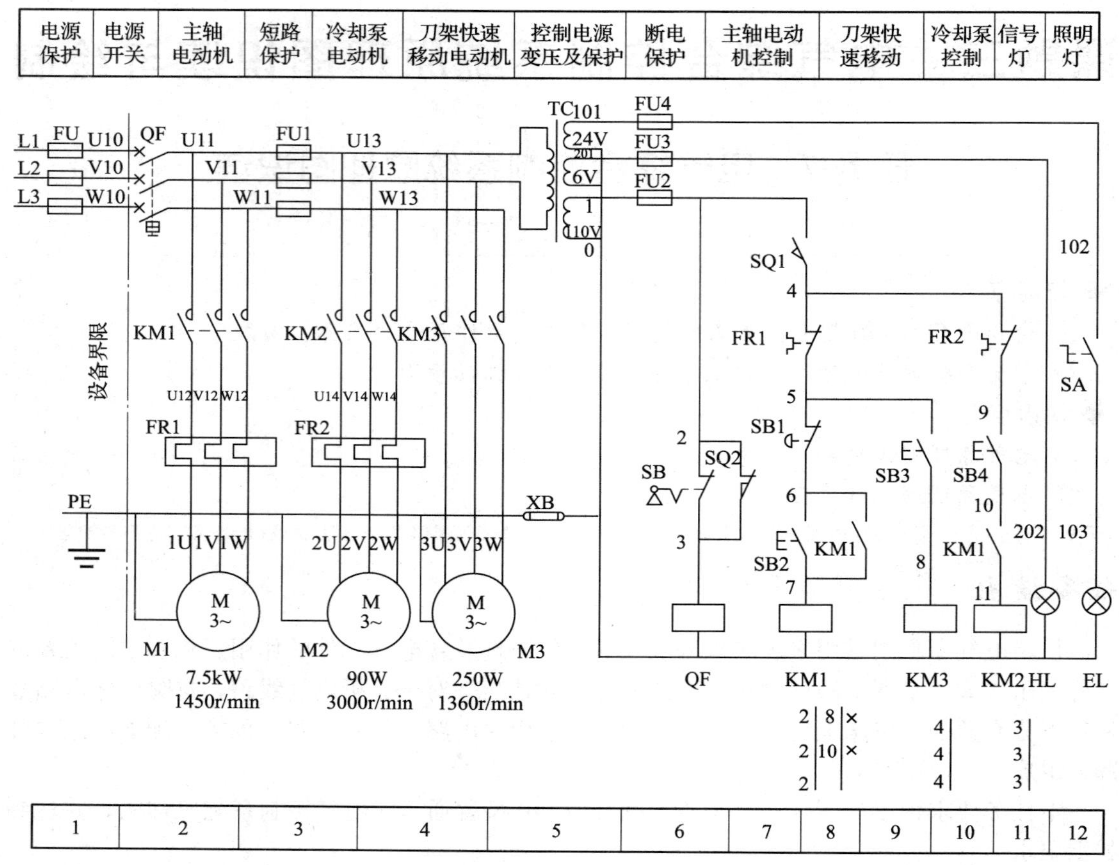

图 3—7—1　CA6140 型普通车床电气控制系统电路图

最后阅读照明、信号指示、监测、保护等各辅助电路环节。

对于比较复杂的控制电路，可按照先简后繁、先易后难的原则，逐步解决。因为无论怎样复杂的控制线路，总是由许多简单的基本环节所组成。阅读时可将它们分解开来，先逐个分析各个基本环节，然后再综合起来全面加以解决。

概括地说，阅读的方法可以归纳为：从机到电、先主后控、化整为零、连成系统。识图步骤如图 3—7—2 所示。

相关知识

一、电气原理图识读程序和方法

识读电气原理图的一般程序是：先看主电路，后看辅助电路，并根据辅助电路各小回路中控制元器件的动作情况，研究辅助电路对主电路的控制情况。

1. 识读电源电路的方法

识读电源电路时，要了解电源的种类和电压等级。电源有直流电源和交流电源两种类型。有的由直流发电机供给直流电，也有的由整流设备供给，直流电源的电压等级有 660 V、

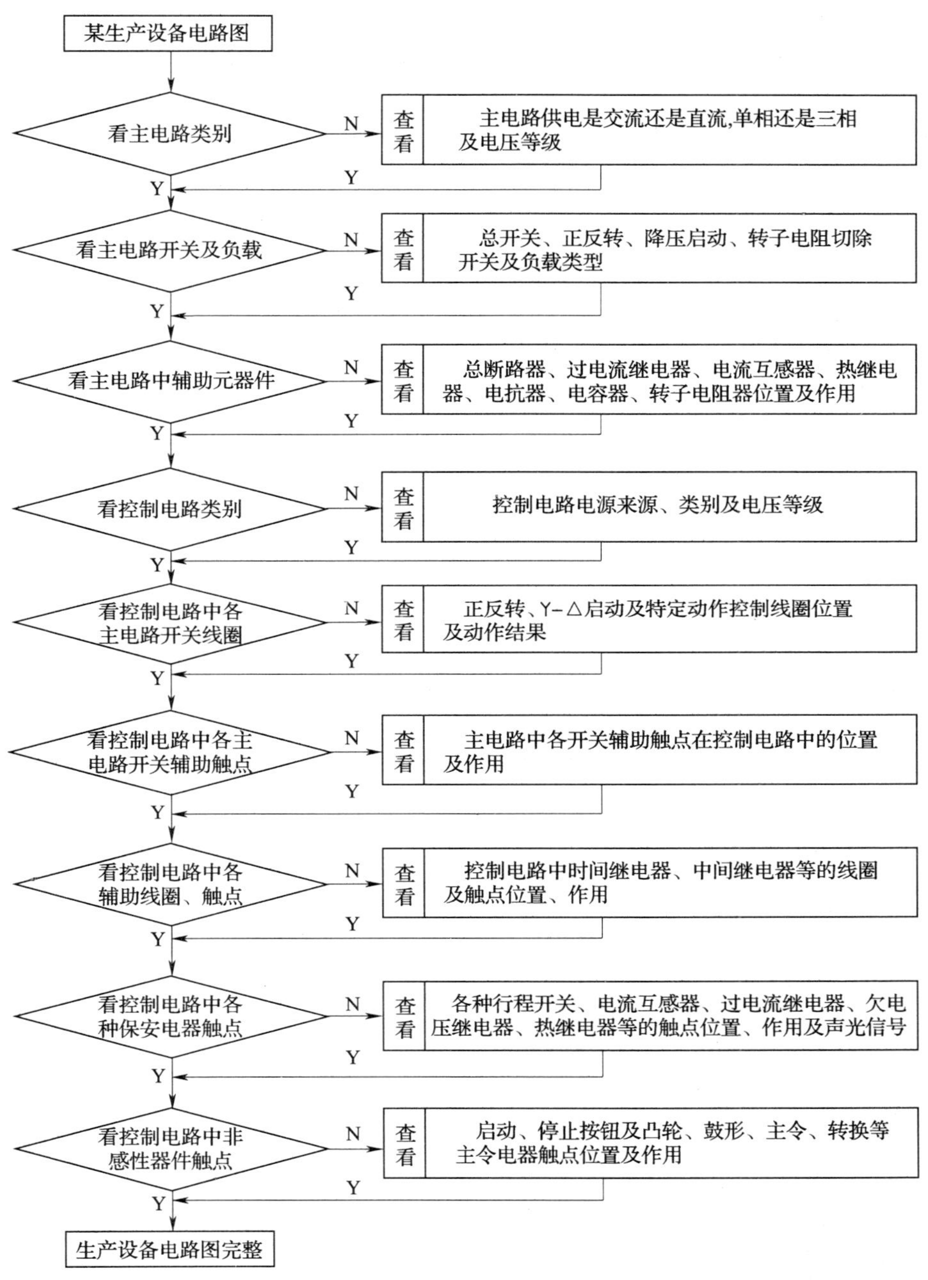

图 3—7—2　识图步骤流程

220 V、110 V、24 V、12 V、5 V 等。交流电多数情况下是由三相交流电网供电，有时也用交流发电机供电。交流电源的电压等级常用的有 380 V、220 V、110 V 等，频率多为 50 Hz (高频交流发电机发的交流电频率不是 50 Hz)。

在如图 3—7—3 所示的 M7130 型平面磨床部分电气控制电路中，整流变压器 T1 将

220 V的交流电压降为 145 V，然后经桥式整流器 VC 后输出 110 V 直流电压供给电磁吸盘 YH，电磁吸盘 YH 的电压为直流 110 V。照明变压器 T2 将 380 V 的交流电压降为 36 V 的安全电压供给照明电路。EL 为照明灯，一端接地，另一端由开关 SA 控制。

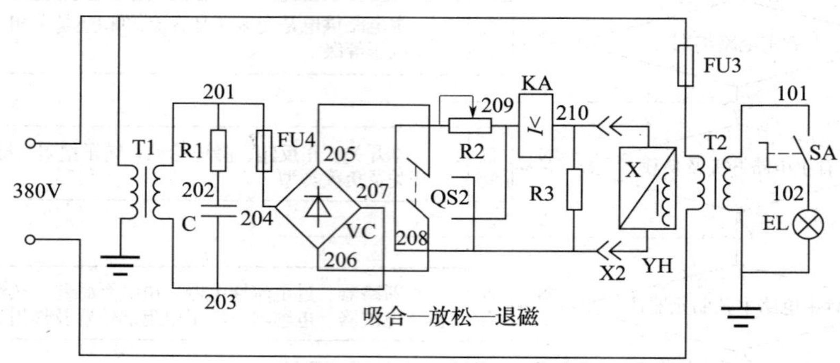

图 3—7—3　M7130 型平面磨床部分电气控制电路图

2. 识读主电路的步骤

（1）第一步。看用电设备，用电设备所在的电路是主电路。用电设备是指消耗电能或者将电能转化为其他能量的用电设备、装置等，如电动机、电弧炉等。看图时要首先看清楚主电路中有几个用电设备，它们的类别、用途、接线方式以及一些不同的要求等。如图 3—7—4所示的用电设备是一台三相异步电动机 M。

（2）第二步。要看清楚主电路中的用电设备是用什么样的控制元件控制，是用几个控制元件控制。图 3—7—4 所示三相异步电动机的启动与停止受接触器 KM 控制。

在实际电路中，对用电设备的控制方法有很多种，包括开关控制、启动器控制、接触器或其他继电器控制、程序控制器控制以及功率放大集成电路控制。正因为用电设备种类繁多，所以对用电设备的控制方法就有很多种，这就要求看图时分析清楚主电路中的用电设备与控制元器件的对应关系。

（3）第三步。看清楚主电路除用电设备以外的其他元器件，以及这些元器件所起的作用。

如图 3—7—4 所示，主电路除用电设备三相异步电动机外，还有刀开关 QS 和熔断器 1FU 两种元器件。刀开关 QS 是总电源开关，也就是使电路与电源相接通或断开的开关；熔断器 1FU 起到对电路短路时的保护作用，即电路发生短路时，熔断器的熔体立即熔断，使负荷与电源断开。

主电路中各元器件和用电设备一般情况下都比辅助电路中的控制元件要少。看主电路时，可以顺着电源引入端朝下逐级观察。

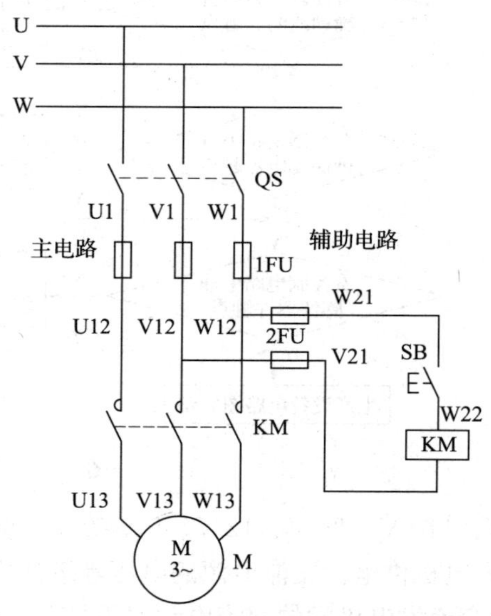

图 3—7—4　三相异步电动机的电气原理图

3. 识读辅助电路方法

(1) 第一步。看辅助电路的电源来源，分清辅助电路电源种类和电压等级。辅助电路的电源也有交流电源和直流电源两种。辅助电路所用交流电源电压一般为 380 V 或 220 V，频率为 50 Hz。辅助电路电源若是引自三相电源的两根相线（俗称火线），则电压为 380 V；若取自三相电源的一根相线和一根中性线，则电压为 220 V。辅助电路电源若为直流，一般常用的直流电源电压等级有 110 V、24 V、12 V 三种。

若在同一个电路中主电路电源为交流，而辅助电路电源为直流，一般情况下，辅助电路是通过整流装置（整流环节）供电。若在同一个电路中主电路和辅助电路的电源都为交流，则辅助电路电源一般引自主电路。如图 3—7—4 所示，主电路和辅助电路电源都是交流电源；辅助电路电源是从主电路 1FU 熔断器的两个元件下端引出的，辅助电路电源电压为 380 V。

只有弄清楚辅助电路的电源种类和电压等级，才能合理地选择控制元件。图 3—7—4 所示的辅助电路电源为交流 380 V，根据电气元器件的选择原则，按钮开关的耐压应略大于或高于电源的额定电压，则控制元件的按钮开关 SB 耐压应为交流 500 V；控制元件的接触器线圈额定电压必须是 380 V（俗称 380 V 交流接触器）。由此可见，辅助电路中的控制元件所需的电源种类和电压等级必须与辅助电路电源种类和电压等级相一致。

(2) 第二步。弄清辅助电路中每个控制元件的作用。弄清辅助电路中控制元件对主电路用电设备的控制关系是识读电路图中最关键的环节。只有弄清辅助电路各控制元件的作用和各控制元件对主电路用电设备的控制关系，才能读懂电路的工作图的原理。

辅助电路是一个大回路，而在大回路中经常包含着若干个小的回路；在每个小回路中又有一个或多个控制元件。一般情况下，主电路中用电设备越多，辅助电路的小回路和控制元件也就越多。在实际辅助电路中控制元件数目都比主电路用电设备数目多。

在图 3—7—4 所示的电路中，辅助电路只有一个回路，在此回路中有两个熔断器 (2FU)、一个按钮开关（SB）、一个交流接触器 (KM) 共三种控制元件。

熔断器 2FU 是作辅助电路短路保护用的；按钮开关 SB 是控制交流接触器 KM 线圈通、断电的控制元件；而交流接触器 KM 通过其主触点控制主电路三相异步电动机的启动或停止。

(3) 第三步。研究辅助电路中各个控制元件之间的联锁制约关系。这是研究电路工作原理及电路识图的重要步骤。

电路中所有的电气设备、装置、控制元件都不是孤立存在的，相互之间都有密切关系。有的元器件之间是控制与被控制的关系，有的是相互制约关系，有的是联动关系。在辅助电路中控制元件之间的关系也是如此。在图 3—7—5 所示的

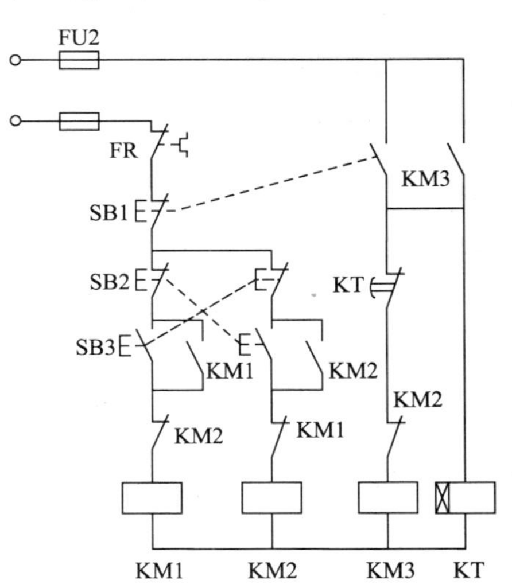

图 3—7—5　某电气原理图控制电路图

某电气原理图控制电路中，3 个按钮 SB1、SB2 和 SB3 开关对应的常开和常闭触点是联动的，即按下按钮，常闭的触头断开，而对应按钮的常开触头闭合；接触器 KM1 和 KM2 是相互制约的关系，不能同时得电吸合，以防主电路短路或出现安全故障。

二、电路功能分区和触头索引

1. 电路功能分区

图幅的分区有自动分区和手动分区两种。自动分区的竖边框方向用大写拉丁字母，横边框方向用阿拉伯数字。编号的顺序从标题栏相对的左上角开始，分区数是偶数，如 8 行 10 列的分区竖边框方向用大写拉丁字母 A、B、C、D、E、F、G、H，横边框方向用阿拉伯数字 1、2、3、4、5、6、7、8、9、10。手动分区在上方的一行表格内写电路各部分的功能，下方的表格内写分区序号。按分区来确定接触器、继电器等电气设备的触头的位置。图幅的手工分区如图 3—7—6 所示。

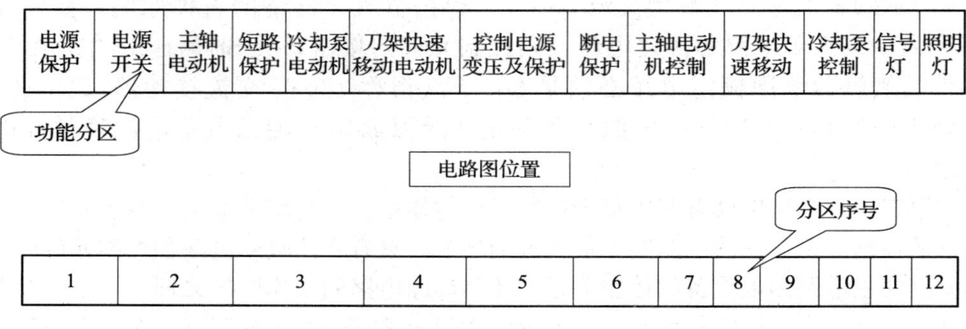

图 3—7—6　图幅的手工分区

2. 触头索引

电气原理图中的交流接触器与继电器，因线圈、主触头、辅助触头所起作用各不相同，为清晰地表明机床电气原理图工作原理，这些零部件通常绘制在各自发挥作用的支路中。在幅面较大的复杂电气原理图中，为检索方便，就需在电磁线圈图形符号下方标注电磁线圈的触头索引代号。

接触器触头索引代号分为左中右三栏，如图 3—7—7a 所示。左栏数字表示主触头所在的数字分区号，中栏数字表示常开辅助触头所在的数字分区号，右栏则表示常闭辅助触头所在的数字分区号。

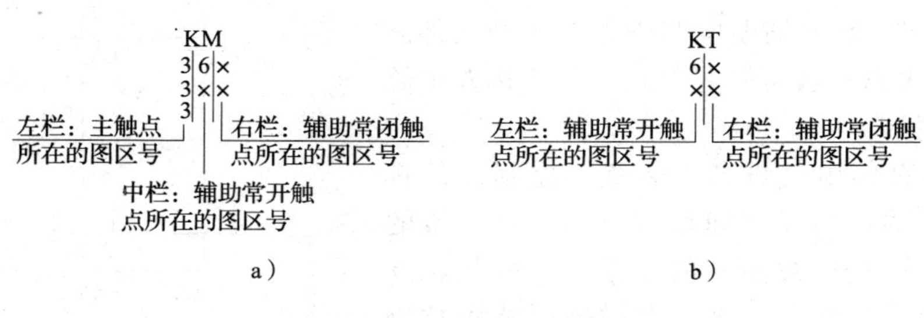

图 3—7—7　触头索引代号

a）接触器触头索引代号　b）继电器触头索引代号

继电器触头索引代号分为左右两栏，如图 3—7—7b 所示。左栏表示常开触头所在数字分区号，右栏表示常闭触头所在数字分区号。

任务实施

一、识读主电路

CA6140 型车床的电路图的主电路如图 3—7—8 所示，主电路有三台电动机，均为正转控制。

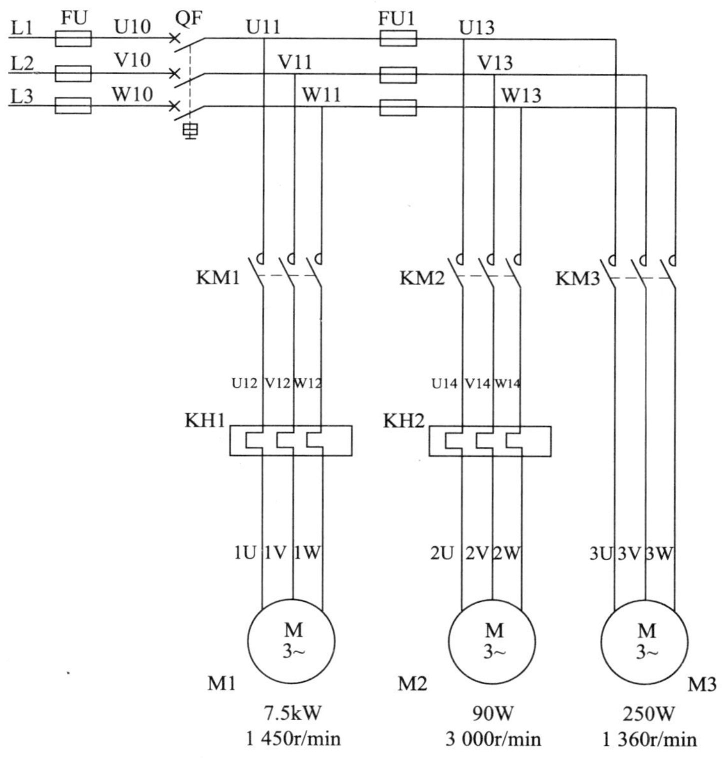

图 3—7—8　主电路原理图

1. 主轴电动机

在主电路中，M1 为主轴电动机，驱动主轴的旋转并通过传动机构实现车刀的进给。主轴电动机 M1 的运转和停止由接触器 KM1 的三个常开主触点的接通和断开来控制，电动机 M1 只需作正转，而主轴的正、反转是由摩擦离合器改变传动链来实现的。电动机 M1 的容量小于 10 kW，通常采用直接启动。

2. 冷却泵电动机

M2 为冷却泵电动机，车削加工时，刀具的温度高，需用冷却液来进行冷却。

为此，该车床备有一台冷却泵电动机驱动冷却泵，喷出冷却液，实现刀具的冷却。冷却泵电动机 M2 由接触器 KM2 的主触点控制。

3. 快速移动电动机

M3 为溜板快速移动电动机，由接触器 KM3 的主触点控制，在机械手柄的控制下带动刀架快速做横向或纵向进给运动。

M2、M3 的容量都很小，由熔断器 FU1 作短路保护。热继电器 FR1 和 FR2 分别作 M1 和 M2 的过载保护，快速移动电动机 M3 是短时工作的，所以不需要过载保护。带钥匙的低压断路器 QF 是电源总开关。

二、识读控制电路

控制电路的供电电压是 110 V，通过控制变压器 TC 将 380 V 的电压降为 110 V。控制变压器的二次侧由 FU2、FU3、FU4 作短路保护，控制电路和辅助电路如图 3—7—9 所示。

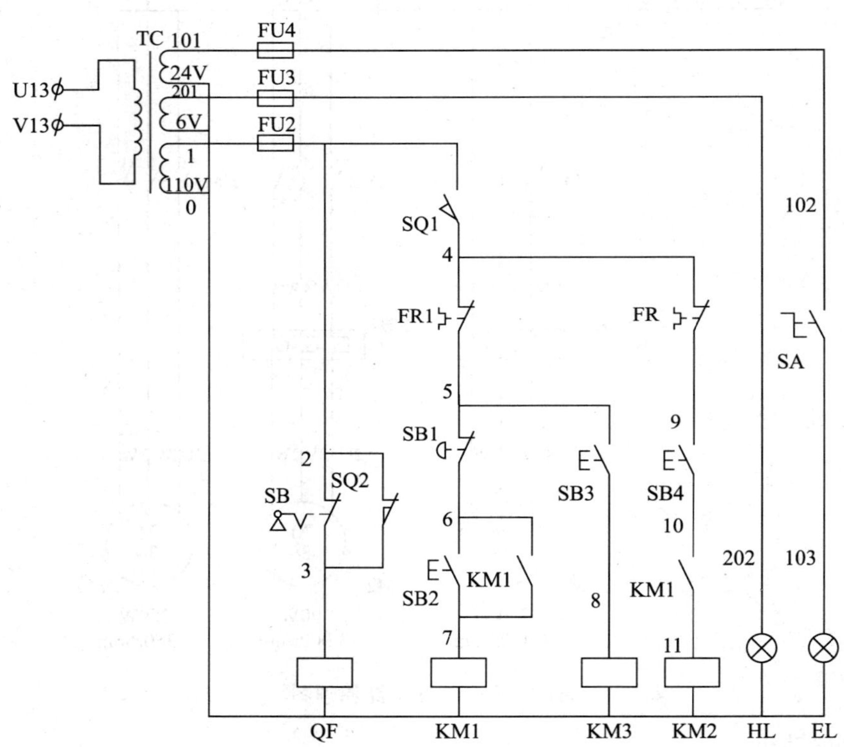

图 3—7—9 控制电路和辅助电路图

1. 机床电源引入

正常工作状态下 SB 和 SQ2 处于断开状态，QF 线圈不通电，断路器 QF 能合闸。SQ2 装于配电箱壁龛门后，打开配电箱壁龛门时，SQ2 恢复闭合，QF 线圈得电，断路器 QF 自动断开，切断电源进行安全保护。控制回路的电源由控制变压器 TC 二次侧输出 110 V 电压提供，FU2 为控制回路提供短路保护。

2. 主轴电动机 M1 的控制

SB1 是红色蘑菇形的停止按钮，SB2 是绿色的启动按钮。按下启动按钮 SB2，KM1 线圈通电吸合并自锁，KM1 的主触点闭合，主轴电动机 M1 启动运转。按下 SB1，接触器 KM1 断电释放，其主触点和自锁触点都断开，电动机 M1 断电停止运行。

为保护人身安全，车床正常运动时必须将传动带罩合上，位置开关 SQl 装于主轴传动带罩后，起断电保护作用。

3. 冷却泵电动机 M2 的控制

冷却泵电动机 M2 与主轴电动机 M1 采用顺序控制，只有当接触器 KM1 得电、主轴电动机 M1 启动后，KM1 的常开触点 KM1（10—11）闭合。转动旋钮开关 SB4，接触器 KM2 线圈得电，冷却泵电动机 M2 才能启动，并提供冷却液。KM1 失电，主轴电动机 M1 停转，M2 自动停止运行。FR2 为冷却泵电动机提供过载保护。

4. 溜板快速移动电动机 M3 的控制

快速移动电动机 M3 是由接触器 KM3 进行的点动控制。按下按钮 SB3，接触器 KM3 线圈得电，其主触点闭合，电动机 M3 启动，驱动刀架快速移动；松开 SB3，M3 停止。快速移动的方向通过装在溜板箱上的十字手柄扳到所需要的方向来控制。

三、识读辅助电路

辅助电路由照明、信号回路组成，控制变压器 TC 的二次侧输出的 24 V、6 V 电压分别作为车床照明、信号回路电源，FU4、FU3 分别为其各自的回路提供短路保护，如图 3—7—9 所示。合上电源开关 QF，指示灯 HL 亮，表明控制电路有电。SA 为车床照明灯 EL 的控制开关，根据用户的需要选择接通或断开。

此外，主电路与控制电路的接地保护线通过接线板 XB 连接。

四、识读电路功能分区和触头索引

1. 识读电路功能分区

在图 3—7—10 所示的电气原理图中，将电气控制系统分为电源保护、电源开关和主轴电动机等 13 个功能分区，每个功能分区位置与正下方的电气原理图相对应。如“短路保护”功能对应正下方电气原理图中的熔断器 FU1，熔断器 FU1 在电路中起到短路保护的作用；控制电路中“主轴电动机控制”功能对应正下方电气原理图中 KM1 的启、保、停电路，如图 3—7—10 所示。

2. 识读电路触头索引

在图 3—7—10 所示的电气原理图中，为检索方便将电气原理图分为 13 个区，每个分区位置与正上方的电气元件相对应。图中标注了 KM1、KM2 和 KM3 的触头索引代号，如图 3—7—11 所示。

图 3—7—11aKM1 的触头索引代号表示在电路图的 2 区、8 区和 10 区都有接触器 KM1 的触头存在，其中 2 区中有三个 KM1 的主触头，8 区和 10 区中各有一个 KM1 常开触头。

图 3—7—11b、cKM3、KM2 的触头索引代号表示在电路图的 4 区有接触器 KM3 的三个主触头存在，3 区中有三个 KM2 的主触头存在，在其他分区中没有 KM3 和 KM2 的常开或常闭触头存在。

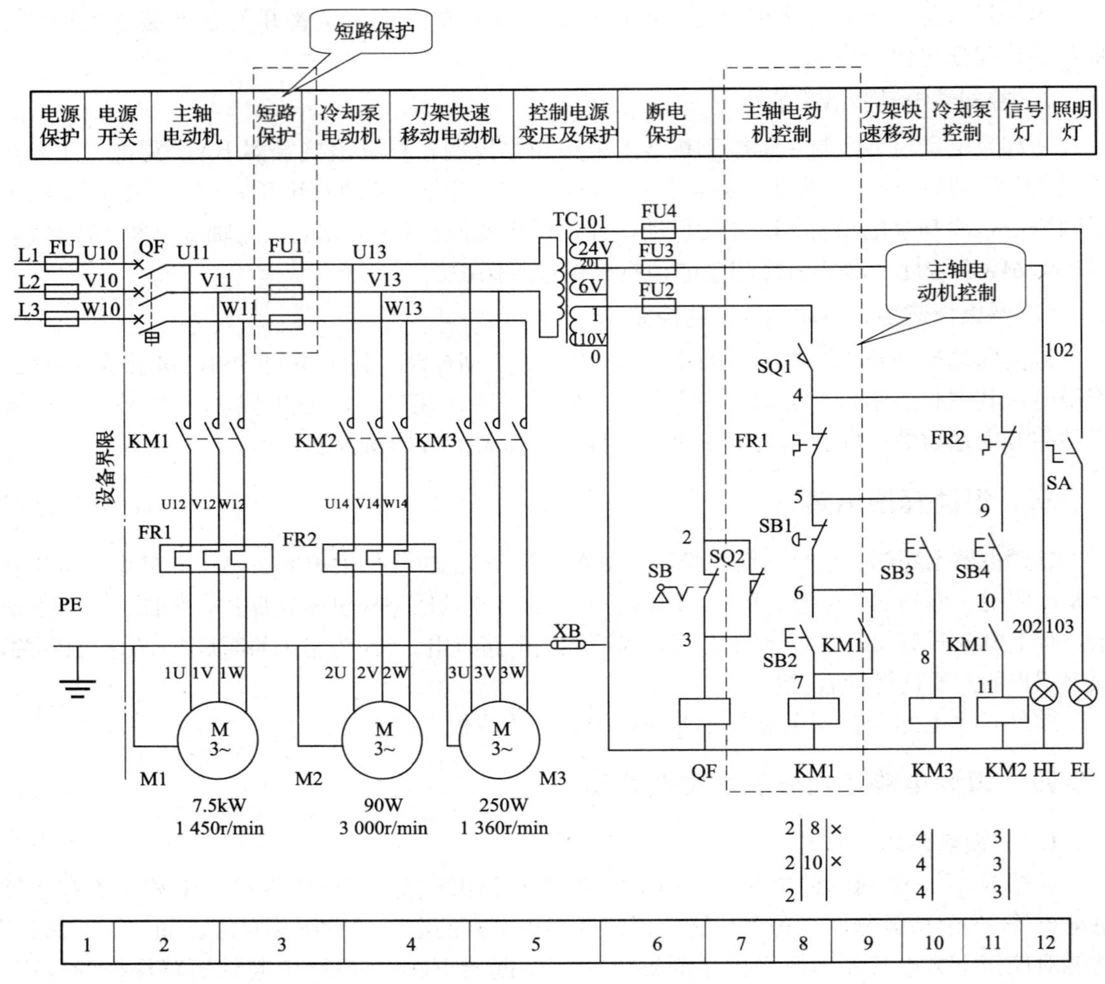

图 3—7—10 电路图的功能分区

2	8	×
2	10	×
2		

a）

4
4
4

b）

3
3
3

c）

图 3—7—11 触头索引代号

a）KM1 b）KM3 c）KM2

任务评价

本任务评价的评分标准见表 3—7—1。

表 3—7—1　　评分标准

序号	项目	内容	评分标准	配分	得分
1	识读主电路	三台电动机的控制方式	正确识读三台电动机的控制方式：10 分；不正确：0 分	10	
		各种保护	正确识别主电路中的各种保护：10 分；不正确：0 分	10	
2	识读控制电路	机床电源的控制过程	正确识读机床电源的控制过程：10 分；不正确：0 分	10	
		主轴电动机 M1 的控制过程	正确识读主轴电动机 M1 的控制过程：10 分；不正确：0 分	10	
		冷却泵电动机 M2 的控制过程	正确识读冷却泵电动机 M2 的控制过程：10 分；不正确：0 分	10	
		快速移动电动机 M3 的控制过程	正确识读快速移动电动机 M3 的控制过程：10 分；不正确：0 分	10	
3	识读辅助电路	照明电路工作原理	正确识读照明电路工作原理：10 分；不正确：0 分	10	
		信号回路工作原理	正确识读信号回路工作原理：10 分；不正确：0 分	10	
4	识读电路功能分区和触头索引	电路功能分区	正确识读电路功能分区：10 分；不正确：0 分	10	
		控制电路触头索引	正确识读控制电路触头索引：10 分；不正确：0 分	10	
合计				100	

思考与练习

1. CA6140 型普通车床共用了几台电动机驱动，主轴电动机的控制要求是什么？是如何实现的？
2. 在图 3—7—1 所示的电路中，哪些环节可以稍加修改？如何修改？
3. 简述 CA6140 型普通车床完整的电路工作原理分析。
4. 识读如图 3—7—12 所示的 CW6132 型普通车床电气原理图。

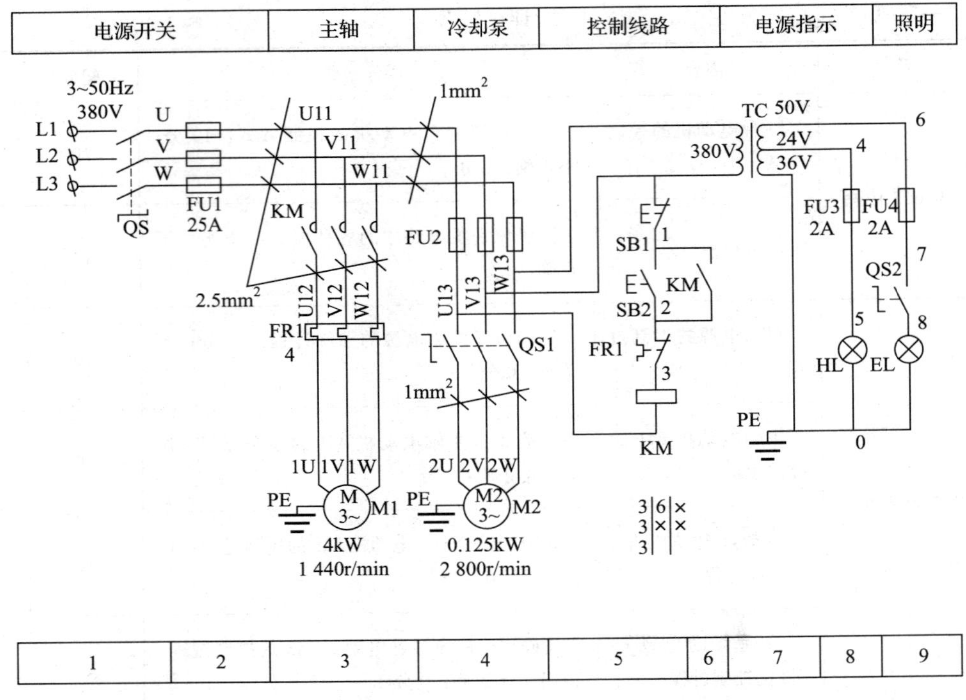

图 3—7—12　CW6132 型普通车床电气原理图

任务 8　综合电气控制系统原理图绘制

◆ **技能点**

◎ 电气原理图的绘制方法

◆ **知识点**

◎ 电气控制电路原理图绘制规则

任务提出

使用专业电气绘图软件绘制电气图速度快捷、准确性高、管理方便，因此在教学的课程设计、毕业设计、电气控制系统设计等任务中，常要求学生使用计算机绘制电气图样。本任务要求绘制如图 3—7—1 所示的电气控制系统原理图。

任务分析

在绘制电气原理图之前，应了解电气原理图的绘制原则，掌握电气原理图的绘制方法和步骤。电路原理图主要由元器件、导线、电源等电气元器件组成，绘制电路图就是将上述电气元器件用导线连接起来。

相关知识

一、电气原理图的绘制原则

电气原理图（原理接线图）是按国家统一规定的图形符号和文字符号绘制的表示电气工作原理的电路图，是电气技术领域必不可少的工程语言。根据国家标准，绘制控制电路原理图应遵循下述原则：

1. 电气原理图一般分为电源电路、主电路、控制电路、信号电路及照明电路等部分。

（1）电源电路。在电路图的图样上部水平方向画出，电源开关装置也要水平画出。直流电源正端在上、负端在下画出，三相交流电源按相序 L1、L2、L3 由上而下依次排列画出，中性线 N 和保护地线 PE 画在相线下面。

（2）主电路。主电路是指受电的动力装置和保护电路，在其回路中有工作电流。主电路垂直于电源电路，在图样的左侧。控制电路是指控制主电路工作状态的电路，其中信号电路是指显示主电路工作状态的电路，照明电路是指实现设备局部照明的电路。这几种电路通过的电流较小，在原理图中垂直于电源电路，依次画在主电路右侧。电路中的耗能元件，如接触器的线圈、继电器的线圈、信号灯、照明灯等，要画在电路的下方，各接触器、继电器的触头一般都画在耗能元件的上方。

（3）控制电路。一般是由开关、按钮、信号指示、接触器、继电器的线圈和各种辅助触点构成，无论简单或复杂的控制电路，一般均是由各种典型电路（如延时电路、联锁电路、顺控电路等）组合而成，用以控制主电路中受控设备的启动、运行、停止，使主电路中的设备按设计工艺的要求正常工作。对于简单的控制电路，只要依据主电路要实现的功能，结合生产工艺要求及电气设备动作的先、后顺序依次分析，仔细绘制。对于复杂的控制电路，要按各部分所完成的功能，分割成若干个局部控制电路，然后与典型电路相对照，找出相同之处，本着先简后繁、先易后难的原则逐个画出每个局部环节，再找到各环节的相互关系。

2. 各接触器、继电器的触头位置都按电路未通电或元器件未受外力作用时的常态位置画出。在电气原理图中，SQ1、SQ2、SB1 和 SB3 都是以元器件未合上的常态位置即“常开触头”画出的；SB2 和 SB4 都是以元器件未切断的常态位置即“常闭触头”画出的。

3. 各电气元件均采用国家规定的国家标准符号画出。

4. 同一电气设备的各元器件按其在电路中所起的作用分别画在不同的电路中，但它们的动作相互关联，并标注相同的文字符号。若图中相同的电气设备不止一个时，要在电器文字符号后面加上序数以示区别。

5. 对有直接电联系的交叉导线连接点，用“实心小圆点”表示。

二、三相电路和三相电气设备端标记原则

参照如图 3—8—1 所示电气原理图，三相电路和三相电气设备端标记原则如下：

1. 线路采用字母、数字、符号及其组合标记。

2. 三相交流电源采用 L1、L2、L3 标记，中性线采用 N 标记。

3. 电源开关之后的三相交流电源主电路分别按 U、V、W 顺序标记。

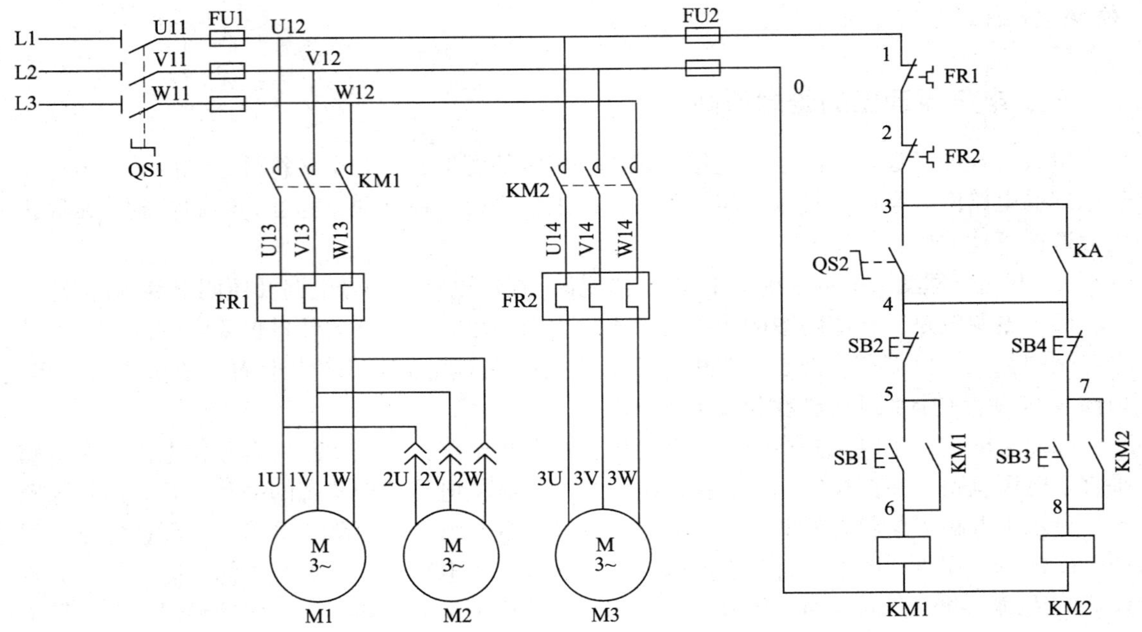

图 3—8—1 电气原理图线号标记

4. 主电路在电源开关的出线端按相序依次编号为 U11、V11、W11。然后按从上至下、从左至右的顺序，每经过一个电气元件后，编号要递增，如 U12、V12、W12 及 U13、V13、W13 等。

5. 单台三相交流电动机的三根引出线按相序依次编号为 U、V、W。对于多台电动机引出线的编号，为了不致引起误解和混淆，可在字母前用不同的数字加以区别，如 1U、1V、1W 及 2U、2V、2W 等。

6. 辅助电路编号按“等电位”原则从上至下、从左至右的顺序用数字依次编号，每经过一个电气元件后，编号要依次递增。控制电路编号的起始数字必须是 1，其他辅助电路编号的起始数字依次递增 100，如照明电路编号从 101 开始；指示电路编号从 201 开始等。

7. 标记方法遵循“等电位”原则。

8. 在绘制的电路中，标号顺序一般由上至下或由左至右编号。凡是被线圈、绕组、触点或电阻、电容元件所间隔的线段，都应标以不同的阿拉伯数字来作为线路的区分标记。

任务实施

一、绘制控制电路

1. 创建一个设计方案

创建一个空白的设计方案，输入设计方案的名称：CA6140 型卧式车床电路，对设计方案数据进行填写。设置完成后，单击“确定”按钮。

2. 在页面中布置变压器 TC 符号

利用数据库中已有的符号进行编辑。在工作区域右击，执行菜单命令【符号菜单】，进入符号菜单对话框，如图 3—8—2 所示。右击要改变的符号，执行菜单命令【编辑符号】，进入编辑符号模式。

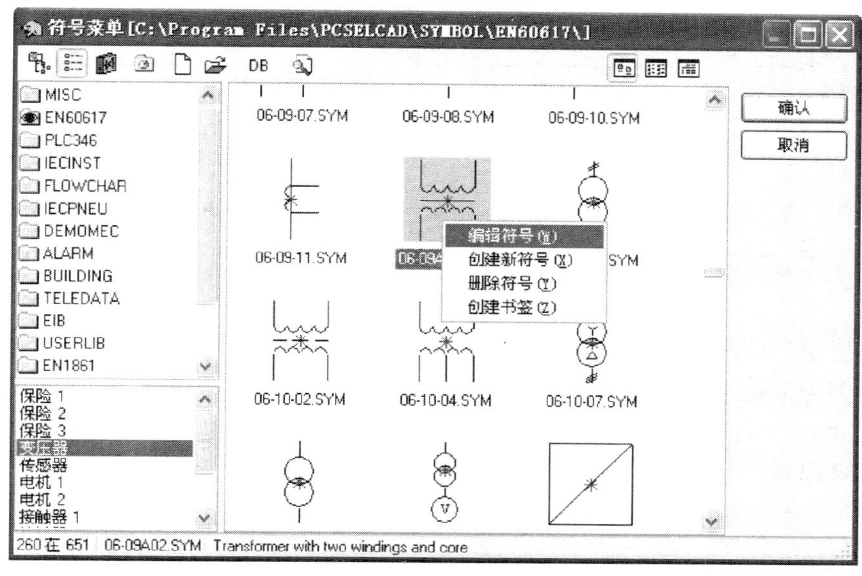

图 3—8—2　符号菜单对话框

(1) 单击“弧、圆周”按钮，选择图中的一段圆弧右击，执行菜单命令【复制】，然后单击左边工具栏中的“捕捉”按钮，这时捕捉变为 0.25 mm，复制出其他几段相同的圆弧。

(2) 单击“线”按钮，然后单击“区域”按钮，选择右边的一条直线和连接点。单击“移动”按钮将其移动到适当的位置。

(3) 单击“线”按钮，选择其中的一条直线，利用相同的方法复制出其他几条直线。

(4) 布置连接点。要使符号具有电气性质，符号上必须加连接点。单击“符号”、“连接点”和“铅笔”按钮，布置四个连接点。

(5) 保存。选择符号保存的路径、文件名及保存的类型。编辑成功后变压器符号如图 3—8—3 所示。

3. 绘制信号线

单击“线”、“直线”按钮，激活“铅笔”和“导线”按钮，画四条信号线（起辅助作用），如图 3—8—4 所示。

4. 布置线圈

(1) 放置继电器线圈。单击“符号”按钮，从符号选取栏中单击线圈的符号按钮，并激活自动连线功能。此时线圈会自动和信号线连接起来，如

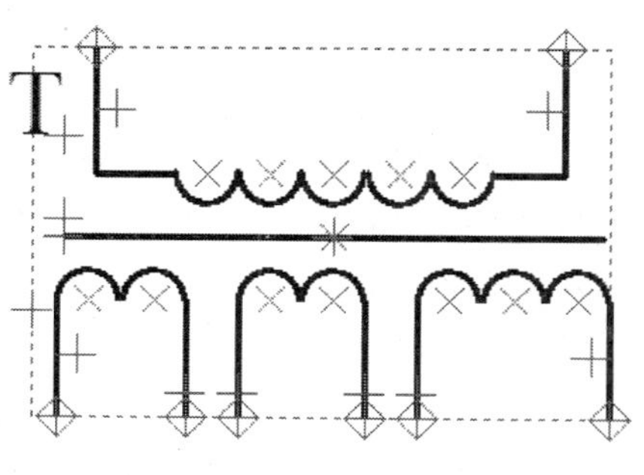

图 3—8—3　变压器符号

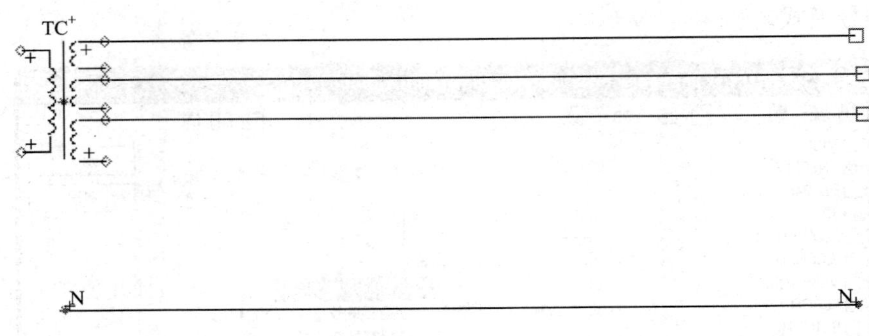

图 3—8—4　布置四条信号线

图 3—8—5 所示。双击线圈符号，进入元件数据对话框，如图 3—8—6 所示。单击“数据库”按钮，因为主轴电动机为 7.5 kW，控制电路接触器线圈的电压为 110 V，故选择 EAN 号为 4022903075387 的元器件，该接触器的型号为 LS15K11，此时将线圈符号和数据库中的元器件联系起来，按照相同的方法，在控制电路中放置其他继电器线圈，如图 3—8—7 所示。

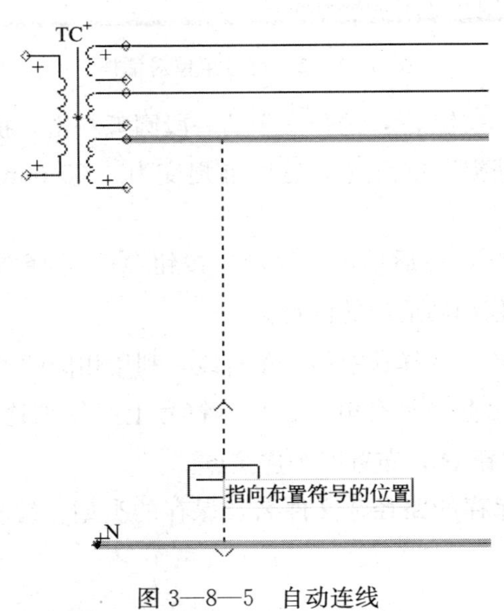

图 3—8—5　自动连线

（2）对齐符号

1）单击“符号”按钮，选择符号 KM1、KM2 和 KM3。

2）右击 KM1、KM2 和 KM3 符号，执行菜单命令【对齐】，如图 3—8—8 所示。单击要对齐的参照符号 QF，选中的符号就会和它对齐。

（3）对齐文本

1）单击文本按钮，在相关文本周围拖出一个窗口，这样就选中了文本。

2）右击，执行菜单命令【对齐】，单击要对齐的参照文本，选中的文本就会和它对齐。

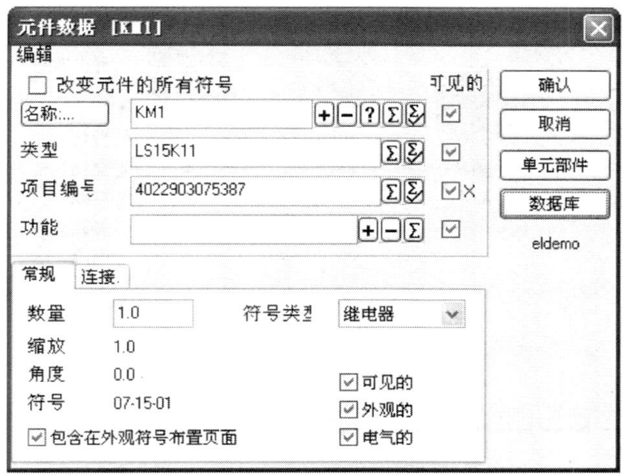

图 3—8—6　元件数据对话框

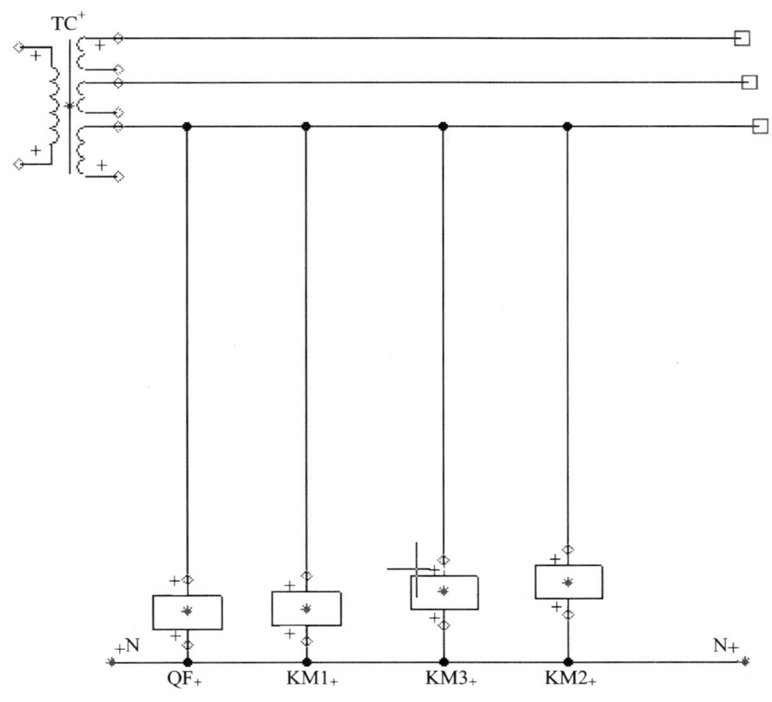

图 3—8—7　放置继电器线圈

5. 布置信号灯和照明灯

在页面中布置信号灯和照明灯时，使用【自动连线】菜单中的【跳过线】命令，如图 3—8—9 所示。

6. 布置熔断器

在页面中布置熔断器，并删除多余的线，如图 3—8—10 所示。

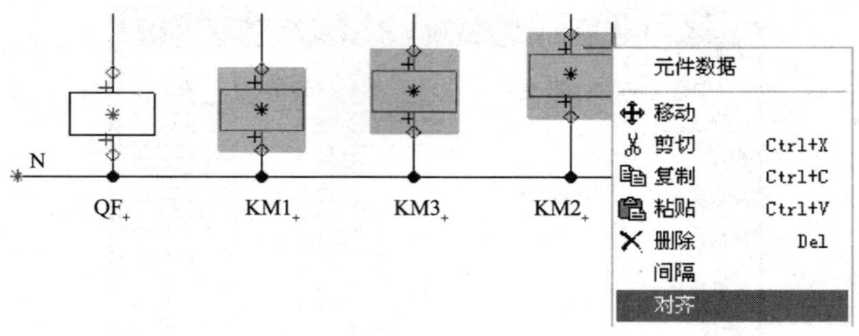

图 3—8—8 对齐功能

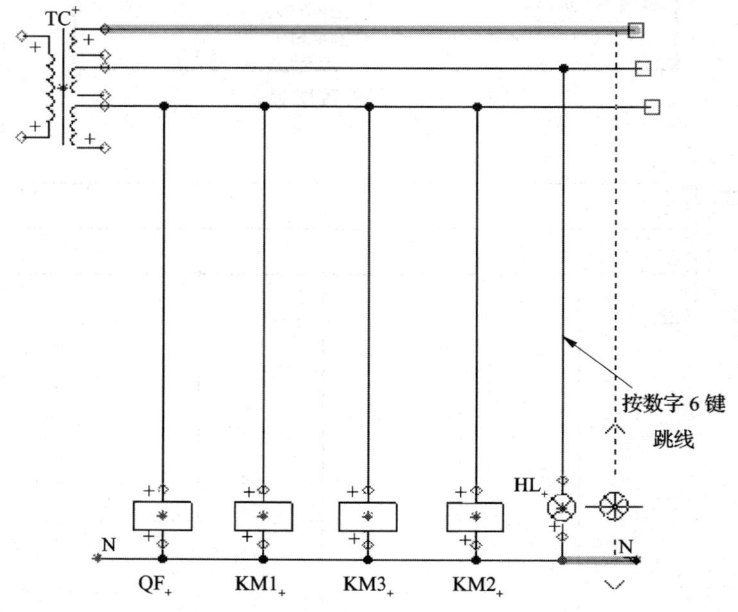

图 3—8—9 跳过线功能

7. 布置其他符号

利用【符号选取栏】或“符号菜单”找到对应的符号，如果在程序的符号文件夹中没有需要的符号，应在设计方案中创建自定义符号。创建符号最常见的有两种方法：第一种是直接法，利用工具栏直接制作；第二种是间接法，在原有符号的基础上进行编辑，使之变成目标元器件符号。在页面中布置其他的符号如图 3—8—11 所示。

8. 删除多余的线

到此为止，基本上完成了控制电路的绘制，其控制电路图如图 3—8—12 所示。

9. 布置文本

单击“文本”按钮abc，然后单击“文本属性”按钮，进入文本属性对话框，如图 3—8—13 所示。在文本属性对话框中设置文本的字体、高度、对齐方式及颜色。在文本区域输入当前文本，激活“铅笔”按钮将文本布置到页面中。

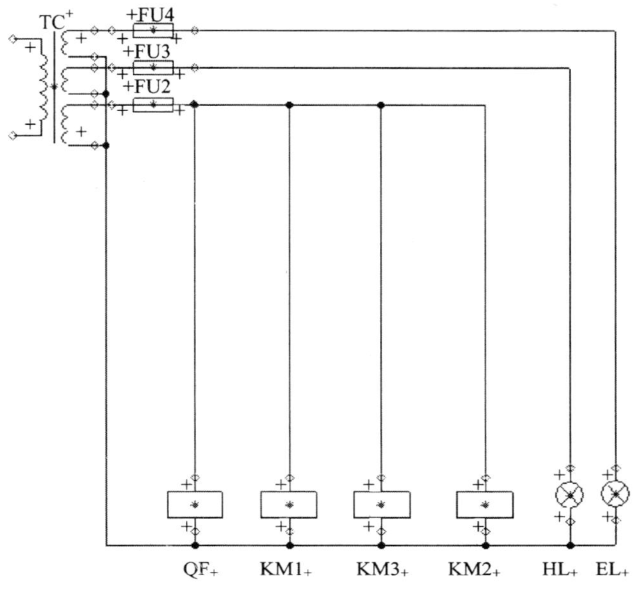

图 3—8—10　布置熔断器

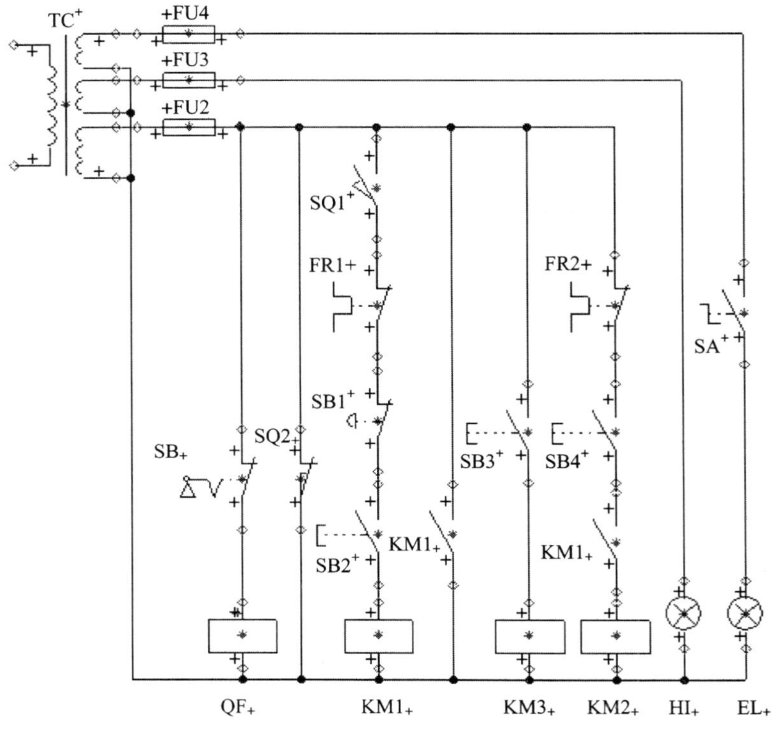

图 3—8—11　布置其他的符号

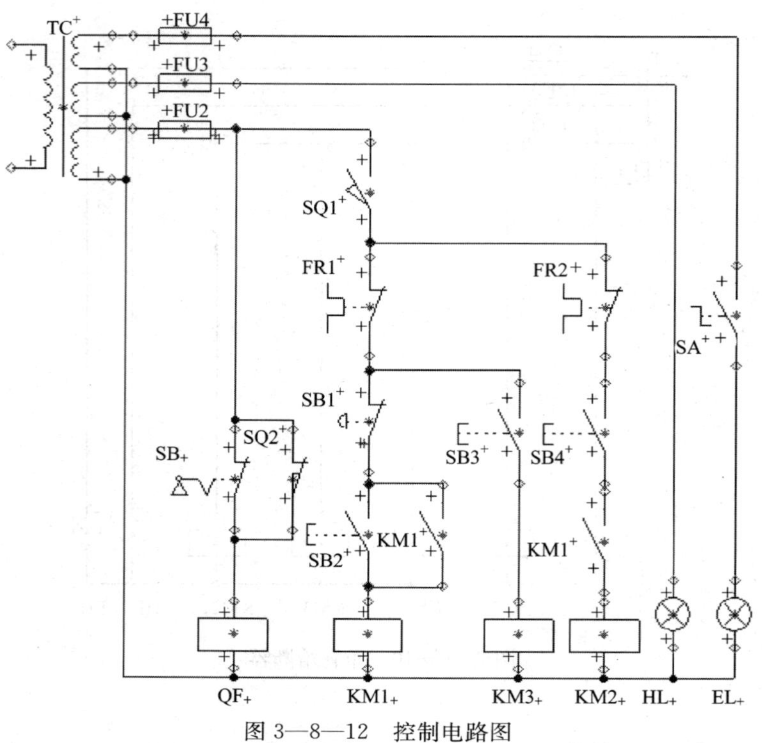

图 3—8—12　控制电路图

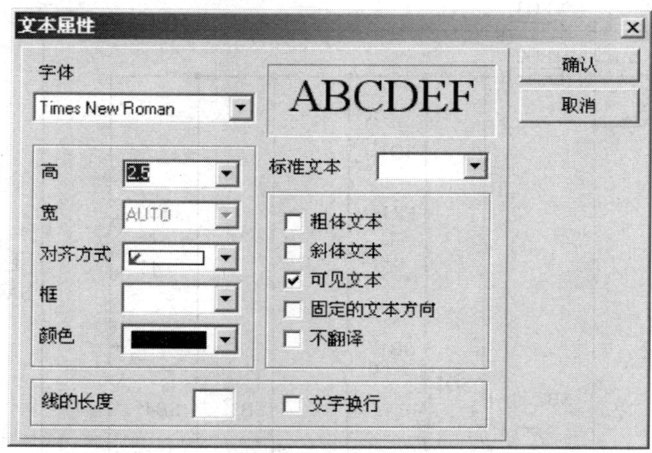

图 3—8—13　文本属性对话框

二、绘制主电路

1. 绘制三相交流电源线 **L1**、**L2** 和 **L3**

单击“线”、“直线”按钮、激活“铅笔”和“导线”按钮，画出 L1、L2、L3，如图 3—8—14 所示。

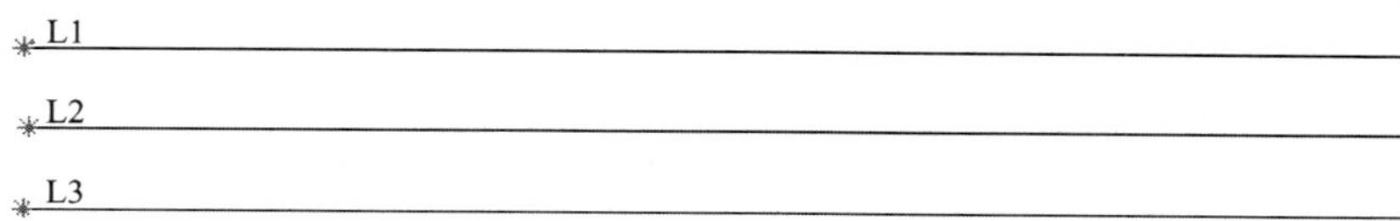

图 3—8—14　页面中绘制三相线

2. 布置熔断器和电源开关

布置熔断器和电源开关如图 3—8—15 所示。

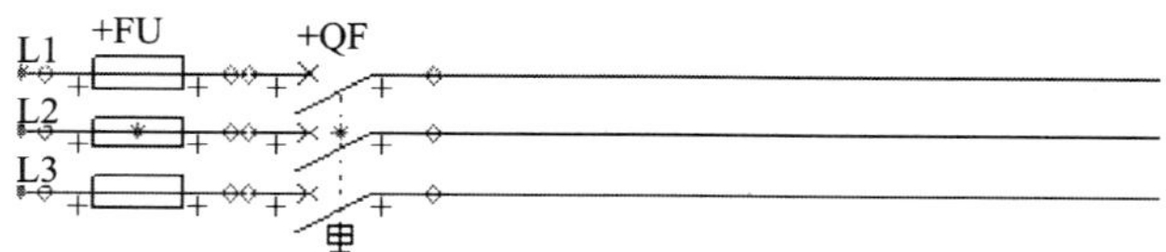

图 3—8—15　布置熔断器和电源开关

（1）在选取栏中单击熔断器符号，布置符号。

（2）在选取栏中单击电源开关符号，布置到页面中相应的位置。

3. 布置电动机符号

（1）在选取栏中单击电动机符号，布置到页面中。

（2）进入元件数据对话框，输入符号名 M1，然后单击“数据库”按钮。

（3）进入数据库对话框，单击文件夹电动机泵稳压器和监视器，选择电动机的型号，如图 3—8—16 所示。

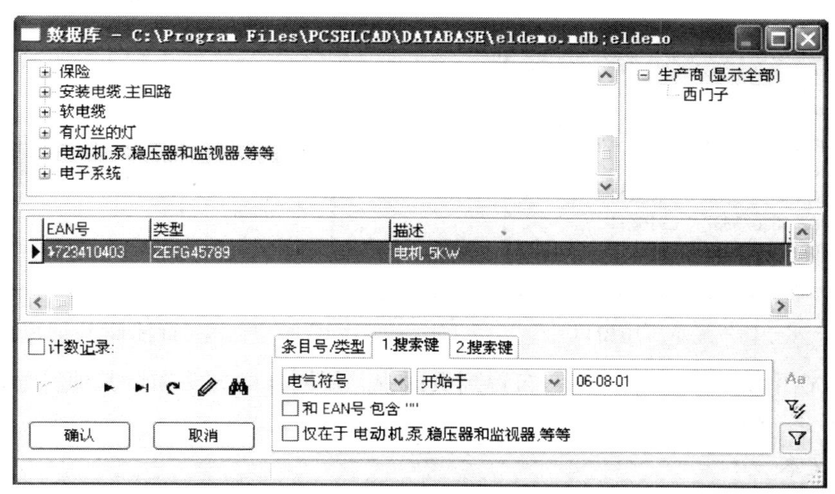

图 3—8—16　符号电动机所在的数据库

（4）电动机符号位于十字光标中，同时显示它与其他线之间的连接关系。用相同的方法布置其他电动机；如图 3—8—17 所示。

4. 应用“显示可用窗口”功能

单击“符号”按钮⋈，并右击执行菜单命令【显示可用的窗口】，如图 3—8—18 所示。在显示可用的窗口中找到对应的符号。例如，选择 KM1 双击，打开符号选择栏，如图 3—8—19 所示。

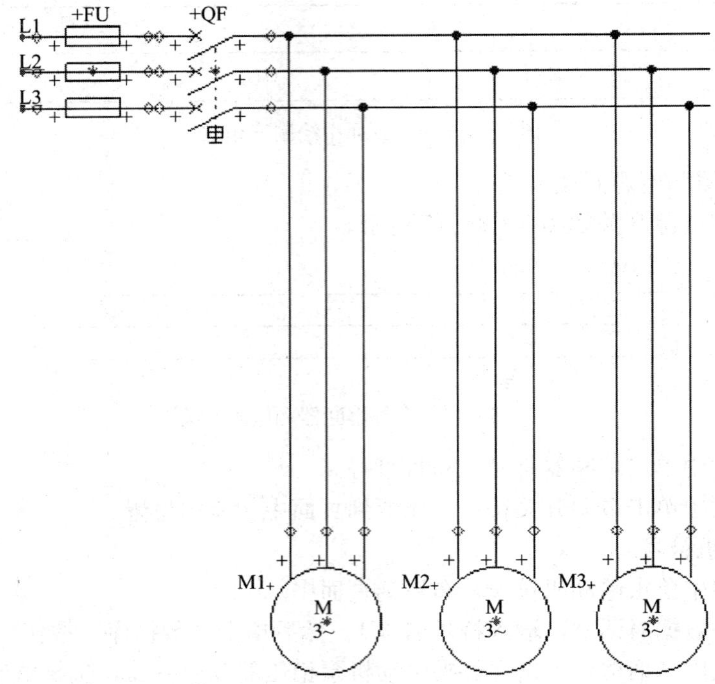

图 3—8—17　在页面中布置三台电动机

显示可用窗口

名称	项目	类型
FR1	4022903085584	B77S
FR2	4022903085584	B77S
KM1	4022903075387	LS15K11
KM2	4022903075387	LS15K11
KM3	4022903075387	LS15K11

图 3—8—18　显示可用窗口

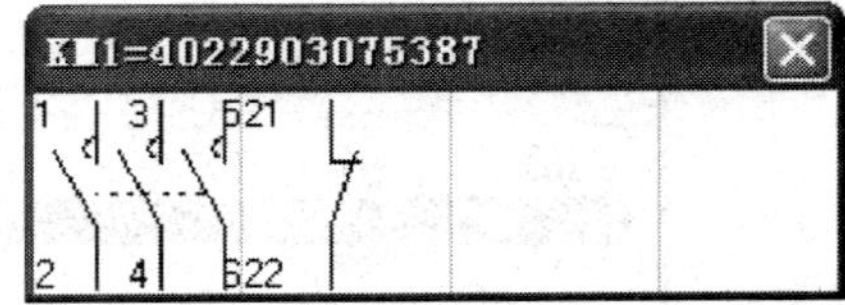

图 3—8—19　符号 KM1 的符号选取栏

单击选取栏中第一个符号，把它布置到页面中。用同样的方法布置其他符号，布置成功后的电路如图 3—8—20 所示。

5. 布置文本

至此已经完成了主电路的绘制，如图 3—8—21 所示。

三、绘制功能栏

1. 绘制外框

单击“线”、“矩形”按钮，激活“铅笔”按钮，画出功能栏的外边框。

2. 将功能栏分栏

单击“线”“直线”按钮，激活“铅笔”按钮，将功能栏分成 13 列。

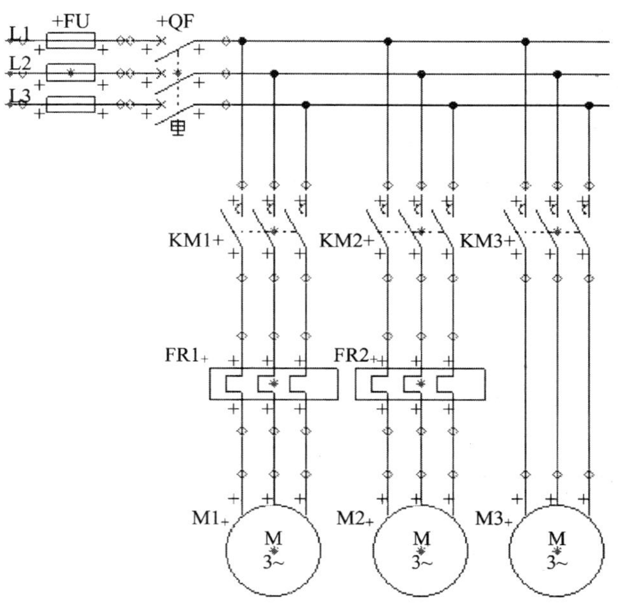

图 3—8—20　应用显示可用窗口的功能布置符号

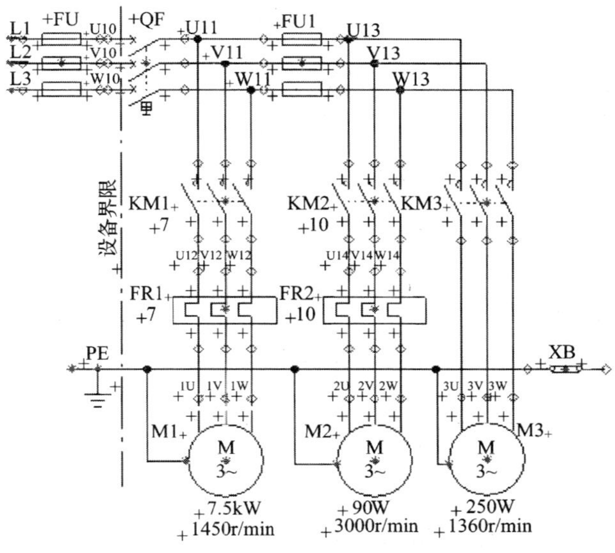

图 3—8—21　主电路图

3. 布置文本

绘制完成的功能栏如图 3—8—22 所示。

电源保护	电源开关	主轴电动机	短路保护	冷却泵电动机	刀架快速移动电动机	控制电源变压及保护	断电保护	主轴电动机控制	刀架快速移动	冷却泵控制	信号灯	照明灯

图 3—8—22　功能栏

四、绘制数字区

1. 绘制外框，单击“线”“直线”“铅笔”按钮，将外框分成12列。
2. 布置文本，如图3—8—23所示。

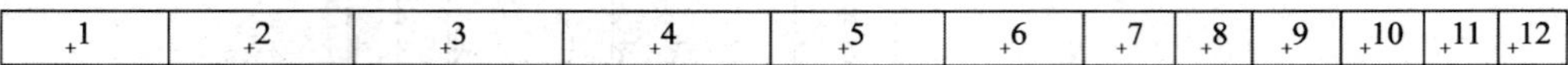

1	2	3	4	5	6	7	8	9	10	11	12

图3—8—23　数字区

任务评价

本任务评价的评分标准见表3—8—1。

表3—8—1　　**评分标准**

序号	项目	内容	评分标准	配分	得分
1	绘制主电路	绘制主电路	正确绘制主电路：20分；不正确：0分	20	
		导线编号及标注	正确标注主电路的导线编号：10分；不正确：0分	10	
2	绘制控制电路	绘制控制电路	正确绘制控制电路：20分；不正确：0分	20	
		导线编号及标注	正确标注控制电路的导线编号：10分；不正确：0分	10	
3	绘制辅助电路	绘制辅助电路	正确绘制辅助电路：10分；不正确：0分	10	
		导线编号及标注	正确标注辅助电路的导线编号：10分；不正确：0分	10	
4	绘制电路功能分区和触头索引	绘制电路功能分区	正确绘制电路功能分区：10分；不正确：0分	10	
		标注触头索引	正确标注触头索引：10分；不正确：0分	10	
合计				100	

思考与练习

1. 简述绘制电气原理图要遵守哪些规则。
2. 绘制如图3—7—12所示的CW6132型普通车床电气原理图。

附录　电路图常见电子元器件图形符号及名称

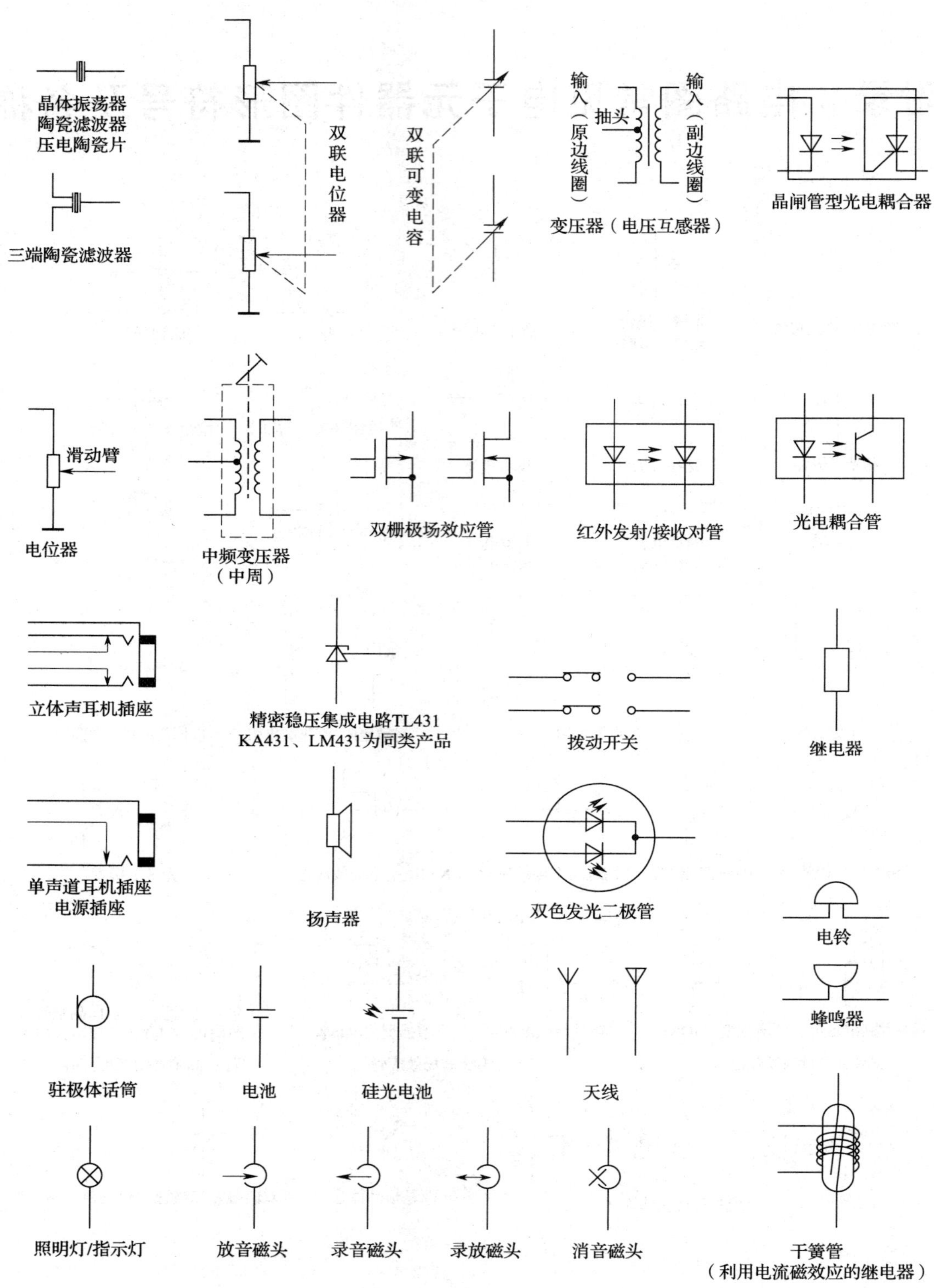
晶体振荡器
陶瓷滤波器
压电陶瓷片
三端陶瓷滤波器
双联电位器
双联可变电容
输入（原边线圈）
抽头
输入（副边线圈）
变压器（电压互感器）
晶闸管型光电耦合器
滑动臂
电位器
中频变压器
（中周）
双栅极场效应管
红外发射/接收对管
光电耦合管
立体声耳机插座
精密稳压集成电路TL431
KA431、LM431为同类产品
拨动开关
继电器
单声道耳机插座
电源插座
扬声器
双色发光二极管
电铃
蜂鸣器
驻极体话筒
电池
硅光电池
天线
照明灯/指示灯
放音磁头
录音磁头
录放磁头
消音磁头
干簧管
（利用电流磁效应的继电器）

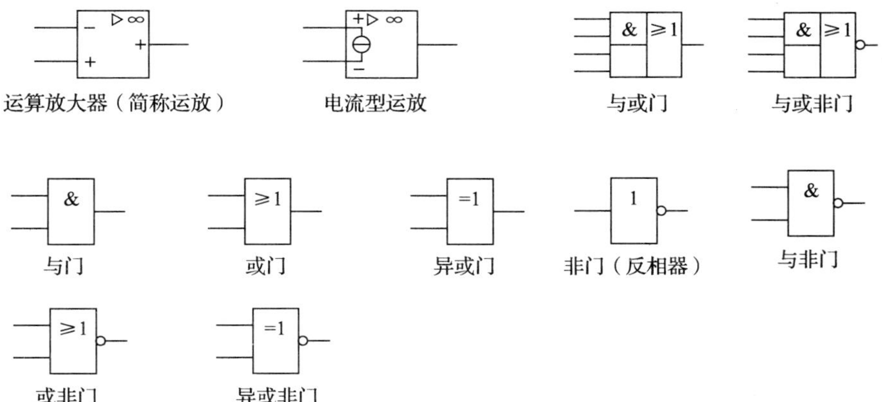

运算放大器（简称运放）　电流型运放　与或门　与或非门

与门　或门　异或门　非门（反相器）　与非门

或非门　异或非门